传 承 与 探 新

王建国城市和建筑设计研究成果选

王建国 著

东南大学出版社
SOUTHEAST UNIVERSITY PRESS

南京·2013

内容提要

本书架构分论述和案例研究两部分。论述部分按照综论、传承和探新三方面组织，反应了作者近三十多年来学术思想的成长过程。案例研究部分分为城市设计、建筑设计两部分，其组织和遴选主要从其是否具有研究意义和价值的角度来安排。全书涵盖理论研究与案例实践，图文并茂，适合于建筑设计、城市设计、城市规划等专业设计人员及其相关领域的人士阅读。

图书在版编目（CIP）数据

传承与探新：王建国城市和建筑设计研究成果
选 / 王建国著 . —南京：东南大学出版社，2013.8
ISBN 978-7-5641-4209-4

Ⅰ . ①传… Ⅱ . ①王… Ⅲ . ①城市规划—
建筑设计—研究 Ⅳ . ① TU984 ② TU2

中国版本图书馆 CIP 数据核字（2013）第 097338 号

书　　　名：传承与探新：王建国城市和建筑设计研究成果选
著　　　者：王建国
责任编辑：孙惠玉　徐步政　　　编辑邮箱：894456253@qq.com

出版发行：东南大学出版社
社　　　址：南京四牌楼 2 号　　　　　邮　　编：210096
网　　　址：http://www.seupress.com
出 版 人：江建中

印　　　刷：南京精艺印刷有限公司
排　　　版：江苏凤凰制版有限公司
开　　　本：787mm×1092mm　1/12　印张 :34　字数：893 千
版　　　次：2013 年 8 月第 1 版　　　2013 年 8 月第 1 次印刷
书　　　号：ISBN 978-7-5641-4209-4
定　　　价：170.00 元

经　　　销：全国各地新华书店
发行热线：025-83790519　　83791830

目录 CONTENTS

第二部分 案例

A 城市设计

B 建筑设计

序

　　王建国是东南大学 1978 届本科生，1985 年免试攻读我的博士生。他学习刻苦努力、善于分析，先后跟我参加过河南博物院设计和冰心文学馆的建筑设计，此二项作品均得到好评并先后获得大奖。此外，他还参加和主持了常熟市政府人大和政协楼的设计，表现出相当的设计水平。

　　城市设计是城市规划的重要组成部分，是城市建设的重要环节，对城市建设起到指导和控制作用。

　　1950 年代，我参加了北京城市总图设计，那时我就开始了城市设计的研究。1985 年，在王建国读我的博士生期间，我将他的研究方向定位于城市设计，他的博士论文的题目为《现代城市设计理论和方法研究》，后不断完善，出版了《现代城市设计理论和方法》和《城市设计》并被不少高校选用作为教材，十余次重印而且还获得出版方面的图书奖。

　　王建国在工作中以身作则，在建筑教学中循循善诱，培养了许多优秀人才。

　　他注重国际学术交流，多次出国讲学并获得好评，与美国麻省理工学院和哈佛大学、瑞士苏黎世高工和英国 AA 等院校建立了友好的学术关系。

　　他主持或参加过包括南京、北京、上海、广州、沈阳、郑州等在内的大城市的城市设计，也开展了不少中小城市的城市规划和设计。近年，王建国将城市设计拓展到历史地段和建筑遗产保护领域，申请获准国家自然科学基金重点项目和科技部支撑计划项目，目前已经取得了阶段性的成果。在四川汶川地震灾后重建中，他和学院老师为绵竹广济镇中心区重建做出了优秀的设计并获得了大奖。

　　2011 年年底以来，由齐康、王建国和张彤教授为主参加了北京中国国学中心国际竞赛并中标，目前正在建筑工程设计深化过程中。

　　我衷心祝愿他取得更大的成就。

　　是为序。

中国科学院院士、法国建筑科学院外籍院士
东南大学建筑研究所所长
2013 年 1 月 20 日于南京到北京的飞机上

Prologue

Wang Jianguo, one of the Southeast University graduates of 1978, was my doctoral student in 1985. With his hard studies and further analysis, he took part in my projects such as Henan Museum and Bingxin Literature Hall, both of which were well received and won grand prize successively. Besides this, he also participated in and took charge of the People's Congress building and the Consultative Conference building for the Changshu government, showing excellent ability.

Urban design, with its role of guidance and regulatory, plays an important part of urban planning and construction.

I began to do some research on urban design when I participated in the General Plan of Beijing in 1950s. Being his adviser, in 1985 I positioned Wang jianguo's research direction on urban design, which finally titled Study on the *Theory and Method of Modern Urban Design*. After improving and perfecting, it has been published as *Theory and Method of Modern Urban Design* and later as *Urban Design*, They were reprinted for more than 10 times and won some awards of publication, having been used by many colleges as textbooks.

With his self-disciplined work and instructive teaching, Wang Jianguo has trained many outstanding talents.

Laying great stress on international exchange, Wang Jianguo has got well reputed on his lecture abroad, and has established many academic relations with MIT, and Harvard University of USA, ETH of Switzerland and AA of UK.

He has managed many urban design projects for such big cities as Nanjing, Beijing, Shanghai, Guangzhou, Shenyang and Zhengzhou, and also a lot for small cities. In recent years, Wang Jianguo has expanded his urban design career to historical area and architecture heritage preservation. With the key research project of National Natural Science Fund and of Ministry of Science and Technology, he has already acquired some achievements. He and his colleagues won the Grand Prize for the reconstruction of Guangji Town Center in the rehabilitation after Wenchuan Earthquake.

In the end of 2011, the international competition for Chinese Sinology Center made by Qi Kang, Wang Jianguo and Zhang Tong won the first prize and now the project is on-going.

Wish him great success.

So as prologue.

Academician of Chinese Academy of Sciences,
Foreign Academician of Architecture Academy of France,
Director of Architecture Research Institute of Southeast University,
on the Nanjing-Beijing Flight, Jan. 20, 2013

前言：城市·建筑论

从城市和建筑并联的方式切入本书是因为我多年来的研究、教学和工程实践主要与此相关。有人将城市比喻为一个生物有机体，我则曾经将城市比做一棵树，城市道路系统和基础设施是茎干，而建筑就是这棵大树的最小组成单元树叶。城市形态和建筑形态的互补共生是人们可以通过视觉、行为等来感知的城市物质空间形态的基本特征。于是，从视觉高点观察揣摩城市与建筑的关系就成为我参观游历城市的最爱，自1991年1月我第一次去美国做访问学者开始，就逐渐有了并不断增加着的从纽约帝国大厦和世贸中心、芝加哥的西尔斯大厦、纽约的洛克菲勒中心、巴黎的埃菲尔铁塔、悉尼电视塔、斯德哥尔摩电视塔、上海东方明珠电视塔、南京紫峰大厦等城市制高点观察城市的机会，从中我能够感悟到城市结构形态、路网系统、城市空间密度、街区建筑肌理和建筑地标物等之间存在一种绚烂纷繁而又扑朔迷离的关系，这种关系既是同时性维度上的实存并置，又是一种历时性的、蕴含着丰富城市形态演变历史信息和故事的物化拼贴。

通常，人们印象中的城市环境是由许许多多建筑物通过某种规划和组织方式聚集而成的，同时也是一个与建筑积聚数量较少、布局较分散的乡村环境相对峙的概念。在古代，城墙将人们所认知的城市和乡村的形态和形象划分得泾渭分明，但实际上，城市是一个由人、社会和建筑共同组成、饱含着历史文化信息的人类栖居场所。

每个人都离不开与其周边环境和所在社会之间千丝万缕的联系，即使只从常见的视觉和行为方式感知角度看也是如此。人们日常生活感知到的城镇街区外部空间、道路、广场和绿地等环境，乃至城镇的用地形态和空间结构从来都与城市和形塑这些空间的建筑密切相关。人们认识体验北京城，通常会被其雄伟壮丽的帝都宫殿建筑群、城市中轴线以及北海、中南海、什刹海等自然水体景观和众多的四合院街巷胡同格局所吸引，同时也会对极富特色的老北京市井生活和文化习俗等萌发好奇和兴趣。到过古城南京的人，则会对南京市由六朝遗存、明代城墙、民国时期建成的众多重要建筑和林荫大道、夫子庙的传统市井气氛等留下深刻印象，如果有幸获得登高鸟瞰和展望天际轮廓线的机会，人们则会进一步对浩瀚长江和钟山丘陵景观等构成的城市空间环境有更加整体而全面的认知。这种人们能够通过视觉和生活而感知的独特城市格局和环境特色是千百年来人们苦心经营、对理想人居环境不懈追求并使之不断趋于完美的成果。

从物质空间形态的层面看，城市的设计和建筑设计存在明显的共通或者交集。根据粗略观察，无论是6000多年前两河流域的美索不达米亚文明中世界最早形成的城市，还是中国早期文明时期的城市，抑或后来美洲的阿兹台克城市文明，城市和建筑建造一直是密不可分的。由于当时的城市人口和建设规模相对较小、功能相对简单，因此规划的对象和表达内容主要与建筑实体安排相关，并因此形成了一定的城市形态范式。例如，中国公元前11世纪就形成了基于"礼制"、有关城市建设形制、规模、道路等内容的《周礼·考工记》之《营国制度》，"匠人营国方九里，旁三门，国中九经九纬，经涂九轨，左祖右社，前朝后市，市朝一夫"。其中"三"、"九"之数暗合周易"用数吉象"之意；宫城居中，尊祖重农、清晰规整的道路划分体现出尊卑有序、均衡稳定的理想城市模式，并深深影响着以后历代的城市设计实践，特别是都、州和府城设计建设。西方则同样有学者认为，大多数地中海地区的城市都是从罗马营寨的布局模式发展而来的，但在其后的发展演进中，受到了来自基督教、伊斯兰教、文艺复兴、巴洛克直到现代主义城市的影响，因而呈现出各自的"和而不同"，在布局模式、度量结构、类型结构等要素上仍然延续了古代城市的特征。历史存留的国内外大量城市形态的描绘图纸印证了这一事实，1748年由乔万尼·巴蒂斯塔·诺里完成的《罗马总体规划》（亦即著名的"诺里地图"）具有极重要的学术价值，它在形式上虽然是二维的，但却是当年最为精确的城市地图，他组织测绘了8km²，包括丘陵地区、农场、葡萄园、修道院、历史遗址等在内的罗马版图，表达了罗马各种城市和公共建筑形态的肌理组织关系，同时它使得人们可以将城市和建筑的形态密不可分地关联成一个整体来认识。

城市和建筑设计同样受到自然地形、气候条件和地方物产等要素的启示和规范。中国两千多年前的《管子·乘马》就科学地洞察到："凡立国都，非于大山之下，必于广川之上，高毋近阜而水用足，下毋近水而沟防省。因天材，就地利。故城郭不必中规矩，道路不必中准绳。"亦即城市建设选址要因地制宜，地势要高低适度，水源要满足生活和城壕用水，同时又不能有洪涝之患。我曾经对江苏常熟研究多年，该城市最早于唐代从长江边的福山迁址于虞山东麓缓坡区，后利用自然水系作为城壕并开筑琴川运河、修建城墙并"腾山而城"，逐渐形成"七溪流水皆通海，十里青山半入城"的城市格局，充分反映了管仲提出的城市设计思想，成为中国古代城市"自下而上"因地制宜发展成长的典范。西方同样有着因地制宜建造城市的悠久传统，西方两千多年前唯一幸存下来的建筑全书——维特鲁威所著的《建筑十书》，在"第一书"中专门论述了建筑基本原理和城市布局。维特鲁威系统论述了城市选址涉及的气候、朝向、地形地貌、街巷布局和公共空间等问题，他认为城墙建造要选取"健康的营造地点，地势应较高，无风，不受雾气侵扰，朝向应不冷不热温度适中"（维特鲁威，2012）与管子的建城学说有异曲同工之妙。欧洲众多中世纪的城市，如意大利托斯卡纳地区的山城，因其城市建筑形态与自然地形和城市生活的完美融合而具有公认的美学价值，人称"如画的城镇"（Picturesque Town），直到今天仍然是世界城市史研究的重要范本。

我的老师齐康院士曾经在 1980 年代初开展了系统的城市形态的案例研究，对影响城市形态演变的因素发表了精辟的论述，并建构了人为和自然两套作用力系统（齐康，1982）。

1988 年，受老师启发，我在《建筑师》撰文尝试将历史上的城市设计概括成两种价值取向和方法不同的类型，即"自上而下"和"自下而上"，抑或"有规划的"和"无规划的"城市（王建国，1988）。所谓"自下而上"，是指主要遵循自然气候、地理、物产、在地性的经济活动和居民意愿等条件，遵循有机体的生长方式，通过若干个体建筑的经年累积和叠合方式来建造城镇的方法。此方法以直观朴素的功能合理、自给自足、适应社会经济、社区生活和地域自然条件为基本要点。城镇呈现的特征是不同年代、不同风格的建筑并存共生，是一种类似城市博物馆的结果。"自上而下"则主要指按社会高阶位决策者的意愿和理想模式来设计建设城镇的方法，通常它以一种人为的规划控制手段使其实施，这种方法有一套反映决策者构想的理想境界，行政和宗教因素常会通过规划设计引导控制的途径驾驭城镇建设和发展，因建设可利用的社会资源较多，故按此建设的城镇规模一般较大，形式完美度较高。比较而言，"自下而上"的城市设计和建设过程较多反映公众个体的意象叠加，比较偏情。"自上而下"城市设计和建造过程则重在体现社会组织的特点和当局决策者的意志。因其常是少数人制订标准而要求社会多数人执行，故更多地体现了理性和秩序观念。

总体说，工业革命前的城市规划和城市设计（Civic Design）在专业研究和工作实践对象上基本接近，并附属于建筑学。18 世纪以后，由于新的社会生产关系的建立和采用、新型交通和通讯工具的发明，建筑工业化发展，致使新的城市功能和运转方式产生，城市形态亦发生了巨大的变化，正如著名学者弗兰普顿所言："在欧洲已有五百年历史的有限城市在一个世纪内完全改观了。这是由一系列前所未有的技术和社会经济发展相互影响而产生的结果"。现代建筑大师柯布西耶甚至认为人类已经进入了一个机器时代，"建筑将成为工业化的产物，像汽车或者熨斗一样被设计和制造出来"。而这种与之相关的标准化和批量生产恰恰是今天全球城市建筑"特色危机"的主要根源。

随着城市化进程的加速，城市的社会结构和体制产生巨大的变化，加之近代市政管理体制的建立和逐渐完善，使得传统的基于视觉美学原则的设计和规划不再适用，客观上要求探索新的规划设计理论。与此同时，早期粗放的工业化和城市化模式也产生了负面效果，城市出现的人口空前集聚和数量无序增长，产生了严重的环境污染、交通拥堵、环境质量急剧恶化及其相关的致命性传染病流行等一系列城市问题。例如伦敦城市无组织的蔓延产生了大批无家可归的穷人以及城市边缘地带质量低劣的住宅。现代城市规划正是在这种新的历史形势下应运而生，并成为驾驭城市发展的一种新生力量，为国家和政府权力机构所利用。作为人们观念和历史的部分延续，工业革命之初的城市规划仍然较多偏重物质空间形态以及相关联的工程技术；到了 1960 年代，城市规划学科的重点渐渐从偏重工程技术转向对经济发展和社区规划的关注；1970 年代以后，城市规划已经演化到经济发展、工程技术与社会发展的三位一体。新世纪以来，城市规划更是综合了经济、技术、社会、环境四方面的内容，追求的是经济效益、社会效益、环境效益三者的平衡。也即，今天的城市规划应由经济规划、社会规划、政策确定、物质规划四方面组成，效率、公平和环境是其依循的基本准则。科学性、前瞻性、整体性是规划的本质属性，协调是核心关键词。

而在现代城市规划日益更多关注宏观城市社会、经济和环境发展的背景下，物质形体空间中宏观规划和具体建筑建造之间就产生了一些首尾不相顾的问题。按照哈佛大学教授 Alex Krieger 的观点：城市设计的现代概念来自 20 世纪中叶人们对城市边缘无序蔓延和历史城市中心区衰颓的关注，目标是探寻各个单一学科建筑学和城市规划之间的"公共领域"，以应对那些超出单一学科能够解决的复杂问题。如此，那些与城市社会、人文和艺术属性营造及与协调建筑密切相关的城市空间形态、街道、广场等特色环境就逐渐成为城市设计所要关注的主要客体。但是，现代城市设计不再局限于传统的空间美学和视觉艺术，而是在对象范围、工作内容、设计方法乃至指导思想上有了革命性的发展。城市设计不仅要考虑城市规划和建筑物设计建造之间的协调关系，同时也要以"人—社会—环境"为核心的城市设计的复合评价标准为准绳，综合考虑各种自然和人文要素，强调包括生态、历史和文化等在内的多维复合空间环境的营造和创造，提高城市的"宜居性"（Livability）和人的生活环境质量，从而最终达到改善城市整体空间环境与景观之目的。亦即，城市设计特别关注的是城市环境是否具有内涵和品质。协调性、过程性和创造性并举是城市设计的核心特征。城市设计既不单纯是城市规划的一部分，也不是扩大的建筑设计；城市设计致力于营造"精致、雅致、宜居、易居、乐居"的城市，同时也致力于构建历史、今天和未来具有合理时空梯度的环境，而所有这些都是现今主要关注发展属性的城市规划与主要关注个体创造和业主要求的建筑设计所难以做到的。

城市设计师从专业训练的背景看，主要来自建筑学、城市规划和风景园林学。很多建筑学背景的学者认为，既然城市设计被赋予城市空间乃至整体形态赋形的任务，那接受建筑学的训练就是必不可少的。吴良镛院士认为，城市设计应该成为建筑师了解和部分掌握的当然领域，齐康院士则认为"不懂得城市的建筑师不是一位完整的建筑师"。国外也有很多学者有类似的观点，亦即认为具有城市意识的建筑师（Urban-minded Architect）可以承担城市设计的主要工作。20世纪世界建筑大师柯布西耶一生曾经从建筑师视角对城市设计做出过很多创新设想，也曾勾画过大量城市设计草图；美国著名建筑师沙里宁甚至认为，"城市设计基本上是一个建筑问题"。一些城市规划者则认为城市物质规划中的很多问题虽然不是建筑师能够对付的，但是规划中一些日常问题，如社区、交通稳静化、邻里感和发展包容性等，通过城市设计概念去形象地表述会更加人性化、更易于为公众所理解，而不仅仅是抽象的概念。

笔者认为，城市设计既然涉及城市的形态和形象、社区和场所营造、宜居城市环境，在中国还涉及较多的城市设计实施机会，因此，城市设计师应具有一定的社会、人文和艺术禀赋和修养，同时基本的工程知识是必不可少的。这样的综合素质恰好可以通过以建筑师培养为主的训练所获得，但也并不排斥其他专业背景的研究者可以从事城市设计综合理论和概念性的研究。城市设计除了包括设计形态和空间要素对象，某种程度上也关乎社会组织构成方式和社会文化风尚，因而与改进城市人居环境的空间质量和生活质量的目标有关。

因此，传统建筑学科领域的拓展应在城市设计层面上得到突破和体现，进而"以城市设计为基点，发挥建筑艺术创造"（吴良镛，1999）。荷兰建筑史家仲尼斯教授曾经说，如果每一幢建筑都具有比较高的质量，且每一个开发项目都是好项目，则无需自上而下的设计建设控制，整个环境会自然而然地成为良好环境，然而几十年来的经验和事实足以证明这并没有发生，自由市场"看不见的手"造成了相反的情况。所以，仅仅依靠建筑师是无法形成良好环境的。今天的建筑设计早已离不开城市的背景和前提，建筑师眼里的设计对象不仅仅是建筑单体本身，而应是"城市空间环境的连续统一体（Continuum）"（国际建筑师协会，1980），"是建筑物与天空的关系、建筑物与地面的关系和建筑物之间的关系"（培根等，1989）。亦即，城市设计要求建筑创作在城镇建筑环境垂直层面的承上启下、水平层面的兼顾左右、内涵层面上的个性特色表达与整体和谐方面有所作为。城市设计方面知识的欠缺，会使建筑师缩小行业的范围，限制他们充分发挥特长。

近二十年来，我国建筑专业领域开始逐步从单一建筑概念走向了对包括建筑在内的城市环境的考虑，而建筑与城市设计的结合正是其中的重要内涵。随着我国城市发展进程的加速，广大建筑师开始认识到传统建筑学专业视野的局限，进而逐步突破以往以狭隘的单体建筑物为主的设计而扩大为环境的思考。许多建筑师在自己的实践中开始了以建筑设计为基点、"自下而上"的城市设计工作；城市规划领域则从我国规划编制和管理的实际需要，探讨了城市设计与法定城市规划体系的关系，并认为城市规划各个阶段和层次都应包含城市设计的内容。

国内较大规模和较为普遍的城市设计实践研究出现在1990年代中期。一个时期的广场热、步行街热、城市轴线热、滨水开发热、公园绿地热等反映了中国的这一城市发展阶段对城市公共空间的重视。通过这一过程，我们的城市建设领导决策层普遍认识到，城市设计在人居环境建设、彰显城市建设业绩、增加城市综合竞争力方面具有独特的价值和功效。近年来，中国城市建设和发展更使世界为之瞩目；同时，城市设计理论、概念和实践研究有了更加广泛的国际参与并使其设计理念不断进步。就在这一时期，国内先后出版了《广义建筑学》、《城市建筑》、《现代城市设计理论和方法》、《城市设计》、《城市设计概论》、《城市设计的机制和创作实践》和《城市设计实践论》等论著；翻译出版了国外一些城市设计名著，如西特（C. Sitte）、雅各布斯（J. Jacobs）、舒尔茨（N. Schulz）、培根（E. Bacon）、林奇（K. Lynch）、巴奈特（J. Barnett）、琼·朗（Jon Lang）等学者的城市设计研究成果。另一方面，探讨中国城市设计理论、方法和实施特点、研究城市建筑整合一体化等方面的论文也日渐增多，特别是在城市设计与城市规划的协同实施、数字化城市设计技术方法、城市设计工程案例研究和本土建筑创作等方面取得具有显著中国特点，并可以与世界先进水平比肩的成果。

中国城市设计历经二十多年的磨砺和探索，终于在今天的城市建设中取得了重要的地位，并由于其突出的三维形象特征而逐渐成为人们的关注热点。周干峙院士在《人居环境科学导论》一书序言中，曾在总结中国人居环境科学思想的形成与发展时认为，拓展深化建筑和城市规划学科的设想在以下三个方面已经成为现实，其中之一就是"和建筑、市政等专业合体的城市设计已不只是一种学术观点，而且还渗透到各个规划阶段，为各大城市深化了规划工作，也提高了许多工程项目的设计水平"（吴良镛，2001）。

我对城市和建筑相关性的认识是从大学开始时的。1978年我考入南京工学院建筑系学习，当时国内的建筑实践和市场还十分有限，课程主要是按照功能设置的建筑单体设计，所关联的周边环境有限，也不是学生作业成绩评定的重点。但毕竟当时有了改革开放的机缘，国内逐渐开始出现了一些全国性的建筑设计竞赛，如全国中小型铁路旅客站站型设计竞赛、影剧院设计及城市地标物竞赛等，建筑系当时也有一些老师，如杨文俊、黎志涛、吴明伟等经常获奖。不久，国际性竞赛也开始进入国内，南京工学院建筑系曾经先后参加了日本东京国际会议中心和香港顶峰（Peak）俱乐部的国际竞赛，这些项目都开始涉及真实城市环境因素，从而就有了城市问题分析和城市设计策略的考虑。当时，我曾经片段观摩了前辈教授的设计工作，以当时的知识积累和专业基础，我还是觉得有些分析不太能看懂。

1982年，我进入硕士研究生学习阶段，师从刘光华、张致中、钟训正和许以诚教授导师指导组，这时全国建筑界开始对城镇建筑环境有了更深刻和更广泛的认识。1980年代初，《世界建筑》和《建筑师》杂志联袂在北京举行了大型系列学术讲座，刘教授当时做了关于"建筑·环境·人"的学术讲座，语惊四座。因为他从国外调研的大量建筑案例中感悟到当代的建筑设计已不再是孤立的设计，而是和环境、人的行为互动的产物，必须考虑综合的环境文脉和社会因素。恰逢其时，导师又安排我们做了几个与城市环境密切相关的建筑设计，其中之一是与顾大庆、徐雷及高我们一届的丁沃沃、单踊、范思正、黄平、陈欣等合作做金陵饭店东南侧面对新街口广场的商场设计，做的过程中调来了金陵饭店原来的设计图纸，研读后发现这块沿街的场地走向与饭店主体建筑的格网轴线有角度的偏

移，并非原先所想象的平行关系，加之建筑位置临街，设计难度不小。于是，大家动了不少脑筋将新的设计有机嵌入到场地环境中去，今天想来，当时虽然国内还不知"城市设计"这一词语，但设计考虑以及着重解决的也就是城市设计的问题。

1985年底，到建筑研究所师从齐康教授攻读博士学位是我后来与城市设计结下不解之缘的关键起点。齐先生对城市问题的敏感和高瞻远瞩，使我进一步明晰和充实了对城市的认识。此时，研究所承接了建设部"七五"重点城镇建筑环境的科研课题，齐老师嘱咐我负责其中的小城市试点研究工作。在城市遴选中，正好遇上江苏省常熟市建设委员会邀请我们参与新城区发展规划设计的机会，于是，我们就以常熟案例研究作为课题攻关的突破点。在围绕城镇建筑环境（Physical Environment）的文献研究中，我们慢慢发现其在国外主要应对的专业领域就是城市设计（Urban Design），于是齐先生当即决定就以此作为博士学位论文研究的选题，这在当时尚属开拓性的工作。1989年，我完成了题为《现代城市设计理论和方法》的博士论文，其后又根据学界前辈李德华、陶松龄、蔡镇钰等答辩专家意见修改并作为学术专著于1991年出版，受到广大读者，特别是专业人士和高校相关专业师生的一致肯定。该书于1996年台湾购买版权发行繁体字版，2001年经整体修改扩充后出版简体第二版，至今总印数达30000余册。《现代城市设计理论和方法》在中国首次构建了较为完整的现代城市设计理论和方法体系，提出了基于"型"、"类"、"期"概念的"城市形态—城市设计"分析理论；并在学术界首次提出城市设计是一个由"设计探寻过程"与"参与性决策过程"共构的"双重过程"和"相关线—域面"空间分析方法。其后，我日益体会到城市设计是一门实践性很强的专业工作，如果没有理论联系实际的案例研究和应用理论知识普及，城市设计很难取得实效。于是，我有了再写一本城市设计书的想法，1999年《城市设计》最终付梓，出版后不仅成为高校主要的专业参考教材之一，而且成为不少省市城建市长班和区、县长班的培训教材。2004年出版《城市设计》第二版，2011年又出版了第三版，至今三版总印数为33600册。上述论著先后经多位院士、工程设计大师和教授审读，认为是"国内最为系统、完整和最具原创成分的城市设计成果"。论著先后两次获得江苏省优秀图书奖。

期间，我也主持和参加完成了五十多项重要的城市设计和建筑设计项目，包括位于北京奥林匹克综合文化区的国家重大工程中国国学中心、2010年上海世博会场地规划设计竞赛方案、南京金陵大报恩寺遗址公园规划设计、四川绵竹广济镇中心区公共建筑群等项目实践和国际竞赛，先后获得两项国际奖和多项国家和省市优秀

规划设计奖，项目曾先后在广州、南京、杭州、无锡和常州等城市专家评审后由城市政府批准实施，得到了社会的广泛认同。城市设计和城镇建筑环境设计的研究成果曾获得教育部自然科学一等奖、教育部科技进步二等奖、全国优秀规划设计奖和省级优秀工程设计奖等奖项。

建筑设计领域的研究也一直持续开展。事实上，建筑设计是我的本行和专业基础。当我 1978 年考进南京工学院建筑系，首先学的就是建筑设计。在建筑系一以贯之的"严、实、活、透、硬"教学思想熏陶下，建筑领悟和设计能力逐步提高。除了当年以建筑类型从小到大、从易到难的设计课题的系统学习，我接触建筑工程最深的就是住宅综合设计，记得当时作业要求完成全套工程技术图纸，包括建筑结构简单计算及结构布置。硕士研究生阶段参与了南京金陵饭店商场建筑设计和无锡太湖饭店等建筑方案设计。从中我感悟到讨论和争执对于建筑设计发展深化的重要性，好的设计其实是在多元路径优选中最终凝练的结果。1985 年，我进入建筑研究所师从齐康院士攻读博士学位。研究所一直致力于探讨中国建筑设计的地域性和文化性问题。齐院士是中国第二代建筑师中的佼佼者，创作了福建武夷山庄、中国共产党代表团梅园新村纪念馆、侵华日军南京大屠杀遇难同胞纪念馆等著名建筑，在国内外建筑界具有重要的学术影响，他对城市建筑整体性的倡导和设计创新思维使我逐渐建立了建筑设计的环境意识。在研究所担任所长助理和副所长期间，我先后跟随齐先生参加了河南博物院、冰心文学馆、江苏国税大厦、南京邮政指挥中心、南京鼓楼医院急救中心、南京仪化大厦等建筑设计，并担任了冰心文学馆的建筑专业负责人和江苏国税大厦的工程负责人。

1997 年我转入建筑系分管科研工作并在设计创作方面继续探索，并在博览建筑、校园建筑、工业建筑等方面的设计创作、产业遗产保护再生、既有建筑改造利用等方面取得成果并获得了一些全国和省级优秀设计奖。我先后主持完成了包括四川绵竹广济镇文化中心和便民服务中心、盱眙大云山汉墓博物馆、镇江北固山佛祖舍利陈列馆、江宁博物馆、浙江龙泉夏侯文大师馆、盐城中学新校区、盐城卫生职业技术学院、淮阴卫生职业技术学校、东南大学九龙湖校区公共教学楼、南京 7316 厂厂房改造和环境设计、南京压缩机厂建筑保护和功能提升改造设计、扬州市北门遗址保护规划设计在内的一批建筑作品。作为项目主创设计师之一，先后完成中国国学中心、冰心文学馆等作品。同时在建筑创作领域发表一批论文，出版《安藤忠雄》、《阿尔瓦罗·西扎》等论著和《建筑师的 20 岁》译著。

作为一位在高校从事建筑设计的建筑师，自己感到建筑设计的经历并不平坦，科研和课堂教学讲的主要是设计原创和真理性的设计原则，而真实的建筑设计常常是政治、经济和社会资本运作驱动下的妥协产物，探求高雅建筑文化并希冀引领进步的抱负在现实屡屡受挫。同时，高校老师在操作需要多工种协同配合的大型公建、或具有特殊功能要求的复杂建筑类型等方面，与大院专业建筑师相比明显欠缺。一则是因为专业和业余终究是有差别的，二则建筑必须依靠权力、资本等形成的系统性架构去实现，而这一点对于高校建筑师的近乎单打独斗与设计院体系内专业操作还是有距离的。因此，我后来将主要实践对象逐渐聚焦在校园建筑和中小型文化建筑两大类，实际感觉还能够基本把握。

1990 年代中期，我在参与国家自然科学基金委学科发展战略研究做文献检索时，蓦然察觉正当中国新建设如火如荼之时，国外学术界已经在关注前工业时代产业遗存的去留问题，"产业遗产"（Industrial Heritage）、"棕色地带"（Brown Field）、"模糊地段"（Vague Terrain）和"适应性再利用"（Adaptive-reuse）等成为国际建协大会和建筑学术界时常论及的热门话题。于是，我随即开始组织研究生开展工业建筑遗产保护和再生的研究，完成了对国内外一系列经典案例的建模解析研究，提出了适应中国国情的改造策略和方法。2007 年相关课题获得国家自然科学基金项目资助。之后，我在"既有建筑保护技术研究"科技部支撑计划项目基础上，将研究领域拓展到城镇既有建筑和遗产保护再生领域，建立了包括产业类、文化类和住宅类等多种遗产建筑类型的综合价值评估标准和定量评估方法，研制出既有建筑更新保护可视化技术软件并获得著作权；实践方面则完成了北京焦化厂地区规划、唐山焦化厂改造再利用研究、杭州重型机械厂更新改造、南京 7316 厂、南京压缩机厂、常州市大成三厂等项目案例的示范应用研究。2002 年，我应邀参加 UIA 柏林大会并做成果展览；在第四届世界城市论坛等重要国际学术会议做相关的大会报告；2008 年，进一步在理论和方法层面上做出凝练集成，出版《后工业时代产业建筑遗产保护更新》专著。2011 年牵头获准针对建筑遗产保护主题的国家自然科学基金重点项目和科技部"十二五"支撑计划项目资助。相关成果获得 2012 年中国高等学校科学研究优秀成果奖（科技进步奖）一等奖。

近年来，时有友人建议我将关于城市和建筑设计研究成果整理归纳出书。对此我一直心存忐忑：我虽然出版过几本专业书，也赢得了学术界和社会的良好反响。但回想起来，那些书都是积累了多年的研究成果。现在有些出版社走市场道路，导致很多不考虑读者需求而大量掺水的专业书籍滥竽充数。自己一直觉得出版学术类书是一件很慎重的事，没有自己的学术观点、没有充实的内容和专业养分对不起读者。近来我一直在思考，这部基本上反映个人学术思想和实践成果的书怎么架构、怎么去写？经审慎考虑，最后我还是决定出版一本综合反映分类研究成果的论文和工程实践案例的集子，其中核心理念是我多年来信守的"传承—扬弃—探新—超越"宗旨。传承、扬弃、探新三点是书中必须反映和努力达到的，超越是学术研究最终希冀达到的理想，指的是探新成果得到业界的认同，并优于先前的理论、概念及技术方法等，是一个知识新陈代谢的过程。多年来，我们在城市设计方法和遗产建筑保护再生等领域一直努力在探新基础上争取有所成就，今天仍然在坚持中。

本书架构分论述和案例研究两大部分。论述部分按照综论篇、传承篇和探新篇三方面来安排，主要反映了近三十多年来我学术思想的成长过程，回望论文中表达的思想观点和学术见解，早期的比较青涩、新锐甚至有点愤青，后来慢慢沉稳下来并更加注意实证研究的支撑；已出版的论著对学术界产生过一些影响并有较多的收录和他引；相关成果也曾经在国家自然科学基金委建筑学科战略研讨会、中国科学院学部会议以及清华、北大、同济等许多场合做过报告，并在美国麻省理工学院（MIT）、佐治亚理工大学（GIT）、科罗拉多大学丹佛分校（UCD），英国伦敦大学学院（UCL），法国巴黎拉维莱特建筑学院做过学术讲演。案例部分分为城市设计和建筑设计两大类，遴选主要从其是否具有研究意义和价值的角度安排，其中部分作品因其具有一定的创新性曾经获得过国内外一些奖项，希望读者能够从中获得些许参考启示。

我深知，我能够观察、涉及、研究并实践的城市建筑领域主要还是城市物质形体空间及其建筑环境。新世纪以来，建筑学科在世界性对可持续发展的关注、数字技术发展以及当代艺术思潮流变的共同影响下，产生了很多新的概念、新的理论和新的方法，即使是经典的功能理论、建造方法乃至构图原理也有了新的突破。这种扑朔迷离、此起彼伏、分分合合的年代，蕴含着建筑学发展的持续活力和发展能量，我庆幸能够成长在这样一个既有诸多前辈名师指点、又有很多专业研究和实践机遇的年代。

为此，我由衷感谢所有在我专业成长中给予教诲、帮助、支持和协助的老师、同学、朋友、青年学子和家人。感谢东南大学出版社的徐步政、孙惠玉老师，感谢工作室全体同仁和同学，特别是姚昕悦为本书的资料整理、编撰和校对等付出了辛勤劳动。

是为前言。

参考文献

[1] 国际建筑师协会.1980. 马丘比丘宪章[J]. 陈占祥，译. 建筑师，(4):252-257
[2] 培根，等.1989. 城市设计[M]. 黄富厢，朱琪，编译. 北京：中国建筑工业出版社：36
[3] 齐康.1982. 城市的形态[J]. 南京工学院学报，(3):14-27
[4] 王建国.1988. 自上而下，还是自下而上——现代城市设计方法及价值观念的探寻[J]. 建筑师，(31):9-15
[5] 维特鲁威（古罗马）.2012. 建筑十书[M]. 罗兰英，译. 北京：北京大学出版社：69
[6] 吴良镛.1999. 广义建筑学[M]. 北京：清华大学出版社：166
[7] 吴良镛.2001. 人居环境科学导论[M]. 北京：中国建筑工业出版社：10

王建国
2013 年春

Preface: On Cities and Buildings

This volume begins with juxtaposing cities and buildings, which is attributed to the fact that, for many years, my research, teaching and practice have been related to this approach. One can compare city to an organism, whereas I compare the city to a tree with the road system and infrastructure of the city as the stem and buildings the leaves, the smallest units consisting of a big tree. The spatial forms of a city are characterized by the complementary and symbiotic relation between urban forms and building forms, which, through visual senses and behaviors of people, can be perceived. Therefore, viewing and reflecting the relationship between a city and its buildings from a visual vertex has always been one of my favorite things whenever visiting a city. Ever since the first time I went to the United States in January 1991 as a visiting scholar, I have accumulated every opportunity of viewing a city on its dominant point, with my footprint covering the Empire State Building and World Trade Center in New York, The Seals Tower in Chicago, The Rockefeller Center in New York, the Eifel Tower in Paris, the Sydney Tower and Kaknas TV Tower at Stockholm, the Oriental Pearl TV Tower in Shanghai and Nanjing Zifeng Tower. From these observations, I perceived the complex and confusing relationship among urban structure morphology, road network systems, density of urban spaces, texture of neighborhood buildings and landmark buildings, which are realities juxtaposed in synchronous dimensions as well as montages embodied in abundant historical messages and stories of evolving urban forms in diachronic dimension.

In people's minds, urban environment is perceived as composed of numerous buildings gathered together by certain planning and organization, as opposed to the concept of rural environment perceived as less buildings massing with dispersed layout. In ancient times, the forms and images of city and countryside that people recognized were clearly marked off by ramparts. However, a city is actually human habitat compromising people, society and dwellings, immersed with historical and cultural information.

No one can escape from the intricate association with his or her surroundings and the society that he or she belongs to, even if viewed from the perspective of perception through common visual and behavioral approaches. Perceived from daily life, the exterior spaces, roads, squares and green spaces of the neighborhoods in towns and cities, as well as their land use patterns and spatial structures, have always been related to buildings that shape these spaces. When experiencing the city of Beijing, as an imperial capital, people are most commonly attracted by its magnificent groups of palace buildings, the central axis of the city, and such natural water bodies and landscapes as the Beihai Park, Zhongnanhai and Shichahai, as well as the layouts of numerous courtyard houses, streets and lanes, and Hutongs. At the same time, their curiosity and interest on the characteristic street life and cultural customs of traditional Peking are always aroused. People that have ever visited the ancient city of Nanjing feel impressive on relics of the period of Six Dynasties, the city walls of Ming Dynasty and many major buildings and boulevards completed in the period of the Republic of China as well as traditional civic life at Confucius Temple district. If they have the chance of climbing up to view from bird's eye and overlook the skyline, they will further their recognition towards the spatial environment of the city consisting of the vast Yangtze River and the hilly landscape of the Purple Mountain in more holistic and comprehensive way. Such unique city patterns and characteristic landscapes perceived by visual and lived experiences are the outcomes of people's pursuit for thousands of years for ideal human habitat and its constant improvement.

From the perspective physical space morphology, there is obvious commonality or intersections between design of cities and design of buildings. According to cursory examination, cities and construction of buildings have always been inseparable, which can be seen from earliest cities shaped in Mesopotamia civilization 6000 years ago, or the cities formed during the very first civilization in China, or the Aztec civilization of its cities in America. Since there were fewer inhabitants and relatively smaller scale in city construction at that time with relatively simple functions, the objects of planning and its representations were associated with the arrangement of building entities, leading to formation of the paradigm of urban morphology. For example, in the 11th century BC in China, based on ethical modes, *State Building System* was formed on the forms, scales, roads, etc. of city construction, which read:" The capital city built by masters covers the area of nine square miles. There are three gates on each of its four sides; there are nine north-south roads and nine east-west roads within the city; the roads are 9 tracks wide; Outside the palace, the ancestral temple lies on the left and the infield altar on the right; in front of main hall in the palace is the court and behind the north hall the market. Every market and every court cover the area of one hundred square paces". According to this system, the numbers "three" and "nine" imply "numbers for lucky signs" derived from *The Book of Changes*. Placing the court on the center, respecting ancestors and valuing agriculture, and the clear and regular road network showed the ideal mode of cities with hierarchy and order, presenting equilibrium and stability, which deeply influenced the practice of urban design for the following dynasties, especially the design and construction of capital cities, provincial cities and prefectures. In the West, some scholars also recognize that most cities in the Mediterranean areas were developed from the layout pattern of Roman Castra. During the subsequent evolvement, they were influenced by Christian, Islamic, Renaissance, baroque and modernist cities, presenting "harmonious but different" among them, which means that such elements as layout patterns, metric structure and typology have always been intact with the ancient cities. This fact is proven by numerous drawings depicting city forms inherited from different historical periods at home and abroad. "The Great Plan of Rome" (the well-known "Nolli Map") completed by Giovanni Bastista Nolli in 1748 is of great academic value. Although with two-dimensional format, it was the most accurate map at that time. He organized survey covering the area of 8 square miles, including hilly areas, farms, vineyards, monasteries, and ancient relics that formed the territory of Rome. Showing the fabric and organization of the relationship between various city forms and the forms of public buildings in Rome, the map makes it possible to integrate the forms of city and buildings as a whole.

The design of city and buildings are also inspired and regulated by such elements as natural terrain, climatic conditions and local resources. Two thousand years ago, in China, *Guan Zi – Cheng Ma* (means economic planning) observed in a scientific manner that "every capital city shall not be located on the foot of a mountain but near the vast river; the height of the city shall not close to dry areas so that the water resources will be sufficient; the lower part of the city shall not

be close to lowland so that the construction of trenches can be saved. It shall make use of natural resources and take advantage of local terrain. Therefore, the construction of the city does not necessarily obey the rules of squares and circles and the roads not satisfy the straight yardsticks." This implies that in selecting of the site for construction a city, local conditions shall be considered with appropriate height in terms of topography. The water resources shall satisfy living requirements and the defensive needs of trenches without the threat of flooding. I have researched the city of Changshu, Jiangsu Province. At its initial stage, the city moved from Fushan Town along the Yangtze River in Tang Dynasty to the gentle slope on the east side of Yushan Mountain. Afterwards, the natural water system was utilized as the moats and the Qinchuan Canal was dug. The walls around the city were erected and the city was constructed to replace the hill, forming the layout of the city as "the seven creeks leading to the sea and half of ten square mile mountains entering the town". The idea of urban design proposed by Guan Zhong was achieved here, exemplifying the evolution of Chinese ancient cities in a "bottom-top" manner according to local conditions. In the West, there is also tradition in terms of constructing cities according to local conditions. The only encyclopedia on architecture survived over two thousand years in the western world is *On Architecture* by Vitruvius. The First Book addressed the basic principles of architecture and the layout of cities. In a systematic manner, Vitruvius addressed such issues as climate, orientation, topology, street organization and public spaces related to city locations. He argued that in locating the city walls, "hygienic places shall be chosen for construction with higher altitude, not windy, not subject to mist, with appropriate orientation and temperature,"(Vitruvius, 2012) which is similar to the theory for constructing cities of Guan Zi. Many Mediterranean cities in Europe, such as hilly towns in Toscana, Italy, are of great esthetic value due to perfect integration of building forms, natural terrains and urban life. Being described as "Picturesque Town", they are now still the important samples in the research field of world urban history.

As an academician, Qi Kang, my mentor, conducted systemic research on urban morphology through case studies in early 1980s, published incisive treatise on the elements that affected the evolution of city forms, and constructed two sets of agency systems as man-made and natural (Qi Kang, 1982).

In 1988, inspired by my mentor, I published an article in *The Architect* in an attempt to further summarize urban design during different historical periods as two types with different values and approaches, i.e. "bottom-up" and "top-down", or "planned" and "unplanned" cities (Wang Jianguo, 1988). The so-called "bottom-up" refers to the approach in accordance with the conditions of natural climate, geography, resources, local economic activities and residents' willing and following the growth patterns of organism to build a city or town through the accumulation and juxtaposition of several individual buildings over time. It is characterized by intuition and simplicity, reasonable functions, self-sufficiency, adapting to social economy, community life and regional natural conditions. The traits of such cities are coexistence and symbiosis of buildings constructed in various times and with diverse styles, an outcome similar to a museum of the city. "Top-down" refers to the approach in accordance with the willing of decision-makers that owns higher status and ideal modals in designing and constructing a city or town. It is usually achieved by means of artificial planning and controlling instruments, reflecting the ideal world conceived by decision-makers. The construction and development of cities and towns is controlled by administrative and religious elements by means of instruction and regulation of planning. Owing to more available social resources for construction, the scale of such towns and cities are greater with higher level of perfectionism in terms of forms. In comparison, "bottom-up" approach of design and construction for cities shows more of the juxtaposition of the images of individuals of general public, inclining to emotion. "Top-down" approach shows more of the characteristics of social organizations and the will of decision-makers. The fact that its standards are set by the minority and that they are implemented by the majority of the society represents, to a greater extent, the idea of rationality and hierarchy.

In general, city planning and civic design in pre-industrial era was quite similar in terms of research field and object of practice, both affiliated to architecture. After 18th century, due to the establishment and introduction of new social relations of production, invention of new transportation and communication facilities, and the development of building industrialization, there emerged new urban functions and their operations, with huge changes in urban forms, as the well-known scholar Frampton's words, in Europe, the constrained cities that lasted for five hundred years changed within one century, which was the result of the interaction between a series of unprecedented technologies and the development of social economy. Le Corbusier, the master of modern architecture, even deemed that the human being was entering a machine age, buildings will be the product of industrialization, and designed and produced like cars or irons. The associated standardization and mass

production was just the main causes of the "identity crisis" of buildings in global cities nowadays.

With the acceleration of the process of urbanization, there were huge changes in terms of social structure and systems in cities. Added by establishment and improvement of modern municipal management, the design and planning based on traditional principles of visual esthetics were not applicable any more, appealing new planning theory externally. At the same time, negative effects generated from extensive modes of industrialization and urbanization in early period, with unprecedented accumulation and disorderly growth of population in cities, resulting in a series of urban problems such as severe environmental contamination, traffic jams, and quick deterioration of urban environment as well as related vital prevalence of infectious diseases. For example, the disorganized urban sprawl in London resulted in large amount of homeless, poor people and housing of low quality at urban fringes. It is in this new historical situation that modern urban planning emerged as the time required and became a new force to control the development of cities, which was adopted by state and administrative authorities. As part of continuation of history and people's conceptions, urban planning at the beginning of the industrial revolution was still inclined to the forms of physical spaces and related engineering technologies. Up to 1960s, the emphasis of the discipline of urban planning gradually shifted from engineering and technology to the planning of economic development and community. After 1970s, urban planning evolved to the triad of economic development, engineering and technology, and social development. Upon entering the new century, urban planning integrated four aspects of economy, technology, society and environment, in an attempt to achieve equilibrium among economic benefits, social benefits and environmental benefits. In other words, urban planning today consists of four components of economic planning, social planning, policy determination and physical planning, conforming to the basic principles of efficiency, equity and environment. The essential attributes of planning are scientificalness, foresight and integrity, with the core keyword as harmony.

However, in the context of increasingly focusing on urban development in terms of society, economy and environment from a macro perspective in modern urban planning, there are some discrepancies emerged between macro planning and concrete constructions in the material physical spaces. According to the viewpoint of Alex Krieger, professor of Harvard University, modern conception of urban design derives from the concerns on the disorderly sprawl of urban fringes and the deterioration of historic city centers in the mid 20th century, with the aim of searching a "public sphere" that bridges individual discipline of architecture and urban planning, in order to address the complicated problems beyond the scope that any individual discipline can solve. In doing so, such environmental characteristics as urban spatial forms, streets, and squares that associated with the establishment of attributes of society, humanity and arts in cities as well as harmonization of buildings became the main objects of urban design. Nevertheless, modern urban design has no longer been limited within the scope of spatial esthetics and visual arts. Instead, there have been revolutionary developments in terms of its scope of objects, working contents, design approaches and guiding ideology. In urban design, one shall not only consider the harmonious relationship between urban planning and the design and construction of buildings, but also conform to the multiple assessment criteria of urban design that centers on "human-society-environment", taking into account various natural and human factors. The focus shall be put on the construction and creation of multiple spatial environment in the dimensions of ecology, history and culture and improve the "livability" of cities and the quality of living environment, so as to achieve the goals of enhancing integral spatial environment and landscapes in cities. In other words, the main focus of urban design is placed on whether the urban environment is of quality and meaning. The central characteristic of urban design lies in the coexistence of coordination, process and creativity. Urban design is not just part of city planning, nor extended architectural design. Instead, urban design is dedicated to the creation of cities of "intricate, delicate, livable, accessible, and enjoyable", as well as to the construction of environment with reasonable spatiotemporal gradients consisting of history, present and future. However, all of the above can hardly be achieved through city planning that centers on the attributes of development or architectural design that focuses on individual creation and the requirements of clients.

From the perspective of professional training background, urban designers are usually come from the fields of architecture, city planning and landscape architecture. Many scholars with architectural background regard that since the tasks of urban design are to invest urban spaces and even the entire morphology with forms, training in the field of architecture is necessary. The academician Wu Liangyong argues that urban design shall become the obvious field that architects understand and partly deal with. The academician Qi Kang deems that "architects without the knowledge of cities are not perfect architects."

Many overseas scholars share similar points of view, i.e. urban-minded architects can undertake major tasks of urban design. Le Corbusier, the master architect of the 20th century, in his lifetime, created lots of innovative conceptions of urban design from the perspective of an architect and illustrated numerous sketches of urban design. Saarinen, the famous American architect, even thought that urban design is basically the issue of architecture. Some city planners think that many issues related to physical planning of a city are beyond the skills of architects, however, some routine issues in planning, such as communities, traffic calming, sense of neighborhoods, and development of inclusiveness, if described visually in the perspective of urban design, will be more easily to be understood by general public, other than as abstract concepts.

The author argues that since urban design involves the forms and images of cities, the creation of communities and places, and the livable urban environment, and in China particularly involves more practice opportunities, the urban designers shall possess to some extent social, humanity and artistic endowments and cultivation as well as basic knowledge on engineering. Such attainment can be achieved through the training focusing on nurturing architects. However, researchers with other professional backgrounds are not excluded from the research on comprehensive theory and conceptual studies on urban design. In addition to the design of forms and spatial elements, urban design also involves to some extent the formation of social organizations and cultural vogue of a society, thus relating to the goals of improving the quality of spaces of human habitats in cities and the living quality as well.

Therefore, the extension of traditional field of the discipline of architecture shall be achieved on the level of urban design as a breakthrough in order to "exert the artistic creation of buildings based on urban design" (Wu Liangyong, 1999). Professor Tzonis, the Dutch architectural historian, argued that if every building was of good quality, and every development is of good quality, there is no need for top-town design and construction regulation. The whole environment would be naturally fine. However, the experience and facts for dozens of years proved that this did not happen. Otherwise, the "invisible hand" of free market resulted in the opposite effect. Thus, architects themselves can hardly shape benign environment. Nowadays, architectural design can hardly be separated from the urban context and its prerequisites. The design objects, from the perspective of architects, are not only individual building, but rather, "the continuum of environment of urban spaces" (International Union of Architects, 1980) as well as "the relation between buildings and sky, buildings and ground and among buildings". (Bacon, 1978). In other words, urban design appeals that architectural creation shall make difference on continuation of vertical levels, careful considerations on horizontal levels, expression of individuality and characteristics on meaning levels, and harmony as whole of the built environment in cities and towns.

In recent 20 years, the architectural professional field in China shifted from the concept of individual building to consideration of urban environment that consists of buildings, with the important implication of integration of architecture and urban design. With the acceleration of urban development in China, numerous architects begin to realize the limitation of traditional field of architectural profession, making breakthrough step by step the narrow-minded design focusing on individual building in order to expand their thinking to include environment. Many architects start to conduct "bottom-up" urban design in their own practice on the basis of architectural design. According to the practical needs of planning preparation and management in China, the relationship between urban design and legal system of city planning are explored in the field of city planning, with the recognition that urban design shall be included in every stage and level of city planning.

In the mid 1990s, China witnessed large scale and widespread practice of urban design. For some time, there were booming development on squares, pedestrian malls, urban axis, waterfronts and parks and green spaces, showing the emphasis on public spaces in cities during this stage of urban development in China. In doing so, city authorities recognized the unique value and function of urban design in terms of constructing human habitats, presenting achievements of urban construction and enhancing the comprehensive competitiveness of a city. In recent years, urban construction and development in China attracted attention worldwide. At the same time, there were more international involvement in the research field of theory, concept and practice of urban design with increasing progress on design ideas. During this period, on the one hand, such books as *A General Theory on Architecture*, *Urban Architecture*, *Theory and Approach of Modern Urban Design*, *Urban Design*, *An Introduction to Urban Design*, *Urban Design Mechanism and Practice*, *On the Practice of Urban Design were published in China successively*. Research achievements on urban design written by overseas scholars, such as C. Sitte, J. Jacobs, N. Schulz, E. Bacon, K. Lynch, J. Barnett, Jon Lang, etc were translated and introduced into China. On the other hand, the numbers of thesis on the Chinese characteristics of theory, approach and practice of urban design as well as the integration of cities and buildings increased. In particular, research on coordinated implementation of urban design and city planning, digital techniques and approaches on urban design, case studies on the projects of urban design and indigenous architectural creation achieved world-class results with Chinese characteristics.

Urban design in China has experienced trial and exploration for more than twenty years, resulting in today an important status in urban construction. Its prominent characteristics of three-dimensional presentation attract people's attentions. The academician Zhou Ganzhi summarized in the preface of the book *Introduction to Sciences of Human Settlements* the formation and development of the ideas of sciences of human settlements in China. He argues that the conception of extending and furthering the disciplines of architecture and city planning has been realized in three aspects, one of which is "urban design that integrates such professions as architecture, civic engineering, etc is not just an academic point of view. Rather, it penetrates into various stages of planning, furthering planning work for different major cities and improving design standard of many projects."(Wu Liangyong, 2001)

My knowledge on the relevance of cities and buildings began form my university experience. In 1978, I was admitted by the Department of Architecture, Nanjing Institute of Technology. At that time, the practice and market for building industry in China was limited. The curriculum mainly covered individual building design with different functions, with limited association with the surroundings, which were not the focuses in assessing students' exercises. However, the opportunities owing to the reform and opening to the outside world led gradually to several national competitions of architectural design, for example, the national design competition of medium-to-small scale railway station, design competition of cinemas, and design competition of urban landmark buildings. Some teachers at the Department of Architecture, such as Yang Wenjun, Li Zhitao, Wu Mingwei etc, often became the winners of these competitions. Soon after, international competitions were introduced into China. The Department of Architecture, Nanjing Institute of Technology took part in such international competitions as the international conference center in Tokyo, Japan, The Peak Leisure Club in Hong Kong, etc. These projects involved parameters of real urban environment, resulting in analysis of urban issues and consideration of urban design strategies. At that time, I observed these senior professors' design work. I felt incapable to understand part of the analysis due to my limited knowledge and professional background at that time.

In 1982, I began my master degree study, apprentice to the supervisor group consisting of Professors Liu Guanghua, Zhang Zhizhong, Zhong Xunzheng, and Xu Yicheng. At that time, architectural circle in China began to recognize the built environment in cities and towns more profoundly and comprehensively. In early 1980s, *World Architecture* and *The Architects* jointly hosted a series of academic lectures in Beijing. Professor Liu delivered a lecture on "Buildings, Environment, People", with astonishing responses. Based on numerous case investigations on overseas buildings, he realized that contemporary architectural design was not just isolated design, rather, it is the product of interaction between environment and people's behavior, necessarily taking into account complex context and social factors. Coincidentally, my supervisor arranged several architectural designs that associated with urban environment, one of which was a shop design for Jinling Hotel. The project was located on the southeast side of the hotel, facing Xinjiekou Square. Gu Daqing, Xu Lei and higher class students who are Ding Wowo, Shan Yong, Fan Sizheng, Huang Ping, Chen Xin worked together in this project. We studied original drawings of Jingling Hotel and found that the site that went along the street deviated from the grid and axis of the main building of the hotel and not the parallel relations as expected. It was quite difficult to deal with this plot that facing the street. We tried hard to embed new design into surroundings in an organic way. Although the term "urban design" was not well-known in China then, the issues considered and dealt with as our main concern was the issues of urban design as we think today.

At the end of 1985, I began my doctoral degree at the Institute of Architecture, apprentice to Professor Qi Kang, which was the important start point for the subsequent involvement of urban design. Mr. Qi was sensitive and far-sighted to the issues of cities, which furthered and enriched my knowledge on cities. At that time, the Institute was committed research tasks on physical environment of key cities and towns, as part of "the Seventh Five Year Plan" of Ministry of Construction, among which Mr. Qi asked me to be in charge of pilot research on small scale cities. Coincidently, in the selection process among various cities, we were invited to participate the planning and design of new urban area of Changshu by Changshu Construction Committee, Jiangsu Province. Therefore, we decided to take Changshu as case study for the research task. In literature review on the physical environment of cities and towns, we identified the related professional field in foreign countries was urban design. Thus, we determined that this would be the research topic for my doctoral dissertation,

which was a pioneer work at that time. In 1989, I finished my doctoral dissertation entitled "Theory and Methods on Modern Urban Design", which was published as a treatise in 1991 after revision according to the suggestions of the examiners such as Li Dehua, Tao Songling, Cai Zhenjue, etc, who were the pioneers in this field. The book was well accepted by readers, especially professionals and teachers and students of related discipline in universities. In 1996, the copyright was sold to a Taiwan publisher to deliver a traditional Chinese character version. In 2001, the second edition (simplified version) was published after comprehensive revision and extension, with the total print run as 30,000 issues. In *Theory and Method on Modern Urban Design*, a comprehensive system of theory and approaches of modern urban design was constructed for the first time in China, proposing the analytical theory for "urban forms – urban design" based on the concepts of "prototype", "type" and "stage". For the first time in academia, it argued that urban design is a "dual-process" jointly constructed in "process of design exploration" and "process of participative decision-making" as well as the approach for spatial analysis based on "relevant line – regional facet". Afterwards, I gradually realized that as a practical professional work, urban design would not be implemented effectively without case studies that integrate theory and practice as well as the dissemination of the applied knowledge based on theory. Therefore, the idea to write another book on urban design came into my mind. Soon after its publication in 1999, the book *Urban Design* became not only one of the main textbooks and reference books for colleges and universities, but also training material for the City Cadre Class in the field of city construction in many provinces and municipalities. In 2004, the second edition of *Urban Design* was published and in 2011 the third edition, with the total print run as 33,600 issues. The above treatise was proofread and reviewed by lots of academicians, master designers and engineers, and professors and regarded as "the most systematic, comprehensive and innovative achievement on urban design in China". These books won twice Jiangsu Province Outstanding Book Awards.

During this period, I took charge of and participate in more than 50 important projects of urban design and architectural design, including such practical projects and international competitions as the National Center of Chinese Traditional Culture located at Beijing Olympic cultural complex as one of the National Major Projects, scheme for the design competition for 2010 Shanghai World Expo site planning, planning and design for Relic Park of Jinling bao'en Temple in Nanjing, the public building complex in the central area of Guangji Town at Mianzhu,

Sichuan Province. These projects were awarded two international prizes and many planning prizes on national, provincial and municipal levels. Successively, these projects were reviewed by experts of cities at Guangzhou, Nanjing, Hangzhou, Wuxi and Changzhou and proved by their municipal authorities to put into practice, receiving general acceptance in society. The research achievements on urban design and physical environment design for cities and towns won such awards as the First Prize for Natural Science by Ministry of Education, the Second Prize for Progress in Science and Technology by Ministry of Education, National Outstanding Planning and Design Award and Provincial Outstanding Project Design Award.

The research on the field of architectural design for individual building was conducted continually. In fact, architectural design is always my profession and professional basis. When I was admitted in 1978 by the Department of Architecture, Nanjing Institute of Technology, the first field I was involved was architectural design. Being nurtured by the pedagogy of "Strictness, Practice, Flexibility, Intensiveness, Rigidness" that had been persisted at the Department of Architecture, Nanjing Institute of Technology, my insight in architecture and ability on design were advanced progressively. In addition to the systematic study on project design based on various scales of buildings types with varied difficulty, the most thoroughly accessed part was the comprehensive housing design. I can still remember, at that time, the coursework requirements covered the entire series of engineering and technical drawings, including the simplified structural calculation of buildings and the structural layout. During my master study, I was involved in schemes of architectural design for the shop of Jingling Hotel in Nanjing, Taihu Hotel in Wuxi, etc. From these experiences, I realized the importance of discussion and debate for furthering and development of architectural design. Good design is actually the result of optimization of multiple choices. In 1985, I began my doctoral study at the Institute of Architecture. The Institute was always dedicated to the research on regional and cultural issues of architectural design in China. As the outstanding master among the second generation of architects in China, the academician Qi created such famous buildings as Wuyi Mountain Villa in Fujian Province, Memorial of Meiyuan New Village for CCP Delegation, The Memorial Hall of the Victims of Nanjing Massacre by Japanese Invaders, etc, posing great academic influence in the circle of architecture at home and abroad. He promoted the integrity of urban architecture and the innovative thinking in design, which raised my awareness of environment in architectural design. During the period

when I was assistant director and associate director of the Institute, following Mr. Qi, I was successively involved in the architectural design of such projects as Henan Museum, Bing Xin Literature museum, Jiangsu State Tax Bureau Building, Command Center of China Post in Nanjing, Gulou Hospital Emergency Center in Nanjing, and Yizheng Chemical Fiber Company Building in Nanjing, among which I worked as principal of architectural design for Bing Xin Literature Museum and project principal for Jiangsu State Tax Bureau Building.

In 1997, I moved to the Department of Architecture in charge of research and continued to explore in the field of creative design. My achievements covered such fields as innovative design of museums and exhibition buildings, campus buildings, industrial buildings, etc, industrial heritage protection and regeneration, transformation and reuse of existed buildings, to name but a few. These projects won outstanding design awards on national and provincial levels. Successively, I took charge of and participated in such architectural works as cultural center and convenience center of Guangji Town at Mianzhu, Sichuan Province, Han Tomb Museum at Dayun Hill at Xuyi, Exhibition Hall of Buddha Relics at Beigu Hill at Zhenjiang, Jiangning Museum, Xia Houwen Atelier at Longquan in Zhejiang Province, New Campus of Yancheng School, Yancheng Institute of Health Science, Huaiyin Vocational & Technical School of Health, Public Teaching Building at Jiulong Lake Campus of Southeast University, Plant Transformation and Environmental Design of 7316 Factory in Nanjing, Transformation Design for Building Conservation and Enhancement of Nanjing Compressor Factory, Conservative Planning for the Relics of North Gate of Yangzhou. As one of the design principals, I accomplished such works as National Center of Chinese Traditional Culture, Bingxin Literature Museum, etc. At the same time, a number of papers on architectural creation were published as well as such treatises as *Ando Tadao* and *Alvaro Siza* and translated work of *World Architects in Their Twenties*.

As an architect that works in a university as a teacher, I have a sense that my experience of architectural design is not even. What the research and lectures cover is creative design and rational design principle. However, architectural design in the real world is usually the compromise driven by the operation of politics, economy and social capitals. The ambitions of pursuing high art of architecture and leading progress are often frustrated in reality. Furthermore, compared with professional architects who work in large scale institutes, teachers at universities are not capable in handling large scale public buildings that need multi-disciplinary coordination and complicated types of buildings with special functional requirements. One reason is that there is difference between professions and avocations. The second reason lies in the fact that buildings have to be realized through systematic framework that shaped by power and capital. This is the main discrepancy existed in two different project operations, nearly working alone by university teachers verses professional manipulation in major design institutes. Therefore, the main part of my practice has been gradually focused on campus buildings and small-medium scale cultural buildings, where I feel that I am capable to handle.

In 1990s, when I participated the literature review for the strategic study on the subject development sponsored by the National Natural Science Foundation Committee, I suddenly realized that at the time new construction was booming in China, the issues of pre-industrial heritage came into focus in overseas academia. Such topics as "Industrial Heritage", "Brown Field", "Vague Terrain" and "Adaptive-reuse" became the center of debates on the conference of UIA and within the circle of architecture. Subsequently, I embarked on organizing my graduate students to conduct research on the heritage conservation and regeneration of industrial buildings and accomplished the study of modeling and analysis on a series of case studies at home and abroad, presenting the transformation strategies and approaches that adapt to Chinese conditions. In 2007, the related research was sponsored by National Natural Science Foundation. Afterwards, on the basis of the Support Projects of Ministry of Science and Technology entitled "Research on Conservation Technologies for Existing Buildings", my research field was extended to the domain of existing buildings of cities and towns as well as heritage conservation and regeneration, establishing the comprehensive assessment standards and measurable evaluation approaches for multiple types of building heritages, including industrial, cultural and housing types. The software of visualized technologies for conservation and regeneration of existing buildings was the research fruit and also authorized. In practice, such pilot projects were completed as regional planning of Beijing Coking Plant, research on Transformation and Reuse of Tangshan Coking Plant, Renovation and transformation of Hangzhou Heavy Machinery Factory, 7316 Factory in Nanjing, Nanjing Compressor Factory, Dacheng 3rd Factory in Changzhou, etc. In 2002, I was invited to attend the Berlin Conference of UIA and exhibit these achievements by poster. I was also invited to deliver related keynote speeches for such important academic meetings as the Fourth World City Forum. In 2008, my treatise *Conservation and Renovation of Industrial Building Heritages of the Post-industrial Age* was published as an integration on the level of theory and methodology. In 2011, I led the project focused on conservation of building heritages, which was granted by the National Natural Science Foundation as one of its key projects and the Support Project of Ministry of Science and Technology as one of its "the Twelfth Five-Year Plan" schemes. The related achievements were awarded in 2012 the First Prize of Outstanding Achievement Award of Research (Progress of Science and Technology) for Higher Education Institutions in China.

In recent years, some of my friends suggested me to publish my research achievements on cities and architectural design. I am in fear and trembling about this. My previous treatises were well accepted by academia and society. However, I reflect that these books piled up many years of my research work. At present, some publishers are driven by market and produce books when given money, resulting in many pseudo treatises that dismiss readers' needs. In my opinion, publication of treatise is always a serious thing. Without my own academic point of views, abundant contents and professional nutrients in the book, I would feel sorry to my readers. In recent years, I kept thinking how to frame and write this volume that mainly presents my personal academic ideas and practical achievements. After careful consideration, I decided to produce a portfolio that integrate my papers that present different types of research and the cases of practical projects, with the core belief of "inheritance - sublation – exploration – transcendence" that I have abided by for many years. "Inheritance - sublation – exploration" is the three aspects that this volume tries to present and achieve. "Transcendence" is the ideal that research is to realize, referring to the recognition of the results of exploration and transcendence beyond previous theories, concepts and technical approaches. It is a metabolism process for knowledge. For many years, we are trying hard to transcend based on exploration in the field of urban design approaches and building heritages conservation and regeneration. Now we are still on the way.

This volume is divided into two parts consisting of argumentation and case studies. The argumentation is organized into three aspects, i.e. Review, Inheritance and Exploration, presenting the process that shaped my academic thinking in recent 30 years. In retrospection, I identified that the early period was characterized by immature, sharp and cynical ideas and thinking. The later period shows stability and serenity with more support from evidence-based research. These published books posed influence to some extent on the academia and were included and cited by other scholars in many instances. The related achievements were presented in lots of occasions, such as Seminar for Subjects Strategies of Architecture hosted by the National Natural Science Foundation Committee, the Faculty Meeting Chinese Academy of Sciences, Tsinghua University, Beijing University, Tongji University and lectures at MIT, GIT, UCD, UCL and ENSAPLV, Paris. The cases are divided into two sections of urban design and architectural design. They are selected according to their research importance and value, some of which won international and national awards owing to their innovative ideas. I hope the readers might be inspired from these cases.

I recognize that the field of cities and architecture that I am capable of observing, being involved, and conducting research and practice is mainly in the material physical spaces in cities and their built environment. In the new century, influenced jointly by global concerns on sustainability, the development of digital technology, and contemporary art thought trend, there emerged numerous new ideas, theories and approaches within the discipline of architecture. Breakthroughs even emerged within the classical fields of function theory, construction methods and composition principles. This confusing, fluctuant age full of emergence and deviation implies sustained momentum of development of the discipline of architecture. I feel lucky to live in this age with both numerous senior masters for me to follow and many opportunities for professional research and practice.

Therefore, I owe extreme gratitude to all the masters, classmates, friends, young students and family members for guidance, help, support and assistance in the process of shaping my profession. I should extend my sincere thanks to Xu Buzheng and Sun Huiyu from Southeast University Press, to all the colleagues and students from WJG Atelier, especially Yao Xinyue, who worked hard for compiling the materials and editing and proofreading for this volume.

Here is the preface.

WANG Jianguo
Spring, 2013

Reference

[1] International Union of Architects.1980.Charter of Machupicchu.[J]. Chen Zhanxiang (trans). The Architect,(4):252-257

[2] Bacon E N,et al.1989.Urban Design[M]. Huang Fuxiang, Zhu Qi ((trans). Beijing: China Architecture and Building Press: 36

[3] Qi Kang.1982.The Forms of Cities[J]. Journal of Nanjing Institute of Technology, (2): 14-27

[4] Wang Jianguo.1988. "Bottom-up" or "Top-down": Exploration on the Approaches and Values of Modern Urban Design[J].The Architect,(31): 9-15

[5] Vitruvius(Ancient Rome). 2012.On Architecture[M]. Luo Lanying (trans). Beijing: Beijing University Press:69

[6] Wu Liangyong.1999. A General Theory of Architecture[M]. Beijing: Tsinghua University Press:166

[7] Wu Liangyong.2001.Introduction to Sciences of Human Settlements[M]. Beijing: China Architecture and Building Press:10

第一部分 PART 1

论　述
THESIS

A 综论篇
SUMMATION

时间
Time | 2005-08

期刊
Journal | 建筑学报
Architectural Journal

页码
Page | 5-9

1 21 世纪初中国建筑和城市设计发展战略研究

On the Mainstream and Strategy for the Chinese Architectural Research and Development in Early 21 Century

摘要：本文简要剖析论述了世纪之交世界建筑和城市设计学科发展的七大前沿研究领域和趋势，从中凝练出四方面的关键科学问题，即基于可持续发展思想的城市设计与建筑创作理论与方法、体现主流科技进步的现代城市与建筑设计技术集成和创新、基于信息数字技术的建筑学科科技平台的创新、全球化背景下中国城市与建筑设计的地域化与文化历史遗产保护。文章还结合中国建筑学科发展提出了需要优先开展研究并可能取得突破的领域。

关键词：学术前沿，发展战略，建筑学，城市设计，中国

Abstract: This paper gives a grief analysis of the discipline development and trends in seven frontier researches fields of global architectural and urban design at the turn of the century. It summarizes the key scientific issues at four aspects: theory and method of urban design and architectural creation based on sustainable development; technical integration and innovation reflecting the progress of prevailing current in modern urban and architectural design; innovation of science and technology platform by information and digit; regionalization of design under globalization; and conservation of historic culture heritage. In light of the development of domestic discipline of architecture, the author brings forward the priorities of researches possibly making breakthrough.

Key Words: Academic Frontier, Strategy for Development, Architecture, Urban Design, China

1 专题研究范围与意义

建筑学是"研究建筑物及其环境的学科，旨在总结人类建筑活动的经验，以指导建筑创作，创造某种体形环境"[①]。建筑学兼有技术科学和社会科学属性，广义的建筑学内容可以涵盖城市设计领域。从世界范围看，城市化进程的加速会带来对建筑业的旺盛需求。21世纪初的中国正处于快速城市化历史进程中的关键时期，具备比西方更优越的条件和需要来发展与开拓建筑学等体形环境学科。本篇针对建筑设计和城市设计学科提出发展战略研究建议。

2 建筑发展的简要历史回顾

史前人类聚居地的形成及其建筑一般都依从自然环境条件，如河流走向、风向、区位、环境等。其后，原始宗教一度成为主导的文化形式，东西方共有的"占卜"和"作邑"，就是一种很具体的建城和建筑营造宗教仪式。古希腊和古罗马的建筑文化对西方后来建筑发展产生重要影响，成为欧洲建筑学的渊源。

埃及产生了第一批巨型建筑，并懂得通过几何学和测量学及起重运输机械来建造城市建筑；古罗马在建造技术、施工设备及工具进步方面取得了突出成就，罗马万神庙建筑跨度达到43m，三层叠起连续拱券的输水道被认为是工程技术史上的奇迹。公元前1世纪罗马建筑师维特鲁威撰写的《建筑十书》是流传下来最早的建筑学著作，书中第一次提出"坚固、实用、美观"的建筑三原则，为后世建筑学奠定了理论基础。

中世纪城市发展相对缓慢，但城市建设在结合地形条件和建筑空间塑造等方面，通过加建、扩建取得显著成就，产生了许多优美的城镇形态及与建筑、喷泉、雕塑等有机结合的广场街道设计。

文艺复兴时期的城市设计开始注重科学性，这一时期出现的"理想城市"理念认为城市设计既应强调美观，也应注重便利，从佛罗伦萨巨富梅蒂奇家族1563年创办的艺术设计学院取代了原先的"艺术私塾"（Bottaga）到1793年的巴黎艺术学院，基本勾勒出古代建筑教育发展的脉络。

工业革命后，西方社会生产力迅速发展，城市人口、土地规模急剧膨胀，建筑功能、类型日益丰富而复杂，建筑技术也因之得到前所未有的发展，建筑中一些极限性指标，如建筑的高度、跨度等实现了自古以来的第一次历史性突破，并出现了钢铁、玻璃与水泥等新型建筑材料。在此过程中，建筑的功能日益复杂，形式与内容之间开始出现不相适应的情况。因此，建筑形式与功能关系上的传统与创新（古典复兴、浪漫主义和折中主义与现代建筑的矛盾）矛盾日益突出。经过一个多世纪的实践和发展，现代建筑最终成为建筑学发展的主流，并形成自己的建筑理论体系。其突出特征是：（1）从理论和实践上将建筑的功能作为设计与评价优劣的出发点，应用科技进步成果，提高建筑设计的科学性；（2）发挥现代建筑材料与建筑结构的技术与艺术性质，注意两者的统一；（3）将设计重点放在空间组合和建筑环境的创造上；（4）重视建筑的社会属性、大众性与经济性。

城市设计是建筑学城市层面的表达和拓展，系指以城镇建筑环境的空间组织和优化为目的，运用跨学科的途径，对包括人、自然与社会因素在内的城市形体空间和环境对象所进行的设计工作[②]。

现代城市设计的缘起和发展与现代建筑运动密切相关，现代城市设计最初是与现代城市规划并行发展的，两者都关注解决工业革命后所产生的一系列城市建设和发展的新问题，都主张用物质形体空间的方式来影响城市和建筑的发展（Physical Determinism）。但城市设计更多考虑和致力于三维乃至多维的建筑空间环境、场所性、地域性及人性化的问题，因而与建筑学有更多的内容和方法的交叉关联。1933年的《雅典宪章》、1977年的《马丘比丘宪章》和1999年的《北京宪章》等确定的现代建筑原则都强调了城市设计的重要性。尤其是后两部宪章将城市设计对城市建设和建筑设计的指导作用放到了主导地位。

从指导思想和价值观方面看，1920年代以前主要信奉古典传统美学原则，现代建筑运动推崇工业发展理性和经济性的准则，50年代末开始更多地融入人文、社会与环境要素，70年代以后，生态准则开始对建筑学和城市设计发展产生持续性的，且越来越具有决定性的影响。20世纪建筑学在世界各国均得到史无前例的发展，很多国家通过多样性的城市设计和建筑实践，成功地塑造出自身的形象艺术特色，有效地改善了城市环境，使得城市环境的社区性、公众性与多样性得到进一步加强，城市公共空间的品质和内涵有了明显提升。特别是第二次世界大战后，许多城市的旧城更新改造、居住社区、新城建设与城市公共空间（如街道和广场）的成功建设，都与城市设计直接相关。

我国有许多优秀的古代城市和建筑设计案例。如城市设计在总体上注重以《周礼·考工记》中王城为代表的规范制度的继承与发展，并对中国城市建设实践影响甚大。中国古代建筑以木结构为主体，基本艺术造型特点来自结构本身。中国古代建筑注重群体组合，形成以"院"为单位的组合体，同时在建筑室内布局和装饰方面也形成了独特手法。中国所形成的独特建筑体系，具有鲜明的东方文化和地域特点，至今对世界建筑发展仍有着重要的影响和启示。

3 城市和建筑设计学科的主要科学问题及其研究进展

建筑学科在 20 世纪得到了飞速发展，一方面，一些经典性建筑科学问题仍被持续关注；另一方面，一些与时俱进的建筑问题不断涌现，对其研究和认识的发展促进了建筑学科的发展。近几十年，特别是近二十年来，建筑学科在世界性对可持续发展的关注、数字技术发展以及当代艺术思潮流变的共同影响下，产生了一系列概念、理论与方法的突破。城市建设的各学科门类之间，既出现了越来越明显的专业分工倾向，又有了一些基于人类共识的跨学科综合研究的趋势。其主要研究前沿领域包含七方面。

3.1 世界城镇化进程，特别是以中国为代表的发展中国家的城镇化进程和城镇发展对建筑学科提出了空前的挑战

20 世纪城市发展迅速。据联合国资料，2000 年，全球人口为 60.6 亿，城镇化水平 47.2%，城镇人口 28.6 亿。2007 年，世界上有一半人口生活在城镇，人类社会真正进入"城市世纪"。如何应对快速城镇化、贫困、资源与环境等方面的挑战将在很大程度上决定着世界的未来。

全球城镇化和城市发展的经验教训大致有六点③：（1）城镇化伴随工业化是一条不以人们意志为转移的客观规律。（2）今后 30 年，全球城镇人口增长将主要发生在发展中国家。（3）大城市数量迅速增加，超前发展。全球 100 万人以上的城市，1950 年为 71 座，2000 年为 388 座，预计到 2015 年将会达到 554 座，其中 3/4 在发展中国家。（4）世界上大多数城镇人口生活在中小城镇。到 2015 年，城镇人口增加的大部分仍将在中小城镇。（5）都市连绵区（Megalopolis）的出现。1976 年法国地理学者戈德曼（J. Gottmann）指出，全球已形成 6 个世界级的都市连绵区，我国的长江三角洲列于其中。这种态势至今仍在发展。（6）20 世纪中后期，北美和欧洲一些发达国家的大城市出现大规模的郊区化现象，旧城中心区出现"空心化"，而同期的世界上一些第三世界国家的城市化却呈现出明显的人口向中心城市集聚的趋势。

城市化进程正在深刻影响建筑学科的发展。城市化进程中的资源利用和保护、城市更新改造、社会安定、社区建设、可持续性等种种问题都会直接反映到城市和建筑设计活动中。建筑不仅担负着人们对其物质和文化艺术属性的要求，而且还必须承担相当的社会职能，并使之能够很好地回应城市化进程④。世界上城市和建筑发展大致走过了从"外延规模扩张"到"内涵品质深化"的过程。该领域的研究，不同国家之间虽可互相参考学习，但其社会背景与体制、经济发展水平的差异性也使各国城市化各具特色。

中国城市化进程从 1980 年代起逐渐加快。到 2002 年底，全国共有设市城市 660 座，其中特大城市 48 座，大城市 65 座，中等城市 222 座，小城市 325 座。从 1978—2002 年的 24 年间，年均增长 0.88 个百分点；1980—2000 年 GDP 翻两番，有关研究预测 2001—2020 年 GDP 还将翻两番，预计总体上城镇化平均增速会达到年均 1 个百分点，为此，年均需要新增就业岗位达 830 万个，住房 3 亿—4 亿 m^2，建设用地 1800 km^2，生活用水 14 亿 m^3，建筑耗能 64 亿 kW·h，以及土地开发资金 2700 亿—3600 亿元，因此作为国家支柱产业的建筑行业所面临的挑战史无前例。

中国城市化进程也存在突出的问题。城市如何去克服粗放型的发展模式（如片面地用"以人定地"方式确定城市发展规模，盲目做大做强等），应对超出控制的发展和变化状况，并使之能在地区社会经济、人口、环境与城乡协调可持续发展的框架内良性运作，保护好地域的自然和文化特色，是当今中国城市化和规划建设中遇到的最重要的科学问题。

3.2 基于对急速消耗的自然资源和可持续发展思想的深刻理解而引发的对城市和建筑设计中生态技术运用的关注以及可持续发展的人类共识显著推动了建筑学科的发展

1992 年联合国世界环境与发展大会发表"里约环境与发展宣言"和"21 世纪议程"以来，"可持续发展"逐渐成为人类社会发展和城镇建设的共识。围绕这一关乎所有人未来生存的严肃使命，世界建筑和城市规划学科近年开始普遍关注人居环境品质的持续优化和改善，宜居城市（Livable City）、绿色建筑（Green Architecture）、可持续的建筑（Sustainable Architecture）、社会公正和协调发展正在成为人类社会的共同追求。

1970 年代以来，常规能源供给的有限性和环保压力日益增加。由于城市人口、资源、环境的矛盾日益突出，世界上许多国家掀起了开发利用可再生能源（如太阳能、风能、地热等）的热潮。特别值得提到的是太阳能在建筑中的应用具有非常明确而积极的发展前景，开发利用太阳能成为各国制定可持续发展战略的重要内容。近 30 年来，太阳能利用技术在研究开发、商业化生产、市场开拓方面都获得了长足发展，成为世界快速、稳定发展的新兴产业之一。据预测，到 21 世纪中叶，可再生能源在世界能源结构中将占

到50%以上，逐步成为人类的基础能源之一。

作为国际建筑界基于"可持续发展"认识前提的专业应对策略，被动式与低能耗（PLE）的绿色建筑设计和城市设计得到广泛关注。在这一领域，美国在绿色建筑标准研究（LEED）方面取得突出成果并产生世界性的影响；而欧洲则在实验性生态建筑和技术研究方面领先。1996年3月，来自欧洲11个国家的30位著名建筑师，共同签署了《在建筑和城市规划中应用太阳能的欧洲宪章》（European Charter for Solar Energy in Architecture and Urban Planning）。以T. 赫佐格、N. 福斯特、R. 罗杰斯与杨经文等为代表的一批建筑师在城市和建筑设计实践中运用生态技术并产生世界性的影响。在思想和概念发展中，美国索莱利提出的城市建筑生态学（Arcology）理论，舒马赫提出的"中间技术"概念，富勒倡导的"少费多用"思想（Ephemeralization），1980年代的盖娅（Gaia）运动均为此做出了开拓性的贡献。目前该领域的主要科学问题包括：注重基于可再生能源和要素利用的被动式建筑设计（Passive Design）；多元和多样性的生态技术探索，包括适宜技术、中间技术、低技术、软技术以及在建筑中的组合应用；相关的评估、检测、鼓励技术政策、行业技术标准的研究和制定等。

3.3 以信息数字技术为代表的建筑学科科技平台的创新

建立在以数字技术为代表的各种新技术基础之上的信息化城市，其空间设计方法有两个主要发展趋势：其一，发展新型城市空间，并依托科技进步逐渐更新现有城市空间和活动组织方式；其二，丰富和发展建筑学科，形成新的设计理论和方法及其所依托的数字科技创新平台。这种技术平台将大大提高人们对城市空间的理解能力，加深并拓展空间研究的深度和广度，实现规划设计方案在现实空间中的完全和实时虚拟，对设计方案及其结果进行精确数据分析和预测。

建筑领域数字技术发展迄今已经近40年，其研究大致可以分成四个阶段：①仿真（1968—1972年），②最优化（1972—1983年），③人工智能与知识基础的系统（1980年至现在），④认知为基础的辅助运算（1992年至现在）与虚拟环境（1994年至现在）。可说从计算机技术的应用出发，回归到设计行为。

近年，世界上还出现了两类以数字技术为基础的新的建筑形态发展趋势。一类是以弗兰克·盖里为代表。在这种趋势中，设计者强调的是施工和建造过程的数字化，设计者利用CAD/CAM模式将手工艺和标准化大工业生产的独特特征相融合，创造出可批量制造的、数据相关但各不相同的、精巧而精确且相对便宜的一次性

产品。另一类以凡·伯克尔（Van Berkel）、FOA、伯纳德·凯诗（Bernard Cache）与格雷格·林（Greg Lynn）为代表，他们不仅强调施工和建造过程的数字化，其设计过程也数字化了，如在设计过程中直接编制程序进行设计，也即从计算机辅助设计或绘图（Computer Aided Design or Drawing）转向计算机生成设计（Computer Generated Design）。

总体看，两类设计方法均注重创造有个性、特点鲜明与有吸引力的新颖空间形态，使视觉审美进入到一个广阔的想象空间，推动了社会对形式美的需求，并形成"技术—想象力—生产力"链条。美轮美奂与新奇独特将成为重要的社会（公众）评价标准。上述科学问题较为全面地反映了规划设计从初步构思到确定方案的两极向中间阶段同步发展的工作过程。从世界范围看，这一领域目前已经成为建筑学科最具成长性的学术前沿领域，并将深刻影响建筑学科的未来发展。

3.4 现代城市设计和城市公共空间环境优化

城市设计始终是建筑学认识城镇发展客观规律的重要方面，"建筑是局部，城市是整体"（国际建筑师协会，1980）。以往人们只能在地面上观察和认知城市空间客体并评价城市设计水平和环境品质。随着科技的发展，特别是建立在数字化平台上的3S(RS、GIS和GPS）技术使得人们可以从城市整体层面上更加全面地把握城市发展和设计的水平，有助于在整体上建立现代城市设计所需的数字技术平台，更好地平衡城市设计中经验感性认知评价和科学理性分析的关系。

1960年代以来，世界发达国家的城市先后完成了战后重建工作而进入一个平稳发展期，城市设计主要工作内容和重点从建设开发转向旧城更新改造与再生，其所对应的主要是场所分析方法和经典空间设计理论的深化完善。在欧洲，英国Hillier教授的空间句法，卢森堡建筑师Krier、意大利Rossi的城市形态研究处于国际领先地位；丹麦Jan Gehl教授在城市步行公共空间研究方面见长；美国以纽约、费城和旧金山为代表的城市设计审议程序和实施体制研究较为领先，并影响了日本、中国香港、中国台湾等国家和地区。

概括地讲，现代城市设计近20年的学科发展主要体现在经典理论与方法的完善深化、基于可持续发展思想的学科拓展、结合城市公共空间环境建设的实践创新和数字技术应用等方面，具体研究方向和科学问题包括：

（1）研究城市设计和建筑设计与城市规划的关系，讨论城市设计作为一门独立学科的概念、理论与方法体系。

（2）基于全球环境变迁而考虑的绿色城市设计（Green Urban Design）研究④。绿色城市设计贯彻整体优先和生态优先的准则，通过把握和运用以往城市建设忽视的自然生态规律，探求城镇建筑环境建设应遵循的城市设计生态策略，并提出新的城镇建筑环境评价标准和城镇建筑美学概念。

（3）城镇公共空间环境设计的方法。关注对城市特色、城市建筑一体化、城市活力等的研究，城市历史文化的继承和拓展，城市设计运作管理机制以及结合具体工程型项目的设计优化。

（4）数字信息技术的应用和城市设计技术操作过程科学性的改善。研究重点是城市环境信息的集取和分析技术、历史和未来城市设计场景的虚拟再现以及城市设计管理数据库等；

（5）基于新型人—环境—资源关系的"理想城市"模式的追求和探索，如"空中城市"、"海上城市"、"行走城市"、"单元组合型城市"等。

目前，从世界建筑学科领域看，城市设计正在成为对建筑学科发展具有关键性推动作用的研究方向之一。

3.5 全球化背景下城市和建筑设计的地域化与历史文化遗产保护

1950 年代后期起，城市和建筑文化的地域特色问题一直是建筑界讨论、研究与实践的主题，也是实现人类社会可持续发展的重要内容（Nohoum，1999）。事实上，早在一个多世纪前，拉斯金就从大规模的生产过程推测工业品将丧失工艺的诗意，在工业生产决定一切的时代，已经没有什么东西是独一无二的（一样），没有什么是无可替代的（可以复制），也没有什么是无价的（全都可以以商品和货币方式度量）。相比发达国家，中国虽然经济发展滞后，但目前城市特色这一方面的问题已经非常普遍而严重，说"特色危机"并非危言耸听。因此，世界各国城市设计和建筑设计创作均以此来应对城镇建设中日趋严峻的特色危机与文化多元性之消亡。在此领域，C. 柯里亚、H. 法赛、巴拉干、A. 西扎等做出了杰出贡献。

不仅是新建筑，历史建筑也被普遍看成是人类文明演进的文化载体，1964 年发表的《威尼斯宪章》进一步明确了历史建筑保护的意义和范围。历史建筑是活着的资源。通常，建筑的结构耐久性和物质寿命比其功能寿命长。当今所倡导的"绿色城市和建筑"的基本原则就是"全寿命设计"、减少不可再生资源的消耗、废料再利用及减少对环境破坏的思想。"改造再利用"同样可以取得良好的综合效益。

加强历史文化遗产的保护，使城市在体现时代精神的同时富有传统特色，是建设现代化城市进程中必然要面临的重要课题。探求

地域性的、具有中国本土特色的建筑设计和遗产保护技术近年已经取得显著进展⑤。

从发展看，这一领域的主要科学问题是地域性的城镇环境特色和历史遗产保护技术的现代化。

（1）地域性的城镇环境特色关注城镇建筑的地区差异，倡导建筑文化的多元性，问题的提出主要是基于对现代建筑运动推崇工业化、标准化而导致全球性的城市和建筑千篇一律的反思。现代建筑虽然综合了时代发展和科技进步的内容，且形成了自身的建筑设计方法、空间形态构成、技术逻辑与价值评判体系，但其千篇一律的建筑通用设计也导致地域文化特色的丧失，并没有从根本上解决现代建筑如何与特定国家和地域背景下的建筑传统结合的问题（Christian，1979）。

（2）城镇和建筑历史遗产保护已经成为人类必须遵守的伦理和共识是一个不争的事实，以往保护多用常规手段和技术，近年，随着多媒体产业发展和数字技术的广泛应用，历史建筑和文化遗产保护也开始进入了数字化领域，并实质性地推动了该领域的科技进步。目前方向是跨学科研究和数字技术应用。联合国教科文组织从1992 年开始推动"世界的记忆"项目，旨在世界范围内、在不同水准上，用现代信息技术使文化遗产数字化，以便永久保存，并最大限度地使公众享有文化遗产。其后，各种"信息技术"开始介入各类文化遗产保护的领域，并使城市和建筑遗产保护方法、相应的技术手段有了新的拓展（Nohoum，1999）。

3.6 建筑学概念、原则和规律等属性的界定及其与时俱进、跨学科研究领域的成长和开拓

建筑学的确切概念、意义内涵一直是学术界讨论研究的基本科学问题，建筑学所遵循的设计方针、政策与基本原则虽然自古罗马时代起就有了基本的共识，但是其实际的标准和涉及内容还是始终随着社会与时代发展而发展完善。从最早的"坚固、实用、美观"到今天的"建筑—人—环境"，建筑学考虑的客体无论在广度上，还是在深度上都有很大发展。

建筑学中社会人文科学和工程科学技术的相关性及其范围边界问题也是经典研究课题。这是因为，建筑兼具人文社会科学和工程技术科学的属性，同时有鲜明的民族和地域特征，因而其研究具有显著的复杂性和系统特征。为此，建筑学发展将进一步拓宽视野，加强与各种人文学科的交流与融合。社会学、人类学、经济学、地理学以及文化传播理论与方法在城市与建筑设计研究中得到了日益广泛的借鉴和应用，已经构成建筑学科基础理论的重要部分。

在此背景下，建筑学科逐渐摆脱原有专业知识和技术领域的局限，有所新的开拓并呈现出研究视野从局部地域转向日益全球化的世界，在重视本土化建筑及技术特色的同时，日益从单一学科走向复合学科，从单纯技术领域走向人文社会与技术科学并举。

建筑技术创新也迈入一个跨学科合作研究与实践并举的新阶段：当前世界上一些重大的地区标志性建筑或地位特殊的建筑设计普遍运用了旁系学科的技术和研究成果，如北京的一些奥运场馆等，虽然造型尚有争议，但其科技含量之高有目共睹。弗兰克·盖里近年设计的洛杉矶迪斯尼音乐厅、毕尔巴鄂古根海姆博物馆等都运用了波音飞机公司的电脑软件才创造出独一无二的建筑造型；北京的MOMA和南京正在建设的朗诗国际街区都是中国和瑞士建筑师及建筑物理专家合作的作品。

跨学科的建筑学研究要求更加整体地看待科学技术的发展和物质成就，必须把考虑人的因素和可持续发展作为前提，建筑技术发展同样要面对社会伦理的挑战，处理好这种人文和技术一体两面的互动或张力关系已经成为建筑学领域中关键的科学问题之一。

3.7 建筑材料、构造、技术的发展与设计创新

科技进步发展对城市和建筑设计的影响显著，不仅体现在建筑技术层面，而且还反映在设计问题的工程技术逻辑上。从世界范围看，注重城市和建筑设计的前期可行性研究，注重设计过程的控制和反馈环节，注重运用科技手段对城市和建筑热舒适环境进行控制，注重新型建筑材料和技术构造设计的结合，注重设计本身的科技创新平台的改革和拓展已经成为普遍趋势。特别是近20年来信息数字技术的飞速发展，必将在根本上推动建筑学和城市设计学科领域的拓展与变革。

建筑技术中的构造、材料问题，是建筑设计和营造的基本问题之一。构造技术和材料技术日益成为建筑设计的有机组成部分，建筑技术与建筑设计的关系正在发生着改变。发达国家近20年来在此领域研究已经取得重要进展，一方面反映在高校和相关建筑企业的实验室层面的研究成果；另一方面，还直接体现在世界上许多具体的建筑工程实践中，如柏林波茨坦广场的城市设计和主要建筑设计均考虑了结合可持续概念的新材料、技术措施与构造做法（Kenneth，2000）。中国学者近年亦提出建筑构造和技术的适宜性研究成果，提出技术构造层面的建筑设计"精致性"的概念，有学者则与具体工程结合，获得相关的国家发明专利⑥。

从发展看，主要的科学问题是如何处理好技术发展这把对于人类社会的双刃剑，建立一个科学合理的建筑发展平台。即在建筑材料构造的层面，拓展设计理念，带动建筑产业化和信息化的建设，也就是建立本身就是建筑设计组成部分的建筑技术支撑平台，从而在更深远的层面，支撑作为国民经济重要支柱产业的建筑业的良性发展。实现对材料、能源等资源的节约和合理利用，避免环境的恶化以及资源和能源浪费。

在上述国内外建筑学科主流学术研究进展和趋势基础上，依据世纪之交城市转型的内在原动力和中国《国家中长期科学与技术发展规划》对中国未来城乡建设发展的整体定位，我们可以提炼出以下重点发展方向和关键科学问题：（1）基于可持续发展思想的城市设计和建筑创作理论与方法；（2）体现主流科技进步的现代城市和建筑设计技术集成和创新；（3）基于信息数字技术的建筑学科科技平台的创新；（4）全球化背景下中国城市和建筑设计的地域化和文化历史遗产保护。

4 建筑学科关键科学问题与建议重点研究方向

4.1 基于可持续发展思想的绿色城市和建筑设计的关键技术

主要针对特定地区环境和资源条件以及城乡差别，确定高效、节能、节地、低污的绿色住区环境规划建设模式，研究城市规划和设计中的生态策略等技术体系及其相关产业发展的经济增长点。

子课题包括：被动式和低能耗（PLE）的绿色建筑和城市设计以及组合技术的应用，建筑室内热舒适环境质量评价和控制技术，建筑节能标准，既有建筑节能改造技术与政策，太阳能、地热、风能等清洁可再生能源以及其他新能源在建筑中的应用，地域性的低能耗和绿色可持续性建筑等。

4.2 信息数字技术在建筑学科研究中的应用

主要基于数字技术，建构一套理性的空间—环境整合的价值观及其操作平台，提高建筑设计的效率和合理性，改变传统的规划设计信息集取、处理与思维方式，推动相关硬件和软件技术的进步。

子课题包括：基于城市和建筑设计信息整合的基础数据库建设、基于互联网技术的建筑设计咨询系统、基于数字化平台的城镇环境变迁数据库及其数字模拟技术、建筑物理与建筑构造的数字化整合、网络化大型建筑空间设计方法、建筑节能动态数字分析方法以及针对空间实时变化控制的空间—环境因素互动实时模拟、建筑设计中的空间变形研究、空间变迁过程评价与分析。

4.3 现代城市设计与城市公共空间环境品质优化

主要基于现代城市设计理论原理和方法，探讨中国现代城市公共空间环境的整体优化，建立具有中国特色的城市设计学科框架、方法体系与应用技术平台。

子课题包括：现代城市设计理论和方法体系的拓展、绿色城市设计、基于数字技术平台的城市设计、"智能型"空间分析模型的引入和应用、城镇空间形态控制优化和城市设计技术、高密度城市中的公共空间体系设计、城镇空间行为心理和环境研究、城市设计实施运作机制、城市设计导则等。

4.4 中外建筑历史基础理论和建筑遗产保护

持续性的建筑史学基础理论研究旨在促进学科建设发展、繁荣学术思想、为高水平城镇建设提供可资借鉴的历史先例，通过总结历史发展规律和经验教训，探索未来城市建筑可能的发展模式等。

子课题包括：世界人居环境典型案例，中外城市和建筑历史史学理论，现代建筑理论，东方建筑，中国古代建筑技术史，历史建筑遗产数据库，建筑遗产保护技术组合，中国乡土建筑的演变、再生与发展等。

4.5 全球化背景下的地域建筑学研究

探求地域性的、具有中国本土特色的建筑设计与建筑文化遗产保护的技术途径，以应对城镇建设中日趋严峻的特色危机和文化多元性之消亡。

子课题包括：全球化与多元化相关性，跨学科地域性城市和建筑设计研究，中国地区性建筑文化特色表达、地域性建筑设计的方法、材料运用及其相关的技术措施，地域建筑设计理论的研究等。

4.6 建筑材料、建筑构造、建筑技术的发展与建筑设计创新

建筑技术主要研究城市和建筑设计中的地域性适宜建造技术、新型建筑材料的应用及其与技术构造设计的结合，改善城市和建筑的热舒适环境及其控制能力，并实现对材料、能源等资源的节约和合理利用。

子课题包括：现代建筑体系与当代中国建筑发展，新型建筑材料特性及其构造设计原理，新型建筑构造与建筑节能的关系，基于建筑材料、技术与构造层面的建筑设计创新，材料和构造技术数据库平台等。

4.7 城市减灾防灾关键技术与应急系统

现代城市灾害是自然变异和社会人文决策给人类造成的伤害和经济损失。城市化程度的提高，一定程度上减弱了城市对各种灾害的承受能力。减灾防灾与城镇建筑环境建设密切相关，是现代建筑学科的必然研究领域。

子课题包括：城市减灾防灾规划设计，重大城市建设项目防灾设防能力（如奥运会、世博会场址与建筑的防灾规划设计），针对城市新型致灾突发事件（如非典、恐怖主义活动）的建筑学研究，灾害损失评估、灾害应急系统、防灾减灾产业、建筑安全与防灾设计方法、标准和规范等。

4.8 城乡老龄化社会及其规划建设对策

我国即将进入老龄化社会。其中 65 岁以上老年人数量：2000 年为 0.88 亿人，到 2025 年 1.85 亿人，2050 年 2.84 亿人。与世界发达国家老龄化进程相比，我国老龄化率增长速度要快得多，由此引起的诸多社会问题和解决对策必须得到关注。

子课题包括：适应于老龄化社会的城市公共空间设施的规划建设、老龄住宅设计及其关键技术问题、健康社区规划设计、老年人社会保障体系及其城市和建筑设计对策等。为满足 21 世纪科技发展、社会进步和城市建设的需要，建立能够促进建筑学不同研究方向技术融合的科技创新平台是我国赶超国外先进水平的基本条件。

[注：本文是为国家自然科学基金委员会"建筑、环境、土木工程学科发展战略"所撰写的专题研究报告，发表时做了较大的删改。]

注释

① 中国大百科全书《建筑·园林·城市规划》卷建筑学词条

② 中国大百科全书第二版《建筑·园林·城市规划》卷城市设计词条（王建国撰写）

③ 参见《国家中长期科学与技术发展规划》第 11 分报告，2004

④ 王建国在 1997 年《建筑学报》上首次发表了绿色城市设计研究论文，认为在经典美学、经济实用和功能组织基础上，现代城市设计还应加强对城市生态要素和生态策略的研究。

⑤ 如吴良镛等完成的北京菊儿胡同类四合院有机更新，体现了当代建筑遗产保护的新概念和思想；东南大学完成的南京老城空间形态和特色研究等均结合项目要求综合运用了数字技术。

⑥ 如近年清华大学秦佑国教授提出的建筑设计"精致性"概念；东南大学建筑学院张宏博士 2003—2004 年间，先后获得 3 项建筑材料构造研究国家发明专利。

参考文献

[1] 国际建筑师协会.1980.马丘比丘宪章[J]. 陈占祥,译.建筑师,(4):252-257

[2] Christian N S. 1979. Genius Loci: Towards a Phenomenology of Architecture[M].Milano: Elemond Spa

[3] Kenneth P. 2000. City Transformed: Urban Architecture at the Beginning of the 21st Century[M]. London:Calmann & King Ltd

[4] Nohoum C. 1999. Urban Conservation: Architecture & Town Planner[M]. Cambridge: The MIT Press

时间
Time | 2003-09

期刊 | 建筑师
Journal | The Architect

页码 | 19-25
Page

2 21 世纪初中国城市设计发展前瞻

Prospects on the Development of Chinese Urban Design in Early 21 Century

摘要：文章简要剖析了进入 21 世纪的中国城市设计学术领域正在发生的一些变化和发展趋势，其中包括城市设计在建筑学学科拓展中的作用，城市设计主题、内容和成果的多元化，城市设计者的角色和作用以及城市设计教育模式等。本文认为，城市设计作为一种相对自为的学科专业，由于其特有的坚持地域文化和场所性的立场以及在城市环境改善和塑造方面的创新属性，仍然能够在新世纪里为世界克服"特色危机"，发展多元、多姿和高品质的城市人居环境方面发挥关键性的作用。

关键词：城市设计，中国，发展趋势，多元化

Abstract: The major tendency to development of Chinese urban design in the early 21 century was analyzed briefly in the thesis. The contents discussed includes the roles of urban design on the development of architectural discipline, the objects of urban design, varied expression for the urban design products and the urban design education modes concerned. The author thinks, as one of the relative self-sufficient disciplines, urban design could play a crucial role in early 21 century for overcoming the "crisis of identity" and creating a plural urban human settlement in high quality by making its firm stand on the regional culture, genius loci and creativity for the improvement of urban environment.

Key Words: Urban Design, China, Development Tendency, Pluralism

20 世纪人类社会的进步和城市的发展均取得了瞩目成就。作为城市建设发展对应的主要专业领域——建筑学、城市规划和城市设计，在改善和推进全球人居环境建设的过程中，扮演了关键角色。然而，人们对自身建设起来的环境还不太满意，在有些地区和城市，人类建设对环境产生的负面影响还相当严重。

步入新世纪之际，城市设计专业领域在中国会有什么样的发展，这是学术界所关心的问题，以下试从几个方面谈谈看法。

1 20 世纪城市设计发展的历史经验和成就

综观 20 世纪世界城市设计的发展和实践，概括起来，有以下几方面成果和经验值得关注：

（1）城市设计延续、丰富并拓展了传统建筑学、城市规划和地景建筑学的学科内涵和专业领域范围，使城市发展建设的技术支撑平台更加完备。

（2）城市设计帮助许多城市成功地塑造出自身的形象艺术特色、有效地改善了城市环境，并使社会普遍认识到城市设计的价值。

（3）通过城市设计，城市环境的社区性、公众性和场所性得到进一步加强，城市公共空间的品质和内涵有了明显提升。

（4）城市设计理论方法研究的深入和日益丰富的实践活动，使城市建设决策者和专业人员经历了一个对城市设计"建筑优先到城市优先"、"从具体形体设计优先到形体设计与引导控制管理并重"的认识发展过程。

（5）与城市规划相结合，城市设计研究特别是城市设计的政策和导则类成果促进了城市建设的有序性和管理的长效性。

无疑，城市设计在 20 世纪积累的经验和成就都是今天值得借鉴和总结的宝贵财富，也是我们进一步发展城市设计学科的基础。

2 广义建筑学、城镇建筑学与城市设计

1980 年代末，"广义建筑学"及"城镇建筑学"概念的提出及其后的认识和实践发展，从一个侧面昭示着城市设计在 21 世纪初的发展走向。

"广义建筑学，就其学科内涵来说，是通过城市设计的核心作用，从观念上和理论基础上把建筑、地景、城市规划学科的精髓合为一体"（吴良镛，1999a）。

这就是说，传统建筑学科领域的拓展首先应在城市设计层面上得到突破和体现，进而"以城市设计为基点，发挥建筑艺术创造"

（吴良镛，1999b）。事实上，今天的建筑创作早已离不开城市的背景和前提，建筑师眼里的设计对象并非是单体的建筑，而是"城市空间环境的连续统一体"（Continuum）（王建国，1999），"是建筑物与天空的关系、建筑物与地面的关系以及建筑物之间的关系"（培根等，1989）。城市设计方面知识的欠缺，会使建筑师缩小行业的范围，限制他们充分发挥特长。

城市规划也不能简单代替和驾驭城市设计的内容。我国几十年的城市建设实践一再表明，城市的发展和建设规划层面的地块划分和用地性质确定是远远不够的，它并不能给我们的城市直接带来一个高品质和适宜的城市人居环境。正如《城市建筑》一书在论述城市设计时所指出，"通常的城市总体规划与详细规划对具体实施的设计是不够完整的"（齐康，2001）。

以美国纽约的城市设计为例。1960 年代，著名城市设计家巴奈特（J. Barnett）在总结纽约城市建设教训时曾不无遗憾地指出："1916—1961 年分区法的实施，使纽约变成了只有塔楼和开放空间存在的城市"，而形体要素的相互关系"非常紊乱"，"无论单体建筑如何精心设计，城市本身没有得到设计"，由此引发了人们对"分区法"实施效果的部分否定。在市长林赛和巴奈特的有效合作下，纽约市开展了一系列城市设计编制和实施工作并取得瞩目成果。前些年中国深圳在城区范围内编制"法定图则"，试图以此将城市建设控制引导问题一揽子加以解决，但目前仍在不断开展新一轮城市规划和设计（概念）方案咨询。

如果我们关注一下近年的一些重大国际建筑设计竞赛活动，不难看出许多建筑师都会自觉地运用城市设计的知识，并将其作为竞赛投标制胜的法宝，相当多的建筑总平面关系都是在城市总图层次上确定的。实际上，建筑学专业的毕业生即使不专门从事城市设计的工作，也应掌握一定的城市设计的知识和技能。如场地的分析和规划设计能力；建筑中对特定历史文化背景的表现；城市空间的理解能力及建筑群体组合艺术等。

周干峙院士在《人居环境科学导论》一书的序言中，曾在总结中国人居环境科学思想的形成与发展时认为，拓展深化建筑和城市规划学科的设想已经成为现实。"和建筑、市政等专业合体的城市设计已不只是一种学术观点，而且还渗透到各个规划阶段，为各大城市深化了规划工作，也提高了许多工程项目的设计水平。"

1980 年代以来，我国建筑专业领域逐步从单一建筑概念走向对包括建筑在内的城市环境的考虑，而建筑与城市设计的结合正是其中的重要内涵。

大约在 1980 年代初，我国学术界开始引入现代城市设计的

概念和思想。就在这一时期，西特（C. Sitte）、吉伯德（F. Giberd）、雅各布斯（J. Jacobs）、舒尔茨（N. Schulz）、培根（E. Bacon）、林奇（K. Lynch）、巴奈特（J. Barnett）、雪瓦尼（H. Shirvani）等学者的城市设计主张逐渐介绍到我国，国家建设部开始对城市设计有了官方的认同和重视，国内学者也陆续发表了自己的城市设计研究成果。

随着我国改革开放后城市发展进程的加速，众多建筑师开始认识到传统建筑学专业视野的局限，进而逐步突破以往以狭隘的单幢建筑物为主的建筑而扩大为环境的思考。许多建筑师在自己的实践中开始了以建筑设计为基点、"自下而上"的城市设计工作；城市规划领域则从我国规划编制和管理的实际需要，探讨了城市设计与分阶段的城市规划的关系，并认为城市规划各个阶段和层次都应包含城市设计的内容。

国内较大规模和较为普遍的城市设计实践研究则出现在1990年代中期以后，某一时期的广场热、步行街热、公园绿地热等反映了中国这一城市发展阶段对城市公共空间和场所设计的重视。通过这一过程，我们的城市建设领导决策层普遍认识到，城市设计在人居环境建设、彰显城市建设业绩、增加城市综合竞争力方面具有独特的价值。近年来，随着城市化进程的加速，中国城市建设和发展的成就更使世界瞩目；同时，城市设计理论、概念和实践研究出现了国际参与的趋势。

3 城市设计主题、内容和成果的多元化趋势

目前，城市设计主题正日益呈现出多样性的特点，城市设计编制方法和成果表达方式也在向多元方向发展，而这一趋势在新千年将会有进一步的延伸扩大。具体反映在七方面。

3.1 表达对城市未来形态和设计意象的研究

其表现形式一般不拘一格，具有独立的价值取向，有时甚至会表达一种向常规想法和传统挑战的概念性成果。如加拿大建筑中心国际基金会针对纽约市宾州火车站地区改造而组织开展的，由埃森曼（Peter Eisenman）、普莱斯（Cedric Price）、摩弗西斯（Morphosis）等大牌建筑师事务所参加的"新千年城市设计竞赛"（图A2-1至图A2-3），经过由盖里（Frank Gehry）、莫尼欧（Rafael Moneo）、矶崎新、哈克（Gery Hack）等组成的九人评审小组一致评选，埃森曼方案为获奖方案（图A2-4、图A2-5）。

埃森曼方案主要特点为，通过构筑一个从哈德逊河延伸至第

九大道的东西向巨形公园，起伏有致的公共路径，创造出一个具城市尺度的低层、高密度的水平向构造体，形成一种所谓的"都市纹理的折叠"（A Fold in the Urban Fabric）。按照设计者本人的介绍，方案在以下几方面对城市设计方法进行了探索：

（1）一种将新与旧整合成新的城市综合体的方法。

（2）一种将河岸地区与城市内部地区整合的方法。

（3）一种将大尺度的城市空间融入现有城市肌理的方法。

（4）一种整合区域型、全市型以及私人经营之公共运输系统的方法，提供曼哈顿西区地区一种崭新而便捷的出入交通。

（5）一种将低层住商混合开发于特定尺度与密度范围中，同时在经济层面上满足社区需求的方法。

（6）一种将不同尺度的公共设施、如公园、商场、学校、旅店等整合为一体的方法。

具体的评审意见是：埃森曼方案创造了一个既有活力，又具启发性的市民空间，同时也是一个充满惊奇、适当而又卓越可行的方案。设计对传统的图—底关系为基础的城市设计思考提出了挑战，同时依靠电脑、综合经济、社会和政治因素，创造前卫的建筑意象，因而可以代表新千年的第一个都市意象（The First Icon of the New Millennium）。

图 A2-1　一连串断裂的、成组成序列的建筑体块组成的动态巨形公园是摩弗西斯方案的主要特点

图 A2-2　美国 Reiser+Umamoto 事务所方案

图 A2-3　北欧凡伯寇（Van Berkel Bos UN Studid）试图采用巨型建筑综合体的概念来解决这一地区的城市设计问题

参赛的其他一些方案也各具特色，它们大都是依据电脑科技而构想出来的英雄主义式的城市巨型结构概念，从而给人们带来对未来多元城市文化的遐想①。

再如，中国台北市举行的由桢文彦、长谷川逸子、冯·格康（Von Gerkan）、杨经文（Ken Yeang）等参加的"总统府广场"国际城市设计竞赛。从成果看，其中不少方案都突破了传统的广场概念，在一个相对较小的空间尺度上表达了建筑师对信息时代城市空间的概念性思考。

图 A2-4 埃森曼方案总平面

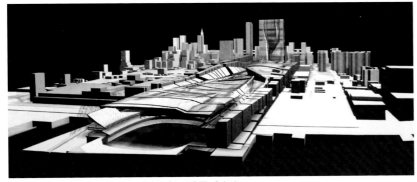

图 A2-5 埃森曼方案（从哈德逊河看曼哈顿）

一些建筑大师关于未来城市设想的成果亦与此相关。此类成果表达内容多为空间形态结构、相互关系的图解乃至建筑形态的实体。但是这种成果必须要经过进一步的细化和深化的规划设计和建筑设计研究得以继续发展。有些甚至只是一种城市设计的假想，如菊竹清训的海上城市，阿基格拉姆的行走城市（Walking City）、插入式城市（Plug-in City），矶崎新的空间城市，索莱利的仿生城市等。新近又有人提出水上城市（Floating City or Aquatic City）、高空城市（Sky City）、城上城和城下城（Over City/Under City）、步行城市（Carfree City）等②。

3.2 表达城市在一定历史时期内对未来建设计划中独立的城市设计问题考虑的需求

如上海市组织的，由 SOM、SASAKI 和 COX 参加的"黄浦江两岸城市设计"国际城市设计咨询，由于行政区划调整而引起的广州珠江口国际城市设计咨询、深圳中心区城市设计、广州传统中轴线城市设计国内咨询等大空间尺度的城市设计项目，设计表达形式往往呈现综合性的特点，即既有概念性的理念构思和战略性的总体设想，又有较为具体直观的、传统的形态规划设计成果（图 A2-6）。

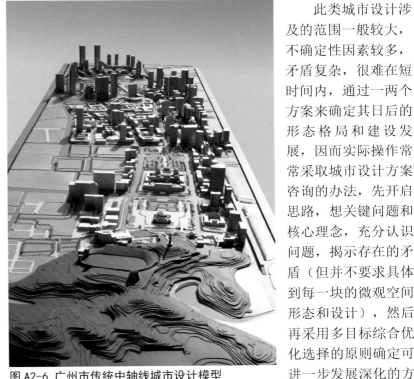

图 A2-6 广州市传统中轴线城市设计模型

此类城市设计涉及的范围一般较大，不确定性因素较多，矛盾复杂，很难在短时间内，通过一两个方案来确定其日后的形态格局和建设发展，因而实际操作常常采取城市设计方案咨询的办法，先开启思路，想关键问题和核心理念，充分认识问题，揭示存在的矛盾（但并不要求具体到每一块的微观空间形态和设计），然后再采用多目标综合优化选择的原则确定可进一步发展深化的方案，由宏观到微观，由多到少，由概略到具体，由战略到战术一步步发展。

3.3 总体城市设计以及配合城市总体规划制定和调整的城市设计专项研究（程序性和控制性成果）

如三亚、蓬莱，桂林、唐山、海口和宁波等城市的总体城市设计等。这些研究成果对这些城市在宏观上认识和理解自身的自然和人文景观资源、地域区位环境，进而确定城市在总体上的空间结构、整体城市特色，特别是那些诉诸公众视觉的城市环境要素的相互关系和系统起到了城市规划不可替代的重要作用，而这项工作的开展在当今中国快速城市化和城市成长进程中显得尤其必要。总体上说，此类城市设计在以往编制较少、能付诸实践者除堪培拉、巴西利亚及一些新城的建设外可以说是微乎其微，从可操作性等实际意义看，除了中国近年的一些成功探索外，国外值得借鉴的成功案例只有旧金山城市设计等。

3.4 针对具体城市建设和开发的、以项目为取向的城市设计

这一类项目目前最多，如桂林城市中心区城市设计，南京市因迎宾需求、明城墙风光带建设和高架线建设而引起的城东干道城市设计，南京因河西建设奥林匹克体育中心和新城建设而引发的城市中心城市设计国际竞赛活动，为提升城市环境形象、再现传统商业文化内涵而开展的北京王府井步行商业街城市设计等。而实践中最面广量大的还是建筑设计层面上的城市设计。但目前存在一个突出问题，就是项目规模的合理确定、实施可操作性及其与城市实际的社会经济和空间演进规律性的相关性和契合性。

3.5 城市设计程序性成果越来越向城市规划法定的成果靠近，成为规划的一个分支，并与社会和市场的实际运作需求相呼应

这一做法常常与城市总体规划、分区规划和针对同一地区（段）的控制性详细规划乃至修建性详细规划相结合。

这里有一个重要的问题值得关注和讨论，亦即城市设计的概念主题和实施主题的关系问题。一个好的城市设计概念是一个城市发展和环境建设的灵魂，也是编制实施城市设计的重要依据。而城市环境的实际改善和具体建设操作则主要与城市设计实施主题相关。

针对城市建设实施的长效引导和管理的城市设计程序性成果，如果要向真正的引导具体建设实施管理方向发展，应是个案性的，即针对不同对象而各有特色的成果，如城市设计导则和实施策略等。而不是当前一些人所认为的一种大一统的编制办法和管理条例，也不是简单的城市规划的形体注解。目前城市设计导则抑或通过行政程序通过的法定图则所涉及的领域及其作用已经被不合理地放大了许多。如果是作为终端式的建筑为主体的城市设计，其成果更应是一种"个案"式的成果。

3.6 城市设计中"绿色生态"概念成为一些方案的关注热点

在国内近期开展的许多城市设计咨询方案，如深圳中心区城市设计、南宁邕江两岸滨水地区城市设计等，都能清楚看到这种设计理念的存在。在理论方面，包括笔者在内的一些学者对绿色城市设计的思想和方法等开展了一系列基础性的研究，并得到了国家自然科学基金委员会的支持③。

3.7 在涉及较大规模和空间范围的项目时，GIS、遥感等技术应用日益普遍，并成为土地资源信息集取、分析和集成的重要工具

在方案深入和表达过程中，"虚拟现实"（VR）也正日益扮演着越来越重要的角色。这些与数字化相关的新技术应用，大大拓展了经典的城市设计方法范围和技术内涵，同时也使城市设计的编制和组织过程产生重大改变，设计成果也因之焕然一新。

4 城市设计者的角色和作用

关于规划设计专业人员在城市发展和建设中所扮演的角色和所起的作用，在当代有多种看法，肯定者有之，针砭者亦存。总体上说，在经历了工业革命后的城市无序扩张和蔓延过程后，城市发展需要规划设计加以引导和控制的看法逐渐成为主流。但是，高度的发展和建设控制，特别是"物质形体决定论"也暴露出许多突出问题。

1964年，伯纳德·鲁道夫斯基出版了《没有建筑师的建筑》一书，该书旨在"通过引介那些人们陌生的所谓非正统谱系的建筑世界，来打破以往狭隘的建筑艺术概念"（Bernard，1987），为人们客观认识那些民间、自为和名不见经传的乡土建筑的内在价值起到了重要作用，也引发了专业人士对自身角色和作用的重新思考。

笔者曾经初步考察过城市形态本身的发生与城市设计的相关性，认为有"自上而下"（Upper-down）和"自下而上"（Bottom-up）两种典型的途径（王建国，1988），并指出，越是远古的城镇，就越是趋向于与城镇所在的自然条件和要素紧密结合，也越是倾向于"自下而上"的城市建设途径。随着城市的发展和规划设计意识的加强，后来的城市，特别是那些规模较大、地位重要的城镇就越是倾向于"自上而下"的城市建设途径。S. Kostof 也在其名著《城市的形成》（*The City Shaped*）中提到类似的看法，即历史上的城市有两种：第一种是按照某种模式经过规划设计或经过"创造"的城市，但当其遇到复杂地形时，这种几何性就通常会变得异常复杂。总体来说，这类城市数量相对较少（图 A2-7）。另一种是自发性成长的城市，它强调城市发展演变模式中的自然决定因素。"它被认为是不受设计者们利益的驱动而发展的"，其结果呈现出不规则和非几何形的，抑或有机的形态，并产生弯弯曲曲的街道和随意限定的开放空间（Kostof，1991）。前工业化时期的大量城镇均以渐进主义（Incrementalism）方式发展建设，那种正统的城市规划设计师和职业建筑师所起的作用相对较小（图 A2-8、图 A2-9）。

进入 21 世纪的城市增长和扩张，已不是一个简单的几何抑或非几何形态格局的问题，它不仅对城市本身，而且还将对其所处的区域产生一系列影响。联合国人居中心编著的《城市化的世界》一书，在论及城市的区域影响时，第一点看法就是，"如果未经任何规划或发展控制，城市往往会任意扩张——依据不同居住区的位置及生产活动地点，不论合法还是不合法"。依据威廉姆·瑞斯的"生态足迹"概念，该书进而指出，"一个城市对其所属区域周边生态体系的环境影响主要取决于该城市对可再生资源的集中需求"（联合国人居中心，1999）。而维持一个城市发展所需的全部土地的面积，至少是该城市市域面积或者建成区面积的 10 倍，甚至更多。

图 A2-7 意大利帕尔马诺瓦

图 A2-8 吉米格纳诺

图 A2-9 意大利山城阿西西

然而，城市的发展仅有宏观眼光和规划控制还是不够的，"以相对抽象的经济政策为基础而作出的各种决定，往往在城市用地范围上反映出它的副作用"（国际建筑师协会，1980）。要实现城市发展和建设完整意义上的水平提高和综合效益，必须走外延规模扩张和内涵品质提高相结合的道路，而就我国目前情况看，似乎内涵提高更具实质性意义，正是在这个意义上说，以城镇建筑环境为主要对象的城市设计专业人员是大有作为的。当然，相比传统建筑教育培养的人才而言，城市设计专业人才一般要求具有更加综合和全面的知识背景，也要求具有更丰富和更强的人际交流和组织公众参与能力，为了实现建筑学、地景学和城市规划学在城市设计层面上的融通以及城镇建筑环境整体连续性对专业人员提出的要求，城市设计业务的培训和专业人员的培养具有特别重要的意义。

5 关于城市设计教育

当今中国面广量大的城市建设和发展急需大量合格的城市设计人才，但是这些人才不会凭空而来，它需要通过适当的途径培养或培训出来。

传统的城市设计师一般出自建筑师、规划师和景园设计师等相关人员。随着城市发展和日益扩大的城市建设社会需求，培养合格的城市设计专门人才的问题逐步呈现。事实上，沙里宁早在 1940 年代就提出加强城市设计的教育，他号召"一定要把'城市设计'精神灌输到每个设计题目中去，让每一名学生学习……在城市集镇或乡村中，每一幢房屋都必然是其所在物质及精神环境的不可分割的一部分，并且应按这样的认识来研究和设计房屋……必须以这种精神来从事教育。城市设计绝不是少数人学习的项目，而是任何建筑师都不能忽视的项目"[④]。

一般公认，现代城市设计教育在 20 世纪中叶前后开始正式进入大学研究生培养计划，并在美国一些大学首先设立了专门的城市设计硕士。

从教育的特点看，哈佛大学（图 A2-10）比较强调其跨学科领域的综合性教学目标，理论与实践并重，学生可在哈佛与麻省理工学院（MIT）之间选修相关课程。由林奇（Kevin Lynch）教授主持领导的麻省理工学院城市设计课程对美国城市设计教育推动最大。林奇虽已逝世，但其影响至今仍可感受到。宾夕法尼亚大学开设城市设计课程最早，1965 年改为双重学位的城市设计系。宾大城市设计系的学生要经建筑系及城市规划系同时得到允许方可入学，主要目的是造就对未来城市空间环境具有创造力、前瞻能力的设计者，即城市设计师是要做"设计"的。费城城市设计实践方面曾取

图 A2-10 哈佛设计学院（GSD）教室

得显著成就，其功劳当归于宾大城市设计系所造就的人才与实践的参与者，如培根（Edmund Bacon）、琼朗（Jon T. Lang）等教授。乔纳森·巴奈特（Jonathan Barnett）曾经主持的纽约市立大学城市设计

教育也值得一提，该校的最大特点是注重实践。课程主要为已有一定经验的建筑设计人士提供，让他们有机会接触大尺度的设计工作。这种以纽约为实验地点，强调专业实践经验的城市教育方式在美国独树一帜，也是与主持人的特殊专业背景分不开的。

我国建筑教育中的城市设计课程讲授始于1980年代，当时一些高校相继开展了对城市设计的研究并取得成果；建设部派遣专门人员赴美进修城市设计，城市设计方向的课程内容和设置亦以此为起点有所发展。到1990年代，城市设计的重要性为更多的人所认识，许多学校的本科建筑教育增加了城市设计的课程，或作为研究生选修课。建筑学专业本科教育应培养学生具备一定的城市设计的知识和素养已经没有争议。相应的学会等学术组织机构亦已经成立，城市设计教材也正在编写之中。

目前我国建筑专业指导委员会每年要开一次建筑教育研讨会，规划专业指导委员会也有相应的活动。相对来说，城市设计教育方面的交流比较少。其中原因之一可能是，城市设计无论是在传统的建筑教学还是在城市规划的教学中都属于边缘专业领域，各校已经开展的城市设计课程的教学大纲、教学目的、教学内容等并未形成共识，都在初步的探索之中，但这并非坏事。UNESCO的《关于建筑教育宪章》曾经指出："建筑教育的多样性是全世界的财富"，"规划教育的极端多样性，不仅存在与不同国家之间，也存在于一个国家内的不同学校之间，这应该被视为一种财富而非问题"⑤。而现代城市设计教育从其诞生开始就是多元、多义、多样的。这种多样性的存在不仅是合理的，而且是发展和繁荣新世纪城市设计教育所必需的。

可以预期，新世纪我国对城市设计在建筑教育中的定位，与建筑教育体系的内在关系的认识还会有一个不断发展与完善的过程。随着城市设计理论研究水平的提高和实践经验的增加，城市设计教育及课程教授的内容、目的、体系结构等将产生一些新的发展和变化。澳大利亚新南威尔士大学的A. Cuthbert新近在《城市设计学报》上发表论文认为，城市设计理论主要源自社会科学和城市地理学，并表达了城市空间及设计的形成与空间政治学和全球经济一体化密切相关的观点。他还提出"城市设计课程设置除经典内容外，还应包含城市发展理论、批判城市理论和政治经济学理论等"（A. Cuthbert, 2001）。除了A. Cuthbert等国外学者的观点，中国学者提出的针对特定国情的跨学科教育、人文艺术素质和"专业帅才"的综合培养、城市设计与建筑设计的整合性、城市设计与城市规划在编制内容和体制上的相关性、城市快速成长期城市设计的应变性问题，以及结合可持续发展和绿色生态理念的思路等，都对我国今后开展城市设计教育并充实其内容具有重要的参考价值。

总体来说，在全球经济一体化、跨国经济新秩序的建立、虚拟时空的运用发展和信息社会到来的时代背景下，许多局部地域的城市规划和发展正趋向于被动地适应这种经济和社会的理性发展。然而，城市设计作为一种相对自为的学科专业，保持了其特有的坚持地域场所性和文化多元的立场以及在城市环境改善和塑造方面的创新属性，为维系世界上至今仅存的少数城市环境的特色起到了不可忽视的重要作用。我们有理由预期，城市设计学科专业同样能在新世纪里，为克服"特色危机"，发展多元、多样、多姿和高品质的城市人居环境发挥关键性的作用。

注释

① 参见《建筑师（台）》2000年第3期。
② 参见《世界建筑导报》2000年第1期。
③ 与绿色城市设计相关的科研项目，在近5年内先后获得国家自然科学基金资助两次，省级资助一次。
④ 转引自：吴良镛. 1999. 广义建筑学[M]. 北京：清华大学出版社：135
⑤ 转引自：吴良镛. 2001. 人居环境科学导论[M]. 北京：中国建筑工业出版社：170-171

参考文献

[1] 国际建筑师协会. 1980. 马丘比丘宪章[J]. 陈占祥，译. 建筑师，(4)：254
[2] 联合国人居中心. 1999. 城市化的世界[M]. 沈建国，等译. 北京：中国建筑工业出版社：158
[3] 培根，等. 1989. 城市设计[M]. 黄富厢，朱琪，编译. 北京：中国建筑工业出版社：36
[4] 齐康. 2001. 城市建筑[M]. 南京：东南大学出版社：4
[5] 王建国. 1999. 城市设计[M]. 南京：东南大学出版社：39
[6] 王建国. 1988. 自上而下，还是自下而上——现代城市设计方法及价值观念探寻[J]. 建筑师，(31)：9-15
[7] 吴良镛. 1999. 广义建筑学[M]. 北京：清华大学出版社：166
[8] 吴良镛. 1999. 建筑学的未来[M]. 北京：清华大学出版社：8
[9] Bernard R. 1987. Architecture Without Architects: A Short Introduction to Non-Pedigreed Architecture[M]. Albuquerque: University of New Mexico Press: 2
[10] Cuthbert A. 2001. Going Global: Reflexivity and Contextualism

in Urban Design Education[J].Journal of Urban Design, (3): 297-316

[11] Kostof S. 1991.The City Shaped: Urban Pattern and Meanings Through History[M]. London: Thames and Hudson: 43-44

时间
Time | 2012-01

期刊 | 城市规划学刊
Journal | Urban Planning Forum

页码
Page | 1-8

3 21 世纪初中国城市设计发展再探

A Further Exploration of Chinese Urban Design Development at the Beginning of the 21 Century

摘要：本文系统分析和总结了中国城市设计理论和实践在新千年的发展特点和动向，并认为，中国城市设计除了吸收国际间城市设计的成功经验外，已经发展出具有自身特点的城市设计专业内涵和社会实践方式，这就是城市设计与法定城市规划体系的多层次、多向度和多方式的结合和融贯。基于新千年中国城市设计实践发展和实际案例，本文凝练出当下中国城市设计实践的四大趋势：概念性城市设计、基于明确的未来城市结构调整和完善目标的城市设计、城镇历史遗产保护和社区活力营造、基于生态优先理念的绿色城市设计。最后笔者提出如下结论：城市设计既不单纯是城市规划一部分，也不是扩大的建筑设计；城市设计致力于营造"精致、雅致、宜居、乐居"的城市；城市设计致力于构建历史、今天和未来具有合理时空梯度的环境。同时，城市设计应该注重个性化的城市特色空间和形态营造，让城市环境有自下而上的成长机会；注重人的感知和体验、创造具有宜人尺度的优雅场所环境，还应关注"平凡建筑"与"伟岸建筑"、大众共享的"日常生活空间"与表达集体意志的"宏大叙事场景"的等量齐观。

关键词：城市设计，中国特色，新千年，发展趋势，实施操作

Abstract: This paper systematically analyzes and summarizes the characteristics of the theoretical and practical development of Chinese urban design in the new millennium. Besides absorbing international successful experiences in urban design, Chinese urban design is considered to have its specific connotation and practical approach with its own characteristics. This is just the multi-layer, multi-dimension and multi-mode combination and integration of urban design and legal urban planning system. Based on the practical development and cases of Chinese urban design in the new millennium, this paper abstracts the four trends of Chinese urban design practices at present, namely conceptual urban design, urban design developed for meeting the demand of urban structure adjustment and improvement in future, urban design based on protection of historical legacy in broad sense, and urban design based on the "eco-first" concept. Finally, the author draws the following concluding remarks: urban design is neither only a part of urban planning, nor enlarged architectural design; instead, urban design hammers at creating a "delicate, elegant, habitable, livable, and enjoyable-for-living" city, and constructing an environment with reasonable historical, present and future time-space gradient. Meanwhile, urban design shall put stress on creating individualized urban specific space and form, and present urban environment with an opportunity of bottom-up growth; shall lay stress on people's perception and experience, and create an elegant environment with human scale; and shall still pay attention to the same general magnitude of "general buildings" and "grand buildings", as well as "daily living space" shared by the public and "grand narrative scene" expressing the collective will.

Key Words: Urban Design, Specific Characteristics of China, New Millennium, Development Trend, Operation Implementation

1 城市设计的本质内涵再认识

城市设计的领域界定一直是个复杂的问题，国内外有着多种认识和理解。有三种主要的认识倾向值得关注：一种观点是关注城市设计对于形态特色成长的长程管理的导引性。宾夕法尼亚大学教授乔纳森·巴奈特曾说过："城市设计是设计城市而不是设计建筑"（Design Cities Without Design Buildings）。这一观点认为城市设计师不只是一个城市建筑工程项目的设计人员，而应直接介入到设计体制的建立中，这种体制应当具有纲要性和引导性，而具体的设计成果则是城市设计政策和城市设计导则。

也有学者认为，城市设计是"放大的（扩大规模的）建筑设计"，这是当年西特、吉伯德、培根、小沙里宁等的基本观点，也是国内外不少建筑学背景的专业人员所普遍认同的。

《不列颠百科全书》则将城市设计的工作内容和范围列得比较宽泛，包括了城市总体的形态架构、城市要素系统设计（有点类似我国常做的城市特色、城市色彩、标识系统抑或城市雕塑、天际线等系统要素的设计）直到城市细部要素等所有与"形体构思"相关的内容。

笔者在《现代城市设计理论和方法》一书中将城市设计的含义分为理论形态和应用形态两类：①理论层面的概念理解多重视城市设计的理论性和知识架构，审慎地确定概念的定义域和内容，力求从本质上揭示城市设计概念的内涵和外延。这一理解一般较多反映研究者个人的价值理想和信仰，不依附于来自社会流行的某种看法和观念。②应用层面的理解一般更多地关注为近期开发地段的建设项目而进行的详细规划和具体设计、城市设计决策过程和设计成果以及现实目标的针对性和可操作性。亦即项目实践导向的城市设计的内涵。

综合诸学者的见解和观点，笔者在《中国大百科全书》第二版撰写的"城市设计"词条写道："现代城市设计，作为城市规划工作业务的延伸和具体化，目的在于通过创造性的空间组织和设计，为公众营造一个舒适宜人、方便高效、健康卫生、优美且富有文化内涵和艺术特色的城市空间，提高人们生活环境的品质"。

2 新千年中国城市设计发展动向和趋势

城市设计学科在中国的发展从1980年代的起步，到1990年代的发展壮大，基本走势是：总体顺应以美国和日本为代表的国际城市设计发展潮流，而同时开始探索并初步建立了中国城市设计理论和方法的架构（吴良镛，1999；齐康，1997；王建国，1991/1999）；新千年伊始，随着快速城市化的进程和城市建设社会需求的转型，城市设计项目实践得到了长足的发展，因之，中国城市设计出现了一些体系性的新发展。这一新的发展主要反映在城市设计对可持续发展和低碳社会的关注、数字技术发展对城市设计形体构思和技术方法的推动，以及当代艺术思潮流变的影响等。

其主要特征表现在两方面。

（1）城市设计理论和方法方面，中西方发展齐头并进

在西方，一些高校学者继续在城市形态分析理论、城市设计方法论等方面做出探索，代表作包括科斯托夫所著的姐妹作《城市的形成》（1991年）和《城市的组合》（1999年），英国学者卡莫纳（Carmona）等撰写的《城市设计的维度》、美国学者琼朗有关美国城市设计的系列论著等。而在中国，同样也先后出版了《城市建筑》、《城市设计》、《城市设计的机制和创作实践》和《城市设计实践论》等一些研究论著。另一方面，在国家自然科学基金研究成果、高校研究生学位论文中，探讨中国城市设计理论、方法和实施特点的研究性论文也是不胜枚举，特别是在城市设计与城市规划协同实施方法、数字化城市设计技术方法等方面取得具有显著中国特色的成果。工程实践一线的城市设计师则在探讨和总结基于实证案例的城市设计实际运作方面取得成果。

（2）中国城市设计实践呈现后发的活跃性、普遍性和探索性

中国与西方发达国家的城市发展时段相位的不同，导致中西方城市设计实践的不均衡性。1990年代中期以来，中国城市设计项目实践呈现"面广量大"的现象，且很多项目具有诉诸实施的可能性，即使是概念性的城市设计，很多也包含了明确的近期实施的现实要求。不仅如此，中国城市设计项目还具有尺度规模大、内容广泛等特点，因而带有与"社会发展、土地管理和资源分配"等与城市规划密切相关的属性。

从国际视野看，近几十年欧美发达国家因城市化进程趋于成熟而稳定，大规模的城市扩张基本结束，基于经济扩张动力的城市全局性的社会、空间发展和规划机会比较少。从城市设计实践角度看，新千年后西方国家鲜见有大尺度的城市新区开发和建设，较多的是一些城市在产业转型和旧城更新中面临的城市旧区改造项目，也包括一些城市希望通过寻找"催化剂"项目激发城市活力的项目。所以，这类项目一般多为局部性的城市设计项目，由于尺度相对较小，且其依托的原有城市结构已经比较完整，所以从城市设计成果上看，物化的空间形态研究内容较多，较多关注与人们视觉感知范围密切相关的尺度形体。对相关的大尺度城市空间形态而言，城市设计因

不具实施需求而研究薄弱。由于地段"局部性"和"激发活力"的特点，建筑师较多介入了与城市设计相关的项目事件，例如：雷姆·库哈斯完成了德国埃森郊区关税联盟 12 号矿井地区的发展规划，已经部分实现的是阿姆斯特丹附近的阿尔默新城中心区重建规划（城市设计）（图 A3-1、图 A3-2）。福斯特参与了德国杜伊斯堡和西班牙毕尔巴鄂改建的城市设计并且方案被选中，法国建筑师让·努威尔则参加了瑞士苏黎世附近的温特图尔工业区的改造并获胜等。

图 A3-1　库哈斯参与规划的德国埃森关税联盟 12 号矿井地区

图 A3-2　按库哈斯城市设计实施的阿尔默城市改造

正因如此，国外设计机构在参加中国城市设计时经常误解设计的要义。例如，很多外国公司竞标时，往往搞不清楚业主的真实想法，有时天马行空，拿出一堆看似具前瞻性、但实际华而不实的城市设计概念，尤其是无视项目相关规划条件（如上位规划等）和场地条件（调研分析不够）的情况时有发生。有时又做得过于具体，将城市设计看做是建筑（群）项目的安排和设计。总体说，境外建筑师对在中国城市设计实施的社会基础、产权辨析、基础设施和发展动力等，特别是对中国基于规划管理和导控前提的城市设计实施路径认识欠缺。这是由于国内外对城市设计认识的差异所形成的。因此，我们也可以看到，中国城市设计必须在当前大规模的城市设计实践中，探寻具有自身特色的理论、方法和发展路径，决不能像早期那样简单地采取"拿来主义"的做法。

3　新千年城市设计实践的四种典型类型

3.1　概念性的城市设计

概念性的城市设计亦即设计师对未来的城市做出的一种想象、构思并具有独立性的价值取向。

历史上挑战传统常规的城市形态提案很多，如霍华德的"田园城市"构想，柯布西耶的"现代城市"模式，赖特的"广亩城市"模型以及后来的"空中城市"、"行走城市"和"海上城市"等。在 1920 年代，不少设计师都对未来的城市形态充满探索的激情和想象，并提出了很多应对城市未来发展的提案。今天，当年的很多想象已经在很多城市中得到了一定程度的体现甚至实现，这说明概念性城市设计是有价值的，浪漫而又充满合理想象的概念并非空穴来风。例如，1920 年代现代主义建筑师们就预见到未来大城市的发展一定会有一个高密度建筑综合体和立体交通组织的问题。事实上，这些人在工业机器时代的探索对我们当代的城市形态产生了很大的影响。而今天，我们在中国一些重大项目当中也已经开始探索未来了。

例如，新千年伊始，有开发商借助美国纽约宾夕法尼亚车站（Penn Station）用地组织了一次国际城市设计竞赛。笔者个人臆断，组织者实际是想在曼哈顿这样的历史街区中的功能可能会衰退的部分地区做一点"激进的改造"尝试和表演，以使沉寂的西方城市旧区激起再发展问题的探讨。于是，为了显而易见的"夺人眼球"的视觉冲击，组织者邀请了几家艺术倾向上比较前卫的建筑师事务所参赛。例如，参赛者之一的凡·伯克尔，本身在荷兰就是专门做一些非线性数字化的形态设计；美国的摩佛西斯（Morphosis）和埃森曼一直以来也基本做的是复杂形态的城市和建筑设计。总体看，参赛提交的几个城市设计方案在形态上具有某种共性：大尺度、城市和建筑浑然一体，且绵延跨越数个街区，突破了以街区划分为尺度的曼哈顿城市肌理。这些方案中大部分建筑的屋顶都是可以上人的，是公共空间，也是城市公园。竞赛最后获胜的是埃森曼方案，他的方案相比其他几个方案来讲，相对尊重城市肌理，但又确实有些全新的概念在里面。评委提出如此评价：它创造了一个既活跃又具启发性的市民空间。同时也是一个充满惊奇、适当而又卓越可行的方案。设计对传统的以图—底关系为基础的城市结构提出了挑战，同时依靠电脑并综合了政治社会等综合因素

图 A3-3　埃森曼参赛获胜的城市设计方案

创造出前卫的城市设计意向，可以代表新千年纽约的都市意向（图A3-3）。不过，当地的规划部门对此事不以为然，因为当地的规划条例和改造意向早就有了，该竞赛完全是体制外的民间行为，与政府计划无关。这里想要说明的是：未来世界城市形态的演变可能存在不同于人们习见的城市结构、空间和肌理的组织方式。这种概念，作为较小尺度的整体实现，已经在世界上实现，这就是日

图 A3-4 FOA 设计的横滨港码头建筑

图 A3-5 横滨港口未来 21 世纪地区

本横滨港口由 FOA 设计的客运新站。可以说，这座建筑是没有立面的，屋顶完全是开放而整体连绵的，建筑的上和下、内和外、个体与环境、建筑与城市的相互作用等概念得到了新的探索和尝试（图A3-4）。

2004 年，我们应邀参加了 2010 年上海世博会的城市设计竞赛。我们和美国耶鲁大学斯特恩（Robert Stern）教授和纽约的斯瓦茨（F. Swchartz）建筑师等合作，共同完成了方案。城市设计运用了地景山型的理念，希望通过上海世博会，创造一些和以前不一样的形象。我们希望有一些中国山水元素在设计里，给世博会一个中国式的解答。

总体而言，概念性城市设计的表达形式往往呈现综合的特点，即既有概念性的理念构思和战略性的总体设想，又有较为具体直观的、传统的形态规划设计成果。由于此类城市设计涉及的范围一般较大，不确定性的因素多，矛盾复杂，很难在短时间内，通过一二个方案来确定其日后的形态格局和建设发展，因而在实际操作中常常采取城市设计方案咨询的办法，先想大问题和大理念，充分揭示项目的潜力和存在的矛盾，但并不一定具体到每一块用地的微观形态设计。最终，会采用多目标综合优化选择的原则确定可进一步发展深化的方案，由宏观到微观，由概略到具体，由战略到战术一步

步发展。

3.2 为满足未来城市结构调整和完善需要而开展的城市设计

近年中国此类城市设计案例甚多，在大多数开发过新区的城市都开展过此类城市设计。如广州市因番禺行政版图划归而引发的南沙地区建设、上海的"一城九镇"建设、南京因全国运动会举办而引发的河西新城建设、北京因产业用地调整而产生的石景山钢铁厂地区和东南郊垡头化工区改造等等，这些建设均影响了原先城市的空间功能布局和形态结构，为此一系列的城市设计组织在所难免。

国际上早期的著名案例既包括一些新区建设（如巴黎的德方斯新城规划建设等），也涵盖了一些城市旧区的改造（如瑞士巴登和苏黎世工业区改造等）。横滨未来港口 21 世纪区应该说是一个持续时间比较长、实施效果比较明显的案例。这里的规划和城市设计早在 1960 年代就着手进行，但实际也是在一个渐进的过程，一直是在严格的控制引导下进行建设，特别是原先的历史遗产，如日本最有名的石造船坞、红砖仓库等均得到了完好的保存和再利用。目前地铁线和基础设施也已经齐备，初步具备了成为横滨城市新中心的条件（图A3-5）。

深圳的中心区也是很好的案例。当年中规院编制的城市总体规划对深圳城市发展提出了前瞻性的判断，即平行于海岸线、经由深南大道等东西向城市主干道而发展的"带型城市"模式，以及先发展东部罗湖和西部蛇口，最后发展福田中心区的建设时序。中心区定位和建设历经多轮规划和城市设计，最后落实到建筑和环境建设，形成今天的面貌。中心区建成之后也引发了很多看法，特别是对于市民广场的尺度、形式、中轴线的尺度、会展中心选址等。尽管如此，这毕竟是一个前后经历十多年和多轮的规划设计竞赛而凝聚的东西，其中的经验还是很多的。

传统城市在发展中始终面临新生与衰亡、发展与保存的双重挑战，一些具有较大空间尺度的城市设计必然会涉及城市整体的结构和形态的调整及优化。2001 年，我们完成了广州传统中轴线城市设计。当时提出了"云山珠水，一城相系"的理念，既有历史街区的保护主题，也需要回应现状空间形态整理、改造和优化的挑战，后来经过与广州市规划设计研究院的合作，该方案得到深化完善并由政府批准实施。

3.3 基于广义历史遗产保护要求的城市设计

基于历史资产保育的场所性维系和活力再造是城市设计的基本命题。国际上的成功案例也相当多，如美国波士顿的昆西市场改造、

巴尔的摩内港改造，瑞士苏黎世的西区改造和澳大利亚悉尼的达令港改造再生等。

当前，我国城市化水平已达 50%，即将进入一个以快速发展与结构性调整并行互动为特征的城市化中后期阶段。在我国各类城市中，已有 113 座国家级历史文化名城和近 200 座地方历史文化名城，另外还有数量更为众多的名镇名村和历史文化街区。而城市与建筑遗产是构成这些名城、名镇和历史街区的主要物质载体。然而，在过去 30 年的城市急速发展中，许多城市的历史文化街区、建筑遗产和其他历史文化资源都由于一时误判而毁于一旦。近年又有另一倾向，即迫于各方压力，部分城市对建筑遗产和历史街区一律冷冻封存，然而脱离特定城市环境的孤立保护并不能带来一个好的历史场所环境。近年来，全国重点文物保护单位数量的大幅增加带来了建筑及其城市环境类型的多样化，不论从学术还是实践的角度出发，对这些不同类型和不同状态的历史遗产都不能简单地采用一刀切的凝冻式保护对策，而必须考虑适应性利用的可能，尤其是那些量大面广的城市民居类历史街区以及采用了近代结构形式的近现代建筑遗产。

广义的历史遗产继承保护，除了三维形态之外，人的活动以及功能的组织，特别是公共活动，都应该在城市中有各自的舞台。

以墨尔本维多利亚港区改造再生案例为例，这里曾经是墨尔本城市运行的咽喉所在，过去的经济发展都依赖港口集散转运。而后工业时代的运输已不再是小批量的了，集装箱尺度的运输迫使港口迁往别的深水港区。于是，曾经辉煌的港区就成为城市棕地抑或"模糊地段"。这个港口的历史定格在了仓库墙上展示的巨幅照片里，这些照片记录着港区的缘起、发展、鼎盛和衰亡，也记录着曾经发生在这里的生产活动和生产关系，这就是港口的场所内涵和需要讲述的故事，其中凝聚着几代墨尔本码

图 A3-6 墨尔本维多利亚港改造

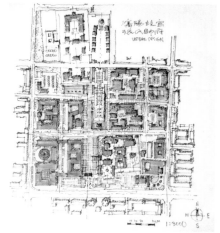

图 A3-7 沈阳方城地区城市设计方案

头工人的光荣和梦想。如果没有这样的环境氛围，曾经的历史就可能就此中断。当然，今天的城市设计还不止做了这些工作，它还通过生态优先的环境设计，重新把它变成一个绿意盎然、亲切宜人的城市环境，并融入到新的城市空间结构中（图 A3-6）。

2005 年，我们完成了沈阳故宫和张氏帅府地区的保护性城市设计。基本想法是通过一个地上和地下结合的步行空间综合系统把两个部分整合起来。现状沈阳故宫是世界遗产，相对独立，而张氏帅府建筑分布就比较复杂，它包括了帅府本体，也包括帅府旁边的赵氏小姐楼、边业银行等优秀近现代历史建筑。目前两部分历史建筑之间插建了大量 1970 年代和 1980 年代建的多层普通住宅，其功能和风貌与历史地段不太相称，需要通过功能置换、疏解建筑密度和居住人口，再现沈阳方城地区具有丰富内涵的历史发展印迹。方城历史上是皇城地区，设计希望安排一个南向的通道，突出了南门的重要性，把原来的方城通过城市设计强化出来，但最重要的还是通过步行公共空间把沈阳故宫和张氏帅府的历史资源点整合起来（图 A3-7）。

3.4 注重生态优先理念的城市设计

生物气候条件和特定的地域自然要素是现代城市设计最为关注的核心问题之一，城市设计可以通过对宜人空间的环境营造和自然要素的合理利用有效地促进城市的可持续发展。目前的城市设计关注城市形态可持续发展的影响因素——能源利用、环境保护等相关问题。

例如日本象设计集团完成的台湾地区宜兰县政府建筑群及其环境设计，通过建筑本身遮阳措施和连廊开敞空间，很好回应了台湾地区常年湿热的生物气候条件的挑战。日本冲绳地区和中国深圳华侨城很多建筑也是类似情形，历史上众多南洋地区城市中盛行的城市骑楼建筑形式本身就是当地生物气候条件的产物，作为一种被动式的气候设计，其实用性非常强，既可降温、遮荫，也可避雨和防晒，方便人们在一个相对舒适的环境中组织生活活动（图 A3-8）。

图 A3-8 台湾地区宜兰县政府的室内街道

图 A3-9 南京中山陵博爱园和天地科学园规划设计

2009 年，我们完成了南京中山陵南部博爱园和天地科学园景区的规划设计。中山陵地区历史人文资源丰富，自然条件得天独厚，但规划场地现状有好几个城中村，以及租借农民用地的驾校，这些功能和活动与国家级风景区极不相称，规划和管理失控。规划设计中，由于现状地形地貌、汇水和植被情况非常复杂，有些地方调研时根本无法进入。为此，我们想到了针对复杂信息集取的数字技术，如运用 GIS 高程分析与现状结合的方法求解场地属性和地表物的分布情况。通过坡度、坡向、水系、植物分布和郁闭度等对场地景观进行分析，得出合理的适建性评价。最后基于生态优先的理念，我们才做出城市设计提案，建筑插建则按照生态优先的"适建性"原则谨慎布置，"珠玑点缀"（图 A3-9）。

4 中国城市规划编制、管理和实施体制与城市设计

城市规划和城市设计在历史上一直是密切相关的。从雅典卫城和古罗马建设开始，经文艺复兴和巴洛克时期，再到拿破仑时期的巴黎改建，直到美国首都华盛顿规划、澳大利亚首都堪培拉规划和巴西新首都巴西利亚的规划建设，城市的规划蓝图都是与城市空间形态的规划布局和建筑形体控制联系在一起的，而这些规划中的很大部分内容甚至就是建筑师来完成的。这种形态主导的城市建设现象直到工业革命后具有承载更加复杂的功能要求的现代城市诞生后才趋于衰微。现代城市规划和现代城市设计在研究对象的尺度、范围和内涵上产生越来越显著的分野，亦即，城市规划逐渐演变成"政府行为、工程技术和社会运动"三位一体的形态，或者是"社会规划、经济规划、空间规划"三位一体的形态；而城市设计却越来越关注基于人们实际体验和感受尺度的形体环境的设计和优化工作，城市环境的场所意义和活力、人文历史价值、舒适宜人的尺度亦是城市设计的主要内容。从尺度上讲，工作对象范围缩小了，但工作内涵却增加了很多，很多时候还需要跨学科的专业人员合作。一般地，在涉及城市整体的、宏观层面上的空间、土地和环境资源以及公共政策方面，城市规划具有决定性的作用；而在城市开放空间、公共空间体系、景观特色及与公众相关的空间环境塑造等方面，城市设计则具有决定性的作用。

然而，毕竟城市环境和城市建设是一个连续统一体，城市规划和城市设计毕竟也都是以城市发展建设为对象的，所以专业的分野不是非此即彼的关系，而是互动互融的关系。

世界各国在城市建设过程中，探索了各有特色的城市规划和城市设计的互动关联模式，如美国采用的是城市分区管制（Zoning）框架下推进城市设计政策和导则实施的模式（类似于中国的特色意图区），城市设计是城市建设和建筑设计需要满足的基本原则；英国则将城市设计内容置于"规划许可制度"的工作中，特别是在城市颓败旧区的改造更新中需要土地使用性质变更或土地混合型开发利用时，政府主管部门大都倾向于采用类似城市设计乃至建筑设计导则的方式来执行开发管制。对此，同济大学唐子来等学者曾经对欧洲各国的城市设计制度开展系列研究并取得成果。

但在中国，城市设计与城市规划的关系由于城市规划在城市建设中具有唯一法定性地位而变得扑朔迷离，如果我们能对这一关系厘清便是抓住了中国的城市设计的特色。事实上，近十年来，与城市规划协同实施的中国城市设计案例大量出现。笔者认为，在中国，城市设计跟国外城市设计实施有同有异。通常，城市设计法定实施的渠道只有两条，一是通过具有明确业主的城市建筑群和建筑综合体实施，二是依托城市规划经由政府批准实施，而后者更具普遍性。

在中国，城市设计在近三十年的演进过程中，除了吸收国际上城市设计的传统特点和实施成功经验之外，也发展出具有中国自身特点的城市设计专业内涵和社会实践方式，这就是城市设计与法定城市规划体系的多层次、多向度和多方式的结合和融贯。中国是一

个强势政府推动城市发展和建设的体制，城市建设往往是政府自上而下的驾驭，政府赋予了城市规划的法定性作用，强调了规划贯彻政府意图在社会保障与民生、经济发展、用地布局及空间形象等方面发展的政治意义。于是，现代城市规划三大性质中的"政府行为"属性得到了超尺度的放大，而工程技术属性作为"技术支撑"的角色而存在，也常常裹挟着较多的政治色彩，作为与"政府行为"和"技术决策"相平衡的"社会参与"属性则比较弱势——信息不对称是常态状况，规划公示和公众参与决策虽然近年有进步，但还是经常流于形式。

这就是说，城市设计在中国，如果希望能够有效地付诸实施，除了单一项目业主委托以外，必须依托政府协调、仲裁诸"社会业主群体"的利益和诉求，而依托政府的很重要的方面就是依托相关法定规划的编制才能发挥作用（城市设计借壳城市规划获得法定实施准入也是可以的）。

事实上，基于中国特定的城市规划编制、管理和实施制度，城市设计是城市规划工作的一部分，乃至贯穿城市规划的全过程，抑或"缩小了的城市规划"。这和中国城市设计项目存在较多中大尺度、乃至城市尺度的项目需求相关。

不过，既然公认城市设计主要与人实际感知的空间形态和活动相关，那么城市设计应有一个相对适合于自身操作的对象尺度范围，亦即主城区及片区以下的中小尺度的城市空间范围。数十乃至数百平方千米的范围应是城市规划的主要对象，在这种尺度上，城市设计能做的应该是对规划的形态诠释或公共空间体系类研究专题。

城市设计可以起到深化城市规划和指导具体规划实施的作用，同时又可在城市层面上去引导并一定程度上规范建筑设计，所以在城市规划各个层面中都可包含城市设计的内容。城市设计承续了城市规划中对空间规划、空间结构和用地布局的合理性和"自上而下"对建筑的管控理性。这种管控作用虽属一种有限理性，且不在于保证有最好的设计，但却可以保障基本的城市空间整体品质，避免最坏设计的产生。

概括地说，目前中国城市设计编制的技术形式大致可分为以下6个方面：

（1）就城市社会空间发展中形态优化和美学感知等特殊命题提出城市设计专题研究（城市空间特色要素系统、城市公共空间体系、城市历史名城保护、城市色彩、城市天际线、城市雕塑等）。

（2）配合城市特定层次的法定规划组织城市设计专题，尤其是在城市中大尺度的规划上必须要融合城市设计的成果。

（3）与特定城市规划同时编制，编制单位密切互动切磋，提

高城市规划编制在规划理念、内容设置、指标控制方面的科学性；同时使得城市设计在法定的科学规划前置导控下更加具有操作实效性，并对城市环境品质提升起到真正的指导作用。

（4）利用城市设计概念方案征询和竞赛的方式，针对城市中一些尚存在多重选择和建设开发可能性的用地，或是突发性城市事件引领下可能开发建设的用地，开展设计概念探讨。极端情况下，设计畅想也是必不可少的。

（5）城市设计编制先行，然后控制性详细规划编制跟进城市设计的管控内容，这样城市设计真正起到了规划编制技术支撑的作用，也使得城市规划在导控指标科学性方面有根本改善。

（6）地段实施性的城市设计，项目实践主要以诉诸城市功能合理性和视觉理论技术方法为主。随着人们对城市客体复杂性认知的深化，城市设计的焦点也逐渐发展到社会活力提升和激发、场所精神营造及城市各要素系统整合等方面。

作为对城市设计实施有效性的评估，我们可以看到：除少量工程实施性城市设计的活动外，评估基本上都从强调固定的终极蓝图式的设计成果部分转到了对开发建设的组织过程，及从专业设计活动到商业活动、政府行为、开发活动与规划设计的综合上。城市设计成果形式则从形态布局逐步向政策、决策等控制手段的方向转变。

同时，城市设计中以数字化定量研究成果为依托的理性成果在迅速增加，例如对于城市土地属性的定量研究成果的逐渐积累，会有可能导致城市设计形态类的成果内涵的根本改变，并使今后城市土地开发强度、密度等用地指标确定的科学计量成为可能；越来越多的实践案例表明，基于GIS、GPS等技术分析成果会大大增加城市复杂地形中实施城市设计的科学合理性，同时也将改变城市设计传统的"形态优先"的技术思路。在中国，大尺度城市空间设计的实践案例比较普遍，因此，经典的基于视觉有序的城市设计技术方法不仅要汲取规划方法，而且本身还必须完善和拓展，其方法体系和作业方式也会有很大改变。由于大多数情况下，城市设计是针对城市空间对象和环境调整优化所做的长程考虑，所以特别关注自身与中国现行城市规划编制、管理体制和工作内容的衔接。如果城市设计成果及其数字化的技术表述方式可以与城市建设的管理技术平台有效结合，那就可以更好地使城市设计作为法定规划的一部分和重要的技术支撑，推进城市建设和管理的科学化。经由这样的衔接，城市设计就可以比以往更加有效地指导中国现阶段面广量大的城市建设，特别会对营造城市环境品质和特色产生决定性的影响。

5 结论

分析总结城市设计的发展历史和众多成功案例,结合当前中国城市发展和建设实践,我们发现城市设计实际上是存在核心价值和普适命题的,这些价值和命题大致包括:

(1) 从关注"自上而下"对市场经济条件下对土地的控制性主题转向"自上而下"和"自下而上"对城市成长性和市民需求的引导性主题的结合。

(2) 从广场、大马路转向对街道空间、特别是步行街的关注。

(3) 营造具有宜人尺度的人性场所,突出历史文化内涵和城市集体记忆的重要性。

(4) 在中国城市发展建设中,可以通过城市设计(包括具有城市属性的建筑设计)做出富有创新意识乃至具有一定挑战性价值的环境品质提升的方案。特别是在地段级的城市设计项目中,建筑师具有较好的完成优势,因为建筑师的工作在形体空间组织、美学控制和文化彰显方面更加适合原创性的表达。

(5) 合理利用"催化剂"(Catalyst)和引领性重要项目(Pilot Project),可以在激发市民想象和催生城市活力方面发挥重要作用。但须注意三个要点:首先是要选择在城市公众可达、可用并且是可观(欣赏)的城市战略要点位置;其次是项目应该是与城市内涵性功能(如文化、体育等公共设施)和外延性功能(具有对城市以外区域和城市的吸引力和竞争力,但并不一定是最高或最大等俗套的东西)的结合体;第三,城市公共性基础设施,如桥梁、市政工程等同样可以成为城市的名片和标志性建筑。

(6) 城市设计可以帮助城市总体规划有效改善在城市特色空间布局、自然要素系统维护、形象认知结构、公共活动体系等方面的作为,尤其是为中大尺度的城市特色空间的保护、成长和营造提出具体的指导性意见。

总之,城市设计既不是简单的城市规划的一部分,也不是扩大范围的建筑设计。城市设计致力于营造"精致、雅致、宜居、乐居"的城市,同时还致力于构建历史、今天和未来具有合理时空梯度的环境;城市设计注重个性化的城市特色空间和形态营造,主张让城市环境有"自下而上"的成长机会;城市设计注重人的感知和体验、创造具有宜人尺度的优雅场所环境;最后,城市设计还要注重"平凡建筑"(城市基底)与"伟岸建筑"(如城市地标)、"日常生活空间"(大众共享)与"宏大叙事场景"(集体意志)的等量齐观。

(注:本文系作者根据在 2011 年"第八届中国城市规划学科发展论坛"上的演讲整理而成。)

参考文献

[1] 齐康 . 1997. 1927—1997 建筑创作的纪程:齐康作品集 [M]. 北京:中国建筑工业出版社

[2] 王建国 . 1991. 现代城市设计理论和方法 [M]. 南京:东南大学出版社

[3] 王建国 . 1999. 城市设计 [M]. 南京:东南大学出版社

[4] 吴良镛 . 1999. 建筑学的未来 [M]. 北京:清华大学出版社

4 城市设计
Urban Design

时间
Time | 2009

期刊
Journal | 中国大百科全书出版社
Encyclopedia of CPH

页码
Page | 491（卷3）

　　城市设计（Urban Design）以城镇发展建设中空间组织和优化为目的，运用跨学科的途径，对包括人、自然和社会因素在内的城市形体环境对象所进行的研究和设计。

　　城市形体环境是城市社会经济活动的载体和人类生活的舞台，城市设计应综合体现社会、经济、文化、功能和审美等方面的要求，其重点是设计具有良好空间形式的城市形体环境，而不是设计建筑物。在很多情况下，城市空间的功能组织、环境品质、生活格调、文化内涵和艺术特色等都是通过城市设计创造和建立起来的。

1 城市设计的历史发展

　　城市设计历史久远。在产业革命前，它与城市规划几乎同义，并曾一度归属于建筑学领域。史前人类聚居地的形成最初一般都依从自然环境条件，如河流走向、风向、区位、环境等，许多古埃及城镇沿尼罗河集中发展便是典型案例。其后，原始宗教一度成为主导的文化形式，东西方共有的"占卜"和"作邑"，就是一种很具体的建城宗教仪式。希腊文明之前，西方城镇建设大多出自宗教、政治、军事等功能和实用目的。公元前491年希波丹姆所做的米利都格网重建规划，标志着有规划的城市建设达到了一个新的水平。古罗马许多军事城镇也采用了类似的格网布局。中世纪城市发展缓慢，城市建设得以在结合地形条件和空间塑造等方面，通过多次加建和扩建取得显著成就，产生了许多优美的城镇形态及与建筑、喷泉、雕塑等有机结合的广场街道设计，中世纪的佛罗伦萨、威尼斯、锡耶纳等今天仍是世界名城。文艺复兴时期的城市设计开始注重科学性，这一时期出现的"理想城市"理念认为城市设计既应强调美观，也应注重便利。巴洛克城市设计则在表达绝对君权方面有突出表现，如在城市中强调布局规整对称、空间运动感、序列景观等，适应了当时城市性质和规模的发展，在实践中，这种城市具有明确

空间轴线、环形放射式的城市道路结构、大尺度的园林绿地、广场和建筑，其空间的处理手法对后世城市设计产生了较大影响。

　　我国有许多优秀的古代城市设计案例。其显著特点是，总体上注重以《周礼·考工记》中的王城为代表的城市设计规范和制度的继承与发展，这一规范和制度对中国城市建设实践的传统影响甚大。如在元大都布局基础上建设形成的明清北京城，皇城居中，左祖右社，前朝后市，城中经纬各七条干道，一条南北轴线贯穿全城，较完整地反映了《周礼·考工记》中王城理想模式的特点，同时，在皇城西侧安排以"三海"为主的水面和绿化，创造出帝王都城既严谨雄伟又生动丰富的城市空间环境，取得了世界公认的伟大成就。同时，中国古代也产生了许多因地制宜、巧妙利用自然、布局形态较为自由的优秀城市设计案例，如南京、常熟、蓬莱等城市。

　　近现代的城市设计领域发生了深刻变化。19世纪的法国巴黎改建和美国"城市美化运动"，继续反映了传统物质环境优先的设计理念，大多数的城市设计实践则开始考虑城市的综合问题。工业革命后，西方社会生产力迅速发展，城市人口、土地规模急剧膨胀，功能日益丰富而复杂。但这种突发性的发展变革打破了传统的城市发展总体上呈现的渐进模式，使城市问题和矛盾日益显现。这时，一种关注解决城市综合问题的现代城市规划应运而生，并对城市发展和建设产生重要引导作用。而同时，日益注重人和社会价值的现代城市设计，其设计指导思想和方法也有了进一步的发展和深化。

　　世界各国均不同程度上开展了多样性的城市设计实践。城市设计帮助许多城市成功地塑造出自身的形象艺术特色，有效地改善了城市环境，城市环境的社区性、公众性和多样性得到进一步加强，城市公共空间的品质和内涵也有了明显提升。特别是二次世界大战后，许多城市的旧城更新改造、居住社区、新城建设和城市公共空间（如街道和广场）的成功建设，都与城市设计直接相关。

2 现代城市设计的目标、内容、方法和作用

现代城市设计致力于通过创造性的城市空间组织和设计，为公众营造舒适宜人、方便高效、健康卫生、人文内涵丰厚、艺术特色鲜明的城市空间，从而提高人们生活环境的品质。城市设计实践大致包括三个层次的对象内容，即区域—城市、片区和地段，其基本的设计目标是为不同层次的城镇发展建设提供一个基于公众利益的形体空间架构和相应的设计准则。

区域—城市级城市设计的工作对象主要是城市相关的周边环境及其建成区。它着重研究在城市规划前提下的土地利用政策、新城建设、形体结构、开放空间和景观体系、公共性人文活动空间的组织、地标性建筑布局等。设计与研究成果具有政策取向的特点。片区级城市设计主要针对功能相对独立并具有相对环境整体性的城市街区，分析该地区对于城市整体的价值，保护、挖掘或强化该地区已有的环境特色和开发潜能，提供并建立适宜的设计程序和实施操作技术，有时还可对一系列功能上有联系的形体要素开展设计，如建筑组合方式、符号标识系统、夜景照明系统、街景序列等。地段级城市设计主要指具体的建设工程项目设计，如街景、广场、交通枢纽、大型建筑物及其周边外部环境的设计等。城市设计对这些内容一般能做到有效的控制。这一层次的城市设计一般比较微观而具体，但却对城市、特别是城市重点地段的面貌和特色塑造影响很大。

城市设计的工作重点是优化各种城市设施功能并使之相互协调，整合各种物质要素空间安排和设计，并取得综合优化的环境效益。城市设计可以作为一种干预手段对城市社会产生应有的影响。现代城市设计对象多为局部的城市环境，但考虑内容远远超出了给定的设计范围，且设计常以跨学科和行业组织为特点，注重城市建设的综合性和动态弹性，体现为一种对城市建设连续决策过程的技术支持。

由于城市建设的连续性，形体环境的广延性和建设决策的分散性，城市设计还应考虑城市的成长性和目标实现的时序，不可急于求成。除了实践性专题外，城市设计有时还要对城镇形态及构成要素的形成原因、嬗变过程等进行研究，以期探寻城镇空间环境的演变规律及发展趋势。

城市设计优劣的评价主要有定量和定性两方面。城市设计满足特定项目范围内的建筑容积率、覆盖率、日照控制等要求属前者，格局清晰、活动方便、丰富多样、可达性及环境特色、场所内涵等则显然可归属于对一个好的城市设计的定性评价标准。

从方法和实施角度看，现代城市设计一方面是一个由分析系统、操作系统和价值判断等组成的"设计探寻过程"，同时又是一个包含社会、经济、文化和法律等在内的"参与性决策过程"。处理好这种"双重过程"及其相互关系，是成就一个好的城市设计的前提和基础。

现代城市设计成果并不仅仅只是一些方案的规划设计表现图。图纸只表达城市建设中未来可能的空间形体安排及其比较，在许多情况下，项目的背景陈述、政策法令，特别是设计导则成果促进了城市设计实施操作的有序性和建设管理的长效性，常常比图纸更加重要。

城市设计是城市规划和建筑设计之间的桥梁，与地景学亦密切相关。城市设计可以起到深化相关层次的城市规划和指导具体规划实施的作用。同时，城市设计又可引导并在一定程度上规范建筑设计，城市设计对于建筑设计的驾驭和引导作用，可以提高城市空间的整体品质。

3 城市设计的发展趋势

城市设计是一门正在不断完善和发展中的学科。20世纪世界物质文明持续发展，城市化进程加速，但城市环境建设却毁誉参半。在具有全球普遍性的经济至上、人文失范、环境恶化的背景下，城市设计及相关领域学者提出的理论学说丰富了人们对城市发展理想的认识，并直接支持了城市设计实践活动的开展。其中代表性的成果包括：道萨迪亚斯提出的人类聚居学、芒福德对城市历史和文化演进的研究、亚历山大的城市整体性发展思路、沙里宁的"有机疏散"主张、拉波波特对城市形态人文属性的研究、林奇的城市形态和意象研究、培根发展并实践的"设计结构"理念、麦克哈格的"设计结合自然"思想以及中国近年正在发展完善的"人居环境科学"等。

近年来，可持续发展所提倡的整体优先和生态优先理念，以及地理信息系统、遥感、"虚拟现实"等数字技术的应用等也显著拓展了城市设计的学科视野和专业范围，并对实践产生重大影响。

城市设计实践研究一方面可以借鉴和学习历史上的优秀案例及其成功经验，但更重要的是应深刻理解和认识现代城市生活、社会发展和环境变迁中所产生的各种问题，针对特定的地域条件和历史文化背景，运用城市设计的理论知识，通过一定的技术和方法手段来创造良好的城市空间环境并解决实际的环境质量问题。事实上，一个城市如果能够创造出美学效果良好、令公众满意的生活环境，提升城市设计的品质，就能获得更好的经济效率和发展前景。

中国现代城市设计的研究和实践起步较晚。随着我国社会经

济的持续高速增长和人民生活水平的提高，人们开始对城市空间环境提出了规模乃至质量上的更高要求。城市设计在中国城市建设实践和管理中日益得到重视并逐渐成为一项重要内容。建筑师逐渐认识到传统建筑学专业视野的局限，进而将设计工作扩大为环境的思考；城市规划领域则从我国现行规划编制和管理的实际需要探讨了城市设计的作用。城市设计在实践中显著深化了城市规划工作，并提高了许多建筑工程项目的设计水平。各大城市相继开展的包括市民广场、步行街和公园绿地建设等在内的城市环境整治和优化工作，反映了中国这一历史发展阶段对城市公共空间和环境品质的空前重视。中国学者所开展的现代城市设计理论和实践研究，特别是1999 年国际建协大会通过的《北京宪章》，以及具有中国特色的旧城"有机更新"论、"山水城市"论、绿色城市设计概念以及一批成功实施案例等已经引起了国际学术界的关注。然而，相对世界发达国家的城市设计发展和主流趋势，中国城市设计整体水平仍存在较大差距，任重道远。

总之，在当今全球化、信息社会和可持续发展的时代背景下，城市设计保持了特有的，坚持地域本土性和文化多元的立场，以及在城市形体环境改善和塑造方面的创新属性，无疑能够为世界克服"特色危机"，创造多元、多样、多姿和高品质的城市形体环境方面继续发挥关键性的作用。

推荐书目

[1] 陈占祥 . 1988. 城市设计 [M]. 北京：中国大百科全书出版社

[2] 霍尔 . 1985. 城市和区域规划 [M]. 邹德慈，金经元，译 . 北京：中国建筑工业出版社

[3] 齐康 . 2001. 城市建筑 [M]. 南京：东南大学出版社

[4] 王建国 . 1999. 现代城市设计理论和方法 [M]. 南京：东南大学出版社

[5] 王建国 . 2011. 城市设计 [M]. 3 版 . 南京：东南大学出版社

[6] 吴良镛 . 1991. 广义建筑学 [M]. 北京：清华大学出版社

[7] Bacon E N. 1974. Design of Cities[M]. London:Thomas and Hudson

[8] Shirvani H. 1985. The Urban Design Process[R]. VNR Company Inc

[9] Barnett J. 1974. Urban Design as Public Policy[R]. Architectural Record Book

[10] Jon Lang. 1998. Urban Design: American Experience[R]. Van Nostrand Reinhold

B 传承篇
INHERITANCE

时间
Time | 1999-09

期刊
Journal | 建筑师
The Architect

页码
Page | 20-23

1 生态要素与城市整体空间特色的形成和塑造
The Formation and Shaping of the Ecological Elements and Whole City Space Features

摘要：基于可持续发展和绿色城市设计的认识框架，本文简要回顾和论述了历史上城市建设与自然生态学条件的相关性及其经验和教训，探讨了城市自然生态要素与城市整体空间特色形成和塑造的有机关系，并针对我国具体国情，提出了今天城市规划和设计在这方面应关注的几个问题。

关键词：生态要素，特色，绿色城市设计，可持续发展

Abstract: Based on the understanding of sustainable development and green urban design framework, the paper reviewed and discussed the reciprocity and experience of urban construction's history and natural ecological conditions, expounded the relationship of urban natural ecological elements and the formation of the whole organic space, and put forward several issues should be concerned upon Chinese specific conditions.

Key Words: Ecological Element, Feature, Green Urban Design, Sustainable Development

1 城市特色的形成和塑造

城市特色（Identity），根据笔者的理解，与城市个性（Individuality）和城市整体意象（Image）有密切的内在关联，系指某城市在人的感知层面上区别于其他城市的形态表征。而就具体城市规划设计和建设而言，特色一般主要涉及与人的视觉相关的城市空间形态、布局结构及景观规划设计问题。

从城市特色形成来源看，大致有两个大的方面：第一，反映城市生态和自然环境条件的自然系统，这其中包含两种力量，即物种生存具有的生命力和依据物理学定律的无生命的惯性力量；第二，体现在城市社会、经济、科技、文化和历史背景方面的人工系统。它更多地表达了人类本身对于生存环境的能动作用和态度，反映人类的需要、愿望和抱负。但实际上自然系统和人工系统总是交织在一起、共同作用的，"城市的个性和特征取决于城市的体形结构和社会特征"（国际建筑师协会，1980）。

对于城市整体空间特色的形成和塑造过程与自然系统、人工系统的关系，笔者认为，一般自然系统的作用多与"形成"有关，而人工系统则同时涉及"形成"和"塑造"问题。前些年不少同志特别是许多地方领导，针对我国城市建设日益千篇一律、千城一面的问题，提出了"创造特色"的规划设计口号和建设奋斗目标，其本意非常积极，而笔者还是认为，用"塑造"一词可能更准确，"创造"含有过多人为主观成分，它将导致一个全新的、前所未见的、亦相对难以量度的目标物。然而城市特色能否完全被人为"创造"，这本身是个问题。而"塑造"更强调利用现有素材和条件、强调分析和研究的基础以及一种较为温和的处理事物的方式，因而也更能反映城市建设的生态优先原则和跨世纪可持续发展的时代精神。

2 自然生态条件作用下城市整体空间特色的形成

城市地域自然生态学条件及其要素（如气候、地形地貌、水体、植被等），从来就对城镇规划和人类聚居环境建设具有重要影响。只不过在人类社会发展的不同阶段，自然生态要素和环境条件的影响强度、作用方式和作用结果有所不同。

从城镇选址方面看，在史前人类聚居地形成的最初过程中，几乎无一例外地依循了自然生态规律和特定的自然环境条件。之所以人类最早的聚居点出现在黄河、尼罗河、幼发拉底河、底格里斯河和印度河等亚热带和温带河谷地区，是因为这些地区具有优良的自然生态条件，如气候和土壤适合动植物生长繁殖、雨水充沛、建筑

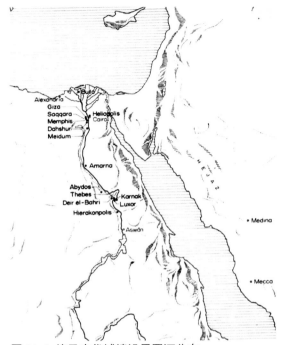

图 B1-1 埃及古代城镇沿尼罗河分布

取材方便、交通便利等。作为例证，古埃及城镇就是沿着河道发展起来的，而且按照人们喜欢的风向、所在位置、地形条件和海湾走向修建他们的城镇（图B1-1）。

用今天的眼光看，这种做法还恰恰印证了现代生态学所论及的"边缘效应"（Edge Effect）。即在两种或多种生态系统交接重合的地带，通常生物群落结构比较复杂，某些物种特别活跃，出现不同生态环境的生物共生的现象，生存力和繁殖力亦更强。上述几大文明及其人类聚居地都是从沿海、沿河或濒湖等水陆生态系统交界重合地带产生、繁衍和壮大起来的。

即使考察今天世界的著名城市，很多也是坐落在水陆边缘，特别是河流、陆地和海洋三种生态系统交接复合地带。如英国伦敦位于泰晤士河河口；荷兰鹿特丹地处莱茵河河口；意大利罗马位于泰伯河河口；美国纽约位于哈德逊河河口；俄罗斯圣彼得堡地处涅瓦河河口。再如中国上海位于长江入海口；天津地处海河河口；杭州位于钱塘江入海口，至于位于大江大河边的城市更是数不胜数。

这说明无论是远古的人类聚居点，还是后来发展起来的城市，其选址一直与所在地特定的自然生态条件有着唇齿相依的关系。

再从城市整体空间形态和布局的特色看，自然生态学条件同样具有极其重要的影响和作用。在这一方面，分析和研究历史上（特别是工业革命前的）城镇规划设计对自然的态度和处理方式，对于今天仍然有着重要而宝贵的启示。古代的城市和建筑设计对于自然环境和基地可资利用的条件及制约的理解往往比今天更为敏锐而深刻，对其建设与基地生态条件的匹配和适合亦更为重视。因为那时人们是不可能随心所欲地利用和改造自然的，自然环境条件在建设过程中常常被认为是神圣而不可违反的。

直到今天，城市建设中有些自然生态要素仍然具有决定性的作

用，例如特定地域的生物气候要素就是相对不变的因素（如雨量、阳光、温湿度、风向等），而它与城市整体空间结构、布局、人的生活方式乃至建筑材料的供给均有着极其密切的关系。城市规划设计应当认真分析研究这种相互关系，遵循建设所在地的气候特点及其变化规律，因势利导，趋利避害并由此去塑造城市整体空间特色。著名建筑师欧斯金认为，作为自然环境的基本要素，气候是城市规划的一个重要参数，气候越是特殊就越需要规划设计来反映它。可以说，特定地域气候的要素是该地域范围内城镇规划和建筑环境设计的最主要决定因素之一。

例如，在处理热带和亚热带的城市布局和结构形态这一问题上，根据人居环境舒适性要求，就应该尽量开敞、通透一些，注意夏季主导风向和绿化布置，创造尽可能多的庇荫室外空间（如林荫路、公园路、骑楼、凉廊等），以便人们可以长时间在户外活动，保护和合理利用滨海、滨河和滨湖的自然开敞空间等。而在北方寒带地区及我国边远高原地区，冬季的防寒保暖和防风沙问题就成为城市建设考虑的主要矛盾。实践中，城市规划和建设设计一般采用相对集中紧凑的城市布局形态和结构，以利于加强冬季的热岛效应，减少城市居民的工作和生活出行距离；同时尽量避免冬季不利风道的形成，降低基础设施的运行费用。

一旦我们在城市规划设计中恰当地处理了自然生物气候的影响和作用，就能赋以城市空间结构和布局形态予一种独特的表现形式，进而塑造出一种富有艺术魅力的城镇环境特色。

地形、地貌和环境也同样是城市规划师和建筑师在城市建设中所尊重和倾心利用的自然生态要素。从高山、丘陵、冈埠、盆地，到平原、江河湖泊，世界各地的自然特征丰富多样、争奇斗艳。在古往今来的国内外许多案例中，我们的先辈都十分重视这些自然要素，并在建设中紧密融合具体的山形水势，使自然形态和人工建设的城镇空间和谐组合在一起，相互因借、相互衬托，形成城市的艺术特色和个性。

例如，江苏南京城"襟江抱湖，虎踞龙盘"，东有紫金山，北依长江、玄武湖，西有莫愁湖，南达雨花台；宁镇丘陵山脉绵延起伏，环抱市区；以秦淮河为主干的内河河网纵横交错，加之由紫金山、小九华山、北极阁、鼓楼高

图 B1-2 从北极阁高低看紫金山、小九华山

地、五台山、清凉山构成的城市自然绿楔和多年人工精心营建的林荫大道，使南京成为一座形胜极佳、特色鲜明的历史文化名城（图B1-2）。

江苏常熟市则又是一个建设中巧妙结合和利用自然地形地貌的典型案例。常熟古城环绕虞山东麓，城市依山而建。城内河网纵横，河街相邻，包含七条支流在内的唐代琴川运河贯穿古城南北，故有"七溪流水皆通海，十里青山半入城"的美称。根据笔者多年研究，这种城市空间形态和结构特色的存在包含着很深的科学道理。

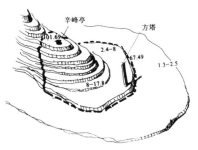

图 B1-3 常熟城市建设选址分析

图 B1-4 常熟枫泾看虞山和方塔

图 B1-5 从常熟兴福寺方塔看虞山

常熟古城原址位于南沙（即今天的福山镇），唐武德七年"始迁虞山脚下"，因此奠定此后千年不变的城市位置，说明迁址是成功的。迁址后的常熟城位于虞山东麓缓坡层，海拔高程平均比四周高2m，地势高爽，易于防洪排涝，且具有据高扼守的军事防卫作用，同时现址又是县境内河网交汇的枢纽地带。这正好印证了我国古代"凡立国都，非大山之下，必广川之上，高毋近旱而水用足，下毋近水而沟防省"的城市建设原则。其后又经过多年的精心营造和建设，特别是南宋城东崇教兴福寺塔的建设和明代"腾山而城"的城墙扩建，使常熟城逐渐形成一种独特的、不对称均衡的城市整体空间艺术特色（图B1-3至图B1-5）。

再看首都北京城的建设，北京城选址充分考虑了生态条件好、景色优美的外部自然环境。金代建都时，就在今天的北海位置建设离宫，后经元、明、清历代经营，建成颐和园等一批景色各具特色的自然风景区，并从西北郊导引了许多流泉入城解决北京城的供水问题。即使在宫廷建筑群规划设计中，亦在其附近精心营建了由"三

海"贯穿的自然风景区，真正做到了自然系统与人工系统的巧妙结合和高度统一。

不只是在中国，国外许多著名城市的发展建设也大都与所在自然环境密切结合，使得这些城市既满足了功能使用要求，又拥有自然和人工系统交相辉映的城市景观，各具特色。这些特色如前所述，或来自城市位置的自然特征，或来自人工营造，而更多则来自这两者的结合。如巴西的里约热内卢、美国的旧金山以及意大利的那不勒斯、威尼斯（图B1-6）和锡耶纳的城市特色都是既与其所在位置有关，又是多年来精心规划设计和建设的直接结果。

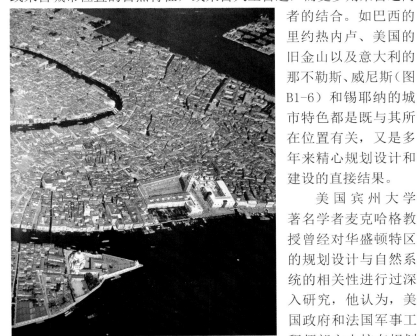

图 B1-6 威尼斯城市风貌

美国宾州大学著名学者麦克哈格教授曾经对华盛顿特区的规划设计与自然系统的相关性进行过深入研究，他认为，美国政府和法国军事工程师朗方少校在规划时，充分而敏锐地分析和研究了波托马克河流域特别是哥伦比亚特区的自然生态特点和条件，其结果非常成功。"许多城市原有的自然赋予的形式已经不可弥补地失去了，埋葬在无数的

图 B1-7 澳大利亚堪培拉景观

千篇一律和无表现力的建筑物下面，河流被阻塞，溪流变成了阴沟，山丘被推倒，沼泽地被填平，森林被砍伐，陡坡变得平缓而断断续续。但华盛顿特区并不如此，虽然某些情况不同了，但仍然保持着重要的自然要素。"

与华盛顿特区类似，美国规划师格里芬完成的澳大利亚首都堪培拉规划建设在结合自然方面同样取得了成功（图B1-7）。现址不仅用地充足，水源丰富，交通便捷，且用地周围均为连绵的山峦，自然景色秀美。虽然格里芬的城市规划设计在平面上非常具有纪念性，但却巧妙地融合了堪城特定的地形地貌。他利用了所有可以利用的山峦冈丘和水面，规划了三条轴线并形成对景，疏密相间的建筑物不以高度和尺度取胜，而是与广阔的自然环境背景融合获得其地位和价值，从而"把适宜于国家首都的尊严和花园城市的魅力调和在一起"。

诚如麦克哈格教授所指出，"城市的基本特点来自场地的性质，只有当它的内在性质被认识到或加强时，才能成为一个杰出的城市"，"建筑的空间和场所与其场地相一致时，就能增加当地特色"（麦克哈格，1992）。

3 现代城市建设与自然环境的脱离

然而，工业革命以来的社会演化和科学技术的进步，在大大增强人们改造世界、创造新的生活方式的同时，城市建设开始对人与自然关系的认识方面产生偏差，特别是过于注重城市在经济运营方面的商业性，而对人与自然环境互动共生——这一千百年来奉为城市建设准则的基本原理掉以轻心。

例如，19世纪美国的旧金山（包括美国许多其他城市）早期的城市规划建设，完全忽视特定地形条件的存在，规划者将长方形格网强加到有着显著地貌特点的用地上，"它既不考虑城市的主导风向、工业区的范围、土壤性质，也不考虑决定城市土地合理利用的其他主要因素。至于房屋的朝向和日照问题，如何在冬季能受到最多阳光的照射，完全被忽略了"（Lewis，1961）。

再如，日本东京在修建首都高速干道6号线时，出于经济性和开发便利的考虑，将高架桥顺沿东京主干河道隅田川布置，并斜跨隅田川，将许多桥墩直接置于河道中，严重破坏了历史上形成的江户滨河特色景观。

虽然这种情况在古代也有，如古希腊殖民城市米利都城的规划建设就曾出现过类似情形，但相对前工业时期的城市建设主流而言，只是局部个例。

1950年代以来，不仅是城市整体空间结构的布局，而且连建筑设计也逐渐忘了以往那种与自然生态条件相匹配的形式。例如不顾生物气候特点，把一切建筑物降温或采暖的任务交给大量耗费能量和技术资源的全面空气调节来解决。当代杰出的印度建筑师柯里亚（C. Correa）曾指出，这样做的真正危机在于，规划师和建筑师把他的责任给机械工程师的同时，也大大削弱了他自己曾经拥有的想象力，因为建筑设计已不再受到自然要素的制约，而是依赖技术和高能量的输入。其直接结果就是破坏了许多城市历史上极富特色的空间景观，千城一面，个性全无。然而更严重的是，当一些发达国家意识到这一危机时，这种非持续性的建筑形式却在许多发展中国家（包括中国）被尊奉为"现代化"和时代进步的象征。

应该承认，人类科学技术迅猛发展的今天，全球已经没有不受人类活动影响的纯自然环境，我们看到的都是社会化了的自然界、人化了的自然界。然而，城市作为全球人居环境中的一部分，人工系统对其影响更大，属于最敏感的生态环境之一；城市化地域范围兴建的大量建筑物的构筑物、交通设施、水利工程设施……。尽管大都具有积极的建设动机，但也无意之中破坏了自然界的自我调节机制和动态平衡，对城市所处的生态环境产生一系列不利影响。

英国诺丁汉大学学者布兰达和维尔在其合著的《绿色建筑——为可持续的未来而设计》一书中，曾忧心忡忡地指出，"本质上说，城市是在地球这个行星上所产生的与自然最为不合的产物。尽管世界上的农业也改变了自然，然而它考虑了土壤、气候、人类生产和消费的可持续性，即它还是考虑自然系统的。城市则不然，城市没有考虑可持续的未来问题。……现代城市的支撑取决于世界范围的腹地所提供的生产和生活资料，而它的耗费却反馈到了环境，有时还污染到很大范围"（Brenda，1991）。虽然人类今天改造自然的能力已经说是无所不能，上天、入地、下海、填河、移山……然而却难以改造包括人类自身在内的万物生灵对环境的生物适应能力（如对环境污染的忍耐极限），因此，我们今天更要做到对城市自然生态条件的自觉关注。

在我国飞速发展的城市化进程和大规模的经济建设热潮中，规划思想和观念长期滞后，造成了许多令人痛心、无可挽回的"建设性破坏"。如福州市城市建设土地失控导致高层建筑建设选址失当，致使原有三山鼎立的形胜关系和空间视觉通道遭到破坏。

江南某历史文化名城在古城区仅 $2km^2$ 的范围内，开辟了纵横两条宽度达 36m 的交通干道，且所谓的"现代"建筑越盖越高，越盖越大，完全改变了古城历史上那种"山、水、城"交融一体的空间形态特色和街区格局。对此，我们只能被动地做一些补缺工作。

海南省三亚市更是走了一条可怕的"填海造地"的路子（我国其他滨海城市也存在程度不同的类似情形）。我国著名学者吴良镛院士出于高度的历史使命感和职业良知，对此举带来的生态环境变化进行了研究，结果表明：填海造地危害极大。具体反映在：第一，使三亚河潮位提高，延长了农田受淹时间；第二，破坏了原河道河滩植物与水下生物的生态环境；第三，越来越依靠挖河床来增加"纳潮期"；第四，三亚港淤积速度加快。

再如南京市，人们在决定沪宁高速干道与城市的连接线上也有明显失误。时速 100 千米的汽车高架专用线横穿风景优美、蜚声海内外的中山陵地区，随之又不得不在中山门内的中山东路砍树拓路，且曾一度有愈演愈烈的迹象。事实上，世界上没有任何一个国家、一座城市的道路增长可以满足机动车的增长速率。对此，国内许多专家和学者曾用多种方式呼吁呐喊，力图最大程度上减少建设对南京原有城市"林荫大道"景观特色的负面效应。然而在政治舞台上，科学真理的呼声又何其微弱。

随着世界性的生态观念和共识的逐步形成以及 1992 年联合国环发大会的召开，我国政府将"可持续发展"确立为基本国策。人们对城市环境的生态属性和人文内涵的认识逐渐有了较大的观念转变。许多城市，特别是上海、大连等城市都将城市建设中"绿色"环境品质提到了空前重要的高度；即使是起步较晚的南京市，亦在市民广场和城市绿地建设方面有所建树，并在实施中取得显著成效。

4 几点认识

（1）我们今天的城市规划设计和建设工作，必须要在关注人类社会自身发展的同时，关注并尊重自然规律，即城市建设中应将自然系统与人工系统并举，在融合、共生、互荣中去形成和塑造城市特色；就是通常所说的景观设计，亦并非仅仅意味着寻求一种可见的"美观"，它更是一种包含了从人以及人赖以生存的社会和自然那里获得的多种特点的空间；同时，应从整体和道德伦理上正确认识城市建设的"得"与"失"的辩证关系；审慎看待我国目前经常提及的所谓城市"超常规发展"的突进模式，决不能以牺牲地区环境品质和未来发展所需的生态资源为代价、用"向后代借资源"的方式求取一城一地局部的利益和发展。这正是"可持续发展"思想以及"绿色城市设计"的基本内涵所在。

恩格斯指出，"自然的历史和人的历史是相互制约的"。历史一再证明，如果我们尊重了自然规律，人们就能从自然的恩赐和回馈受益，使城市建设及其空间特色的形成和塑造更加科学合理，顺理成章，宛自天成。反之，则会受到大自然的报复和惩罚，亦不可能实现城市和地区的"可持续发展"战略目标。我们今天许多"城市病"和城市特色的丧失，不能不说与城市良好的自然生态条件的破坏有着极大的关系。

（2）对于具体的不同城市，自然系统和人工系统在特色方面的作用反映是存在差异的。一般说，越是在远古，与城市建设相关的自然生态条件（如气候、地势、物产条件）就越具有决定意义，城市整体空间特色就愈多地反映城市所依存的自然要素的作用和制约，这时特色通常以自然形成为主，人为塑造为辅。到近现代，人工系统的作用就逐渐占据主导地位，自然系统对城市建设的制约作用相对减少，故而城市特色也就多以人为塑造为主，自然形成为辅。

应该指出，自然生态系统并非说完全不能改动或调适。自然生态条件对城市建设和人类生活常常是有利有弊，关键是我们如何在改动和干预过程中，尊重客观自然规律，进一步改善原有的生态环境，重新"开启生态过程"。即在"顺应自然"和"调适自我"的基础上，去审慎地"装点自然"，有节制地"利用自然"和"改造自然"，从而塑造出生态和谐健康、景色美丽怡人的城市整体空间特色。正如麦克哈格所说，特色来自对城市景观生态系统自然演化过程的理解和反馈（麦克哈格，1992）。

（3）在具体实施操作层面上，由于注重把握和运用以往城市建设所忽视的自然生态特点和规律，贯彻整体优先和生态优先的准则，并力图创造一个人工环境与自然环境和谐共存的、面向可持续发展的未来城镇建筑环境，绿色城市设计是今天城市整体空间特色塑造的有效手段和途径之一。不仅如此，绿色城市设计除运用自身一系列行之有效的方法和技术外，还注意运用旁系学科的学术成果，特别是城市生态学、景观建筑学和人文地理学的一些适用方法和技术。这样就为跨学科解决城市特色问题开辟了多种功能。值得欣慰的是，在今天的中国、日本、澳大利亚、欧洲，我们已经看到了一些成功的探索尝试。

（4）建立正确的发展观和面对未来的理性精神仍然是当前最根本的任务。温故而知新，回顾和反思历史上城市建设的成功经验和失败教训是有益的，但我们更应关注今天的现实。一味主张"生态决定论"显然是偏激和错误的，完全按照生态学原理建设个别实验性的、小规模的生态城镇固然可能，然而对于大多数城市，还得建立一个阶段性科学合理、可望并可即的生态建设目标，走改善、调适和提高的道路。

参考文献

[1] 国际建筑师协会.1980.马丘比丘宪章[J].陈占祥，译.建筑师，(4):252-257

[2] 麦克哈格.1992.设计结合自然[M].芮经纬，译.北京:中国建筑工业出版社

[3] Brenda R V.1991.Green Architecture:Design for a Sustainable Future[M].London:Thams and Hudson

[4] Mumford L.1961.The City in History[M]. New York: Harcourt, Brace & World

2 城市传统空间轴线研究

On the Urban Traditional Spacial Axis

时间 Time | 2003-05

期刊 Journal | 建筑学报 Architectural Journal

页码 Page | 24-27

摘要：城市轴线通常是指一种在城市中起空间结构驾驭作用的线形要素。本文探讨了城市传统空间轴线的概念，分析了历史上部分中外城市空间轴线的缘起、发展、构成方式、空间特色及其与城市形态的关系，并对城市传统空间轴线在当代的继承和发展进行了研究，文章最后提出了七点结论性认识，即：（1）轴线作为处理驾驭城市空间结构的一种方法；（2）轴线布局应考虑与特定基地的相关性；（3）轴线作为一个时期城市建设意图的表达；（4）轴线与城市的成长性、形态整体性形成互动；（5）城市轴线规划建设应以人为本；（6）序列场景和空间连续性对轴线塑造具有意义；（7）轴线规划建设必须在一个政治化的协商背景中实施操作。

关键词：城市传统空间轴线，城市设计，城市形态，城市历史

Abstract: City axis refers to of the linear special elements, which could control the urban spacial structure. The paper expounded the concept of the city traditional spatial axis, analyzed its origin, evolution, the component way, spatial identity and its interaction with the urban form. Meanwhile, the continuation and development of the axis at the present times were discussed by case study. Finally seven items of conclusion were drawn as follows:

（1）Axis as one of the methods to control the city spatial structure.

（2）The interweaves of city axis with the specific geographic circumstance in site.

（3）Axis as the bearer of the ambition in city construction at one time.

（4）The relationships between the axis and the urban growth and urban form integrity concerned.

（5）The priority should be placed on the people.

（6）The significance of series visions and spatial continuity in the creation of city axis.

（7）Acting measures of axis under a negotiated background.

Key Words: Urban Traditional Special Axis, Urban Design, Urban Form, Urban History

1 城市轴线概述

1.1 城市轴线的一般概念

城市轴线通常是指一种在城市中起空间结构驾驭作用的线形空间要素。城市轴线的规划设计是城市要素结构性组织的重要内容。一般来说，城市轴线是通过城市的外部开放空间体系及其与建筑的关系表现出来的，并且是人们认知、体验城市环境和空间形态关系的一种基本途径。如城市中与建筑相关的主要道路、线性形态的开放空间及其端景等，这种轴线常具有沿轴线方向的向心对称性和空间运动（时常还伴随人流和车流运动）特性。

1.2 城市轴线的表现形态

城市轴线的表现形态有的呈现显性状态，有的则要通过一定的解析才能将相对隐含的城市轴线揭示出来。但城市轴线的形成，无论其形成和发展时间的长短，都有一个历史的发展过程。因而，除了一些当代建设的新城市中规划的轴线，大多数城市的轴线都可以大致认为是城市传统轴线。从古罗马时期城镇的十字轴线，中国古代依据《周礼·考工记》中关于城市布局论述而规划修建的城市，再到近现代城市建设中世界公认的巴黎传统轴线、华盛顿轴线、堪培拉轴线等，无不经历了一个伴随其所在城市本身发展的时间历程。

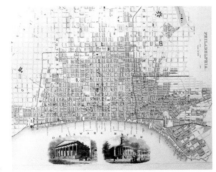

图 B2-1 19 世纪中叶的美国费城

1.3 城市轴线涉及的空间范围

从轴线所涉及的城市空间范围上看，城市轴线可以分为整体的、贯穿城市核心地区的轴线空间，以及局部的、主要以某特定的公共建筑群而考虑规划设计的轴线空间。一个城市也可以有一条以上的轴线，乃至有很多条（组）规模和空间尺度不同的城市轴线（轴状空间）。前者如中国明清两代的北京城市中轴线、巴黎以东西向贯穿新旧城区的城市中轴

图 B2-2 印度斋普尔城市总图

线、威廉·佩恩所规划的美国费城中心区的十字形主轴线、日本古城奈良城市中轴线、印度古城斋浦尔（Jaipur）、波斯古城伊斯法罕（Ispahan）等；后者如罗马帝国时期的广场群和哈德良别墅建筑群、巴黎近郊的沃·勒·维孔特宫（Vaux le Vicomte）以及凡尔赛宫、东京浅草寺入口空间序列中体现出来的轴线（图 B2-1 至图 B2-3）。

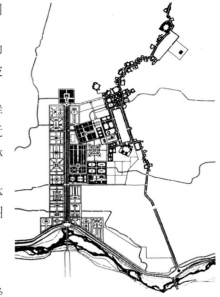

图 B2-3 伊斯法罕

1.4 相关研究先例

著名城市设计家培根曾经在其所著的《城市设计》一书中，以巴黎、彼得堡和其亲身参与的美国费城为例，论述了轴线规划及其发展可以作为城市发展的一种动力要素（培根等，1989）。考斯塔夫在其名著《城市的形成》（The City Shaped）中，在"宏伟模式"

图 B2-4 维也纳瓦格纳艺术理念

（Grand Manner）一章中列举大量案例专门探讨了历史上城市空间纪念性场景的塑造问题（Kostof, 1991），而在这一塑造过程中，城市轴线空间及其相关的规划设计是最重要和典型的途径之一（图 B2-4）。

我国学者齐康院士及其助手对建筑群和城市中的轴线规划设计进行了比较系统的研究和探讨[①]。唐子来等学者则就新城市轴线的规划概念和发展模式进行了探讨，并认为城市轴线可以从空间体系、交通组织模式、空间序列模式等方面来进行分析。同时，他还结合广州市新城市轴线规划设计提出了具有启发性的观点（唐子来等，2000）。

2 城市传统空间轴线组织方式的历史考察

2.1 西方城市传统轴线

培根认为，历史上曾出现过六种常见的城市空间设计的发展方式，即以空间连接的发展、建筑实体连接的发展、连锁空间发展、以轴线联系的发展、建立张拉力的方式发展和延伸的方式发展（培根等，1989）。其中后三种都与城市轴线概念相关。

在西方，基于整个城市范围来考虑轴线空间的驾驭作用在巴洛克时期表现特别明显。巴洛克时期的城市设计强调城市空间的运动感和序列景观，采取环形加放射的城市道路格局，为许多中世纪的欧洲城市增添了轴向延展的空间，也在一定程度上扩大了原有城市空间的尺度。

（1）罗马城市轴线的形成与发展

以罗马改造为例，罗马虽然历史上曾经作为首都，但在15世纪时，由于教皇政权的迁移它还只是一个人口不到4万人的"僻静小城"（贝纳沃罗，2000）。1420年，罗马教皇重新回到罗马并逐渐控制了城市的发展，尼古拉五世为教廷确立了罗马重建的宏伟目标，并修复了仍可使用的古代城市市政设施，其中包括城墙、街道、桥梁和上下水管道以及一些建筑。但是当时罗马一直处于从属和次要的地位，远不及佛罗伦萨、威尼斯等城市，教皇亦没有能够实现上述目标的政治和经济力量。直到1503年尤利二世上台时，才又一次将原先的规划提出并决心付诸实施，这次教皇还特地邀请了拉斐尔和米盖朗契罗两位大师加盟建设。而这次改造的要点就是打破中世纪城市已损坏和废弃的城市格局，用开辟轴向性的城市道路和广场体系的方式来联系台伯河东岸的纪念性建筑物。17世纪封丹纳做规划时，继续了这一改造思想，并完成了从波波罗广场

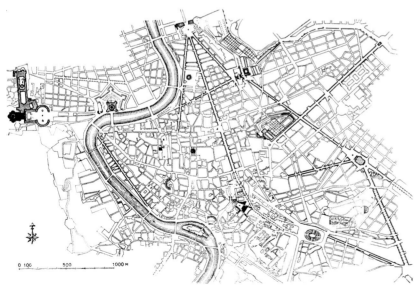

图B2-5 罗马城市轴线规划

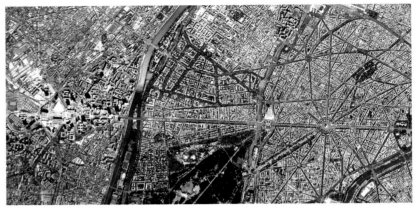

图B2-6 巴黎中轴线

图B2-7 巴黎中轴线平面

放射而出的三条轴向道路。经过上述建设和改造，罗马城市结构变得更加清晰可辨，而利用城市原有道路布局、综合运用城市轴线来创造新型城市空间环境的规划方法在其中功不可没，正是这次改建，罗马变成了名副其实的世界名城（图B2-5）。

图B2-8 培根分析的巴黎轴线

（2）巴黎传统城市轴线与城市发展

再以巴黎传统轴线为例。巴黎中世纪的发展（1367—1383年）主要与位于塞纳河的渡口相关，当时的城墙界定了当时的城区，这种状态持续了2个世纪。路易十五世时期，著名景园建筑师Le Notre发展出Tuileries花园轴线伸长的概念，并将其作为巴黎后来城市发展的一项支配性要素，而这一轴向延长与塞纳河紧密相关，这种"轴向挺伸概念通过实地建筑和种植一经建立，就成为巴黎此后发展的一项支配因素"（Bacon，1967）。到巴洛克时期，巴黎城市发展曾经历了一段君权扩张。值得一提的是18世纪法国拿破仑时期实施的、由塞纳区行政长官欧斯曼主持的巴黎改建设计，当时采用了一系列典型的巴洛克城市设计手法。经过一个对城市来说

是辉煌壮丽的"大拆大建"阶段，城市确立了大尺度的直线放射型道路系统，逐渐形成了主次相间、层次分明的轴线群，相应的城市景观也随之塑造出来，同时也便捷和有效地控制了较大的城市版图范围（图B2-6至图B2-8）。

（3）轴线规划主导下的华盛顿中心区

美国首都华盛顿中心区由一条约3.5km长的东西轴线和较短的南北轴线及其周边街区所构成，朗方（L'Enfant）于1791年所作的规划吸取了巴洛克手法。他抛弃了北美当时流行的方格路网的做法，将三权分立中最重要的立法机构所在——国会大厦放在一处高于波托马克河约30m的高地上（即今天所谓的国会山），并将其作为城市的空间控制点，以轴线的方式来组织建筑和广场。国会大厦布置在中心区东西轴线的东端，西端

图 B2-9 华盛顿轴线鸟瞰

图 B2-10 华盛顿中轴线

则以林肯纪念堂作为对景，主轴线两侧建有一系列国家级的博物馆。南北短轴的两端则分别是杰弗逊纪念亭和白宫，两条轴线汇聚的交点耸立着华盛顿纪念碑，是对这组空间轴线相交的恰当而必要的定位和分隔。东西长轴以华盛顿纪念碑为界，东边是大草坪，与国会大厦遥相呼应，空间环境富有变化，同时该轴线还结合了西南方向的波托马克河得天独厚的自然景色，恢弘壮观，舒展得体。为了保证中轴线的艺术效果，华盛顿市规划部门制定了全城建筑不得超过八层的限高规定，中心区建筑则不得超过国会大厦，有效地强调出华盛顿纪念碑等主体建筑在城市空间中的中心地位（图B2-9、图B2-10）。

总体说，华盛顿城市建设过程中虽然几经波折，特别是通过

1901年麦克米兰委员会基于"城市美化运动"理想的持续努力才最后奠定中心区的基本格局，但它仍然是世界上罕见的、总体上一直按照最初的规划设计构思而建设起来的优美城市，也是几代人共同努力的结晶。

巴洛克时期这种城市规划设计思想曾经对西方城市建设产生了重要影响。除罗马和巴黎外，还对美国华盛顿特区规划设计、澳大利亚堪培拉规划设计、日本东京官厅街规划建设乃至中国近代南京的"首都计划"等产生过重要影响。

2.2 中国古代城市轴线

西方大多数城市轴线采用的是开放空间作为枢纽并联轴线两旁建筑的组织方式，由于历史文化背景的显著差异，中国城市传统轴线具有自身的特点，所采用的是建筑坐落在轴线中央的实轴而非西方那样的虚轴。

培根曾经谈到过华盛顿中轴线与北京中轴线对于人的视觉体验

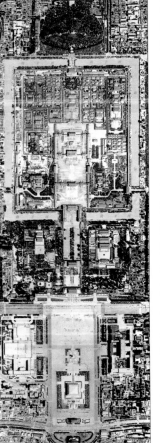

图 B2-11 北京中轴线

方面的差异，"如果一个人站在华盛顿纪念碑脚下，美国首都两条主要轴线的交叉点上，他只要绕基座移动，只不过几英尺（1英尺≈0.305m），就能领悟纪念碑式的华盛顿的全部要素。在北京除非通过2英里（1英里≈1.609km）通道的空间移动，否则就无法领悟它的设计"（培根等，1989）。

事实上，原因还不完全如此。笔者认为，更重要的是，北京传统中轴线采用的是一种显著不同于西方传统轴线的空间布置方式。这就是它将城市的线型空间与大尺度的紫禁城建筑群体围合相结合，而且紫禁城建筑群体及其相匹配的景山占据了轴线中央突出的位置，阻隔了空间的南北向的运动性和贯通感，也把轴线切分成南北两段，人们虽然可以在地图上清楚辨认出北京中轴线的存在，但在实际的空间体验上真正体验到它并非易事。一个人如果不登上景山，很难捕捉北京轴线之存在（图B2-11）。

广州传统中轴线也是一个典型案

例。传统广州的城市中心从公元前214年秦始皇统一岭南，南海郡尉任嚣在今仓边路以西的古番山上建筑番禺城开始。从汉唐宋到明清，广州城区位置和后倚越秀山，南临珠江之势没有大的变化，始终沿南北轴线发展。其中自然山水关系和独特的地势具有决定性的作用。

图B2-12 广州传统中轴线北段

北京路在隋唐时已建成北有衙门，南有厅门的城市中轴线，一直持续至今。

广义上，广州传统城市中轴线应当是一组自越秀山向珠江发散的轴线束。解放路以西以光孝寺、六榕塔、五仙观等文物景点形成了传统文化活动轴。北京路一线的南越王宫署遗址、古城墙遗址、书院群、大佛寺也形成一条传统文化活动轴。自民国起，中山纪念堂、中山纪念碑、市政府、起义路、海珠桥的陆续建设，形成了广州近代轴线。该轴线（特别是北段）与北京中轴线有着类似的布局特点，即轴线空间是由一系列坐落在轴线中央的纪念性建筑和重要公共建筑所组成。总体看，广州传统轴线历经2800多年的发展，其形态走向并未受城市剧烈变动和扩展的影响，这在中国城市发展历史上是罕见的（图B2-12）。

今天，这些南北向轴线均还保留有不同时期的历史遗存，构成城市传统空间的基本骨架。从空间形态角度看，在这些轴线群中，只有位居中央的近代轴线具有明确的南北开放空间联系，体现了山、水、城一体的空间格局理念。而其他传统文化轴在形态上都是隐含的。因此在物质形态上，近代轴线可以成为广州传统中轴线的标志和缩影，是历史文化名城整体格局的"脊梁"（Spine）。

2.3 比较分析

以上所探讨的都城的传统空间轴线组织方式，虽然都采用了中轴驾驭空间结构的方式，但其轴线的方位走向、形成过程、实际效果仍然有着各自不同的特色。华盛顿中心区依据的是"一张白纸"的基地条件，为强调表现新兴政权的政治抱负和远见，一次做出轴线空间的整体规划，然后再分期建设实施。连续性的行政决策因素的保证，使得中心区建设意图能够保持前后相对一致。罗马和巴黎城市空间轴线有所不同，它们是在城市改造和扩张时，作为一种引导城市发展方向，有利于空间的驾驭控制而出现的。北京中轴线则是围绕紫禁城南北向空间组织而展开，其间对历史既有继承又有发展。如前所述，这些轴线的具体空间和建筑组织方式也有不少差异。

3 城市轴线与城市形态的相关性

3.1 "自上而下"和"自下而上"

笔者曾经初步考察过城市形态本身的发生与城市规划设计的相关性，认为有"自上而下"（Upper-down）和"自下而上"（Bottom-up）两种典型的途径（王建国，1988）。笔者指出，越是远古的城镇，就越是趋向于与城镇所在的自然条件和要素紧密结合，也越是倾向于"自下而上"的城市建设途径。随着城市的发展和规划设计意识的加强，后来的城市，特别是那些规模较大、地位重要的城镇就越是倾向于"自上而下"的城市建设途径。

3.2 考斯塔夫的观点

已故美国加州大学伯克利分校的考斯塔夫教授提到了类似的看法，即历史上的城市有两种。第一种是按照某种模式经过规划设计或经过"创造"的城市。到19世纪，这种模式就被作为一种有序的几何图示永恒地记录下来。最纯粹地说，它应该是一种网格，或一种中心性的规划方案，它就像带有从中心发散的辐射街道的圆形或多边形。但当遇到复杂地形时，这种几何性就通常会变得非常复杂。另一种是自发性成长的城市，它强调城市发展演变模式中的自然决定因素，"它被认为是不受设计者们利益的驱动而发展的"，其结果呈现出不规则和非几何形的、抑或有机的形态，并产生弯弯曲曲的街道和随意限定的开放空间（Kostof，1991）。

3.3 舒尔茨的观点

城市轴线与城市形态有着密切的关系。考察历史，不难发现，城市轴线的形成从一开始就带有人为的意志和人们对宇宙、自然的一种主观理解，或者说带有"自上而下"的色彩。

舒尔茨（N. Schulz）曾经在《场所精神》一书中提到，早期的西方城市格局与当时人们理解自然的模式相关，他们抽取一个系统化的宇宙秩序(Cosmic Order)，这一秩序通常以太阳周期为基础。如在北欧国家，"一条抽象的天轴被想象成南北走向，世界环绕该轴旋转，轴线的终点为北极星"；罗马城市布局也采用了类似的宇宙轴线，自北极星向南扩展的天轴（Heavenly Cardo）和代表太阳由东向西的地轴（Decumanus），两轴十字相交。他还指出，空间结构在建筑历史上的发展，总是基于集中性、纵向性或两者的结合，而这种暗示纵向开放性和运动的路径空间就是所谓的轴线。中国古代城市建设中的风水概念也与此相关。前面提到的华盛顿特区和堪培拉中心区等虽然是在现代化建设条件下的城市轴线建设,但也创造性地结合和利用了自然要素和条件。

4 城市传统轴线在当代的传承与发展

4.1 从封闭到开放——北京中轴线空间形态的演化

城市轴线经过历史的发展演进和建设累积,既会得到主题和意义的进一步加强、空间结构的强化,在时间进程中其意义也会受到削弱乃至改变,空间格局和形态变得模糊乃至不可辨认。

例如,北京城市中轴线从明代起,虽然曾经在朱棣时向东迁移过150m,但其后直到今天基本保存完整。1950年代以来,虽然景山以北和前门以南段轴线在城市建设中逐渐模糊,但与此同时建设的天安门广场、人民英雄纪念碑及毛主席纪念堂却进一步强化了原有的中段轴线,使原先封闭的轴线具有了开敞特性,并生长出一种新的空间特点。2001年,中国北京申报2008年奥运会获得成功,而在进一步的城市建设中,北京市政府坚定了恢复和部分重建传统中轴线的决心。具体措施包括恢复原中轴线的起点永定门,并将其在空间上扩展到南苑机场;整理原中轴线北段钟鼓楼地区,恢复万宁桥,并结合奥运会建设用地将轴线纵向扩展至天圆广场和奥林匹克公园。

北京城中轴线的空间序列虽然在当时是为了体现封建帝王宗法礼制的权势,但其运用的多种手法及空间观念,对现代城市设计的空间处理仍有丰富的启迪和借鉴意义。

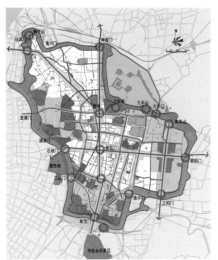

图 B2-13 南京老城历史轴线网络

4.2 多元多轴——南京城市轴线的历史发展

一座城市的轴线在历史发展过程中,轴线的位置、规模、功能和空间组织方式也会发生变化。六朝古都南京城市轴线的历史演化即呈现出这样的情况。南京在历史上曾经先后出现过三次城市建设高潮,并形成了三条城市中轴线。第一次城市建设高潮中的六朝建康城,其范围大致是北自鸡鸣寺,南至淮海路,东起逸仙桥,西抵

鼓楼岗。都城前的一条城市中轴御道自北向南,一直延伸到秦淮河畔的朱雀门,御道旁排列着中央政府的各种衙署,并用槐树和柳树作为行道树。第二次城市建设高潮出现在南唐时期,这时候的城市宫殿主要建在北侧轴线上。第三次城市建设高潮中的明初南京城建设则是在原旧城基础上向东和北发展,其新建的宫城占地约60hm^2,在与之相关的中轴线上布置了三朝五门、外朝内廷及东西六宫等。时过境迁,今天来看,除明故宫轴线尚可清晰辨认外,其他两条轴线已经基本消逝,难以卒读(图B2-13)。

国民政府于1927年在南京建都,开始进行城市规划,并出现一次新的城市建设高潮。1929年,政府聘请美国建筑师墨菲和工程师古力治为顾问,制定了中国近代城市建设史上著名的《首都计划》。该计划将当时的南京分为中央政治区、市行政区、工业区、商业区、文教区和住宅区等。其中位于钟山南麓的中央政治区规划采用了欧美巴洛克手法,在道路规划建设中,有意识地运用了轴线概念;此外,因运送孙中山先生灵柩而修建的自下关码头至钟山南麓的中山路,及另一条经鼓楼通往和平门的南北向的子午大道,体现了规划者希望通过轴向空间来控制大尺度城市用地的具体意图。

简要分析之,南京几条轴线大小规模、区位及其与城市的相对关系均有所不同。由于中国古代城市建设"官本位"规划思想的影响,城市轴线大多与宫署官衙相关,而一般的住宅建筑通常是不会与轴线发生关系的。

南京市政府近年已经制定了"南京历史文化名城保护规划",明确要求保护上述三条历史轴线的后二条加上民国时期形成的以中山路为基础的城市轴线,并就相关的南京中华路、御道街和中山路等制定了相应的保护和现状整治措施。

4.3 云山珠水、一城相系——广州传统城市轴线

如前所述,广州传统轴线可能是中国古城中城市轴线历史延续最长的案例之一。但是,新中国成立后经过多年的以经济、社会发展为主导价值取向的城市建设,该城市轴线及其周边的空间受到了一定程度的建设性破坏。特别是人民公园以南至海珠广场段,轴线意象已经模糊不清。2001年,广州市邀请国内四家有影响力的规划设计单位,专门就传统轴线开展了城市设计咨询竞赛,笔者和同事们经过对广州城市形态的历史发展及趋势的深入了解认识、细致的现场踏勘调查,并参照国际间城市设计成功经验,提出了以"云山珠水,一城相系"为轴线的核心理念,调整优化空间结构,整合历史文化资源,重建山、水、城步行连续性为轴线实施概念的基本构想,希望通过这一研究,能够重建广州城市轴线与白云山和珠江

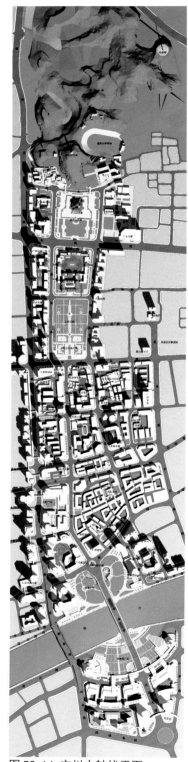

图 B2-14 广州中轴线平面

的关系，该理念最终得到了广州市规划局组织的评审专家会的首肯，并作为深化实施方案的基础（图 B2-14）。

5 几点认识

（1）一般来说，城市轴线的缘起有其人为原因，如在城市规划设计时就对其未来进行预期的考虑。考察早期的城镇聚落，由于防御、经济、集聚生活功能需要，除因滨水或特殊地形外，一般呈现团状紧凑形态，在当时社会生产力不发达情况下，形态演变多呈现为累积渐进的方式。但一旦一座城市发展到一定规模和程度时，就产生了对城市空间结构进行驾驭的需要。客观上，城市轴线与城市道路布局、城市广场和标志性建筑定点、开放空间系统考虑一样，都是处理和经营城市空间及其结构的一种手法。同时，一座城市也可以像巴黎那样，根据不同的主体和规模层次规划建设多条空间轴线。

（2）城市轴线既可以根据城市本身建设和发展需求而规划设计，也可以结合城市所在的特定地形地貌来建设。事实上，即便是采取几何轴线的城市结构控制方式，城市及其周边的地形地貌仍然能够成为规划建设可资利用的重要素材，使城市建设做到与自然环境相得益彰，并使城市具有鲜明的地域特色。例如华盛顿和堪培拉的轴线规划都明显地考虑了地形对于城市的影响和作用。

（3）适度运用城市轴线的空

间设计方法，有助于在一定的规模层次上整合或建立城市的空间结构，体现一个时期城市发展和建设的意图。纵观城市建设的历史，城市轴线的规划设计和成长性往往与城市主要公共建筑的布局、特别是相对集中的建设安排有关，因此，在一定程度上城市轴线及其相关的建筑集中反映了当时城市文明发展和建筑艺术所能达到的最高水平。有时，城市轴线还可以成为决策阶层和规划设计师对政治抱负和理想的（美学）追求的一种表达。

（4）城市轴线的魅力和完美主要体现在其轴向空间系统与周边建筑规划建设在时空维度上的成长有序性、形态整体性和场所意义，如果城市轴线及相关建筑不能整体建设或者建设决策分散失控（如中国常见的领导班子换届），轴线规划建设就不能够，或者说就难以达到预期的效果。城市轴线在应对城市发展中随时间而产生的不可预见的变化和因素方面往往具有脆弱的一面，因此，不顾城市的客观需要和具体情况滥用轴线规划手法是很危险的，美国"城市美化运动"后期难以普及实施并产生持续性的影响就是典型一例。在当今中国，一些城市发展建设中动辄数平方千米的新城市中心区的规划开发动议，在很多情况下也都反映了决策者忽视城市发展规律、追求短期政绩和终端纪念碑式的建设蓝图的意向，其中以轴线方式来实现控制城市设计效果最为常见。难怪一些学者惊呼，美国"城市美化运动"的教训将在中国出现，这是值得警惕的。

（5）理解认识城市轴线可以是大尺度图像性的，大多数城市轴线对于人们来说可以通过视觉途径来察觉。轴线分析是我们解读城市空间并赋予其意义的一种经典研究方法，也是规划设计中预期城市空间架构的一种手法。城市传统空间轴线主要诉诸视觉层面，并由轴向线性空间、广场、相关的建（构）筑物等组成；今天的城市轴线则要考虑更加广泛的内容，如社会经济发展、空间结构调整、城市预期的成长性和发展建设的管理等。在现代城市中，还出现了一些基于机动车交通的巨硕尺度的空间轴线，因而导致了图面上、而非人实际体验的城市轴线空间。这样的轴线在一些城市新区和新城建设中特别明显，它虽然可以成为少数政府官员夸耀的纪念碑，但却与城市真正的公共性和市民性空间创造相距甚远。

（6）就具体规划设计手法而言，城市轴线所特有的空间连续性和序列场景的考虑和创造是至关重要的。培根曾经强调人对于体系清晰的空间的体验是顺应人的运动轴线而产生的。为了定义这一轴线，设计者要有目的地在轴线两边布置一些大小建筑，从而产生空间上的关联和后退的感觉，或者在场景中加入跨越轴线的建筑要素，如牌楼、拱门和门楼等，从而建立起空间尺度和序列感。设计者也可以通过相似形式的重复，以产生一定的韵律感及逐渐消逝的透视感，通过楼梯、坡道，及其他高度上的变化以丰富空间和增加使用者体验快感。

（7）由于城市轴线及其相关的建设超越了各个单独的物业界限，城市设计者必须在一个政治化的环境中进行工作（Sternberg，2000），他必须处理好政府、社会、不同业主和公众之间资源分配的关系。因此，城市设计者除了具备一个建筑设计师的素质以外，在有些场合，其工作与城市规划原则有着密切的相关性。

注释

① 可参见：齐康.2001.城市建筑[M].南京：东南大学出版社

参考文献

[1] 贝纳沃罗.2000.世界城市史[M].薛钟灵，等译.北京：科学出版社
[2] 培根，等.1989.城市设计[M].黄富厢，朱琪，编译.北京：中国建筑工业出版社
[3] 唐子来，等.2000.广州新城市轴线：规划概念和设计准则[J].城市规划汇刊,(3):1-7
[4] 王建国.1988.自上而下，还是自下而上——现代城市设计方法及价值观念探寻[J].建筑师,(31)：9-15
[5] Bacon E N.1974.Design of Cities[M].London: Penguin Books
[6] Kostof S.1991.The City Shaped:Urban Pattern and Meanings Through History[M]. London: Thames and Hudson
[7] Sternberg E.2000.An Integrative Theory of Urban Design[J].APA Journal,3(66)：265-278

3 江苏建筑文化特质及其提升策略
Jiangsu Architectural Culture's Features and Promotion Strategy

时间
Time | 2012-01

期刊 | 建筑学报
Journal | Architectural Journal

页码 | 103-106
Page

摘要：基于对江苏省 13 个地级市的建筑案例的实证调查，剖析了江苏建筑文化成因，解析江苏 5 大亚文化圈建筑文化表征的共性和多样性，进而总结出各亚文化圈的建筑视觉特征，最后提出江苏建筑文化的提升策略。

关键词：江苏建筑文化，特色，文化特质，创新

Abstract: Based on the positive investigation of building cases in 13 prefecture - level cities of Jiangsu, this paper analyses the cause of Jiangsu architectural culture, the generality and multiplicity of the architectural symptom on five sub - cultural circles and their visual identities. Finally, it proposes the strategies for promoting Jiangsu architectural culture.

Key Words: Jiangsu Architectural Culture, Features, Cultural Identity, Innovation

1 研究背景与意义

挪威建筑理论家诺伯格·舒尔茨认为：空间存在于图式，图式起源于文化。一个好的空间应该是有意义的，其品质在于其间蕴含的场所精神。因此，建筑环境（Physical Environment）所形成的地域文化是塑造聚落特色、提升空间品质的重要内容。江苏历史文化悠久，经济社会发达，近年城乡建设成就巨大。在大规模建设城乡功能空间的同时，如何塑造更多富有场所精神、文化内涵的高品质建筑与空间，对于提升城乡人居环境和城市化质量，实现从"规模和速度"到"品质和内涵"的战略转型具有极其重要的意义。

为此，江苏省住房和城乡建设厅联合东南大学课题组，以江苏地域建筑为研究对象，针对省域建筑文化发展历史与现状进行了基础性的普查，在挖掘、传承传统文化基因的基础上，构建了省域尺度下的建筑 5 大亚文化圈的区划结构，同时，针对如何创造具有文化特质和时代精神的建筑，初步

提出了集技术、政策与行动于一体的工作提升策略。

2 基于省域研究的方法建构

传统的建筑文化研究多从单一建筑（群）、特定城镇或村落范围空间着手，或者基于某个特定的研究视角开展，从行政省域区划尺度着手的建筑文化研究在国内较为鲜见。本次研究特在方法的建构上进行了如下拓展：其一，引进了人文地理学的区域分析方法，通过亚文化区的划分和区域比较研究，解析其间的文化流变、差异性和地方性；其二，技术方法强调现状调查与信息化集取手段的利用，通过高校与省住房和城乡建设厅的工作联动，获取全省 13 个地级市一手资料，建立数据库，用于信息分类与区域比较；其三，采用专题地图叠加分析的方法，将相关区域建筑文化的影响要素做成专题地图，进行叠加分析，确定不同亚文化区建筑文化形成的地方基因和主导机制，对江苏各亚文化区下一阶段的

建筑文化传承与发展创新提供实证支持。

3 江苏建筑文化之成因

建筑文化是人类生产和生活及其建筑载体与自然环境长期不断互动的产物，具有鲜明的民族和地域特征。例如南京襟江抱湖、虎踞龙盘；苏州"人家尽枕河"；扬州"城河湖水一带，绿杨城郭一体"等。挖掘和继承地方性的人居环境范式是解决当今"特色危机"的根本所在。江苏由"几块不同文化色彩的板块"组合而成（叶兆言，2009），大体上，苏北建筑特征倾向于雄浑粗犷，而苏南则以清雅细巧见长。很多江苏城市在历史中都起到了非常重要的作用，是政治、经济、文化的发达地区，同时在世界范围也有相当的影响力。

影响江苏建筑文化的成因可归纳为自然、人文和技术3大类，它们相互作用，共同构成了江苏传统的城市面貌和建筑特征。

3.1 自然成因

山川地形、河流、气候、物产等因素是江苏建筑文化的自然成因。

首先是水的影响。京杭大运河和长江、淮河在江苏境内交汇，形成了独特的水域环境，承担了商品流通的作用，更促进了区域乃至全国建筑文化的交融。长江、淮河促进了东西向沿江流域的商品流通和文化交融，但地处下游的长江因其巨大的尺度又对文化形成一定的屏障，因此江苏的南北文化表现不同。京杭大运河的开通加强了中国南北的沟通，同时也促成了沿运河城市地区此后的繁荣。漕运文化造就了运河沿岸地区丰富的人文景观和历史遗迹，江苏的历史文化名城，如扬州、淮安、镇江、徐州及苏锡常等基本沿运河布局，符合城镇聚落"逐水而居"的规律。

苏南、苏北地区的气候差异明显，方言习俗和物产不尽相同，因此苏南建筑中常采用天井、巷弄解决通风、除湿、采光问题，并因此成为建筑极具特色的空间。粉墙是江南建筑的另一特征符号，它在多雨潮湿的季节里可对砖砌外墙起到保护作用；而在少雨的北方则更多地为清水砖墙，天井院落通常尺度略有放大，遮阳的通廊减少，外墙敦实厚重。

3.2 人文成因

历史区划在人文成因中起着重要的作用。历史上苏南地区发展较为稳定，隋唐时期江苏境内正式形成"运河城市带"，运河促进了江南经济繁荣。明代以南京、苏州、徽州等城市为中心，形成了"江南文化圈"，该文化圈代表了当时中国社会的文化高峰。稳定

的行政区划为建筑文化发展和传承奠定了基础。

行政区的变更还带来了文化的交流。比如苏南与江北的扬州、徐州等地在多个朝代行政区划中分分合合，来自北方的中原文化以及徽州文化对吴文化也产生了一定影响。从现状情况看，江苏南北两地的建筑风格也有共同之处，如扬州、南通等城市也有不少粉墙黛瓦、院落组合的类吴越文化风格的民居建筑，空间组合类型也有相似之处。

苏南地区自古人文荟萃，有着重文的传统。苏州园林就是士大夫精雅文化的载体，是世界公认的东方文化精华。文人墨客直接或间接参与建筑的建造，提高了建筑审美水准。20世纪初，苏州地区的传统建筑工艺和艺术成就通过姚承祖、张至刚编撰的《营造法原》得以系统整理总结。

传统"礼俗社会"的民风民俗则对江苏建筑文化产生"自下而上"的影响，所谓"五里不同姓，十里不同风，百里不同俗"表达的就是地域特色应该"入乡随俗"。这种民间影响往往是持续稳定的。反之，城镇公共空间一旦形成，也成为人文活动长期依存的物质载体。如唐代苏州山塘河开挖后，溯七里山塘而游虎丘便成为千年不衰的习俗；苏州虎丘山塘街是民俗活动较为集中的场所，也就顺理成章地成为苏州的城市名片。无锡南禅寺庙会也使得南禅寺成为无锡的重要公共中心。

3.3 技术成因

技术成因在江苏建筑文化中有着重要意义。太湖之滨自古巧匠辈出，以"香山帮"为代表，擅长复杂精细的中国传统建筑技术，"江南木工巧匠皆出于香山"，其作品从苏州古典园林到皇家宫殿，在中国传统营造中占有重要地位。"香山帮"作品风格简洁淡雅，藏而不露，崇尚自然，虽由人作，宛自天开，体现了江南文化核心中的"精"、"巧"两字。

苏北地区在传统的民居建筑中，结构处理得较为简易、高效，大多采用墙体承重的墙上搁檩、墙上搁人字形屋架的形式，亦即所谓的金字梁结构。

4 江苏建筑文化之解析

文化区划是一个学术上很难界定的问题，本研究认为江苏省域大致可以区划出5个亚建筑文化圈，分别是：宁镇扬沿江文化圈、苏锡常环太湖文化圈、扬淮泰苏中运河文化圈、徐宿苏鲁文化圈和通盐连沿海文化圈。

五大建筑文化圈的划分基于两点：其一，分布于全省的东西南北中，并且彼此之间互相影响，相互交融；其二，分别保留着专属于自己的文化特质，从而与其他文化圈区分开来。

4.1 宁镇扬沿江文化圈建筑文化特色

由于扼控南北的自然地理位置和水陆通衢的经济地理优势，宁镇扬在文化上从一开始就深受吴、越、楚三地的渗透影响，以后的发展更是得益于其特殊的地理位置和政治中心的需要，融汇南北，横贯东西，显示出独特的开放性和兼容性。

魏晋南北朝时期是中国历史上南北融通的大交流时代，也是中国文化承上启下的重要时期。宁镇扬地区因其特殊的地理位置，成为南渡流民首先汇聚寄居的地方。这些北方的移民带来了中原经济技术和社会文化，形成了南北的交流，有效地促进了宁镇扬地区在这一时期的发展，并使南北文化得以交流和融合，反映了融通兼荟的地域特点。同时，南京和扬州都曾多次作为国家首都，决定了官式文化对这两个城市的重要影响，其城市空间尺度和视觉特征较苏锡常地区而言更加宏大而华丽，具有大局气势。

总之，宁镇扬地区独特的地理位置和历史人文背景使它能够汇集南北杰出的匠师技艺和优质的建筑材料，建筑风格得以兼抒南北之长而独具成就，成为"南方官式"，即北方官式建筑与江南民间建筑之间的审美特征，既雄浑大气，又有秀美精致。

4.2 苏锡常环太湖（吴越）文化圈建筑文化特色

苏锡常山水资源丰富，既有太湖、阳澄湖等大型湖泊和苏南运河、大运河等大型河流，又有惠山、锡山、虎丘和灵岩山等诸山，湖山秀美且多风景名胜。当地建筑形式与自然山水形态和谐共生，近水亲水，呼应低山。

苏锡常是吴越文化的发源地。吴越文化具有秀慧、细腻的特点，因此在建筑审美上亦体现清雅、小巧、精致的特点，建筑往往色彩淡雅、尺度宜人、装饰考究。吴地重视人文的传统，使得建筑风格颇受文人审美情趣影响，崇尚淡雅自然，苏州园林便是其中的代表之作。

苏锡常物产丰富，经济发达，促进了当地手工业的发展，孕育了闻名于世的"香山帮"，即以木匠领衔，集泥水匠、漆匠、堆灰匠、雕塑匠、叠山匠、彩绘匠等古典建筑工种于一体的建筑工匠群体。苏锡常地产榉木、楠木、石材、石灰石、细泥，加上当地水运极其便利，为"香山帮"工匠们提供了建材。当地砖瓦煅烧、石灰生产技术成熟，这也是苏锡常地区"粉墙黛瓦"建筑特征的技术基础。

4.3 扬淮泰苏中运河文化圈建筑文化特色

扬州和淮安的繁华与运河的发展密切相关。"扬州为南北通都大邑，商贾辐辏，俗本繁华。"据不完全统计，各地的会馆就有13座。淮安则以"三城联立，四湖一垠；四水穿城，两河绕郭"为特色。泰州古城也与水紧密相依，"穿城三里远，绕廓一水通"是古人对泰州城的概括。城内外水网密布，街渠并行，水城一体。古城地势高耸，四面环水，体现了管仲提出的"上毋近旱而用水足，下毋近水而沟防省"的城市建设原则。

建筑特征方面，淮河以北的地区多旱，民居建筑以土墙草盖四合院为主，多施以红色瓦片；而淮河以南民居建筑多为U型、L型主房，厢房结构砖瓦房多，并施以青黑瓦片。平原水乡，建筑形式兼具南北，古朴中透着秀气。由于襟吴带楚，文化交汇，建筑多为青砖黛瓦，清水原色，以工整见长，雄浑古朴，与江南民居建筑外观粉墙黛瓦，黑白相间，轻盈简约明显有别。

4.4 徐宿苏鲁文化圈建筑文化特色

徐宿地区气候条件与苏南地区有较大的不同，墙厚窗小，外观较封闭，呈北方四合院组织形式。不少民居建筑结合地形，建筑形式雄浑，多为青砖或红砖清水墙。同时，该地区和齐鲁文化圈相接，汉文化遗迹较多，建筑审美偏重古风，线条刚硬，建筑质朴率真。这里采用原生态的建筑技术，运用本地的建筑材料，可以看到江苏其他地区少见的金字梁建造工法，建筑墙体厚重，构筑具有地方特色。

4.5 通盐连沿海文化圈建筑文化特色

该地区北部的连云港城市历史悠久，南部城市受到江苏东部海岸线和滩涂变迁的影响。温暖湿润的海洋性季风气候，使沿海地区的建筑要兼顾夏季通风和冬季保暖，而冬季保暖获得阳光更显重要，因此，民居兼具北方建筑的端庄和简洁，南方建筑的轻盈和繁复，庭院宽大而进深小，建筑材料也从北部连云港地区的石构民居过渡到南部多砖，以及与夯土、芦苇、稻草秸秆和海草结合的多种形态民居。

5 江苏建筑文化之推进

5.1 江苏建筑文化推进的自然策略

尊重地域自然特征，挖掘城市独特自然资源所形成的特色，梳理和总结各地建筑中与气候、地形等环境因素相适应的地方智慧和传统做法，在建筑设计中予以继承和发展。同时，还应继承传统聚落建筑形体、微气候环境、物质和能源统筹规划的整体思维。

充分考虑地方气候进行建筑设计，归纳传统经验，提炼传统建筑构成的原型，应用现代方法和技术，进行气候适应性设计。苏南地区鼓励使用通风遮阳的天井、巷弄、漏窗等建筑要素；苏北建筑则要充分关注冬季日照和御寒的设计策略。

5.2 江苏建筑文化推进的人文策略

建筑风格既体现了地域建筑长期形成的视觉特征，也传达了地域文化的精神内涵。建筑文化推进要关注各地建筑装饰的类型、做法和特征性的文化符号，在感知层面上凸显地域特色。

（1）保护遗存。首先要保护和利用建筑遗产。保护方法通常有：修复、功能置换、改造利用。对有价值的文物建筑应尽量修复。

（2）提炼符号。一般来说，传统符号的提炼和恰当组合是大量性建筑文化表达的基本手法。南京1912街区建筑提炼南京民国建筑的符号元素，用丰富的线脚、砖纹肌理创造出具有传统特征的现代建筑；苏州桐芳巷因其地段属于历史文化保护街区，新建筑的风格靠拢传统建筑。这些成功的案例证明，在历史街区，符号的提取与再现、材料的呼应是获得片区统一风格的行之有效的方法。

（3）提炼类型。建筑类型的提取是超越简单符号表现的创新方式。归纳传统建筑中所蕴含的文化及其表现形式，将其赋予建筑设计之中。比如江南建筑的"水岸民居"和"粉墙黛瓦"形象，就表达了地域建筑文化的基本建筑意向。

（4）传达意境。通过现代结构和材料的拟态表达历史文化内涵。徐州博物馆通过朴拙刚硬的线条和敦实的体量材质来体现汉代建筑神韵；苏州博物馆则在设计上运用了地域建筑原型萃取的技术路线，这种扬弃的创新方式使传统建筑文化得以用现代方式呈现。

（5）场所感营造。特定场所发生的历史事件能带给人一定的情感，赋予建筑意义。依据建筑场所带给人们的历史记忆、文化记忆、精神记忆，创造出赋予场所精神和时代感的新建筑。南京中国共产党梅园新村纪念馆正是利用了场所的情感特征，创造出具有情绪感召力的建筑形式。

5.3 江苏建筑文化推进的技术策略

（1）传统技术、现代技术、适宜技术并存，以大量性建筑性能的提升为契机，积极探索建筑设计的技术体现和手法创新。

（2）保护继承传统工艺，局部再现传统工艺之精美。

（3）大力开发绿色的现代建造技术，提高材料和构造性能，提升建筑质量和物理环境质量；自觉融汇当今世界科技发展的最新成果，充分体现新技术、新材料所提供的可能和蕴含的精神，创新建筑空间的内涵和外延，发展建筑设计语汇。

（4）在现代建造技术的大前提下，改良部分传统技术，发展建造的适宜技术，呼应特定地域的自然条件。

6 结语

通过以上研究，江苏5大建筑亚文化圈的建筑视觉特征大致可表述为：苏锡常文化圈的清雅精巧、宁镇扬文化圈的大局气势、扬淮泰文化圈的雄秀兼具、徐宿文化圈的汉韵楚风和通盐连文化圈的开放多元。江苏建筑文化总体特征则可以概括为：吴风楚韵、历久弥新；南北交融、东西兼长；清雅拙犷、兼容并蓄；意蕴深绵、华夏中枢。

（本文作者：王建国、顾小平、龚恺、张彤。课题研究人员：江苏省住建厅，周岚、顾小平、刘大威、朱东风、罗荣彪等；东南大学，王建国、龚恺、张彤、王兴平、陈晓扬、吴锦绣、陈宇、薛力、沈旸、曾琼、凌洁、寿焘等）

参考文献

[1] 叶兆言 . 2009. 江苏读本 [M]. 南京：江苏人民出版社

4 城市产业类历史建筑及地段的改造再利用
Regeneration and Redevelopment of Historic Industrial Buildings and Sites

时间
Time | 2001-06

期刊 | 世界建筑
Journal | World Architectural

页码 | 17-22
Page

摘要：在城市发展历程上，产业类建筑及地段具有功不可没的历史地位，由其所产生的独特的"产业景观"是城市重要组成部分之一。本文较系统地阐述和剖析了世界城市产业类历史建筑及地段的基本概念、分类再开发利用的方式和改造设计的技术措施。

关键词：产业类历史建筑，再利用，保护

Abstract: Industrial buildings hold a definite place in the history of urban development, and "Industrial Landscape" concerned is one of the important components of a city. The paper, in general, analyses and expounds its basic concept, classifications, the methods and technical measures for industrial buildings and sites' regeneration and redevelopment.

Key Words: Industrial Historic Building; Regeneration; Conservation

　　一座座老码头、老车站，一间间旧厂房、旧仓库，镌刻着城市工业文明发展的进程。这里一度车船喧嚣、机器轰鸣，曾经是无数创业者实现理想的战场，历经风雨沧桑。这些建筑今天依然故我，但却辉煌不再。人们习见的"拆！"字，总体上说明了它们目前的命运。伴随着冲击钻和推土机巨大的轰鸣声，这些老建筑在飞扬的尘土中轰然倒下，成为一堆待运的垃圾。这一幕幕情景如同用橡皮擦除一行行记载着历史的文字，不断地在中国乃至世界许多城市的各个角落上演。随着旧城更新改造和再开发进程的加快，一幢又一幢高楼大厦正拔地而起。然而越来越多的人却感到了迷惘，在那里生活了几十年的人们却如同他乡异客，再也找不到自己熟悉的家园。

1 产业类历史建筑及地段的相关概念

1.1 产业类历史建筑及地段

　　"产业类历史建筑及地段"系指工业革命后出现的专用于工业、仓储、交通运输行业的建构筑物及其所在地区。由于种种原因，它们中有些已失去了原有用途，有些甚至已沦为废墟。其中：

　　工业建筑指用于工业生产、加工、维修的厂房以及为之服务的仓库、服务建筑、构筑物、工业设施及其基础设施。

　　仓储建筑指服务于城市的工业、商业性仓库及设施等。

　　交通运输建筑指服务于运输的码头、车站的站房、仓库、船坞、货柜、装卸设施及其一些辅助建构筑物等。

　　在城市发展历程上，产业类建筑占有功不可没的历史地位，是城市的重要组成部分。其中有些是现代主义建筑的典范，有些则是当时新建筑技术应用的代表。它们多以城市中的河道、铁路、道路作为纽带，相互关联，相互影响，在城市中形成一种独特的"产业景观"。

　　1970 年代早期，学术界和政府机构就明确地将这类地区认定为"历史地段"（Heritage Site），并把一些城市 20 世纪初的工业区规定为历史遗产。1996 年巴塞罗那国际建协（UIA）第 19 届大会论题之一所提出的城市"模糊地段"（Terrain Vague）就包含了诸如工业、铁路、码头等被废弃地段，指出此类地段需要保护、管理和再生。

1.2 产业类历史建筑的分类

对于"产业类历史建筑"，可从时间和空间两个不同方面进行类型划分。

（1） 时间分类

17世纪工业革命以后，产业类建筑跨越了近代和现代两个历史阶段。不过，单纯从近、现代两个时期对其进行分类并无实质意义。相反，由第二次世界大战造成的毁坏和1950年代以来的城市更新运动对其造成的负面影响则更为重要。因此，本文从时间上将产业类建筑分为2类。

第一类为"早期产业类建筑"：指建于二战结束前的建筑。

第二类为"近期产业类建筑"：指建于二战结束后的建筑。

因上述两类建筑的历史价值不同，在开发中对其进行的改造方式也不尽相同，对前者应更多地注重历史性，挖掘其历史价值；而后者则有更高的经济性和更大的改造灵活性。

（2） 空间分类

按照产业类历史建筑的不同空间特征，大致可划分为3类。

第一类为"大跨型"：是具有高大内部空间的建筑，其支撑结构多为巨型钢架、拱、排架等，形成内部无柱的开敞高大空间。

第二类为"常规型"：是空间较前者为低，空间开敞宽广，大多为框架结构的多层建筑。

第三类为"特异型"：是一些特殊形态的建、构筑物，如煤气贮藏仓、贮粮仓、冷却塔、船坞等，它们往往具有反映特定功能特征的外形。

1.3 城市产业类历史建筑及地段的再开发

（1） 再开发的诱导因素

导致产业类历史建筑及地段再开发的诱因大致可分为3类情况：

① 随着后工业时代的到来，世界经济结构发生了巨大变化。发达国家城市中传统制造业衰落，发展中国家的制造业也正在逐渐从城市中向外迁移。而这些城市中相关的工业、水陆交通、仓储类地区和建筑也如同多米诺骨牌般相互影响，由点及面，逐渐衰颓。

② 生产方式、运输方式的转变，致使原有建筑和地区的功能、布局、基础设施不能满足新的要求，导致地区的功能性衰退。

③ 随着城市的向外扩展，原有产业类用地逐渐被围合于城市中心地带，由于土地区位级差和整治环境污染两方面的因素导致城市产业布局的调整需求。

上述3类情况又往往互有交叉。无论是由政府牵头进行的"复兴计划"、整治环境污染，还是由土地区位和地租级差导致的功能转换，这些都是再开发的契机和热点所在。

（2） 再开发模式

采取何种开发模式，将直接影响到城市原有空间景观形态以及大量产业类历史建筑和地段的存亡，同时在开发投资与环境保护方面的效果也会截然不同。国际间由城市更新运动早期的大拆大建，到近期的保护性改造再利用为主，观念和开发模式的变化十分明显。

① 新建为主

这类开发是从经济角度出发的，开发方式以大规模的更新为主。多出现于城市更新运动的初期，如横滨"未来港湾21世纪"等。这种价值观的倾向也曾出现在一些开发案例的初期，如伦敦码头区（Dockland）地区改造的第一阶段。

② 改造再利用为主

这种方式目前在欧美较为普遍。基地的历史文化、景观或生态等价值受到重视。开发中采取的是保留再利用，对具有产业文化、产业景观价值的场所进行保护性开发。成功的例子如英国卡迪夫（Cardiff）码头区开发、加拿大温哥华的格兰维尔（Granville）岛开发等。

（3） 中国的现状与趋势

由于中国城市的产业结构比例失调，自1990年代初开始，几乎所有大中城市都重新修订了城市总体规划，开始进行新一轮的城市结构调整，使之与社会经济转型期的发展相适应。以北京为例，根据《北京城市总体规划》，今后"20年内基本完成市区内污染扰民工厂或车间的改造与外迁"。据统计，北京旧城内集中了1000多个工业企业，预计在今后5年内从城区内陆续迁出130余家工业生产企业，将有一大批工业用地面临调整更新用于第三产业。再看上海，根据1997年《上海市土地利用总体规划》，上海今后相当长时期内城市更新的重点是中心城区66.2 km²的工业用地置换，至2010年：中心城区内1/3保留和发展无污染的城市型工业及高新技术产业，1/3就地改工业用地为第三产业用地，1/3的工厂通过置换向近郊或远郊的工业集中点转移。

可见，中国的城市正在进入一个以更新再开发为主的发展阶段，而主角就是大量的产业类建筑与地段。

2 再开发中改造再利用的产生与发展

2.1 国际间发展概况

由于能源、资源、环境意识和历史保护的人文思想等因素的影响，经过艰难的探索，欧美等最先进入后工业社会的国家和地区，从1960年代起开始重视产业类历史建筑及地段的保护改造和再利用，其后影响不断扩大。完成于1967年的旧金山吉拉德利（Chirardelli）广场是一著名案例，该项目将已废弃的巧克力厂、毛纺厂等被改建为商店及餐饮设施，广场、绿化、喷泉穿插其中，在提供新功能的同时，保留了该地区的传统地标。改造获得很大成功并产生世界性的影响。

从1970年代中期到1980年代后期，兴起了广泛的城市中心复兴运动，其中对产业类历史建筑的改造再利用占有相当的比例。1976年的《内罗毕建议》，1977年的《马丘比丘宪章》，1987年的《华盛顿宪章》都对此起到了指导和推动作用。

从1980年代后期至今，改造再利用的开发模式受到了前所未有的重视。城市发展更加强调人与环境的共生性以及对人和历史文化的尊重。

2.2 中国发展概况

中国对产业类历史建筑进行整体改造大约始于1980年代后期，如北京手表厂的多层厂房改建为"双安商场"。但由于经济、技术以及价值观念等问题，在城市更新中，大多还是采取"大拆大建，推倒重来"的方式。国外盛行的改造性再利用的新思路，国内仅有少量自发应用的实例，规模往往较小，方法也不够完善，尚未形成系统的理论，影响面不大。然而，目前在建筑专业人员和理论界对此已有了一定的重视，一些专业学术刊物和论著也都不同程度地对此有所介绍和评论。近些年，在一些实际工程和国际竞赛中也不乏中国建筑师的出色之作，例如北京外研社印刷厂改建、广东中山歧江（船厂）公园、国际建协第20届大会学生设计竞赛中获奖的赵亮等人的方案等。

3 再利用的可能方向

由于产业类历史建筑的历史性、空间特征、结构状况以及与当前城市整体环境的关系等条件因素是现实存在的，因而对其进行改造和再利用就必须从这些条件出发，因地制宜，挖掘和利用其中的有利因素，探索其再利用的可能方向，从而使其能在城市中扮演一个适当的新角色。

3.1 挖掘建筑及地段自身的历史文化价值

此种开发方式主要面对有着独特的历史文化价值的地段与建筑：既有历史性，又有景观的特殊性，对此进行挖掘和开发利用常会得到惊人的效果，可将其作为参观旅游的对象。在这类开发项目中，人们在获取自身使用要求的同时，也得到了与历史进行对话的机会。例如，德国北杜伊斯堡景观公园就是利用原有工业遗址所建的具有德国鲁尔地区产业文化特色的景观公园，新老元素被巧妙地结合，既是旧工业遗址的展示场，又展现了丰富多彩的现代生活。再如横滨的MM'21开发项目中，将原三菱船厂2号石造船坞重新修复保存下来，并作为观演和休闲空间。

3.2 建筑所处地区的功能需求

历史建筑所处的区位是影响本身进行改造的一个重要因素。区位因素在很大程度上决定了建筑所在土地的价值及改建投资利润，并对其用途有很大影响。根据建筑所处地区的功能需求，可将其改造为公园、博物馆、学校、图书馆、住宅或其他各种文化、行政机构的办公用房、旅馆、餐厅、购物中心等。

3.3 原有建筑的空间和结构潜力的开发

挖掘原有历史建筑的空间和结构潜力，通过进行诸如内部空间的功能替换，或对原有空间进行重组，从而为其找到新的合理可行的用途。由于原有产业类历史建筑的空间条件与结构类型各有不同，因此对现有条件的充分利用和采取合理可行的改造方式就十分必要。

4 产业类历史建筑及地段的改造设计

大体上，改造设计可归纳为对原有建筑空间的改造、扩建、建筑形式设计与环境景观设计等几方面，每方面因各自不同特点又可分为若干方式，而往往在一项改造工程中上述几个方面均兼而有之。从建筑与环境景观设计的角度来看，涉及3个方面：建筑改扩建的空间形态设计、建筑改扩建的形式设计和环境景观设计。

4.1 建筑改扩建的空间形态设计

1）空间改造

对建筑空间进行改造，应根据其现有空间特征分析改造的可能途径。

（1） 空间的功能替换

即寻找一种空间需求大致相同的使用功能，将建筑改作他用。特点是不对原建筑进行整体结构方面的增减，只须进行必要的加固，修缮破损部位。改造主要集中于开窗、交通组织、内外装修与设施的变更。例如：将大跨度、大空间的建筑改造为剧场、礼堂、演讲厅或博物馆；或者将层高较低的建筑（如多层轻工业厂房、仓库）改造为娱乐、购物中心、办公空间等，如由赫尔佐格（Herzog）和德梅龙（De Meuron）新近在英国伦敦泰晤士河畔设计改造完成的不朽杰作——泰特现代艺术博物馆。

（2） 空间的重构

① 化整为零：依据新功能的需求，采用垂直分层或水平划分等手法将内部大空间改造为较小的空间，然后再加以使用。

a. 垂直分层。对于内部为高大空间的建筑，可以采用内部垂直分层的处理手法将高大空间划分为高度适合使用要求的若干层空间，然后再加以使用。这种改造方法须注重原建筑结构与新增结构构件之间的相互协调问题。新增部件应保证不对原建筑的基础和上部受力构件造成损害。

案例：美国纽约 91 街东河大道上的市立沥青厂改造工程。其抛物面形状建筑结构由四品预制轻型钢桁架搭接混凝土板构成，单层的建筑高达 27m。改造时将原建筑内部增加为 4 层，下部 3 层的层高相对较低，占建筑全高一半多的顶层全部作为一个有高级跑道的体育馆。

b. 水平分隔。在原有主体结构不做改动的前提下，水平方向增加分隔墙体，使开敞的空间转化为多个小型空间。如将空间开敞的多层框架结构的厂房或仓库等改造为住宅等。

② 变零为整：将若干相对独立的建筑物之间采用打通、加连廊搭接以及建筑间封顶联结等方式联结为更大的相互可流通的连续空间。

a. 建筑连接部打通。将两幢紧靠在一起的建筑物由通墙（共用或并联双墙）处打开通道形成可相互流通的空间，若建筑为框架结构，还可将非结构性通墙拆除，从而使空间连为一体。如英国伦敦潘克拉斯皮革厂改造项目就成功地运用了这一手法。

b. 建筑间加连廊搭接。在相邻两建筑物之间采取加连接廊或天桥的方式使建筑内能够相互贯通。

案例：瑞士苏黎世 Tiefenbrunnen 面粉厂改造为综合功能的建筑群，其中在厂房和仓库两建筑物之间建造了三层高的装有透明玻璃的封闭连接廊，将两个原来相互分离的建筑连成了一个整体。

c. 建筑间封顶联结。将相邻的建筑物在邻接处加顶封闭，在加顶后的空间内可局部增建，还可用连廊、楼梯等对各幢建筑加以连接。这样一来，使原来相互分离的若干单体建筑联结成为一个整体，将室外空间纳入室内，增加了可用面积，同时还产生了极具趣味性的高大开敞的共享空间。如瑞典 Sundsvall 市就用这一办法将四幢建于 1888 年的仓库改造为城市博物馆和图书馆。

③ 局部增建：根据新的功能和空间需求，在建筑内外局部增建新的空间设施，如电梯、楼梯、围合于建筑中央形成露天庭院，天井加顶改造为中庭，紧贴建筑外侧增加走廊等。

④ 局部拆减：主要可分为三种情况。

a. 拆减墙体。将原有建筑物的非结构性内墙拆除以获得较大的内部空间，将非结构性外墙拆除换装大面积玻璃窗或改为室外廊以增加采光量、满足观景需求等。

b. 拆减楼板、梁、柱。将原有多层建筑内的楼板、梁、柱等构件局部拆除，形成中庭或多层高度的门厅等高大开敞空间，从而形成丰富的适应新的功能需求的新空间。此时应对结构部分进行必要的加固，对建筑物局部拆减不应影响到其整体结构的牢固性。

案例：在加拿大多伦多皇后码头仓库改造为商业综合大厦的工程中，设计师将多层无梁楼盖的钢筋混凝土建筑中部的柱子有选择地去掉一部分，形成新的中央共享中庭。同时还利用仓库原来设计荷载远大于商厦的优势，在建筑顶部加建了住宅，辟专门楼、电梯直通屋顶，成全了房地产商将地面价值发挥到淋漓尽致的愿望。

c. 拆减体块。对原有建筑在整体上局部拆除，形成新的外观轮廓，该方式多适用于近期产业类建筑。

⑤ 局部重建主要可分为两种情况。

a. 由于历史建筑经过长期的自然侵蚀或人为损害，原建筑构件或结构局部有所损毁，如建筑物的屋顶、角部或山墙等处。改造中，在原有结构基础上进行局部的重建，以使其作为一个整体得到重新利用。此类建筑多为早期产业类建筑，重建设计应注重新建部分与原有建筑间的形式、空间、功能关系以及原有结构承载力和必要的加固等问题，并尽可能地采用高强轻质材料，减轻建筑物自重。

案例：英国伦敦南岸区 OXO 码头塔楼改造。原建筑顶层部分损坏，改造时对该部分进行了重建，并进行重新布局，创造出了一个双层高的空间和一个翼状的新屋顶。

b. 根据改造设计要求，对建筑物局部拆除并改建，以形成新的外观轮廓。此类建筑多为近期产业类建筑，原建筑结构往往较为坚固完好，改动余地较大。但在改造中同样应注意上述问题。

2) 扩建

扩建是指在原有建筑结构基础上或在与原有建筑关系密切的空间范围内，对原有建筑功能进行补充或扩展而新建的部分。包括垂直加建与水平扩建。在此方面，不仅要考虑扩建部分自身的功能和使用要求，还须处理好与原历史建筑的内外空间形态的联系与过渡，使之成为一个整体。

（1） 垂直加建

在原建筑顶部垂直加层扩建，从而在占地面积不变的情况下，增加建筑面积，提高容积率，满足经济性需求。需要注意的是，这种扩建方式将改变原建筑的轮廓线，影响建筑形式，对其建筑结构也有较高要求，设计中应考虑原结构的承载力以及进行结构加固等。

（2） 水平扩建

邻近或紧靠原有建筑建造新建筑，并将新老建筑以联零为整的方式结为一体，在此方面应注意新老建筑之间的功能与空间联系以及建造新建筑时对现有建筑结构的影响，作出保护性设计和施工方案，不致因建造新建筑而对历史建筑造成毁坏。

案例：奥地利维也纳一个工业区内将煤气贮气仓改造为办公／住宅集合体工程。这里共有 4 座欧洲最古老的贮气仓。在 B 号贮气仓一侧增加了一个引人注目的形似屏风的扩建体，其内布置了公寓和办公室，在各贮气仓之间则扩建了一个供休闲娱乐和购物的长廊。

3） 建筑改扩建方式技术性分析

对于类型多样的建筑物和构筑物，上述方法并非每种都适用。不同空间结构类型的建、构筑物有其各自的结构特性。充分利用和顺应这些特性，方能做出经济节约、安全可靠的改扩建设计方案，起到事半功倍的效果，反之则会耗资巨大，并可能对原有历史建筑造成安全性破坏。因此，在设计初期有必要根据原有建、构筑物的空间和结构类型特点，进行改扩建方式的技术可行性分析。在此过程中，建筑师与结构工程师的密切合作是改扩建设计成功与否的关键因素。

4.2 建筑改扩建的形式设计

1） 建筑改造形式设计

（1） 维持、恢复原建筑外貌

这种方式以维持建筑原有历史风貌为设计原则。在改造中建筑的外部形式受到严格的保护，改造的中心放在建筑内部，根据新的使用要求和建筑现有条件，对功能和形式加以调整和更新。对某些结构严重毁坏的建筑往往在保留外观的前提下将内部完全拆除并用新的建筑技术和材料重建。如德国慕尼黑的戴克豪仓库改建。

（2） 新老元素形式协调

从保持原建筑历史风格的角度出发，改造从总体形式上呼应原有历史建筑，对原建筑损毁部分的补足虽不求精确复原，但也不做突兀的对比变化，改动、添加部分也在形式、材料上与原建筑相呼应，最终达到形式上的协调统一。

（3） 新老元素形式对比

这是目前发达国家设计中采用较多的方式。改造以整修和完善为目标，补足和添加部分往往采用轻巧的新材料和新样式（如钢材、铝合金材料、大面积的玻璃等），明显区别于原有建筑的厚重外观，新老形式形成对比。此种手法的原则是既不抹杀历史，也不制造假古董，而是将历史与现代自然地穿插融合，产生出一种新旧交织的风格，从而使建筑更具历史时空感。

（4） 形式彻底更新

此类改造以创造新的环境形象为目的，形式上以新为主，原有形式往往不具备代表性，建筑只被看做是一个新功能的容器，改造后以崭新的建筑形象出现。

案例：意大利热那亚 Ligure 锡板厂改造为社区中心。改造时将上部楼层用波纹铝板包饰，并涂成蓝、黄色以表示各部分的不同用途。该建筑以其新的外观使人联想到消费品的简洁包装和附近港口可以看到的堆垛的集装箱。虽然形式变化了，但其源于工业建筑这一特性却得到了保持和加强。

2） 建筑扩建形式设计

（1） 新老形式协调

扩建工程与历史建筑在形式上取得一致，根据新老主从关系，可分为两种方式：

① 按照历史建筑形式协调：与前述新老元素形式协调类似，从整体环境保持原建筑周围历史氛围的角度出发，扩建部分突出与原有历史建筑风格相呼应的形式元素，从而达到风格上的统一。而同时又往往采用新的现代材料，与原历史建筑形成区别。

② 按照新的建筑形式协调：可看做是形式的彻底更新，原有建筑被融入新的形式风格之中。改造主要出于经济节约和环保的考虑。如前述北京外研社印刷厂改建工程。

（2） 新老形式对比

与前述新老元素形式对比类似，扩建部分采用全新的建筑形象，在材料、色彩、造型上与历史建筑形成鲜明对照，以反映出环境的时代变迁，体现出一种四维空间的设计理念，但在总体上则保持工业类建筑的内在个性特征。

4.3 环境景观设计

对工业类历史建筑及地段的改造不仅仅局限于建筑本身，而是通过加入新的环境标准与服务设施，从城市角度使建筑所处的整体环境质量得到提高。关于外部景观环境具体可概括为场所特征、生态环境、交通环境三个方面的内容。

1）场所特征的利用与塑造

在产业类历史建筑及地段改造的环境景观设计中，应注意利用原有场所特征，并根据新的功能定位对其进行新的塑造。

如美国西雅图市将一个废弃的煤气厂改造为公园。该公园保留了裂化塔等工业设备，其主要视觉特征是成排的暗色的生着锈的裂化塔——这些唤起人们对往昔回忆的工业遗留物。附近的游乐宫是一组涂有明亮红、橘黄、黄、蓝及紫色的压缩机和蒸汽涡轮机，而其他地方则可见到能使人回忆起旧煤气厂工艺流程的设备，这些既能当做是铸造雕塑，同时又是具有考古学价值的工业遗迹。呈现自然生长状态的草木随四季荣枯，所有这些构成了有别于一般城市植物园的场所个性。

2）生态环境

一个具有适应性的、恰当的规划可以通过尽量全面地理解特定地段（生态系统）中的自然过程来取得，这样的规划意味着最节省的和最有利的。

一般而言，城市产业类历史地段的建筑与场地主要依据工艺流程和交通流线的要求而建设，加以在原来的使用过程中存在不同程度上的污染，其生态环境往往不尽如人意。因此，对此类地段进行全面的生态环境治理和设计就尤为重要。而设计重点基本上应从以下几方面出发：

（1）治污与废物利用。由于原有场地多与工业用途有关，不同程度的污染在所难免。有些经过长期的不断积累，情况还相当严重。因此，对于改造再利用而言，应作出对环境进行污染整治的措施方案，并要尽可能地利用场地内的现有条件，做到既有效又经济。对于不同的污染物，整治方法也各不相同。建筑师在此方面应与相关专业人员密切配合，各尽其能。

（2）气候。在进行生态环境设计时应注意与特定气候和地理条件相关的生态问题。采取最普遍且最具实用意义的被动式设计（Passive Design）方法，考虑场地原有的小气候特征，即地形、地貌、朝向、阳光、风、气温、树荫等，应尽可能地顺应这些条件，利用有利因素，避免不利因素。

（3）绿化、水面。绿化和水面对形成良好的外部环境有重要作用。它们不仅能够美化景观、在夏季蒸发降温、吸附空气中的粉尘，同时，植物还能为我们提供新鲜空气、吸收有害气体、降低噪音、夏日遮阳。

3）交通环境

在产业类历史建筑地段环境的更新中，根据新用途的要求，对原有道路及停车系统的重新设计是一项必要的内容。一个好的道路系统，会给外部公共空间划分与使用带来很大的方便。道路系统设计的一个重要原则是，尽量减少行车道路对步行环境和公共空间的干扰与侵入。道路视觉尺度的设计、道路系统与停车设施的组织要以人为中心。

在此，还应注意尽量保存原有的主要道路系统框架，这样做，一方面有助于唤起人们对该地段往昔"历史意象"的回忆，另一方面又能对原有基础设施充分利用，节省投资。

以上几个方面相互作用，共同构成了地区内的环境景观。在设计中，无论从经济性、历史性、节能还是环保方面，都应遵循一条设计原则，即"以最少的投入获得最大的效益"。

5 几点认识

一般来说，产业类建筑大都结构坚固，且其宽阔的内部空间具有使用的灵活性。"改造再利用"可最大限度地减少能源和材料的消耗。相比推倒重来，这种开发方式可减少大量的建筑垃圾及其对城市环境的污染，同时减轻了在施工过程中对城市交通、能源的压力，符合可持续发展的世界潮流；"改造再利用"还可使历史建筑的文化价值和场所精神得以保存和再现。

在中国，由于产业结构调整和城市发展更新需求，产业类历史建筑及地区已经成了城市再开发的主要目标之一。与发达国家城市更新运动早期情况相似，目前我国对此类建筑和地区的破坏性开发仍然非常严重。而与其形成鲜明对比的是，国际间对产业类历史建筑的再利用却受到越来越多的关注和重视。

要使产业类历史建筑免遭毁坏并获得新生，我们仅仅从学术角度对其进行研究是远远不够的，更重要的是使社会大众、城市管理者和开发者对此能够形成共识，并针对此类地区的开发，建立一套有效的、涉及法规、政府管理及公众参与等诸方面因素的运行机制。

5 "中国产业类历史建筑及地段"之现状及其可能性

Situation and Possibility of " Chinese Industrial Historic Building and Area"

时间 Time | 2010

期刊 Journal | 城市中国 Urban China

页码 Page | 106-108

摘要：在快速现代化进程中，我国产业类历史建筑和地段的改造再利用开始萌芽并逐渐发展起来。本篇论述了这一过程中产生的问题，探讨了今后改造实践的模式。

关键词：产业类历史建筑，再利用，模式

Abstract: Regeneration of China's industrial historic building and district has been gradually developed during the rapid modernization process. This paper argues some problems in this process, and discusses future's model of regeneration.

Key Words: Industrial Historic Building; Regeneration; Model

产业类历史建筑及地段，指工业革命后出现的用于工业、仓储、交通运输业的，具有一定历史文化价值和改造再利用意义的建筑及其所在的城市地段。产业建筑保护不仅包含工厂，也包含一些与当时工业生产、工矿运输有关的车站、码头设施。这些建筑或地区多以城市中的河道、铁路、道路作为纽带，相互关联，相互影响，并形成一种独特的城市文化景观——产业景观。

对产业遗产的关注和重视缘起于1960年代末欧美的逆工业化和日益发展的世界经济一体化，在这一进程中，城市的传统制造业比重日趋下降，金融、贸易、科技、信息与文化等新兴产业逐渐取代传统的产业门类，城市发展逐渐进入"后工业"时期。其突出标志是，城市失去了大规模扩张的发展动力，而转向旧城更新改造和再生。人们发现，那些数百年前遗留下来的近乎杂乱的产业用地和城市旧区并非一定与现代城市生活要求相悖，他们的存在反而为城市增加了场所感和历史感。1980年代以来，随着中国城市化进程加速，产业历史建筑的处置和改造也逐渐成为一个全局性的重要社会问题，1990年代以后这一趋势更加明显。城市化进程中，中国最早是利用城郊土地进行扩张的，但严格保护耕地的基本国策出台后，城市不再能够轻易侵占农业土地，因此原先城市及城郊的工矿企业用地变成了城市扩张的储备资源。随着产业结构调整和换代，一些传统产业面临升级换代甚至淘汰的命运，同时，一些企业长期运营不善，政府通过附加一些其他的扶持政策和条件，如解决就业或者帮助产业升级，或者采取关、停、并、转等方式进行处置。

在相当长的一段时间内，城市形态发展缓慢，当时的郊区离城市并不远。但城市化发展后，工业地段反而处于城市中心位置。随着城市发展机遇的到来，城市扩张由于城郊农业土地获得相对低廉而迅速跳过这些工业用地，导致这些工业用地变成了城市中的"飞地"。天长日久，这些工业用地由于土地级差效应就会产生改造意向，通过级差地价转换亦能获得更好的发展。但是早期的城市发展

并没有对这些工业建筑及地段给予人文关怀，而是一拆了之。如沈阳的铁西区，在早期的城市发展过程中，产业建筑遗产的价值被严重忽略，该事件作为反面例子已经刊登在国家地理杂志上。随着时间的推移，特别是像鲁尔工业区改造等较为成功的案例对世界产生了重大的影响。与此同时，赫尔佐格和德梅隆将热电厂改造成伦敦泰特美术馆、盖里将洛杉矶警局仓库改成美术馆等案例，通过文化先锋思潮的表达也引起了人们对工业建筑再利用前景的憧憬。

中国同样也慢慢地经历了认识自身工业历史收藏价值的过程。一座城市或者地区的发展中，第一座发电厂、第一座水厂等正是验证城市工业文明发展进程的最好见证物，它们不应该仅仅止于文字记录。在做广州市传统中轴线城市设计项目研究时，笔者在《老广州》画册上发现了坐落在珠江江畔和海珠广场旁的五仙门发电厂历史建筑恰在我们的用地范围内，该电厂是广州市第一座电厂，建筑精美且保存完好，其负城面水的滨水建筑景观是广州市近代化的历史见证。而当时给我们的现状条件是要将其拆除做容积率达到14的商业开发（已有开发方案）。为此，我们通过一系列研究论证及可行性的探讨，做出了将电厂滨水建筑部分完整保留作为高层建筑裙房的城市设计建议，最终该城市设计获得竞赛第一名，后与广州规划院合作完成深化设计并通过政府审批实施。

随着对工业遗产和文物保护意识的提高，1980年代中期，文物部门提出了对历史街区，包括传统街区的保护等等。但那时还没有过多涉及工业历史建筑及地段。1990年代以后，这种对工业遗产及其地段的保护和认知才慢慢开始萌芽，当时有一个背景就是中国城市也进入了一个以更新再开发为主的发展阶段。1990年代后期，国际上产业建筑改造事业已经如火如荼，国内也有一些案例做得比较出彩。当时笔者感到，中国的这个时代一定会很快到来——这是从被动到主动、由弱变强、由小变大、星火燎原的一个过程。

政府从体制层面来推动工业遗产的改造利用，是比较晚的事情，

这种利用最早来源于艺术家的推动。慢慢地，业内的规划人士也发现并跟进了这些保护改造的案例，再加上政府发现其商业价值及其给城市改造带来的成果，也开始改变对工业遗产的旧有观念，特别是2006年"世界遗产日"国家文物局在江苏无锡形成的关于加强保护工业建筑遗产的《无锡建议》，引发了全社会对工业遗产的重视。

重新被改造包装过的工业遗产独具力量感，其改造后的空间也给人带来愉悦感，具有和时尚、设计、软件业、动漫、电影编剧或者商务办公的小型旅馆相关的使用用途——这类改造非常鲜活。而通常的民用建筑不具有工业建筑那样的大空间结构形式，所以工业建筑改造也可以做到较大的再利用可能和设计创意表达。但是我们应该冷静地看到，大部分案例仍然存在很多问题。首先，一般工业建筑的实际利用并没有做过完善的评估，一个工业遗址区域在长期生产和运作过程中，有可能产生污染，比如土壤、建筑本身等等。尤其是大型化工、钢铁等厂地的土壤，都有重金属等相当严重的污染。鲁尔之所以成功的原因，就是先把污染的Emcher河流治理成可以生活利用的河流。其次，它与产权属性有关。在用地规划上，工业用地并不能轻易改变成民用或商业属性。当然，在一定情况下，属性还是可以变更并促进再生的。但会带来另一些问题，比如：工业遗产给房地产商，他就会通过拆除换取更大利益；或者改性后收入分配是给原企业、政府还是为社会所用；第三，从建筑利用来讲，艺术家、设计师或者第三产业只管使用，理论上不用考虑跟城市交通和规划等相关外部关系。但整体改造再利用，如果没有城市层面的平台支撑，改造很可能会留下公共环境问题。半岛1919有可能会存在这样的问题，因为周围的城市环境没有完全与其有效的衔接，这是值得注意的。

2009年笔者在纽约SoHo区考察，惊奇地发现了Prada、LV、Apple旗舰店之类的高端消费场所，而原先租住创作的艺术家基本都搬走了。艺术家炒热了这片区域，但是他们并不是产权所有人，也没有钱来承担持续增长的房屋租金。所以，北京艺术家慢慢都往宋庄跑，炒热后的工业遗产就被那些名牌服饰占据。这个问题在改造开发当中值得关注。产权的复杂性和相对比较大的建筑体量，也会让工业遗产难以立刻找到定位和用途。笔者在荷兰考察一座船厂改造项目时，发现设计师在设法建立工业遗产临时性利用的模式。以非固定的形式——比如有些空间很大，一天中的不同时间段可以容纳不同活动，让它的社会利用关系变得更积极——在没有真正勾画好它的用途或面对复杂的产权关系时，这是一个策略。某些厂房要想找到永久性使用用途，其实并不容易。这个过程中政府应该扮演重要角色。总体来讲，政府的主导规划先行，城市设计作为支撑

让改造获得立足点，然后改造概念随之跟进。在德国的鲁尔、瑞士的巴登和温特图尔以及纽约的Gentry公园和High Line公园等改造案例中，政府都起了很大作用。大型工业区不像目前上海改造的小块用地，因为上海人口较多，易于找到用途。但在相对城郊的地方，吸引产业也并不容易。政府可以优先谈判、斡旋、吸引一些国际性产业进驻，从而重新定位这个区域的产业。作为产业用地，建筑有多种形式，像唐山的煤炭塌陷区可能比较适合建成公园，而不是盖房子——工业遗址的针对性改造和再生策略，并无定式。另外，目前像上海老城区的工业遗产创意园区，用途也不相同。维也纳郊区的煤气罐改造就有旅馆、住宅，以及很多其他用途；南京的工业遗产有"退工改居"的用途；万科在天津的水晶城楼盘，就将原先的部分旧厂房作为售楼处保留了下来。

有关工业遗产的土地性质问题尤其关键。工厂一般不会出让产权，798就是如此。总体来讲，工业建筑改造和再利用是一个可以有效激活城市发展的要素，它突破了传统的居住生活，虽然一般作商业用途，但具备多元性。基本上，对工业遗产的运作，政府的立场是希望彻底变卖，因为这样简单。但在国外，拥有产权的业主权力还是很大的，这与中国有差别。所以在南京老城，我们还是反对"退工改居"的单一改造模式，因为老城改造本来就要疏解过密的居住人口，而如果大规模的"退工改居"实际上会加大老城的人口密度，进而使历史文化名城保护的目标难以实现。

总体来讲，工业建筑改造仍然是当今世界普遍关注的课题。世界各国都在积极实践并创造不同的经验，中国正在逐步跟进并也取得不少好的改造实践成果。其中有几点在中国未来工业建筑和地段改造中需要注意：一是在改造和开发模式上要走"自上而下"（如唐山煤炭塌陷区和北京焦化厂地区改造模式）和"自下而上"（如先期北京的798和751厂，上海的泰康路和M50开发模式）相结合的路子。一般而言，政府主导下的"自上而下"规划有助于公共环境营造、基础设施改善和社会经济等方面的总体协调，而"自下而上"模式则会具有更大的灵活性、改造利用的多元性和开发者对于社会环境的敏感性。二是应促成政府策划一些事件和活动，并将这项工作列为城市复兴和再开发的催化剂，这样就有可能成规模地改造利用场地及其建筑，相对容易在较短时间内取得实施的成效。目前国内比较多见的由一些零散的特殊用户感兴趣，停留在"商业招租"状况肯定是难以持久的。希望政府能改变思路，不要只将新城区建设和开发作为城市建设的亮点和政绩彰显的重点，更多地给社会均衡发展予以人文关怀。

（本文根据《城市中国》的采访编辑而成。）

时间
Time | 2001-07

期刊 | 城市规划
Journal | Urban Planning

页码
Page | 41-46

6 世界城市滨水区开发建设的历史进程及其经验
Historic Review of World Urban Waterfront Development

摘要：从总体上探讨了世界城市滨水区开发建设的背景和内在动因，通过案例分析了实践中的成功经验和失败教训，提出今后中国城市滨水区改造中值得关注的五点结论。

关键词：滨水区，更新改造，再开发，城市设计

Abstract: Urban waterfront regeneration and redevelopment is becoming one of t he major tendencies in the recent construction. The paper, in general, explores the background and initial causes in worldwide urban waterfront phenomenon, analyses its success story and flows in waterfront practice by case studies, and finally make five suggestions for the urban waterfront construction in China.

Key Words: Waterfront, Regeneration, Redevelopment, Urban Design

1 城市滨水区的概念

1.1 城市滨水区概念

水滨（Waterfront）是城市中一个特定的空间地段，系指"与河流、湖泊、海洋毗邻的土地或建筑，亦即城镇邻近水体的部分"。水滨按其毗邻水体性质的不同可分为河滨江滨、湖滨和海滨。城市滨水区的概念笼统说就是"城市中陆域与水域相连的一定区域的总称"，其一般由水域、水际线、陆域三部分组成。

另一种滨水区概念主要是指心理学概念上的滨水，而非一定是物质上的滨水。也可根据具体开发项目的范围确定滨水区的概念。《城市滨水开发》的作者道格拉斯认为，"在大多数场合下，滨水区域陆域一侧范围的界限是与地形条件、铁路、道路等物理障碍相一致的"。

1.2 城市滨水区开发

城市滨水区建设大致可以分为开发（Development）、保护（Conservation）和再开发（Redevelopment）三种类型（干哲新，1998）。美国学者安·布里（Ann Breen）和迪克·里贝（Dick Rigby）则把城市滨水区开发从用途上归纳为商贸、娱乐休闲、文化教育和环境、历史、居住和工交港口设施六大类（Ann Breen et al，1996）。

日本在1977年制定的第三次全国综合开发计划中提出了与水域相关的三个开发概念，岸域开发、滨水区开发和水边开发，大致上可以完整地概括城市滨水区开发建设的内容、规划设计重点及相互关系（黄翼，2000）。

2 滨水地区开发建设问题的缘起和内在动因

2.1 城市发展与水

作为生存、灌溉和运输的必要源泉，水与人类最早的文明起源相关。早期埃及城镇均沿尼罗河分布便是明显例证。世界上许多著名城市都地处大江、大河或海陆交汇之处，便捷的港埠交通条件不仅方便了

图 B6-1 悉尼歌剧院附近滨水景观

城市的日常运转，同时还常使多元文化在此碰撞融合，并形成独特的魅力。纽约、悉尼、香港、里约热内卢、威尼斯、东京和中国的苏州、青岛都是因其滨水特征而享誉世界（图B6-1）。

水对于各阶层的人都具有一种特殊的吸引力。无论是节日庆典、宗教礼仪，还是娱乐活动，人们总喜欢选择滨水地区。恒河（Ganges）河畔的宗教仪式、汨罗江的龙舟比赛、巴林水滨的晚间野餐，抑或名古屋供奉神灵的"热田祭"等都是以滨水地区作为活动场所。

2.2 滨水区开发建设问题的产生

工业革命后，水运港埠及其滨水地区逐渐成为城市中最具活力的地段，许多城市中心区、港口、工业和仓储业等大都逐水而居。以北美为例，铁路出现之前的城市几乎都位于航道之上。如美国的纽约、波士顿和巴尔的摩，加拿大的蒙特利尔等城市。

1950年代以来，随着世界性的产业结构调整，发达国家城市滨水地区经历了一场严重的逆工业化(Deindustrialization)过程，其工业、交通设施和港埠呈现一种加速从中心城市地段迁走的趋势。这种现象包括工业企业从城市到郊区，从原先的工业用地调整到新的地点（如从日本迁到中国和东南亚，从北美迁到墨西哥）。同时，港口对于城市的重要性日益下降，港口也因轮船吨位的提高和集装箱运输的发展而逐渐由原来的城市传统的中心地域迁徙它处，如向河道的下游深水方向迁移。另一方面，现代航空业、汽车和铁路的发展削弱了水运港口作为城市主要交通中心的统治地位。因此，原先工厂、仓库、火车站和码头船坞密布的城市滨水地区逐渐被废弃，荒芜衰败，而其毗邻的水体也因多年的污水垃圾排放出现严重的污染，致使城市滨水地区成为人们不愿接近乃至厌恶的场所，无论是在阿姆斯特丹，还是在伦敦、纽约、新加坡都是如此。

不仅如此，二次世界大战炸毁了交战国许多城市的港口和滨水工业地区，给人们留下了残破的废墟和大片需要重建的滨水区土地。如柏林、鹿特丹和横滨等。

3 城市滨水区新的发展机遇

3.1 认识的转变

在过去的30年里，许多人的价值观念发生了根本性的改变，人们开始认识到城市滨水地区是一种活着的、可以利用的资源，不再仅仅把其看做是与被污染的水体相关的形态破碎丑陋、问题重重的地带（Ann Breen et al，1996）。

事实上，工厂、仓储业、码头或铁路站场曾经占据的城市核心位置，往往具有宽裕的空间功能转换可能性，而且代价低廉，拆迁量较小。于是，城市滨水区用地功能结构的调整和废弃的用地，恰恰成为这些地区再生的基本条件，许多城市迫于人口的持续增长，可利用的开放空间越来越少，而一度被忽视的城市滨水区却使人们获得了难得的具有如此优越区位的建设用地，市政当局正好可以利用其开发，达到城市中心区更新改造和结构调整的目的。这种现象构成了滨水区资源利用的历史性转变。

人们还认识到，当今城市滨水区的转变是一项巨大的产业，规划范围广大，惠及众多社区并为人们所共享。如果说美国和英国在1950年代后期在这一领域开辟先河的话，那么其他国家，特别是亚洲目前正在积极迎头赶上，尤其在日本和今天的中国，许多滨水区案例都呈现出其他国家城市难以相比的规模尺度和复合性。

3.2 城市滨水区复兴的原因

城市滨水区复兴现象之所以在如此短的时间里风靡全球，原因之一就是：现代航空业、通讯业的发展，使人们能够比以往任何时候都更方便地往来穿梭于世界各地，并交流彼此信息，同时，北美早期案例的实施成功，吸引了全世界许多建筑师、政府官员和房地产开发商，他们纷纷去访问取经，获得了大量一手资料和亲身体验。会议、出版物和影像片则将信息传播到更大的人群范围。而这一现象的负面结果就是出现了不少生硬模仿先前被认为是成功的案例，而不论它们是否适合于特定的地方条件。

图 B6-2 巴尔的摩内港（韩冬青摄）

图 B6-3 温哥华格兰维尔岛（戎俊强摄）

个别案例也产生了相当大的地方性乃至世界性的影响，如巴尔的摩内港、旧金山吉拉德里广场和温哥华格兰维勒岛的改造都具有世界性的影响。其中巴尔的摩内港经过30年的开发改造，已从被废弃的码

图 B6-4 悉尼达令港滨水环境

头区，转变为能够吸引上万游客和造访者的丰富多样的胜地。难以计数的代表团从世界各地来到巴尔的摩学习观摩港湾改造的成功经验。其后的悉尼达令港和威尔士的卡迪夫湾更新改造都可以从中直接找到巴尔的摩内港的踪影（图 B6-2 至图 B6-4）。

3.3 全球化对城市滨水区开发建设的影响

当今全球化的文化使人们对娱乐和体育活动提出了更开放的需求。在许多国家随着中产阶级的崛起和劳动方式的改变，许多人享受到更多的闲暇时间。充裕的时间、殷实的经济和方便的机动性引起了世界性的旅游热，并出现了所谓的"文化旅游"和"生态旅游"。

这些相关因素形成一个很大的市场。如在发达国家出现了一种对购物娱乐日益增长的兴趣，北美风格的购物中心输出到世界各地，并在滨水区开发出兼具娱乐功能和商店、快餐、餐厅、咖啡内容的复合地带，这种土地的复合使用不仅对本地居民及传统的旅游者具有吸引力，还吸引了周边地域的造访者。公共性节庆活动的日益增多也是一个新的特点。国际节庆协会（Festivals Association）的统计表明，会员从1984年的200个增长到1994年的1300个（Ann Breen et al, 1996）。无疑，这种节庆活动通常就是发生在或接近城市主要的滨水区。而这里的公园绿地、露天剧场和其他的表演场地都为社区居民的聚集和庆贺活动，欣赏享受表演艺术提供了基本的舞台。

4 近年滨水区建设的实践和发展趋势

4.1 日益普及的城市滨水区开发建设

人们对滨水区看法的认识转变，尽管在不同的国家表现方式有所不同，但无论涉及什么因素，都一致关注独特的、地方性的城市环境改善问题，并导致了具体的改造开发行动。在英国的伦敦、利物浦，美国的西雅图、奥克兰和旧金山，滨水区规划可以追溯到1950年代末，具体的开发则是从1960年代初开始的。悉尼歌剧院也是在这一时期建设。这些早期的滨水区改造形成一种趋势并延续至今，一直影响到整个太平洋圈、斯堪的那维亚和整个欧洲。

今天，这种滨水地区再生现象已经非常普遍，它出现在世界各地数以千计的社区中。如果我们考察1965年以来各种水体类型的城市滨水开发的话，仅在美国和加拿大就有几千个案例。1989年美国的一项统计表明，有90项滨水区项目正在实施。

根据"滨水复兴研究中心"（WARRC）的资料，在1993年，日本就有 63 个见诸文字的城市滨水开发实例。这些项目的实施反映了日本有关滨水区认识的戏剧性转变，因为他们先前认为滨水区都是用于工业、交通、渔业和防洪功能，目前这一地区的休闲功能正日益显示其重要性，同时，"逆工业化"的演进正在开辟着崭新的领域。

4.2 水污染整治先行

1970 年代以来，人们对水体清污治理和供水给予很大的重视。清洁水体、保障健康的做法有助于新的滨水区开发投资。目前世界上已有许多治理水体成功的戏剧性故事。事实上，水质在现今大多数城市滨水区开发中都是一个关键因素。

例如在伯明翰，直到中心运河疏浚洁污之时，才有人去投资开发，而在大约 20 年以前，河滨地带无人光顾。再如中国南京的夫子庙地区，这里曾经是南京最繁华的中心区，随着滨水区功能结构的转变和人为原因，这里一度沦为生存环境恶劣、治安不良的棚户区。1980 年代以夫子庙地区改造为龙头的南京"十里秦淮"风光带建设首先从秦淮河水清污和驳岸整治开始，经过精心规划和多年建设，取得国内外公认的成功。

四川成都府南河公园也是一个以水的整治为主题的生态环保公园，受到污染的水从府南河抽取上来，经过公园的人工湿地系统进行自然生态净化处理，最后变为"达标"的活水，回归河流。该公园的创意由美国学者贝·达蒙女士提出，得到成都市政府的支持，后组织中、美、韩三国的水利、城建、环保、园林和艺术家共同设计建造而成。

4.3 城市滨水区开发建设的趋势

（1） 历史建筑保护

1970 年代以来，城市滨水区的历史保存和旧建筑的适应性再利用（Adaptive Reuse）在许多国家受到重视。在许多案例中，人们开始以一种新的方式去看待废弃的滨水区建构筑物，尽管这些建筑并非都具有积极意义。这种以文化旅游为导向的趋势，使越来越多的城市重新审视历史建筑和景观保护改造的内在经济潜力。例如悉尼邻近港湾的岩石区（The Rocks），以保护历史遗存去努力抗争城市更新的大拆大建，结果不仅很好地保护了历史遗存，而且还以其深厚的文化内涵和丰富的物质景观有效地促进了城市旅游业的发展，改造非常成功（王建国，1999）。

在伦敦，近年将泰晤士河畔的一处正对着圣保罗大教堂轴线的热电厂改造成泰特现代艺术博物馆，改造之前还专门组织了世界高水平的国际方案设计竞赛，其中第一轮获胜者为安藤忠雄、库哈斯、皮阿诺、莫内和赫佐格，最后实施则选用的是赫佐格的方案。

（2） 滨水区娱乐设施建设

在当今滨水区开发中有一个明显的倾向，就是新的水族馆等娱乐科普设施日益增多。其中波士顿（1969 年）和巴尔的摩（1981 年）开了这方面的先河，这些建筑设施对于全世界新建水族馆的风格和内容都有重要的影响。蒙特利尔滨水区则将世界博览会留下的法国馆、魁北克馆改造成赌场，将美国馆建设改造成为"水生态馆"；与此同时，私人投资运作的娱乐设施也在悉尼和巴塞罗那得到实现。

（3） 交通组织和人车分流

加大基础设施，特别是道路交通设施的建设投入，是促进滨水区开发的重要举措，如悉尼达令港和伦敦码头区都斥巨资新建了轻轨交通线，但穿越滨水区的交通干道会阻碍其与市区的联系，并形成空间的破碎化，大大降低了人们步行前来观光的意愿。目前的发展趋势是尽量减少穿越滨水区的主要交通干道对滨水区的影响。而通常做法就是地下化和高架处理。如奥斯陆滨水区项目将繁忙的交通干道用隧道方式穿越用地。而波士顿、波特兰则在多年前就将滨水区高速路建设服从于公园绿地，并重新安排滨水区的交通，达令港则将轻轨线和道路高架，但对地面进行了详尽的环境设计。

（4） 滨水区用地功能的重组

在巴黎，塞纳河的滨河位置曾经被工业、交通所充斥，而现在的西段已经用于雪铁龙公园，东段则将原先的铁路站场用于国家图书馆建设，沿运河的拉维莱特公园的用地原先则是牲口和煤炭交易场地。

蒙特利尔则采用了举办世界博览会（1967 年）的方式，取得滨水区人文、建筑和空间发展的结构平衡，为后来 1980 年代的进一步开发复兴并取得成功打下了坚实基础。纽约甘特里广场州立公园（Gantry Plaza Sark Park）是新近落成的滨水区功能重组改造案例。该公园位于纽约东河西岸的长岛地区，与曼哈顿的联合国总部建筑隔河相望。甘特里的名称源于基地上遗存的前工业时代的门式起重构台，1750 年代该地段曾经是居住区，后围绕轮渡码头和火车站发展了商业。该地段水运便利，因此工业利用价值极高。地段内的起重构台建于 1876 年，是纽约市最早的水陆交通转换工具。二战末，该地区工业活动开始衰退，1950 年以后，只剩下大量空闲的厂房和毗邻的大面积废弃堆场。所幸的是，工业衰退使得大片滨水土地得以重新开发。而甘特里州立公园仅仅是皇后区西部滨水区开发计划的一部分，其设计充分体现了"以人为本"的场所理念。在这个相对较小的空间里，设计师保留了历史的记忆，营造出各种富有变化的场所，使公众能各得其所。该公园引进了一些地方草种和岸边植物，使人们能找回前工业时期及废弃后的感觉。有些植物生长在锈蚀的枕木和巨型石堆之间，而这些石堆正是数十年前建造铁路用的基础料石。设计者还提出了一种"使用混合"的概念，为不同经济文化背景的人群提供了共同喜爱的公园"。

巴尔的摩内港、悉尼达令港和纽约甘特里广场公园等大量案例的成功实施说明，与世界所关注的滨水区开发相关的焦点在于人们对亲（近）水的一种共同要求，而这是与当年滨水区完全被重工业、港埠和仓库占据岸线，其后又逐渐败落的情形全然不同的——创造宜人幽雅的滨河步道正成为一种时尚和共识。

简而言之，滨水区再开发和扩展，是一种针对全球性城市再生复兴的良好对策和措施。这一过程同时也反映出人们面对变化的环境、新技术的影响，正在寻求新的社会经济发展生长点，体现出为当地居民改造甚至创造一种新的邻里环境的矢志追求。

5 存在的问题和教训

5.1 社区建设问题

工业化国家传统制造业和货物交易经营方式的现代化导致了严重的失业现象。而新的滨水区开发并没有使原先曾在这些区域存在的蓝领就业岗位获益并得到替换，这种滨水区的转变反映了发达国家当代最基本的社区问题，即缺乏低技艺劳动力岗位所导致的结果。同时还存在着不同程度的贵族化问题。在有些案例中，低收入阶层住户居民在滨水区开发中并未得到很好的服务，如在伦敦狗岛及新加坡沿河居民社区，完全被重新易地安置。

5.2 投资主体和经济问题

以往的开发在投资主体公私结合方式和经济上也不乏失败案例。如伦敦庞大的港区开发中的可奈利码头区（Canary Wharf）就是其中一个。这项开发一度陷入严重的财政灾难之中。可奈利码头区开发最大的错误在于开发完全由市场所驾驭（Market-driven），脱离了规划的控制。其开发依循"宏伟蓝图"和"项目优先"（Project-by-Project）的路子，码头区开发公司利用政府赋予的特殊政策和权力，肆意炒卖土地，而将原狗岛的工人阶级邻里的利益置之一边。它照搬了纽约的巴特里公园城（Battery Park City）开发模式。巴特里公园城与华尔街毗邻，与曼哈顿原有街道脉络也比较吻合，可奈利码头区却离城市中心区有916km。这种不

良开发属"杀鸡取蛋"，必难持续。1987年西方股市崩溃后，开发即刻陷入困境，实施中50亿英镑的投资盘子，几乎使世界上最大的开发公司——多伦多的奥林匹亚和约克公司濒于破产。

5.3 历史真实性问题

也有一些学者提出所谓的有关"真实性"的问题。这些观点认为，如果缺少"真实性"（Authenticity），今天的滨水区建设就是一种空洞的浪漫主义，这种理性的认识不能说没有道理，但是应该因地、因时、因具体对象而定，"真实性"主要是针对有特色的历史地段和建筑，如对于一般的基于现实背景条件的城市滨水区更新改造，并无过分强调的必要。

一般的旅游者通常只是欣赏悠闲的传统渔船游弋，以及类似的怀旧建筑景观，并津津乐道于"发思古之幽情"。但所有这些并没有真正涉及滨水区被废弃的工厂、电站、荒芜的码头和弃置的用地。

5.4 开发模式问题

随着国际化日益趋同的项目开发充斥世界，人们忽视了许多潜藏于当今城市滨水区复兴背后的因素。具体的实践存在模式照搬和抄袭现象，事实上，任何一项开发都有其特定的背景，特定的政治、经济和历史发展条件。不仅如此，历史上一些城市滨水区建设开发的经验也值得注意。如在意大利水城威尼斯，与城市唇齿相依的滨水区空间在漫长的岁月里一直以自己独特的方式发展，其中包含着丰富的神奇故事和传说，文化内涵深厚，符合人的尺度，适于步行浏览。它们尽最大的可能以最佳的方式利用了自然条件，而其结果则形成了独特的、与特定地方文化传统相关的"生活舞台"（Stage of Life）。这种注重内涵品质和规模适度的滨水区建设之路值得借鉴和反思。

5.5 空间形体组织问题

另一个有缺陷的例子是在巴塞罗那新开发的旧港区。该项目开发包括了一个水族馆、全景电影院、"节日市场"和游艇码头，明显模仿北美模式，但并没有很好地利用原本很精彩的港口滨水用地。香港九龙滨水区的尖沙咀文化中心则反映了类似的问题。该建筑面对世界上最富魅力的港湾，却形成了一堵巨大的实墙形态，尽管它边上有一个可达性良好的观景平台。

更有甚者，当今许多美国城市在滨水区修建了不雅观的赌场和与之相邻的停车场。瑞士日内瓦则在湖边建造了大规模的游乐设施，喧嚣嘈杂，而且几乎完全隔断了城市与著名的日内瓦湖的空间视觉

联系，使游客慕名而来，扫兴而归。

6 结论和启示

通过以上分析和探讨，笔者认为以下五点值得我国今后城市滨水区在更新改造和开发实践中关注。

6.1 客观认识我国城市滨水区开发建设与西方在背景、目标和运作方式的异同

西方城市滨水区问题提出的根本原因是以传统产业衰退为特征的"逆工业化"进程，而我国现阶段很多是出于城市形象改善、景观整治或是行政区划调整方面的考虑。滨水港口和产业对城市仍具重要作用，但开发过程中的功能结构重组、城市与滨水区的关系以及社区环境改善、增加有效就业岗位等问题则是具有共性的。

6.2 必须合理处理协调好不同投资主体的权益分配问题

这是城市滨水区建设能否成功的关键。早期伦敦港口区是一失败案例，对我国而言，更应借鉴蒙特利尔和悉尼达令港公私投资权益协同的方式。如最近笔者曾参与评审的广州组织开展的珠江口地区城市设计国际咨询和上海黄浦江滨水地区国际咨询，前者涉及的滨水岸线绵延 60km 余，后者涉及岸线也达 22km。深圳则宣布要开发城市 260km 的滨水岸线。这些岸线及其相关的腹地功能、性质等非常复杂，其庞大的用地和开发所需的巨额投资，仅靠政府部门显然不行，部分土地开发权出让在所难免，但宏观的政策导向、规划管理、开发目标和强度的驾驭力度一定要跟上。从国际经济看，完全私有化（或个别单位所有化）极易导致过度的商业开发和对资源的掠夺性滥用，并使滨水地区丧失原有的社会、文化、历史和生态的脉络特点。

6.3 走具有本土地域特色的、内涵品质优先的开发建设道路

我国城市滨水区开发建设具有自身独特的历史和自然演化进程。即使在国内不同的地区，经济和文化背景也有较大差异，世界上成功案例的经验彼此也并不完全相同。因此，不能轻易照搬和移植国外开发建设模式，而应因地、因时、因具体对象而发挥规划设计和开发运作的主观能动性，并充分挖掘本土文化内在的特质，总结我们自己的经验教训。

6.4 合理选取开发"触媒"，采用目标渐进递阶的开发方式

经济对城市滨水区开发建设具有先决性的制约作用，具体项目实施必须周全考虑可操作性。通常是选取局部地块先期启动，营造环境，先易后难，促进周边土地经济升值，并为后期建设的综合目标实现打下基础。有时，还可利用世界博览会、商贸文化节庆活动的举办和标志性建筑物的建设，作为城市滨水区开发的前奏。如蒙特利尔滨水区和横滨因三菱船厂搬迁而形成的 MM.21 滨水区都是通过先期举办博览会而取得后来开发成功的。

6.5 应注意"滨水空间场所"的塑造

城市滨水区更新改造和再开发应充分尊重地域历史演进过程中的"生态足迹"（Ecological Footprint），并与文化内涵、风土人情和传统的滨水活动有机结合，保护和突出历史建筑的形象特色，"以人为本"，留出足够的开放空间并精心设计，让全社会成员都能共享滨水的乐趣和魅力。

1990 年代以来，在城市发展由外延扩张逐渐向内涵延伸的历史条件下，中国滨水区的更新改造和再开发也呈日益增长的发展趋势。从上海浦东陆家嘴开发、北外滩国际城市形态规划设计竞赛、桂林环城水系国际城市设计咨询，直到最近的广州珠江口地区城市设计国际咨询和上海黄浦江两岸地区国际城市设计咨询，均显示了我国近年各级政府部门对城市滨水地区规划设计和开发建设的高度重视，反映了人们的观念正在从滨水区资源消耗性利用转向资源保护和合理持续利用的发展模式。

不难预期，世界城市滨水区还会有长足的发展，而正在崛起的中国城市滨水区规划设计和建设，必将给世界城市滨水区建设事业增添新的亮点，并提供独特的宝贵经验。

参考文献
[1] 干哲新 .1998. 浅谈水滨开发的及个问题 [J]. 城市规划，（2）:43-44
[2] 黄翼 .2000. 城市滨水空间生长的自然阶梯 [D].[硕士学位论文]. 南京：东南大学 :18
[3] 王建国 .1999. 城市设计 [M]. 南京：东南大学出版社 :71-72
[4] Ann Breen, Dick Rigby.1996.The New Waterfront[M].London:Thames and Hudson:5-9, 12-13, 16-17

时间 Time | 2006-08

期刊 Journal | 建筑学报 Architectural Journal

页码 Page | 8-11

7 后工业时代中国产业类历史建筑遗产保护性再利用

On the Conservation and Adaptive-reuse of Historic Industrial Heritage in China in the Post-industrial Era

摘要：产业类历史建筑及地段的保护性改造再利用，是我国当今城市发展建设面临的一个迫切需要解决的重要科学问题。文章通过对国内外该领域近年的发展前沿动向和实践发展的回顾，探讨了产业类历史建筑及地段的保护性改造再利用的必要性和科学意义，分析列举了在中国实施保护和改造再利用研究的基本内容，指出基于对产业类历史建筑及地段实践层面上的实证研究，具有现实技术针对性的改造设计方法、评估原则和技术规范要点为中国当前之必须。

关键词：产业类历史建筑及地段，遗产保护，改造再利用，方法，中国

Abstract: Conservation and adaptive-reuse of historic industrial heritage is one of the most important issues to be solved in today's urban development and construction in China. The paper discusses the necessity and academic meaning of the conservation and adaptive-reuse of historic industrial heritage, by reviewing the frontier trend and exercises development both at home and abroad, and lists and analyses the basic contents of the implementation of the conservation and adaptive-reuse of historic industrial heritage in China. Meanwhile, It is the central mission at present that put forwards the regeneration methods, assessment rules and relevant technical specification with localized orientation based on the substantial real project studies for the historic industrial heritage and site.

Key Words: Historic Industrial Heritage and Site, Heritage Conservation, Adaptive-reuse, Methodology, China

1 研究的必要性

18至20世纪的工业化进程深刻改变了人类社会和我们的世界。

人们普遍相信，工业化是经济增长的基础，工业技术的发展以及更进一步的工业哲学知识体系的建立是人类社会进步的先决条件。1973年第一次石油危机爆发，使得这一信念产生动摇；进入1990年代，更是进入了一个被迅速成长的信息社会、国际交流和全球经济深深影响的新纪元；同时，可持续发展由于全球性的环境持续恶化而逐渐成为人类看待世界的基本共识。概括讲，从当前的发展趋势看，21世纪初的世界正在"从工业化时代走向信息时代，从工业社会走向后工业社会，从城市化走向城市世纪"。

这样的时代背景直接引发了一种值得关注的现象，这就是后工业社会正在迅速崛起，而工业社会则日益衰退，逐渐成为明日黄花，出现了一些学者所描述的"逆工业化"(Deindustrialization)现象，表现为城市用地在经济和环境方面的不合理性。首先，随着世界经济一体化进程和产业结构调整，城市中的传统制造业比重日趋下降，新兴产业逐渐取代传统的产业门类，制造业、运输业和仓储业持续衰退。金融、贸易、科技、信息与文化等方面的功能日趋成为城市，特别是大都市的主要职能。过去在制造业基础上发展起来的城市出现不同程度的结构性衰落，如德国老工业基地鲁尔就是典型案例。其次，随着生产技术、运输方式和生活、工作方式的转变，城市局部地区的建筑、环境以及基础设施条件相对滞后与老化，出现功能性的衰退。再则，在城市发展过程中，城市用地的扩展导致原先位于城市边缘区的产业类用地被逐渐包围于城市的内部，造成对城市环境的污染，同时，土地区位价值的变化还造成级差地租现象。

上述种种因素导致城市结构和布局的调整以及城市功能质量的提升需求，大量的城市旧区地段面临更新改造，而其中产业用地往往是更新改造的主要对象。一座座高大的水塔、冶炼炉和厂房在先前产业革命升腾的蒸汽动力中拔地而起，而今天这些建构筑物却正被人们所废弃，无声无息地快速消逝。在1990年代城市更新中，西方一些城市产生了许多有缺陷的城市内部空间，使人们开始重新理解产业类历史建筑及地段的意义，工业时代的文明遗存——产业类历史建筑及地段，究竟何去何从成为建筑学术界关注和研究的热点。1996年巴塞罗那国际建协（UIA）19届大会提出城市"模糊地段"（Terrain Vague）概念，就明确包含了诸如工业、铁路、码头等城市中被废弃的地段，指出此类地段需要保护、管理和再生。

近半个世纪以来，欧美等发达国家对产业类历史建筑的再利用越来越受到普遍的重视，影响范围波及全球。事实上，这些产业废弃景观中的产业建筑不仅有其珍贵的历史价值需要挖掘研究，而且还具有显著的改造再利用的现实价值。作为物质载体，产业历史建筑及地段见证了人类社会工业文明发展的历史进程，对其关注反映出城市发展模式在后工业化时代的辩证回归。建筑的"保护性改造再利用"也给我们提供了具有文化、经济和生态价值的思路。事实上，我们对待产业类历史建筑的方式是我们自己文明的一种度量。

我国产业建筑遗产拥有丰富的空间形态类型，各个历史时期的产业建筑及空间特色亦具显著的多样性，具有重要的遗产价值和文化意义。如见证南京近代工业化进程的金陵制造局、位于珠江畔的五仙门（电力公司）发电厂和记载上海百年产业兴衰的苏州河沿岸产业类历史建筑及地段等。

进入1990年代，中国城市进入一个以更新再开发为主的发展阶段，兴建于20世纪初和中期的传统产业逐渐衰退。在此过程中，产业类历史建筑与地段暴露出生境破坏、环境污染及一系列社会问题。同时，城市社会经济也正处在产业布局、类型、结构的重构和转型阶段，"退二进三"、"退二优三"正成为许多城市的建设，特别是旧城更新改造过程中的主题，而旧城更新改造的主要对象就是大量的产业类历史建筑与地段。仅以上海为例，根据1997年《上海市土地利用总体规划》，上海今后城市更新的重点主要是中心城区66.2km²的工业用地置换，至2010年：中心城区内1/3保留和发展无污染的城市型工业及高新技术产业，1/3的工厂就地改为第三产业用地，1/3的工厂通过置换向近郊或远郊的工业集中点转移。再如南京晨光机械厂（场地为原金陵制造局）和下关电厂等地段都面临着紧迫的保护和改造的任务。

然而在此过程中，城市中相当多的产业类历史建筑及地段正面临着拆毁废弃和改造再利用两种不同的命运。而在实施案例中前者情况比较普遍，中国产业遗产正经受着历史上最严重的破坏和毁灭，以极快的速度消逝，包括自然损毁与人们基于急功近利思想的建设开发性破坏，如著名的沈阳铁西区产业类历史建筑在近年的商住开发中几乎完全被清除，而这种情况在国内其他城市也非常普遍。

通过以上分析，不难察见，产业类历史建筑及地段保护性改造再利用（Adaptive Reuse）已经成为世界建筑学科所关注，特别是我国城市发展建设中一个不得不面临的，也是迫切需要解决的重要科学问题，亟待开展抢救性的专题研究。

2 研究的科学意义

产业类历史建筑的定义和理解有广义和狭义之分，广义的产业类历史建筑及相关的"产业景观"与建筑学、产业考古学、人文地理学中的文化景观（Cultural Landscape）和生产景观（Landscape of Production）相关，具有景观规划、考古保存、生产技术、社会变迁、经济发展、建筑遗产评估和保护等不同方面的内容。

本文界定的"产业类历史建筑及地段"（Historic Industrial Building and Site）概念系指工业革命后出现的用于工业、仓储、交通运输业的，具有公认历史文化和改造再利用意义的建筑及其所在的城市地区，即狭义的产业景观，并非泛指所有历史上留下来的产业建筑。这些建筑或地区多以城市中的河道、铁路、道路作为纽带，相互关联，相互影响，并形成一种独特的城市文化景观——产业景观（Industrial Landscape）。

对其研究具有以下意义：

（1）建筑学方面。产业建筑中的标准化、功能效率优先的导向体现了现代建筑的本质理念，即工业社会经济背景下建筑的抽象性和还原性。其"形式追随功能"及符合工业生产的几何美学、逻辑性和建构性成为影响建筑表现的支配性法则，这些法则直到今天仍然具有重要的意义和现实价值。

（2）资源和经济方面。通常建筑的物质寿命总是比其功能寿命长，尤其是产业类建筑，往往可在其物质寿命之内经历多次使用功能的变更。由于产业类建筑特定的使用功能和空间要求，在建造时往往采用当时比较先进的建筑技术，大都结构坚固、建筑内部空间与其功能并非严格的对应关系，一些生产厂房、综合仓库等大空间建筑在改造上具有很大的使用灵活性，提供了多种利用的可能。而且，有些生产设备和厂房体量巨大，结构复杂，其拆除反而要付出比改造利用更多的成本。

从建筑的城市区位和土地价值来看，保留一些优秀的产业历史建筑使我们可以继续使用旧城区的基础设施，且有助于促进以产业遗址为主题的观光旅游业——这也是如今欧洲发展最快的经济领域之一。

图 B7-1 法古斯鞋楦厂

（3）社会发展方面。城市中各个时期、各种类型建筑的总和构成了城市丰富的人文景观和特定的场所内涵，与其他类型的历史建筑比较，产业类历史建筑同样是城市文明进程的见证者。这些遗留物正是"城市博物馆"关于工业化时代的最好展品。如格罗皮乌斯（Walter Gropius）和梅耶（Adolf Meyer）1911年设计的法古斯鞋楦厂就是欧洲第一个完全采用钢筋混凝土结构和玻璃幕墙的建筑，具有重要的建筑史学价值（图 B7-1）。

（4）环境方面。改造再利用的开发方式相比推倒重来，可减少大量的建筑垃圾及其对环境的污染，同时可减轻在施工过程中对城市交通、能源（用水和耗电等）的压力，符合可持续发展的要求。

（5）景观地标方面。一些巨硕高耸的产业建筑，特别是坐落在城市滨水或毗邻公共空间的产业建筑，往往具有一定的方位地标作用，其中很多还是所在城市的特征性地标，是人们从景观层面认知城市的重要构成要素。

3 国内外研究现状及分析

欧美等发达国家对产业类历史建筑保护性再利用的研究始于1950年代。1955年，英国伯明翰大学 M. 里克斯（Michael Rix）发表名为《产业考古学》的文章，呼吁各界应及时保存英国工业革命时期的机械与纪念物。该文从"考古"的角度，强调产业空间即将面临的湮灭威胁与保存价值，引起英国学术界与民间的讨论，相关调查纪录、价值研究、保存方式等潮流的推动，促使英国政府制定调查纪录计划与相关保存政策。1969年美国制定《历史性的美国工程纪录法案》。1970年代初，一些西方的学者和政府机构开始明确将这些地区认定为"历史地段"（Heritage Site），并把一部分20世纪初的城市工业区规定为历史遗产；1973年，英国产业考古学会成立；同年，在世界最早的铁桥所在地铁桥谷博物馆举行第一届产业纪念物保护国际会议，其后成立了专门的国际产业遗产保护组织（The International Committee for the Conservation of the Industrial Heritage, TICCIH）并设立了专门的产业考古奖（1997年）；1980年代随着许多城市对这些地区、地段的改造和更新、开发实践，该研究领域引起了更多的关注，城市传统工业类建筑和遗址已被认为是城市的一种特殊景观——"产业景观"（Industrial Landscape）；荷兰从1986年开始调查和整理1850年到1945年间的产业遗产基础资料；法国从1986年开始制定搜集文献史料及建档的长期计划；日本从1980年代末期开始关心"文化财"（即文物），将属于生产设施方面的工厂与建筑保存并进行普查。2002年柏林国际建协21届大会将大会主题定为"资源建筑"（Resource Architecture），并引介了鲁尔工业区再生等一系列产业建筑改造的成功案例，进一步使产业建筑历史地段保护、改造和再生事业引发世界建筑同行的关注。

随着信息社会的到来，城市的居住和工作逐渐互相融合，SOHO的新型工作方式经由电脑和网络打破了办公和生活的界限。互联网也逐渐代替教室、图书馆乃至传统商业销售的功能。诚如冯·格康先生所言，"这一切对新千年的建筑意味着是一个根本的变迁……"。应对这样的空间需求变迁，"那些在后工业时代改造后的旧厂房却以其高达的空间和充裕的面积为正在形成的新型生活方式提供理想的场所"，而以往人们的居住、工作、休闲、购物、学习均是在具有不同功能类型指向的建筑中进行的（冯·格康，2000）。

相比而言，包括中国在内的亚洲地区在这一方面较为逊色。目前，欧洲的世界遗产名录上不仅有教堂等古老建筑，而且包括了工业文明遗迹，其中仅采矿区就有三个，分别位于比利时、德国和瑞典。被列入世界遗产名录的亚洲遗产项目大多是考古遗址、宗教神庙、帝王墓葬和皇家园林等。亚洲国际古迹遗址理事会官员李惠恩在中国苏州举行的第28届世界遗产委员会会议上说："千百年来，亚洲各国在文化传承与产业发展过程中相互影响，创造了众多悠久而宝贵的财富。然而，随着工业化进程，很多传统的生产方式正在退出历史舞台。"李惠恩强调："拓展遗产保护的范围远比简单增加遗产数量更为重要，因为前者更有益于实现世界遗产保护的均衡性、完整性和代表性原则。"国家文物局局长单霁翔也指出，中国重视世界遗产在品类上不平衡，应多关注工业产业、科技、民族、民俗类文化遗产和各种自然遗产，不断完善和丰富世界遗产名录①。

我国对此领域的研究大致出现在1990年代中后期，主要包括城市政府所直接关注的城市滨水区改造开发研究，此类项目多采取"自上而下"的整体运作方式，如许多城市传统的滨水码头区、工业区和仓储用地的改造，以及一些有识之士，特别是艺术界专业人士对传统产业建筑改造再利用的关注两个方面所开展的研究。近年该领域已经陆续发表了一些研究论著或文章，如《城市产业类历史建筑及地段的改造再利用》（王建国和戎俊强，2001），*Conservation and Adaptive-reuse of Historic Industrial Heritage in China*（Wang Jianguo，2005），《东方的塞纳左岸——苏州河沿岸的艺术仓库》（韩妤齐和张松，2004），《上海近代优秀产业建筑保护价值分析》（张辉和钱锋，2000），《旧建筑，新生命——建筑再利用思与行》（鲍家声和龚蓉芬，1999）等。有些专项研究也在开展，如笔者主持开展的唐山焦化厂和粮库地段的改造再利用可行性研究，韩妤齐、张松等完成的苏州河沿岸仓库区的调查研究等。

但总体看，人们在遗产保护中普遍比较关注的还是那些正统的、象征权力和高尚艺术的历史建筑，工业社会和技术的表现曾一度被认为是文明，而不是文化。而产业建筑在所有的历史文化遗产中属于比较弱势和边缘的一类，倒闭和废弃的厂房更是被人们看做是经济衰退的标志，因而它们常常成为城市更新改造中被首先考虑清除的对象。同时，产业建筑的舒适性标准及配套设施一般较低，而且常常还存在不同程度的损坏甚至环境污染，有时保护再利用的成本包含了一般开发商不愿承担的前期维修和环境治理投入。

总之，我国目前的产业建筑遗产的理论基础研究和实践还刚刚起步，已有的研究成果尚不足以满足我国正在成为城市更新改造热点的产业类历史建筑及地段保护性改造再利用的社会需求和实践技术支持的要求，亟待理论和方法总结和实践的进一步提高。

4 来自案例研究和应用的经验

从世界范围看，欧洲和北美产业建筑遗产和地段保护实践已经成为城市再开发中一项带有普遍性的工作，总体上开展得比较成熟，并积累了丰富的经验。继英国铁桥谷（Ironbridge Gorge，1986年）后，目前已有十余处被批准列入世界文化遗产名录。

实践方面则实施完成了包括德国的鲁尔区IBA计划（1989—1999年）、瑞士的温特图尔苏尔泽工业区和苏黎世的工业区改造、英国的伦敦码头区（Dockland）、美国纽约SOHO区和Gentry公园、日本的横滨MM'21地区、加拿大温哥华的格兰维尔岛（Granville Island）等。著名建筑师赫佐格和德梅隆设计的英国泰晤士河畔的热电厂厂房改造、福斯特等完成的德国埃森关税联盟12号煤矿厂房改造则为建筑层面的保护和再利用积累了成功的经验（图B7-2至图B7-5）。

根据笔者的观点，按照

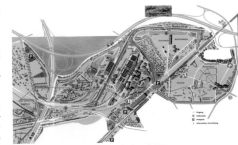

图 B7-2 鲁尔北杜伊斯堡公园

图 B7-3 工业艺术展览馆

图 B7-4 瑞士温特图尔苏尔泽工业区

空间规模尺度，实施案例大致分为三类：一种是带有地区复兴和社会转型意义的大规模产业区更新改造及其适应性再利用，如城市规划中明确的工业片区、区域性资源型工矿区；第二种是依托于特定资源和生产运输条件的产业建筑地段，如城市滨水工业仓储区和水陆转运码头区等；第三类是一些具有特定历史价值或建筑学意义的产业类建、构筑物及其周边地段。

图 B7-5 瑞士温特图尔建筑学校

第一类以德国鲁尔工业区改造再生为代表；第二类以伦敦码头区、鹿特丹港区、苏黎世工业区、上海苏州河沿岸滨水区、唐山南湖煤矿塌陷区等整治改造案例为代表；第三类则多见于以建筑物保护改造和再利用的实施案例。在许多案例中，这三个层次是互相关联的，建筑学一般更加关注后两个层次的研究。

以下以瑞士相关案例为对象稍加展开相关的讨论。

苏黎世传统工业区改造一例堪称成功典范。该工业区最初形成于 18 世纪末，瑞士画家 H. P. Baertschi 曾经用三幅铅笔画描述了该地区 1789 年、1983 年和 2000 年的场景，即如何从一片农业景观发展到烟囱林立的工业景观再到今天的后工业城市生活性景观的戏剧性变化。从 1990 年代末，苏黎世政府开始寻求针对该工业区的有效改造途径，1998 年政府组织了由政府、土地业主、规划师以及相关专业学者参加的合作，并在 2000 年年底提出了概念性的空间发展规划，同时对相关的基础设施、交通系统和开发经济运作进行了详细的研究。2001 年政府规划管理部门正式批准了详细

图 B7-6 苏黎世工业区总图示意

规划方案的实施。该规划充分利用产业结构调整机会，利用地区自身的有利条件和潜力——地块比较大且完整，地价便宜，一些建筑空间再利用潜力大，建筑质量上乘等，为城市创造出一种新的、富有活力的发展空间。方案更新和新建了一系列的住宅以及相应的配套服务设施，通过更新利用旧工业建筑，为城市提供了商业、娱乐、办公、餐饮等公共建筑的功能，进而为该地区重新建立城市生活和社区功能奠定基础（图 B7-6）。

该地段改造计划中最典型的建筑案例是一个造船厂（Theaterzentrtrum Schiffbau, 2000 年）的适应性再利用。在结构和外墙装饰风格基本保持的前提下，设计师通过插入式（Infill）手法，在原有大空间中增加了一些两次空间和作为公共建筑所必要的配套（厕所、坡道、疏散楼梯等），现已改造成一个剧场、一个电影放映场、一个具有另类气氛的酒吧咖啡，空旷的大厅则是艺术，特别是前卫艺术展览的合适场所。另一部分现状工业建筑，则被改造成影视建筑，并通过水平方向延展的加层（公寓功能）处理（Apartment Steinfels Heeinrichstrasse），形成基地内一组整合的巨构建筑。目前，该建筑已经列入苏黎世建筑指引名单。当然，并不是所有建筑都原封不动留下来，部分还是要拆除，场地则因为土地的廉价而易于被投资者接受用来进行开发，新科技开发区 Ibis 和 Nouvel 两个世界连锁的酒店都建在了这块用地上。至 2005 年年底，船厂建筑周边环境有了很大改善，原先在建的酒店和利用工业建筑改造的一处大型商业综合体已经基本建成，加之原先改造和加建的影剧院、展览、酒吧、餐饮设施，这一地区改造很好地结合了城市生活功能需要，建筑尺度掌握得当，人气与日俱增。（图 B7-7、图 B7-8）。

图 B7-7 修旧如久的船厂车间外观

图 B7-8 艺术展厅

瑞士首都的 Tobler 巧克力工厂厂房改造成伯尔尼大学图书馆（Unitobler）则是建筑层面另一产业遗产的保护成功案例。Tobler 原是瑞士最著名的巧克力品牌之一，该工厂毗邻伯尔尼大学位于市区的老校园。1982 年，当区（Canton）政府决定买下该工厂时，当时的伯尔尼大学已经在城市外围地区置地扩建，准备搬迁一些系科，且新校园规划设计工作已经基本完成。但经过校方一些有识之士的争取，最终放弃了原先的校园规划，而是将工厂改造成充满艺术氛围的大学新家。

历史上 Tobler 工厂曾经历过多次适应性改造和扩建。这次改

图 B7-9 伯尔尼大学图书馆阅览场所的视觉效果图

造包括了改、扩和加建部分新建筑三部分内容，显然这与处理一个单一性质的设计问题有很大不同。改造基本保留了老建筑原先的立面，适当出新，并增加了新功能使用所要求的局部要素，如钢结构的消防疏散楼梯、门厅入口、雨蓬等。增建主要包括在其原先建筑围合的内院空间，通过增加全新的钢结构系统，为学校提供了一个设施完善的校级图书馆（图 B7-9），另外在外部新建了一个会堂建筑综合体。虽然伯尔尼没有像瑞士其他著名工业城市温特图尔和巴登那样的具有震撼力的工业建筑，但伯尔尼是在瑞士最早认识到工业建筑和地段保护的价值，并直接运用在该项目上的城市。这一改造还对周围社区环境产生了积极影响，充分体现了对现有建筑进行功能转变和适应性改造并使其重新融入城市的意义。

当然，并非所有相关案例的开展都会如想象的那样顺利，如努维尔参加的瑞士温特图尔工业区改造规划设计，虽然获得头奖，但因方案与土地使用产权等产生矛盾，结果业主只能重新组织规划并按照新的规划设计方案实施。

我国相关实践个案近年也有所启动并取得一定成效，如：笔者等完成的广州五仙门电厂、唐山焦化厂、上海世博会规划设计中的江南造船厂地段等产业建筑和地段保护再利用研究；俞孔坚等完成的广东中山岐江船厂改造；常青等完成的数项涉及工业遗产的保护实验个案；鲍家声等完成的原南京工艺铝制品厂多层厂房改造；崔恺等完成的北京外研社二期厂房改造；张永和等完成的北京远洋艺术中心，以及 798 工厂改造等案例。唐山利用煤矿塌陷区改造利用而成的"南湖公园"获得联合国迪拜人居环境奖，登昆艳完成的上海苏州河畔旧仓库改造获得了亚洲遗产保护奖，增进了人们对产业建筑文化价值及其再利用意义的认识。

5 结语

产业类历史建筑在城市发展历程中具有功不可没的历史地位，它们曾经是城市的重要组成部分，其中不少建筑还是一定时期建筑技术发展的典型代表。在中国城市旧城更新改造已经将产业建筑及地段作为主要对象的今天，产业建筑遗产保护和再利用的意义与价值仍然尚未成为社会性的普遍共识，界定和分类标准尚未建立，既往的相关研究与规划设计经验尚多见于比较分散的个案，且深度和广度距世界发达国家和我国的现实需求尚存一定的距离。

因此，在以往的规划和建筑学体系中尚缺乏有针对性的理论、方法和技术应对手段的前提下，对产业类历史建筑保护的国际经验进行系统而有明确针对性的研究总结；在概念、意义和内涵等方面加以廓清并论证其保护和改造再利用的基本原理、应用方法和实用技术；同时，在中国特定的城市化背景下，构筑产业类历史建筑及地段保护性改造再利用的理论架构，经由实践层面的物质性实证研究，提出具有技术针对性的改造设计方法。这些无疑具有重要的理论意义和极富现实价值的应用前景。

应该指出，对于这样一个复杂的命题，仅仅依靠建筑学和城市规划专业的研究是远远不够的。政治因素、社会因素、经济因素和运作的实施可行性，包括对于先前场地的环境整治、合适项目的选择、政府部门的远见、社会各界的关注和公众参与、投入和产出的综合平衡等在产业建筑和地段的适应性再利用中往往起到非常关键的作用。

（本文作者：王建国、蒋楠）

注释
① 参见 http://www.sina.com.cn 有关苏州世界遗产大会有关报道。

参考文献
[1] 鲍家声，龚蓉芬 . 1999. 旧建筑，新生命——建筑再利用思与行 [J]. 建筑师 :10
[2] 冯·格康 . 2000. 建筑和可持续性 [J]. 世界建筑，(4):23-24
[3] 韩好齐，张松 . 2004. 东方的塞纳左岸——苏州河沿岸的艺术仓库 [M]. 上海：上海古籍出版社
[4] 王建国，戎俊强 . 2001. 城市产业类历史建筑及地段的改造再利用 [J]. 世界建筑，(6):17-22
[5] 张辉，钱锋 . 2000. 上海近代优秀产业建筑保护价值分析 [J]. 建筑学报，(11):43-47
[6] Wang Jianguo. 2005. Conservation and Adaptive-reuse of Historic Industrial Heritage in China[R]//Sustainable Development: Urban Habitat and Friendly Environment. Proceedings of the International Housing Symposium. Seoul Korea:67-76

C　探新篇

EXPLORATION

1 城市设计干预下基于用地属性相似关系的开发强度决策模型

A Decision-making Model of Development Intensity Based on Similarity Relationship Between Land Attributes Intervened by Urban Design

时间 Time | 2010-09

期刊 Journal | 中国科学 Science in China

页码 Page | 983-993

摘要：本文以用地属性及其相似关系评价为基础，揭示了用地开发强度之间相互作用的内在机制，从而结合计算机编程初步建立城市设计干预下的用地开发强度动态决策模型。在该模型中，首先根据可建设潜力对每一用地单元进行各项因子评价，如用地性质、可达性、历史地段控制、景观控制等；然后根据因子之间的相似性，建立起地块之间的类比参照关系，即用地条件相似的用地趋向于相似的开发强度。这种参照关系揭示了城市用地开发强度自发的生长规律。这样，通过已知地块的用地开发强度便可计算出未知地块的开发强度。而且，可根据城市设计或政策意图，通过调节系统参数或直接修改局部用地开发强度来积极干预系统状态，而系统的反应又为合理决策提供支持和参考，并启发和辅助城市设计构思。该系统兼顾形态、功能和环境效益的统一，体现了开发强度决策的客观、公平和灵活性。

关键词：用地开发强度，城市设计，用地属性，相似关系，复杂系统，容积率

Abstract: The paper presents a dynamic model intervened by urban design on the decision-making of land development intensity, which expresses the inherent interaction mechanism between lands based on the evaluation of land attributes and their similarity relationship. Each land unit is described with several factors according to their condition and potential for development, such as land function, accessibility, historical site control, landscape control, and so on. Then, the dynamic reference relationship between land units is established according to the similarity relationship between their factors. That means the land with similar conditions tends to be similar development intensities, which expresses the rule of the spontaneous urban development. Therefore, the development intensities of the pending lands can be calculated by the confirmed ones. Furthermore, the system can be actively intervened by adjusting the parameters according to urban design or planning intentions. And the reaction of the system offers effective support and reference for reasonable decision. The system with multiple intervention input is not only a credible tool for deriving development intensities, but also a platform to activate urban design conception. Above all, the system as a socio-technical tool, integrates the optimization of form, function and environment which embodies the principle of impersonality, justice and flexibility in the decision of land development intensity.

Key Words: Land Development Intensity, Urban Design, Land Attribute, Similarity Relationship, Complex System, FAR

1 研究背景

在快速城市化、全球化和制度转型的背景下，我国城市形态经历着从局部到宏观层面的深刻变革：城市规模快速扩张；城市肌理趋于异质和无序；新型城市空间不断突现；高层建筑激增，城市面貌重构；城市人文载体面临压迫和环境变迁；城市生态系统受到威胁……但我国大多数城市对于快速城市化进程对城市空间形态有序演进带来的负面作用估计不足，对城市发展和形态演变的机理及有序性掌控也缺乏有效的技术把握。北京、上海，包括后来的广州、南京、杭州等许多历史文化名城均一定程度上出现了高层建筑布点和城市建设无序的情况。为此，一些城市制定了应对措施，如上海在《上海市城市规划条例修正案（草案）》中写入要实施"增加公共绿地、增加公共活动空间、降低建筑容量、控制高层建筑"——所谓的"双增双减"的政策；南京在评判新建建筑（特别是高层建筑）形态是否合理时，则采用放气球通过目测和经验决定建筑高度的方法。事实上，仅有一些粗略的经验方法和原则性的政策显然无法解决当前的问题。

目前，虽然我国城市都有政府批准的城市总体规划，大部分城市也都有了用以指导具体建设的详细规划，对城市发展建设中各类用地安排和确定规划设计要点方面起到了技术支撑的作用。但是，以土地分配和资源安排等为主要工作内容的城市规划还是无法把握城市的空间形态。对于为什么要建、能否建，以及能建多少量（容积率）、高度和密度等，目前仍然缺乏基本的科学判断方法和技术措施。就城市设计专业而言，传统的理论和技术方法也亟待拓展。大尺度城市空间形态，牵涉因素复杂、驾驭难度大，以往建立在视觉有序和美学基础上的经典城市设计的空间分析方法并不完全有效，因为这些方法忽略了产生优美有序空间形态背后的影响因素，尤其是城市用地属性的作用。

据此，笔者提出了基于城市设计的大尺度城市空间形态研究课题（王建国，2009）。在近年来对南京（王建国等，2005）、无锡、常州等城市的案例研究中，初步建立起基于用地属性评价的方法框架（图C1-1）。首先，根据城市空间形态和用地属性研究的现有成果和认知把握，建立基于用地属性评价的开发强度决策模型，并通过结合城市设计构思，一方面可在中观和微观层次上，指导空间形态的优化调整，而这种空间形态研究可反馈于城市设计通盘构思的深化，继而对开发强度决策模型做出修正；另一方面，根据开发强度计算结果及空间形态的细致研究，可制定空间形态控制导则与图则，其中某些成果可转化为容积率等现行规划管控指标；同时，

上述研究过程的主要观点可经过提炼，在更高层次上反思城市空间形态机制和研究方法，从而进一步优化开发强度决策模型。在这个开放的研究框架中，基于用地属性评价的开发强度量化模型是其重要的科学基础，它不但提供了融入城市空间形态研究全过程的刚性框架，延伸和拓展了城市设计的作业方式和方法体系，还可切实辅助城市规划建设决策与管理实践。

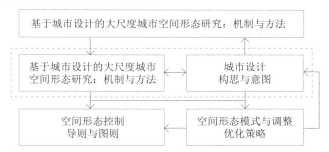

图C1-1 基于城市设计的大尺度城市空间形态研究框架

2 用地开发强度决策原则与方法

用地开发强度反映了土地利用程度和累积承载密度的高低。它是政府调控和规划管理的主要内容之一。因为其牵涉诸多利益方，对于城市的经济、环境、社会、景观等各方面发展具有重要影响，所以开发强度决策备受关注，但同时又饱受质疑。本研究通过整合现有研究成果，以城市空间形态的优化调整为目标，在城市功能、环境的合理配置框架下，以用地属性及其相似关系评价为基础，建立用地开发强度的动态决策模型，力求形态、功能和环境效益的统一，并在原则性范围内充分考虑实施中的政策灵活性。

2.1 决策依据：形态引导结合功能优化与政策指引

功能优化、形态引导和政策指引是开发强度决策中不可或缺的三个主要依据，但在实践中，用地开发强度的判定往往在三者之间游移不定，以至在某一方面过于偏颇：要么单纯从功能优化和投资收益等方面出发做出"理性"决策，或者仅限于经济（赵奎涛等，2005）、日照（宋小冬和孙澄宇，2004；张方和田鑫，2008）用等单一功能向度的技术模型建构；要么仅考虑城市景观和形态秩序，甚至简单依靠局部建筑空间形态的审美偏好；要么以"拍脑袋"的方式直接贯彻短期政策目标，僵化地随意体现政府意图。如何将三者有机结合，成为当前最为棘手的问题。

本研究力求建立一个开放模型将形态、功能和政策意图纳入其中，为三者之间的相互作用提供一个透明平台，对三者进行约束或

提示，以有利于高效、公正、合理的决策，从而实现从"技术理性和政策属性"（孙峰，2009）以及城市特色与景观品质等方面来综合诠释开发强度的决策原则，体现城市人文、景观价值和经济价值的和谐共生。

2.2 决策方法：定量评价融合定性判断

开发强度决策通常主要依靠专家经验，尤其是在形态引导方面，离不开专业人员根据城市设计知识的感性判断。但开发强度决策往往需考虑较大区域范围，并处理诸多复杂关系，而基于视觉美学原则的传统城市设计方法难以驾驭，往往导致随意性过大，客观性和公正性不足。定量模型恰可为定性判断提供辅助性依据，由技术黑箱完成预设的复杂运算，从而建立城市设计的约束框架。

通常方法是个单向的直线过程，即首先建立定量模型，然后再以定性分析来进行修正，从而得到最终结果。本研究力求两者的有机融合与充分互动：一方面，定量结果是定性分析的基础，而定量结果的实时视觉化，更有利于城市设计构思和直观判断；另一方面，定量模型从计算方法到使用和调试的全过程都体现出定性分析所确定的基本理念，而定量模型高效、准确的计算能力可进一步验证、延伸或修正原先的基本理念，例如，通过引入参数调节来不断修正模型，并让操作者进一步掌握城市空间形态的变化规律，从而利于做出合理决策。

2.3 决策层次：宏观指标衔接微观诉求

开发强度决策路径主要有两种方式：其一，是着眼于整体，通常从宏观容量控制出发，层层分解、细化为分区和具体地块的控制指标。这种宏观控制主要源自经济、人口等特定问题的上位规划，不可能兼顾城市的文化内涵、空间形态以及局部多变的特殊状况等复杂因素，因此，在贯彻实施中阻力重重；而且，局部用地如何做到合理分配宏观控制指标，也是个尚待解决的突出问题；甚至宏观指标本身的"科学性"值得商榷，以至于在层层细分中往往会差之毫厘，谬以千里（咸宝林和陈晓键，2008）。其二，是着眼于微观控制，即从局部的经济效益、空间形态、环境品质等方面入手来推出本身的用地开发强度。这种思路通常融合了局部城市设计因素（例如试做设计方案模拟），但由于弹性过大，且缺乏对城市总体上的通盘考虑，其可靠性和公平性受到质疑；而且，这种各自为政的局部决策，其累加结果通常与城市总体控制意图相去甚远，造成城市规模与结构失调。

本研究则主要着眼于中观层面上用地之间的结构关系建构，以

形成宏观与微观之间的双向反馈路径：一方面可有效承接上位规划，以符合用地潜在开发条件的方式来合理分配宏观控制指标；另一方面，可敏感地监测用地内部的开发意向与特定要求，并实时反映出其对相关用地和城市整体的影响。

2.4 控制目标：动态关系重于静态区间

从管理实践看，用地开发强度决策要明确给出合理的数值区间，以控制用地建设。目前主要有两种实用方法：其一，可称为区间整合法，是以经济、环境、日照等条件分别约束下的极限状态为依据，取其区间交集（咸宝林、陈晓键，2008），再结合城市设计意图及政策判断来最终确定取值范围；其二，可称为因子评价法，通常以用地条件的各影响因子评价为依据，得到相对合理的开发强度中间值，然后通过适当修正与浮动以划定取值区间。前者优点在于区间边界明确，但通过上述方法得出的区间范围很可能过大，不具备实际的指导意义，同时，某些条件的区间范围通常很难准确界定（例如经济容积率范围），而且很难对每一条件的变化以及城市其他用地的变化作出快速反应（同样一块地，在不同时间建设，其合理开发强度通常有所不同）；后者则侧重考察地块之间的建设条件差异，可更敏感地根据条件变化而动态调整各地块开发强度。笔者早在 2002 年就开始在南京等城市案例中应用因子评价方法，亦有学者用类似方法对上海（刘根发和王森，2008）、长沙（冯意刚等，2009）进行过研究。本研究在此基础上，进一步挖掘用地条件因子之间的相似关系，以当前已有合理地块为参照推测出未知用地开发强度，建立起用地之间更为敏感、可调、可控的动态系统。

2.5 核心指标：容积量取代容积率

在物质形态控制方面，用地开发强度主要用容积率、建筑密度、建筑层数等几项指标来描述，其中核心指标是容积率，即项目用地范围内总建筑面积与总用地面积的比值。容积率没有直接涉及建筑高度，本质上是个平面指标。本研究提出以容积量作为综合性核心指标，即项目用地范围内总建筑体积与总用地面积的比值。之所以用总建筑体积来衡量建筑容量，原因在于：首先，容积量直接表达了用地范围内的建筑体量大小，有助于城市设计构思和干预，并能切实控制和优化城市空间形态；再者，现有从日照等因素出发的开发强度研究，都是首先测算出用地范围内合理的建筑体量，然后才转化为容积率指标（宋小冬和孙澄宇，2004；张方和田鑫，2008）；而且，容积率指标在管理实践中也时常难以准确表征实际开发强度，例如，不同层高的建筑由于其内部空间的差异，其人口

容量、经济收益以及带来的交通压力等也会迥然不同；况且，诸如政策容积率等研究本身就是基于经验的定性推测，在这种情况下，容积量与容积率没有显著差别。

本研究试图建立以容积量为核心的多层次指标体系：一方面，容积量可在控制性详细规划层面上转化和分解为常用的容积率、建筑密度、建筑高度等控制指标的恰当组合；另一方面，容积量可粗略表征建筑体形环境，为城市设计导则和图则的制定提供依据；同时，容积量指标基于体量的特征，为通过开发强度的转移、奖励等政策实现开放空间优化配置、历史及生态环境保护，提供了更灵活、直接的途径。

3 技术建构：城市设计干预下的开发强度自调系统

本研究以用地建设潜力的因子评价及其相似关系为依据，初步建立了一个相对灵活的开发强度决策支持系统。该系统首先通过模拟城市发展基于用地相似关系的自然过程，充分彰显土地的合理集约利用、开发收益的公平原则及城市渐进发展的动态特征，同时通过城市设计干预，体现和激发城市景观特色的创意与构思，并力求有效预测和演示规划意图的实施效果，从而适应和化解规划实践中的各种复杂因素。

3.1 基于用地属性相似关系的自调系统

城市发展在一定程度上是一个依照其自身内在规律的自发过程，用地开发强度决策首先应予以充分尊重。从这个角度看，城市物质形态是由相互影响和作用着的地块组成，并在总体上表现为一个不断自我调适、动态演进的复杂系统。其中，某一地块的开发不是孤立行为，其开发强度需要参照类似用地的情况，同时也势必对用地条件相似的地块有借鉴和参考意义，从而对这些地块产生影响。这种影响很可能间接波及更多的其他地块，地块间正是通过这种反复相互作用，而达到相对稳定状态，这便是此时该用地的合理开发强度。

因此，用地条件的相似关系是分配用地开发强度的潜在动因。从规划决策看，应首先考察待开发地块在区位、交通、功能、环境等方面的可建设潜力，同时考虑各种既有规划成果对该地块的控制要求；然后参照用地条件类似地块的开发强度作出判定。从公平原则看，与待开发地块条件相似的地块，无论其开发强度高还是低，都应作为参照依据；而且相似性越高的地块，其参照价值越明显。应该说，这种从相似案例出发进行的开发强度判定过程，具有公平

合理和可操作的积极意义，也是规划编制中通常遵循的重要原则。

总之，开发强度决策，是一个以当前公认相对合理的相似地块状况为参照进行的反复博弈过程。但该过程在实践中往往渗入很多主观因素，很难做到公平合理；而且某一地块的决策除了参照相似的已开发地块，还要考虑决策结果对以后其他相似地块的类比影响，而与这些相似地块相似的其他地块又如何受到间接影响……这个复杂过程已经远远超出人的直接判断能力。因此，本研究立足于该过程的抽象，用计算程序来更为全面地模拟相似地块之间的相互作用及其动态累积结果：以因子评分来对用地条件进行量化表达，再以此为依据，进行地块相似关系的量化评价，建立起地块间的参照关系，形成一个用地间互动连接的复杂系统，然后将合理地块数值录入系统，便可得到待定地块的开发强度参考值。

3.2 城市设计的积极干预

尊重城市演化的自发过程，就是要避免滥用"堵"的方法，把外在意图过分强加给城市，但也并非放任其完全自由发展，而是善用"导"的方式，通过积极而恰当的干预，实现城市系统的优化调整。上述基于用地相似关系的开发强度系统是开放的，在外部力量的介入和扰动下，可自主调整以适应不断变化的环境。因此，规划设计及政策干预可通过"控制自由结构"（Châtelet，2007）或者以"透明的调停人"（Pinilla，2006）的身份来激发城市复杂系统的自我调节功能，间接引导和控制城市形态（具体参看第4.6节），而不是幻想将具体的目标形态直接赋予城市。

需指出，城市设计在本研究中并非简单位于末端，仅根据前期量化模型确定的刚性框架，进行有限的具体形态研究与细微修正。本研究模型从系统设计、基础数据采集录入、运行参数调整，到结果输出与转化应用，全过程都贯穿着与城市设计的积极互动——用地属性评价包含着城市设计要素；系统参数设定体现着城市设计意图；运行过程的三维演示可辅助城市设计构思；输出成果可指导微观物质环境设计。

4 常州老城区案例研究实验

常州老城历史悠久，千百年的发展造就了其橄榄状有机形态，其中水系、历史街区、绿地、广场等不同典型用地元素交错相依，共同构成了城市空间形态背后复杂、敏感的用地条件，所以，此案例研究具有相当程度的代表性。常州老城四周运河环绕，这既反映了历史上的城市边缘，也形成了不同于城市其他区域的独特片区，

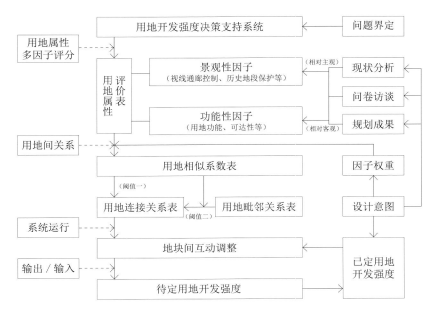

图 C1-2 用地开发强度决策系统计算步骤

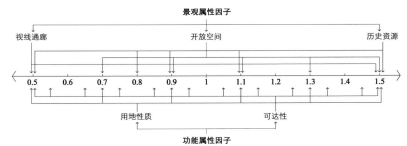

图 C1-3 常州老城用地属性因子评分标准

这就自然界定出相对独立、完整的试验研究范围。由于条件所限，本研究中常州老城的相关基础数据多为估算结果，开发强度待定用地亦为随机选定，但这些不影响研究模型的调试与验证。技术过程可分为如下几个步骤（图C1-2）。

4.1 用地单元划分

用地单元是一次性开发的内部属性相对均质的用地范围，即每一用地单元都可以用相对唯一的属性来描述。理论上说，真正均质的用地单元是很难界定的。相对简化的方法是将描述用地属性的各因子分布图相叠加，取其叠加后的最小均质单元。本研究重在探讨用地之间的关系，而在用地单元划分方面尽量简化。因为规划路网一般比较稳定，地块开发很少跨越城市规划路网一次性连片开发，因此，规划路网可作为地块划分的基本依据。本研究用规划路网将常州老城区划分为120个地块，并依次编号。

4.2 用地属性因子评价

在对用地单元各地块进行编号后，根据城市现状分析、调查访谈和现有规划成果，从用地的景观属性和功能属性两方面，对每一用地单元的建设潜力进行因子评分。所有因子数值都设定在0.5—1.5区间，因子分值越高，则可能的合理开发强度越大，反之亦然。一般来说，分值大于1表示鼓励建设，小于1则表示控制性开发。

同一因子中的不同评分，其具体数值并不重要，关键是这些评分的高低相对关系能够大致对应于用地建设潜力，因子数值之间的差异度可进一步通过因子权重来控制。常州老城的用地属性因子评分标准可抽象为图C1-3。

（1）功能属性因子。包括用地性质、可达性等，是上位规划成果对可建设性的客观影响。在常州老城案例中，从总体规划确定的用地性质看，通常开发强度由高到低依次为商业和办公用地、行政和居住用地、工业和仓储用地等；根据规划路网进行空间句法分析，然后每个地块周边选择集成度最高的两条轴线，取其平均值，最后依如下公式，将其换算到0.5到1.5之间，作为该地块的可达性分值：

$$A_n = \frac{I_n - I_{\min}}{I_{\max} - I_{\min}} + 0.5 \tag{1}$$

其中，A_n 是某地块的可达性因子分值，I_n 是该地块周边轴线中集成度最高的两条轴线的集成度平均值，$I_{\min}$ 和 $I_{\max}$ 是所有地块 I_n 中最小和最大的两个数值。

（2）景观属性因子。根据不同城市特点，可包括视线通廊控制、历史资源保护和开放空间控制等，包含了城市空间形态的总体构思和空间特色上的主观意图，需要控制的地块则降低其因子数值。在常州案例中，根据城市空间形态的总体构思，将视线通廊控制区的所有地块因子设为0.5；针对河口、河岸和开放绿地等

图 C1-4 常州老城各用地因子总值

地段，根据景观控制的敏感性分别设为 0.7、0.9、1.1 和 1.3；在历史资源保护方面，将历史文物保护单位所在街区，根据国家级、省级和市级的区别分别评分为 0.5、0.8 和 1.1，历史风貌保护街区评分为 0.9。其他无控制地块因子数值皆为 1.5。

根据上述评分标准，我们得到常州老城每一地块 5 项因子的具体分值。应当指出，不同城市可根据其特点选择不同因子类别。一般来说，因子选择应当尽量兼顾用地属性的各个方面，力求综合评价用地建设潜力；而且因子越多，则对于用地属性的描述越具体，用地之间的相互关系也越复杂。图 C1-4 显示了常州老城各因子总值的高低分布（颜色由深到浅表示数值由高到低）。但本研究并未简单从用地因子总值来判断开发强度的高低，而是进一步挖掘用地条件之间的关系。

4.3 用地属性相似关系评价

接着，用相似系数对各地块的因子进行比较，以确立地块之间的参照关系。在不同学科中，关于相似系数的计算方法很多。本研究将相似性高的地块定义为其各项因子的差异较小，因此，参照标准方差的计算方法，将相似系数的计算公式确定为：

$$S_{ij} = 1 - \left\{ \frac{\sum_{k=1}^{n} \left\{ W_k \left[F_{k(i)} - F_{k(j)} \right] \right\}^2}{n} \right\}^{1/2} \quad i=1, 2, \cdots, m; \ j=1, 2, \cdots, m \quad (2)$$

其中，S_{ij} 是 i 和 j 地块之间的相似系数，F_k 分别是两个地块各因子数值，W_k 是各项因子的权重，n 是因子数目。由于因子数值都介于 0.5 到 1.5 之间，W_k 介于 0 到 1 之间，所以相似系数必定在 0-1 区间，相似系数越接近 1，则说明两用地属性越接近，其合理的建设强度也应越接近。

从图 C1-5 可看出，在各因子权重同为 1 的情况下，常州老城

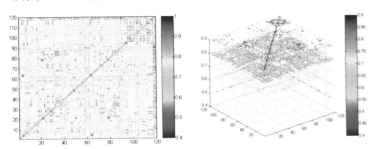

图 C1-5 常州老城地块两两相似系数矩阵

的地块间相似系数多数在 0.6 到 0.8 之间。其相似系数的高低分布并无明显的规律性，表明各用地在漫长的历史更迭中逐渐形成的复杂用地属性及其关系。

在计算出所有地块两两之间的相似系数后，可设定一个阈值，筛选出地块之间的关联关系。即只有两地块相似系数大于一定数值，才认为他们彼此之间有参照关系。这些有参照关系的地块会在系统中进行专门"标识"，在地块主体探测其相关用地时会及时调用这些地块的信息。此阈值在软件中可调，缺省阈值为 0.75。

地块相邻可理解为一种特殊的相似关系，即区位相似，因此，可适当降低相邻地块之间相似系数的阈值。此阈值亦可调，缺省数值为 0.7。

这样，相似和相邻地块中分别达到相似系数阈值的部分，共同构成了地块的参照目标。随着阈值的变化，地块之间的参照关系也会发生改变。须指出，同样相互参照的地块，其连接强度是不同的，即相似系数越高的地块之间，其相互参照价值越明显。这一连接矩阵是地块之间相互参照、相互作用的基本依据。

4.4 系统运行规则

将已知开发强度合理的地块数据输入系统，作为待定地块的决策参照。待定地块输入系统的初始容积量缺省值为 0。系统开始运行后，会对各地块容积量进行逐一反复计算。

（1）对于待定地块，首先考察与其直接相连的地块容积量现状，通过两两差值比较并根据其相似系数，得出该地块此时的合理容积量暂定数值。待所有地块计算完一轮后，重新对各地块展开第二轮逐个计算。因为经过第一轮计算后，各地块暂定容积量都发生了变化，所以会一轮轮反复计算下去，直至地块之间完全满足基于相似性的连接关系。其计算公式为：

$$P_{n+1} = P_n + \sum_{i=1}^{m} \frac{(P_i - P_n) S_i}{m} \quad (3)$$

其中，P_n 是某地块第 n 轮计算后的容积量暂定数值，P_{n+1} 是其第 $n+1$ 轮计算后的容积量数值，P_i 是与该地块相连的各地块容积量，S_i 是各连接地块与该地块的相似系数，m 是与该地块直接连接的地块数量。当系统稳定时，P_{n+1} 与 P_n 数值会非常接近。

（2）对于容积量已确定的地块，以其现状容积量 P_0 影响其相连地块。同时，该现状容积量既然公认合理，则亦应遵循系统规则，体现其相连地块的影响，即亦应满足公式（3）。但根据公式（3）计算出的暂定容积量数值 P_{n+1} 往往会与其确定数值 P_0 存在差异。

因此本研究通过让 P_{n+1} 以 P_0 为中心上下波动来进行修正，即：

$$P_{n+1}' = 2P_0 - P_{n+1} \qquad (4)$$

其中，P_{n+1} 是根据公式（3）得到的地块暂定容积量，P_{n+1}' 是经过修正而在下一轮计算中作用于相连地块时的容积量数值。这种以 P_0 为中心上下波动动态满足了所有地块之间的连接关系，使系统内部取得平衡。

（3）根据上述规则，通过迭代计算，经过数轮或数十轮计算后，

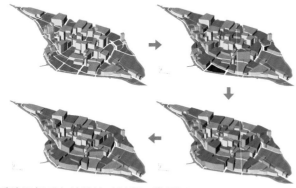

图 C1-6 系统运行后各地块波动过程三维图示

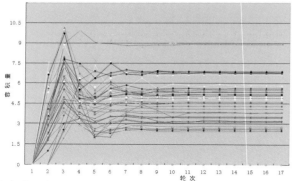

图 C1-7 待定地块容积量波动过程

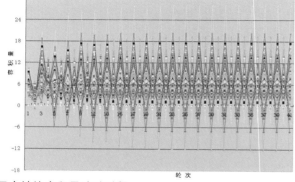

图 C1-8 已定地块容积量波动过程

各地块容积量将逐步趋于稳定。图 C1-6 是常州老城区数据输入系统运行过程中的几幅截图。左上角是初始数据的三维显示。图中已定容积量地块显示为浅色，其高低即表示容积量的大小，待定容积量地块显示为深色，缺省容积量为 0。系统开始运行之初，容积量待定地块会上下剧烈运动，然后逐渐趋缓，直至稳定，得到左下角的三维体块。从图 C1-7 可看到待定地块容积量的波动过程，起初幅度很大，在第 11 轮计算前后基本趋于稳定。图 C1-8 显示了已定容积量地块的波动过程，起初振幅不断加大，然后亦在第 11 轮计算后趋于稳定。趋稳后的容积量数值即为当前合理结果。

（4）这是个实时更新的循环反馈系统：在某一地块容积量通过该系统确定数值付诸实施后，立刻转变为已定容积量重新输入系统，继而影响其他地块的决策；而某一现有地块一旦准备重新开发，则可再变为待定地块，由系统根据当时的现状条件来得到合理的容积量数值。在系统稳定后，若改变某一地块的容积量，则系统会因扰动而上下起伏，直至逐渐转变为新的稳定状态。因此，该系统是个"扰动—稳定—新扰动—新稳定"的反复波动过程。

4.5 系统界面

该系统操作界面左侧是显示城市三维模型的视窗，模型中地块的高低差异体现了容积量高低的相对关系。左下角的工具用于三维模型的视角转换和视图缩放。操作面板位于右侧，从顶部到底部由四个模块组成（图 C1-9）。

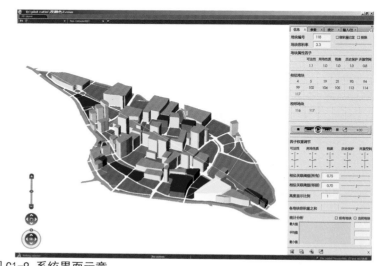

图 C1-9 系统界面示意

（1）信息显示模块。主要显示当前地块的基本信息，包括其编号、容积量数值、各项因子分值、相连接的相邻地块编号和相似

地块编号。当在视窗中选择某个地块，或者直接在面板上点击相连接的相邻或相似地块编号时，那么该地块都会成为当前地块，并同时显示相应的相邻与相似地块编号。在视窗中，当前地块会不断闪烁，其连接地块显示为深红色。

（2）参数调节模块。其可调参数及意义将在下一节详述。

（3）统计分析模块。会实时显示城市当前所有地块的容积量之和，便于对城市总开发量的了解。同时可用折线图方式，显示计算过程中当前总容积量的实时变化。

（4）数据输入输出模块。几个图标分别用于导入城市街区地图和各地块因子数据，并导出计算过程和结果的各项数据，用于进一步分析研究。

4.6 可调参数及其意义

该系统有多项可调参数,方便使用者灵活调节计算规则和过程,并适时介入设计意图，辅助规划决策。这些可调参数除了运行过程、速度控制和高度显示比例外，主要有如下两类。

（1）直接控制参数

① "容积量已定"。倘若勾选此项，即表明当前选中地块将保持已经确定的容积量，原地静止，但是它的容积量数值会直接影响其相邻地块和属性相似地块，并很可能间接影响整个城市。通常，近期无重建开发计划，并符合规划意图的地块，均应以现状容积量输入，并勾选此项。这些确定地块隐含着用地属性与容积量之间的内在关系，为待定地块的容积量提供了基本参照系。

② "排除"。若勾选此项，则此地块不参与整个城市的互动，这主要针对城市中的特殊用地（如军事用地等），或者因为各种原因导致的严重偏离正常容积量范围的个别地块（如特批地块）。笔者不主张过多运用此项功能，在排除地块时应相当谨慎。

③ 容积量输入。可根据现状或设计意图，通过直接输入数值来改变当前选中地块的容积量。视窗中会实时显示地块的相应体量。设计者可分别输入不同的容积量数值，通过考察城市其他地块不同的反应后果，从而作出合理决策。图C1-10是当系统稳定后，再将某地块的容积量数值提高9.0后的折线图，可看出多数地块仍大致保持原有数值，只是少数地块容积量有所提高，同时，部分地块之间的高低关系也因此产生细微变化。

（2）间接控制参数

① "因子权重调节"。可通过波动滑块来分配不同用地属性因子的权重，从而体现规划在某些方面的特殊控制要求。因子权重改变，则地块之间的相似系数及地块之间的参照连接关系将同时作

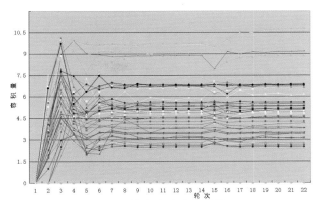

图 C1-10 提高某地块容积量后的待定地块波动过程

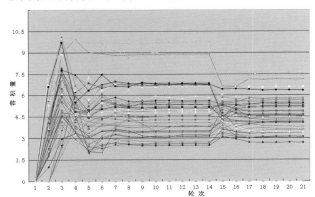

图 C1-11 相似系数阈值降低后的待定地块波动过程

出复杂的改变。不同的权重分配体现了城市发展不同的价值取向。例如，为体现对于历史文化保护的重视，则可加大该项因子权重。这不是简单根据经验对个别地块的单独决策，而是通过系统来公平、合理地反应此意图，并清晰显示出该意图对其他用地的间接影响。

② "相似系数阈值（所有）"。两地块相似系数大于此数值，则承认其相互之间存在相互参照关系。该阈值在0到1之间。图C1-11是当系统稳定后，将相似系数阈值从0.75变为0.65后的容积量折线图，可看出由于用地之间的参照明显增加，因此用地开发强度明显趋同。该参数反映了待定地块在多大程度上参照已有地块容积量，它要求所有地块之间的相互参照遵循相同的依据，保证了公平性。

③ "相似系数阈值（邻接）"。此值只针对邻接地块，是在相邻地块中筛选出相似系数较高的地块作为连接地块。该值一般比所有地块的相似系数阈值略小,因为相邻地块具有相似的区位条件，具有更大的参照价值。

总之，上述参数为城市设计和政策调控提供了良好的互动环境。当调整参数时，该系统通过其预设的计算程序可及时显示后果，为

合理决策提供保证，在一定程度上对城市设计干预进行了约束；同时，这种参数调节又为城市设计构思提供了可视化互动平台，成为推动设计弹性的辅助工具。

5 结论

本研究初步揭示了城市用地之间相互影响的内在动态作用机制，为我国转型期城市空间形态调控和开发强度决策提供了一种新的思路和方法，体现了决策的客观、公平和灵活性，兼顾了城市的形态、功能和环境效益的统一，同时，也在一定程度上拓展了传统城市设计的作业方式。

具体来说，以用地属性的因子评分为基础，一方面，在功能上强化土地集约利用原则，体现用地的建造潜力，另一方面，从景观角度彰显城市空间形态的总体构思和文化特色定位；以基于用地属性相似性的评价，来量化地块之间的类比效应，昭示开发收益的社会公平；以迭代计算来模拟地块间相互作用，揭示城市形态演化的复杂性机制；通过开放的输入输出和参数设定，来适应规划管理的灵活要求，辅助城市空间形态的研究和设计意图的演示。

本研究模拟了城市拆旧建新、新陈代谢的有机运动过程，表达了根据既有地块萌发新建地块、循序渐进的繁殖生长规律，体现了城市根据外界扰动作出实时应激和自我调适的反应机制，因此，可以看做一个进化、成长着的复杂系统。该系统的开放性和操控灵活性适应了城市规划研究和管理的需要，可即时、公平、透明地判定待开发地块的开发强度。本系统预测出的容积量结果，一方面可作为人口、交通、地价、配套设施等相关规划的依据，另一方面，容积量所揭示的城市高度形态，可作为城市空间形态和景观研究，以及各地段城市设计的基础。

（本文作者：王建国、张愚、冯瀚）

参考文献
[1] 冯意刚，喻定权，尹长林，等 . 2009. 城市居住容积率研究：以长沙市为例 [M]. 北京：中国建筑工业出版社
[2] 刘根发，王淼 . 2008. 基于 GIS 的开发强度模型研究：以上海市中心城为例 [M]. 城市规划学刊
[3] 宋小冬，孙澄宇 . 2004. 日照标准约束下的建筑容积率估算方法探讨 [J]. 城市规划汇刊，(6) : 70-73
[4] 孙峰 . 2009. 从技术理性到政策属性——规划管理中容积率控制对策研究 [J]. 城市规划，33(11) : 32-38
[5] 王建国，高源，胡明星 . 2005. 基于高层建筑管控的南京老城空间形态优化 [J]. 城市规划，29(1) : 45-51
[6] 王建国 . 2009. 基于城市设计的大尺度城市空间形态研究 [J]. 中国科学，39(5) : 830-839
[7] 咸宝林，陈晓键 . 2008. 合理容积率确定方法探讨 [J]. 规划师，24(11) : 60-65
[8] 张方，田鑫 . 2008. 用人工神经网络求解最大容积率估算问题 [J]. 计算机应用与软件，25(7) : 163-164, 179
[9] 赵奎涛，胡克，王冬艳，等 . 2005. 经济容积率在城镇土地利用潜力评价中的思考 [J]. 国土资源科技管理，22(3) : 18-20
[10] Châtelet V. 2007. Moving Towards Control Tensegrity[M]//Châtelet V, eds. Interactive Cities, Anomalies Digital Arts n6. Orléans: HYX
[11] Pinilla C. 2006. The Politics of Design: Designers as Transparent Mediators[M]//Healy P A, Bruyns G eds. Designing the Urban: Technogenesis and the Urban Image. Rotterdam: 010 Publishers

时间 Time | 2009-05

期刊 Journal | 中国科学 Science in China

页码 Page | 830-839

2 基于城市设计的大尺度城市空间形态研究

Research on Large Scale Spatial Form of Cities Based on Urban Design

摘要：在当今中国史无前例的城市化进程中，相当多的中国城市都不同程度地经历了城市规模的急剧扩张。伴随着城市规划的持续编制、修编和实施，城市的功能结构、空间环境、街廓肌理乃至社会等发生了显著的变化，而所有这些都直接发生在某一城市尺度，甚至是发生在某一城市的大尺度空间形态上。本文通过对城市空间形态构成、演进和外显表征的描述和分析，尝试建构城市形态影响要素模型，进而讨论与形态密切相关的城市用地属性及保护、调整和开发潜力。同时，基于城市设计参与良好城市空间形态塑造和建设管理的专业特征，笔者提出针对大尺度城市空间形态的量化评析技术方法，从而为城市政府和规划建设管理部门提供技术支持。

关键词：大尺度城市空间形态，城市设计，方法，模型，数字技术

Abstract: During the unprecedented urbanization process of China, a considerable number of Chinese cities have, to various extents, experienced dramatic expansion of scale and dimension. Accompanied with the continuous planning, modifications, and constructive executions of city projects, gradual and dramatic changes have occurred in the functioning structure, spatial framework, fabric of the streets and roads and even in societal and social events. All of these adjustments and remodeling can be mapped onto a specific dimension or a multi-dimensional level of the spatial and structural arrangements of any Chinese city. The paper try to make the modal combining the impact factors concerning the urban spatial form, by the description of the composition, evolution and characteristics of urban form. Meanwhile, the conservation and adjustment and development potential of the city, and concerned property of urban land connecting closely with the urban form are discussed. The author gives rise to the quantifying analytic method that focuses on the large scale urban spatial form based on the professional features of urban design involved in the creation and management of a good city form, and further offers the technical support for the the government and concerned departments for planning management.

Key Words: Large Scale Urban Spatial Form, Urban Design, Method, Model, Quantifying Analytic Method

1 当代中国城市发展和空间形态演化的背景及面临的挑战

当今中国城市形态变迁的一个重要表征就是速度快、尺度大、历史肌理和结构的日渐破碎和异质化。相当多的城市形态都发生了城市建成区整体层面上，而不是局部性的改变，而且，跨越了从宏观到微观各个层面的城市尺度。其中，城市街区空间日益严重的异质性和急剧增加的高层建筑对于城市形态的影响尤其具有决定性。

上述城市形态变迁表征的出现与城市化进程息息相关。城市化进程正在深刻影响着城市规划和建筑学的发展。世界上城市和建筑发展大致走过了从"外延规模扩张"到"内涵品质深化"的过程，由于社会背景、政治体制和经济发展水平的差异，世界各国城市化各具自身的特色。如欧美基本上是伴随着市场经济和工业化发展的自然历史过程，从自由放任到政府必要的引导和干预；日本采用的是政府主导型市场经济下的快速集中型城镇化；而第三世界国家则是在工业化基础相对薄弱和政府管理能力不足乃至失控而导致的过度城镇化。

中国城市化进程从 1980 年代起逐渐加快，从 1978—2002 年的 24 年间，年均增长 0.88 个百分点，1980—2000 年 GDP 翻两番。有关研究预测，2001—2020 年 GDP 还将翻两番，预计总体上城镇化平均增速会达到年均 1 个百分点，作为国家支柱产业的建筑行业所面临的挑战史无前例。国家发布的有关数据显示，近五年城市化又有显著的发展，2006 年我国城市总数为 661 个，其中地级及以上城市 287 个。地级及以上城市生产总值由 2002 年的 64292 亿元增加到 132272 亿元，增长 1.1 倍，占全国 GDP 的比重由 2002 年的 53.4% 上升到 2006 年的 63.2%。中国城市化水平从 1980 年的 19% 跃升到 2007 年的 45%，增速是同时期世界平均水平的三倍。

对于中国而言，城市化进程在城市层面上首先需要根据不同的城市功能用地建立具有合理紧凑度的城市结构和空间形态。同时，我国应该摒弃以外延扩张为主要表征的粗放式城市发展模式，并对社会人文层面的城市特色和多样性的发展演进及其与城市经济、人口和物质空间的城市化的均衡协调加以特别关注。仇保兴认为，"紧凑性"和"多样性"已经在一定程度上构成了中国城市可持续发展的核心理念。

事实上，一些具有久远发展历史的城市老城区一般具有较高的城市紧凑度，但有时也会在视觉上受到建筑密度高的影响（亦即建筑密度高但建筑容积率并不高）。而一般城市新区，由于普遍的大广场和宽马路的规划布局，城市紧凑度一般较低。近些年，国内外一些学者纷纷质疑中国历史城市转型改造中的"人文失范"和"尺度失控"问题，其认识首先是从人们对在老城中做"外科手术式"的改造做法的反思而引发的。在许多城市，城市空间的日益无序首先是从老城区开始显现的，如城市旧区街巷格局和结构肌理的消逝、高层建筑布局和形态规划失控等。

就当前而言，中国城市如何去克服粗放型的发展模式，应对超出控制的发展和变化状况，并使其能在地区社会经济、人口、环境和城乡协调可持续发展的框架内良性运作，保护好城市地域的自然和文化特色，是当今中国城市发展建设和形态演化正在经历也是必须面临的重大挑战。

2 大尺度城市空间形态研究——城市设计的新拓展

城市设计对于城市空间形态建构、形成和演变的意义是显而易见的。虽然城市设计从不同的角度有着并不完全的描述和定义，但其涉及大尺度"人类聚居地和四维的形体布局"（如 J. Lang，吴良镛，齐康等）、关注城市各个尺度层面中功能布局、公共空间、社会活动、环境行为和空间形体艺术之间的"关系"（如 A. Rapoport，C. Stein，王建国，卢济威等）的学科属性是公认的。在中国，城市设计又与法定城市规划的策略性相关，这就是城市设计的思想和原则要贯穿到从城市总体规划到详细规划（包括控制性详细规划和修建性详细规划）的各个层面上，是城市规划和建筑项目之间的"桥梁"和"减震器"，故也有学者称之为中国"现代城市规划的三大支柱之一"，只不过有偏于理论层面的描述和强调应用实践操作的指导方法之别。

从世界城市建设历史看，横跨从总体到局部多维规模尺度的城市设计并不多见，即使是 19 世纪的巴黎改建，也主要是集中在以道路系统建设、建立城市地标点为主旨的城市改造上，除中东阿联酋的迪拜等个别城市外，大概还没有哪个国家的城市会像今天中国的城市那么普遍地高速建设和发展。

1960 年代以来，城市形态的度量和尺度控制成为学界关注的重要问题。欧美学者曾经开展了不少相关研究，如美国加州大学伯克利分校的亚历山大教授进行的有关城市形态演化的案例研究、英国学者莫里斯有关前工业时代城市形态的比较研究以及 MVRDV 在《极限》（Farmax）一书中对城市建筑密度有关的研究等。在相对具有应用性意义和较为持续的研究方面，英国剑桥大学的莱斯利·马丁（L.Martin）和列涅尔·马奇（L.March）的研究以及伦敦大学学院比尔·希列尔（Bill Hillier）和朱利安妮·汉森（Julienne Hanson）的研究取得相关成果并产生国际性影响（图 C2-1）。

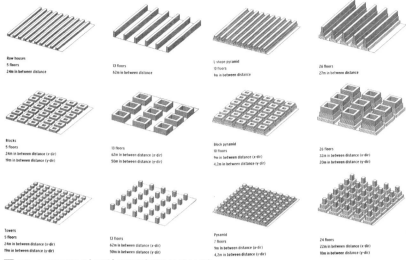

图 C2-1 MVRDV 对三种不同容积率的比较

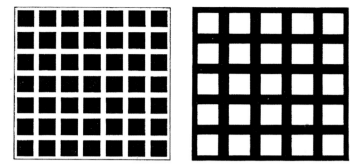

图 C2-2 Martin L 和 March L 对于周边式和亭子式布局的对比

图 C2-3 Martin L 和 March L 对于周边式和亭子式布局的研究

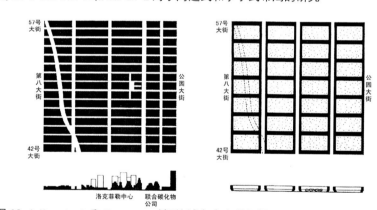

图 C2-4 Martin L 和 March L 对纽约城市中心的假设

1966 年，莱斯利·马丁和列涅尔·马奇就城市街区形态运用数学方法展开研究。长久以来，周边式代表了低容积率的传统城市街区布局，亭子式则代表高度密集的现代城市布局。周边式一直被认为因无法促成较高的密度而不能适应现代城市的需要。但研究结果证明，合理尺度下的周边式街区不仅能够达到亭子式布局的密度，同时比亭子式更能营造出开敞、宜人的空间感受。具体研究方法是：首先在一块方形基地上用亭子式布局排放 49 个锥形体块（体块的形状可以看做是抽象的高层塔楼以及其底层的裙房，这也是城市中最为常见的摩天楼形式）。全部锥形体块底面积总和为基地面积的一半，即建筑覆盖率为 50%。然后将这个三维体块进行反转，使之前的剩余空间与建筑空间对调，得到一种互补的体块形式，这一形式可以看做是变形的周边式布局。此时新的周边式布局的建筑覆盖率仍为 50%。经计算，这种周边式布局的体块在达到与之前亭子式布局相同的建筑面积时（即相同容积率），前者的建筑高度约为后者的三分之一。同时前者所形成的建筑空间和开放空间（即模型中的剩余空间）都相对完整，而亭子式布局中的开放空间比较分散（图 C2-2、图 C2-3）。

莱斯利·马丁和列涅尔·马奇得出的这一结论推翻了人们对于周边式布局无法达到较高容积率的论断。之后他们将这一抽象的模型应用在摩天楼林立的纽约北至 57 号大街，南至 42 号大街，西至第八大街，东至公园大道的中心区域，尝试变换一种布局方式，也得到了与模型吻合的预期结论。虽然这种周边式布局在纽约这个世界商业中心并不适用，而且现今纽约的密度比 1966 年时高出许多，但这种假设提供了一种可能，并且证明了采用周边式布局可以比亭

子式布局更加有效地利用土地（图 C2-4）（Martin and March，1972）。

比尔·希列尔等发明的"空间句法"（Space Syntax）也是一种针对大尺度城市空间形态的研究方法（Hillier，1996）。"空间句法"是一种以空间拓扑结构描述和可见性分析为基础，通过对包括建筑、聚落及景观在内的人居空间结构的可达性或连通性等特征的量化描述，揭示空间形态演变的内在机理，研究空间组织与人类社会之间关系的理论和方法，目前"空间句法"已逐渐深入到对建成环境多种尺度的空间分析研究之中。近年，希列尔等以英国伦

敦为对象，进一步推进了空间句法的应用范围，初步证明了运用空间句法预测从宏观空间策略、城市发展结构、总体规划—地域行动计划、公共空间到建筑物各个层面的动态演变（Movement）的能力。以美国学者迈克尔·巴蒂（Michael Batty）为代表的学者利用 ArcView 软件系统，将空间句法和 GIS 相结合，形成了以空间句法理论为基础的 ArcView GIS 的拓展（Michael et al, 1998），为城市设计者带来了功能更为强大、使用更为便捷的形态分析工具。如我国学者李江等利用空间句法对武汉市城区空间形态进行的定量分析（李江和郭庆胜，2003）；王建国、张愚等在 GIS 技术平台下利用空间句法对浙江桐庐城市空间形态的研究等（张愚和王建国，2004）。

通常，针对局部的形态变化和引导控制，专业人员还能够根据自己的经验和城市设计知识加以驾驭，这也是基于视觉美学原则的传统城市设计的主要工作内容。但是，中国现阶段动辄数平方千米、乃至数十平方千米的城市地区就不是我们能够用常规的城市设计概念、原则和技术方法可以轻易掌控的了。近 20 多年来的许多城市的规划建设实践证明，仅仅靠城市规划的土地利用、功能设施安排对于塑造一座城市的良好空间形态、尤其是城市的特色是远远不够的。近年一些城市开始在控制性详细规划中新增特色意图区和城市设计内容，或是在总体城市设计中增加总体城市设计篇章，城市规划和城市设计的结构性关联有所加强，但是实际效果仍然不尽如人意。如北京国家大剧院的设计，如果从建筑高度、容积率、建筑功能等规划设计要点的角度看，都没有法定规范层面上的问题，但是从城市设计的角度看，大剧院高度简洁和庞大的单一建筑体量对北京紫禁城周边环境引发的"尺度失范"问题是显而易见的。这一点并不是人们通常所担心的大剧院与人民大会堂的协调关系，而是基于城市尺度的考量和评价，如果人们到景山上或者到北海团城桥向南看，就会顷刻清楚"巨无霸"的剧院体量与紫禁城及其周边环境尺度的冲突（图 C2-5）。

因此，在城市规划针对总体性的技术策略前提下，建构针对大尺度城市形态的分析、处置和整合路径以及城市设计技术策略就变得十分紧迫，也成为城市设计学科领域发展开拓中一个关键性的科学问题。

图 C2-5 国家大剧院与中南海的关系

3 基于城市设计的大尺度城市空间形态调控优化技术方法

3.1 基于土地属性认知的城市空间形态相关要素影响模型建构

大尺度城市空间形态相关要素影响模型的建构及其科学评价是研究此类城市设计实施运作的关键一环。其中，城市土地属性的认知又是把握城市空间形态变化特性和规律的基础。

城市发展是一个多因子共存互动的随机过程。城市格局形态的演进蕴涵着多重力量的交互作用，体现城市垂直尺度的高度形态演化也同样如此。美国学者卡洛尔·威利斯曾经对芝加哥与纽约的近代和现代高层建筑形态发展及其分布进行比较研究，并将其差异解释为标准的市场规律（利润最大化的获取）和特定的城市状况（地块的历史格网、地方规章和区划等）共同作用的产物。这一双重因素对于城市高度形态的理解具有较为普遍的指导意义。

中国学者就这一领域同样开展了针对城市形态急剧演化的城市设计应用研究，并且在高层建筑建设发展动态性控制方面取得更加具体的实证研究成果。

早在 1988 年，笔者就在《建筑师》杂志撰文发表了有关城市设计与城市发展动力相关性研究的论文（王建国，1988）。论文指出：在一般意义上，城市形态虽直观上表现为一种显形形态的存在，但本质上却是社会、经济、科学技术和文化等隐形形态的物化载体。城市形态总是受着自然、社会、文化、政治、法规和经济等作用力或因子的影响和制约，而城市形态的演变就是在"自上而下"的人为力（如政治、军事、宗教、文化等）和"自下而上"的自然力（区位、经济、可达性、地域条件等）互动下发生的，是上述诸方面影响因素合力作用的结果。

从土地属性方面看，"自下而上"的力主要在于地块潜在的自然集聚性，它主导着分散建设主体的区位选择和建造强度，地块集聚性具有弹性和动态特征，主要取决于其交通可达性等因子，在综合其他因素后常常外在地体现为土地价格的高低。

"自上而下"的力主要是出于公众利益和整体考虑，对城市发展在总体上的规划、控制和协调，这些因子原则上具有一定的强制性，在城市发展常态下可以间接引导和一定程度上控制城市形态的发展演变。

根据以上论述，我们就可以建立一个有关大尺度城市空间形态相关要素的影响因子模型，实际上就是要建立一个能够表达的"空间共点力系"，以使城市设计选择具有明确针对性的规划过程组织结构和设计方法（图 C2-6）。

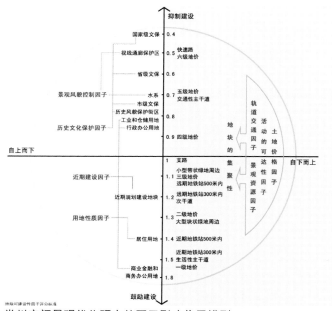

图 C2-6 常州空间景观优化研究的因子影响作用模型

3.2 技术路线建构

（1） 城市空间形态三维抽象建模

首先对所研究的城市进行三维空间形体的抽象电子建模，建议的具体做法为：1—3层建筑为第一等级，4—6层为第二等级，7—9层为第三等级，9层以上根据实际的建筑楼层全部建模表达。这样，根据城市设计研究的需要，我们便获得了一个基于该城市三维空间关系的电子模型。这一模型侧重那些对形态产生认知的主要方面，剔除了冗余的信息，具有一定的概括和抽象性。然后，在项目所确定的研究原则前提下，根据城市规划管理部门确定的路网规划、

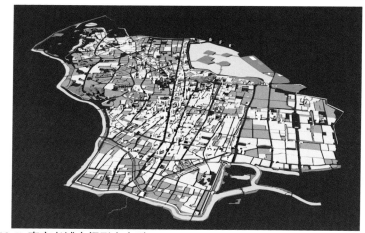

图 C2-7 南京老城空间形态鸟瞰

综合城市总体规划和相关规划的成果，将城市细分为若干地块（街区），以行政区划和主要道路为依据分别编号（图 C2-7）。

（2） 空间形态影响因子建模

城市建设的可能性涉及很多因素，任何单项指标都不能体现整体的状况，且指标彼此间往往存在着信息的重叠和类似。所以，综合评价的第一步、也是关键的一步在于挑选具有代表性、灵敏性、特异性、可靠性的指标，组成综合评价的指标体系。为此我们可以对城市大尺度空间形态的演化建构一个基于"自下而上"和"自上而下"两种力量共同作用的模型，进而决定指标的遴选和选择。

与"自下而上"的力相关的影响因子主要包括步行和公共交通的可达性、城市土地市场价格、城市景观、社会人群空间分布等，经过综合后一般可以外在地体现为土地价格的高低。

"自上而下"的力相关的影响因子主要包括城市总体规划和相关城市设计、历史文化保护、景观和风貌控制、用地功能和近期建设规划等，这些因子代表着政府和专业层面上对城市发展的人为的预期控制，在城市快速发展的历史时期其意义尤为重要。

在具有特定意义的历史城市中，先期编制的"历史文化名城保护规划"也将是具有"一票否决"权的前提性影响因素。如在南京老城空间形态优化调控研究中确定的历史文化、景观、交通、建设潜力、地价等影响因子中，规定历史文物保护紫线及其协调区范围就是高层建筑建设的禁建区。

3.3 数字技术方法应用

为了保证上述建模和分析的科学性，我们尝试运用了地理信息系统（GIS）的数据处理、分析和表述手段，从而为评定和打分结果建立了一个基于 GIS 技术的数据库。

GIS 具有强大的空间地理数据管理和分析功能，并能对分析结果给予直观显示，其基本程序为：

（1） 采用特尔斐法确定评价指标。

（2） 应用 GIS 建立评价各因子的原始数据库，并对各评价因子进行分析和制作专题图，得出每个地块的每项指标分值。

（3） 在 GIS 数据库中应用多因子综合评价的方法求出每个地块的综合评价值，并依据该值的大小进行等级划分，以之作为城市空间形态控制，尤其是高度形态判定可资参考的科学依据。

具体做法是，以所选择城市的街区为基本单位，街区划分按照城市先期已经由政府和技术部门通过和实施的城市规划路网决定，这种划分与城市现状路网稍有出入，主要表达了城市形态发展演进在当下和未来的形态结构调整预期。

然后，分别就城市形态影响因子进行评价和赋值，根据相关数据或分析，将每个评价因子划分为不同等级。各等级中，以对高层建筑建设负面抑制影响力最小或正面促进影响力最大的等级分值为1，其他等级分值根据各自影响力大小的减少，得出研究地块在单项评价因子中的分值。建议的打分原则是：客观为基础，结合部分的主观判断。最后区别等级权重，并将这些因子以适当的权重叠加，形成综合性的评价结果，最后通过 GIS 数据库的处理，表达出具有直观形态的多维 GIS 城市地图，其数值的高低分别代表空间形态集聚上可能的强弱。

4 相关案例研究

2003—2007 年，我们应邀就江苏的南京、常州、无锡（图 C2-8、图 C2-9）和浙江的桐庐等城市开展了基于整合、优化、管控和引导的城市高度形态的研究，其中对高层分布、形态和适建性研究在国内首次综合运用了 GIS 和 Sketch-up 技术，拓展了城市形态分析理论及其与城市设计互动的内涵（王建国，高源，胡明星，2005）。以下以南京老城空间形态优化为例适度展开论述。

南京是世界知名的历史文化名城。南京古城城市设计意匠独特，最突出的是采用了因地制宜、顺应自然的城市整体格局。城墙布局顺应秦淮河自然水系，平面呈多边形蜿蜒起伏，形成多层次的城市景观形态和空间结构。

图 C2-8 无锡总体城市设计容积率引导模型

图 C2-9 无锡总体城市设计高度引导模型

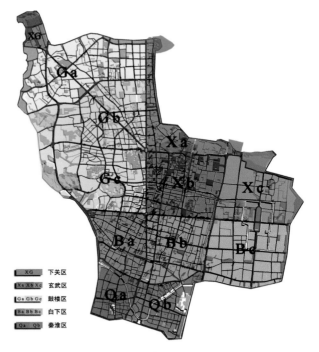

图 C2-10 南京老城规划路网的街区划分

南京迄今仍保存的明代城墙，不仅具有重要的历史遗产价值，而且也是老城区和新城区的领域界定"门槛"。经过多年的建设，南京城市空间形态格局业已发生很大的变化，而其中对空间形态影响显著的首推高层建筑。鉴于高层建筑对老城城市空间产生了相当大的影响（包括尺度、开发强度和视觉影响等），市政府决定并委托笔者开展城市空间形态优化的研究，意在对大尺度城市空间形态的发展演化有一个客观判断和科学认识，使得未来的控制引导成为可能。

在南京案例中，我们采用了以下的研究技术路线和方法：

（1） 将老城圈内约 42km² 范围按照行政区划，分为下关、鼓楼、玄武、白下、秦淮五个区域，每个区域视地块面积大小再分为 1—3 个小区，每个小区内以相关部门提供的最小城市道路网为边界，形成 759 个研究地块并按顺序编号（图 C2-10）。

（2） 通过大量调研和反复分析探讨，建立了一个由历史文化、景观、交通、建设潜力、地价等影响力构成的"空间共点力系"，亦即基于土地属性认知的城市空间形态相关要素影响模型。

（3） 通过 GIS 技术建立各评价因子的原始数据库，并对所确定的影响因子进行单因子等级打分。根据单项因子分值大小划分等级，得出单项因子对高层建设的可行性评价。然后我们再进行多因子综合评价，即在 GIS 数据库中将各单项评价因子分值相乘，得到

图 C2-11 多因子综合评价图

0.00—0.20
0.21—0.40
0.41—0.60
0.61—1.00

高层禁建区
高层严格控制区
高层一般控制区
高层适度发展区

图 C2-12 多因子综合评价基础上局部调整形成的老城空间形态高度管控图

最终评价分值数据。整个数据的分布范围在 0.0—1.0，按等值法将数据分布的范围划分五个等级，0.0—0.20 为第一等级，0.21—0.40 为第二等级，0.41—0.60 为第三等级，0.61—0.80 为第四等级，0.81—1.0 为第五等级，两者合并形成第四等级。地块所在等级越高，高层建筑建设可能性越大，反之越小。

（4）最后，在多因子综合评价图基础上，根据研究整体思路做局部调整，形成南京老城空间形态高度管控分区图，并在图中标示按多因子综合评价确定的高层建筑禁建区、高层建筑严格控制区、高层建筑一般控制区、高层建筑适度发展区及其各自的数字比例，转变成规划建设管理的数字化语言（图 C2-11、图 C2-12）。

该研究成果所建立的城市三维空间电子模型和基于 GIS 技术的数据库成果，是一个针对整体和城市全局的开放性数字平台，它具有可持续优化、便于整体分析、可以结合现有的数字城市技术平台等优点。而以往类似的建筑高度分区大都是在经验基础上，并针对局部地区确定的(如通过视廊、文物保护单位圈层高度控制等途径)，缺少量化依据。同时，研究建立的城市三维立体模型，不仅是本项目研究的基础，而且可以为今后南京城市的建设、尤其是生态和城市格局敏感地区建筑的定点、体量、尺度和空间影响的科学判定提供有效的技术支持，（如可以将特定范围的地块三维电子模型交给专业规划设计人员，让他们在一开始就树立城市整体的概念）。一定程度上，可以有助于改善过去主要依靠领导和专家的经验（如国内很普遍的通过放气球来判断建筑高度的经验性做法）来判断决策的情况。同时，用三维立体方式表达的直观成果，还有助于领导、不同专业人士和公众的参与、理解和评判，为城市政府和规划部门实施建设管理提供了重要的技术支持和决策参考。

5 结论

国内外学术界就城市空间形态属性和控制技术所开展的研究成果加深了人们对城市空间和用地属性的认识，也是本文立论的主要参照。

但是，本文论及的大尺度空间形态研究所针对的是中国现阶段快速城市化进程所带来的城市空间形态日益无序和恶化问题，其关注点以解决实际问题为价值取向。本研究的独特视角在于跳出了城市规划，始终基于城市多维空间形态的分析比较、演化发展和优化调整的研究、借助城市设计的特定技术方法，将城市建设发展中的人的活动及其对空间形态的影响纳入研究对象中。

针对大尺度城市空间形态的数字化城市设计技术方法本身完善

并拓展了现代城市设计专业的方法体系和作业方式，其基于土地属性的形态影响因子模型则揭示了城市形态当代演进动力的本质。同时研究中所采用的形态定量分析方法，有效地改善了以往城市设计多以定性分析为主、定量研究不足的状况。

由于本研究特别关注与中国现行城市规划编制、管理体制和工作内容的衔接，成果易于协调城市建设的调控、引导和管理的技术语言，其数字化的技术表述方式可以与城市建设的管理技术平台有效结合，因而可以更好地使城市设计作为法定规划的一部分和重要的技术支撑，推进城市建设管理的科学化进程。经由这样的衔接，城市设计就可以比以往更加有效地指导中国现阶段面广量大的城市建设，特别是对营造城市的品质内涵和特色可以起到某种决定性的作用。

总之，借助于现代城市设计的学术平台及其与城市规划体系的相关性，研究拓展大尺度城市空间形态的控制引导和优化的基本原理和技术方法，具有重要的前瞻性理论意义和实践应用推广价值。

参考文献

[1] 李江，郭庆胜．2003．基于句法分析的城市空间形态定量研究［J］．武汉大学学报，(4):69-73

[2] 王建国．1988．自上而下，还是自下而上——现代城市设计方法及价值观念的探寻［J］．建筑师，(31):9-14

[3] 王建国，高源，胡明星．2005．基于高层建筑管控的南京老城空间形态优化［J］．城市规划，(1):45-51

[4] 张愚，王建国．2004．再论空间句法［J］．建筑师，(3):33-44

[5] Hillier B.1996.Space is the Machine: A Configurational Theory of Architecture[M].Cambridge: Cambridge University Press

[6] Martin L, March L.1972.Urban Space and Structures[M].Cambridge: Cambridge University Press

[7] Michael B, Martin D, Bin Jiang, et al.1998.GIS AND URBAN DESIGN[EB/OL].http://www.casa.ucl.ac.uk/urbandesifinal.pdf:6

时间 Time | 1988-10

期刊 Journal | 建筑师 The Architect

页码 Page | 9-15

3 自上而下，还是自下而上——现代城市设计方法及价值观的探寻

Top-down or Bottom-up —— Research on Modern Urban Design's Methods and Values

摘要：论文通过城市发展的历史回溯和实证案例，讨论了城市形态和城市设计共生演进的各种动力因素，并将其归类为由政治、法律、宗教信仰等构成的"人为力"和主要受生产力、市场、经济等因素构成的"自然力"。由此，论文建构了针对"自下而上"和"自上而下"两种力系互动关系的城市形态分析途径，同时结合当今中国城市建设现状提出了城市设计在驾驭二种力系作用方面的技术要点。

关键词：城市设计，自下而上，自上而下

Abstract: By means of retrospection of histories and empirical case studies on the development of cities, various dynamic factors that promote the symbiosis and evolution of city forms and urban design are discussed. These factors can be categorized into "man-made agency" that is composed of politics, legislations, religious beliefs, etc and "natural agency" that consisting of such elements as productive forces, market, economy, etc. In doing so, the approaches of the analysis on city forms pertinent to the interaction between two agency systems of both "top-down" and "bottom-up" is constructed in this paper. The technical points in terms of controlling and regulating the two agency systems in urban design are presented according to the status quo of urban construction in contemporary China.

Key Words: Urban Design, Bottom-up, Top-down

城市设计（Urban Design）是二次大战后建筑领域中最敏感和最重要的课题之一，而其关键就在于如何确立一套正确的价值观念和行之有效的方法，重新理解设计者应担负的社会责任。

城市设计的主要目标是改进人们的生存空间的环境质量和生活质量，相对城市规划而言，城市设计较偏重体型的艺术和人的知觉心理，并与形体环境概念相对应。

任何社会、任何国家在改革的总体战略中，一般都包括改善空间质量和生活环境的内容。进入 1980 年代，我国对此日益重视。1986 年，建设部将"城镇建筑环境"列为"七五"重点科研项目；最近，叶如棠部长指出："当前我国建筑师的知识发展和观念发展有一门重要课题是'城市设计'，即把个体建筑向环境设计的更高层次上引申"。这表明，我国城市设计的观念和方法正在酝酿着整体上的突破。

1 "自上而下"和"自下而上"是城市设计中的两类力系

城市设计几乎与城市文明的历史同样悠久。在古代，它与城市规划界限含混。

城市设计总是表现为人为的力（政治、宗教、文化等）和自然的力（生产力、经济等）的互动（齐康，1982）。但一般这两种力作用及效果不会均等，而总是有所偏重，有时还会走到极端。根据这一认识，我们就可把历史上城市设计大致概括成两种价值取向和方法不同的类型，即"自上而下"和"自下而上"。

所谓"自下而上"，是指主要按"自然的力"作用，遵循生物有机体的生长原则，通过若干个体的意象多年累积叠合来设计城镇的方法。其特点是：一般较少有人为的、统一的规划观念影响，而以功能合理、自给自足、适应经济和地域条件为准绳。

这种方法常出现在所谓的"礼俗社会"中，这里有着"亲密无间、与世隔绝、排外的共同生活"，所有社会成员用共同语言和传统维系在一起，并有大致相同的价值观念，在一个不太大的文化辐射圈晕，形成人与人、人与社会的相互作用，一般这种方法较适合于农业社会自然经济模式下的城镇建设，其城镇形态表现为不同年代、不同风格的建筑并存共生，是一种典型的"修修补补的渐进主义"（Disjointed Incrementalism）作用的结果。

这种设计方法与农业社会特有的经验型文化传承机制有关。如果某种基于功利的营造方式一旦证明是有效的，工匠就会有一种成功的意识，"他就会有一双决不愿抛弃的手、眼和脑的协调格式，并乐于向下一代传授这些秘密"（Broadbent et al，1978）。相对而言，这种方法常能自发调整并满足人的需求和特定地域之间的谐调关系，使城镇形态在比较长的时间跨度内保持相对稳定的渐变。

"自上而下"则主要指按人为的力作用，按某一阶层甚至个人的意愿和理想模式来设计建设城镇的方法。通常它以一种法定的规划准则使其实施。如果说"自下而上"方法用的是一种非正式的控制手段——居民遵奉的共同道德准则、自然经济法则、社俗，那"自上而下"方法则用了一种正式的控制手段——政治、法律、宗教信仰等，它是一种属于所谓"法理社会"的设计方法。

这种方法特点是：有一套反映统治阶层生活理想的"最终境界"。政治和宗教的功能常是驾驭这种设计的主导因素，而经济功能则次之。其理想模式对于社会生产力发展的调整、变更常常是被动的，迫不得已的。历史上许多都城建设体现了这种方法，因其建设常可举全国之力以奉之，故规模一般较大，按设计思想一次形成的几率也较大。

用这种方法建造的城镇形态较注重整体性，平面布局规则，路网整齐、有利土地丈量和分配。通常，统治机构位于核心地段，成为全城高度、体量和艺术处理的高潮，反映出严格的等级制观念，如我国的"营国制度"和"城郭之制"的设计思想。

比较而言，"自下而上"的城市设计过程近乎一种行为主义的方法，特征是在联想、重复和频率的作用或接近性的基础上寻求连续性。这些城市是从人们自由聚居形成自由城市（Free City）开始的，其增长形式是不规则的，对人习惯的改变是敏感的，因而是动态的，在价值观上这一方法显然比较偏情。"自上而下"城市设计过程则近乎格式塔心理学方法，它着重体现社会组织的特点和社会结构的要求，并为它们所制约。因其常是少数人制定标准而要求多数人执行，故更多地体现了理性和秩序观念。

可以说，"自上而下"方法在实施中呈现为一种"形态决定论"（Physical Determinism）的过程，而"自下而上"方法则呈现为一种多因子共同作用、相互关联、互为制约的随机过程（Stochastic Process）。这是两种方法在深层意念上的歧义所在。

2 两种力系在城市建设史上的表现与互动

虽然我们今天所见到的城镇形态多半是上述两种方法交替作用的叠合结果，但历史上这些城镇的最初形成却总是带有某一种主导力作用的明确标记。

在史前人类聚居地形成的最初过程中，由于生存需要，"自下而上"设计方法曾经是唯一的途径。如古埃及城镇都是沿着河道发展而来的，并且按人们喜欢的风向、位置、海岸走向修建他们的城镇。

但几乎同时，"自上而下"设计方法就萌生了，因缺乏科学知识，原始宗教便成了当时的主导文化形式，如古埃及盛行的占卜决定规划的平面方法和古伊朗第一座都城埃克巴塔那的设计是"自上而下"方法使用的一些最早实例（Encyclopedea Britannica，1982）。

希腊文明形成之前，古代欧洲较缺乏城市设计的完整模式和系统理论。希波丹姆斯所做的米利都城重建设计，在西方率先采用了十字格网的街道系统（Gridiron System），被公认是城市设计和规划理论的起点，但方格网强加在位于丘陵地区的米利都，使许多道路不得不采用九量踏步，故其给后世的"示范意义"大于当时的实用意义（Eisner and Gallion，1982）。

中世纪城市规模比希腊和罗马时代缩小了，由于城邦国家的经济力量有限，加之不时的军事干扰，所以中世纪城市设计没有超自然的神奇色彩和象征概念，不是按统一的设计意图建设的。其城镇形态总体上是通过"自下而上"途径形成的（个别殖民城市除外）。布局自然，注重生活，并有美学上的快感，故有人称之为"如画的城镇"（Picturesque Town）（Gallion and Eisner，1982）。

自文艺复兴始，城市设计思想愈来愈注重科学性，阿尔伯蒂的

"理想城市的设计"（Ideal Cites）兼顾了使用便利和美观要求，奠定了后世城市设计正确的思想基础。但因缺乏坚挺的政治和经济基础，故多停留在理论和图纸上。

由于欧洲古代社会经济结构的特点，城邦制及市民意识较强的缘故，其城市设计实践大多走了"自下而上"的道路。

进入近现代的城市设计领域产生了深刻变化，其主要特征是，"自上而下"方法逐渐成为主流，进而一度控制了整个西方世界的城市设计领域。人们在工业革命后城市急剧膨胀、环境质量下降的历史事实面前，认识到规划是城市良性发展必要的控制手段，也许只有通过整体的形体规划总图（Master Plan）才能解脱城市发展中的困境，以总体的可见形体的环境来影响社会、经济和文化活动构成了这一时期城市设计的价值观念，这仍是一种"形体决定论"。

从欧斯曼的巴黎改建规划、霍华德的"花园城市"，直到柯布西埃的"现代城市"和赖特的"广亩城市"，继续反映了自古以来"自上而下"设计观念中对理想模式的追求。昌迪加尔、巴西利亚等新城的设计建成标志着这种总图思想的整体物质实现，但其对居民生活环境的内聚力和动态演进的城市发展等特点考虑不足，不少人批评这些设计"是把一种陌生的体型强加到有生命的社会之上"。

现代城市规划和城市设计自盖迪斯（Parrik Geddes）起开始分家，城市规划由于重理性、综合性和整体性成了调节、协调并帮助城市发展的有力手段，它融合了发展经济的目的，并以宏观性、政策性、二度化的表达作为特征。而城市设计相对重情感因素，注重实际感知环境，它变成了协调规划和单体设计的"兴奋人心的社会艺术"。

针对总图思想的不足，人们开始对精神需求和城市生活特色进行新的探寻，特别是本世纪中叶以来，各种理论和方法纷纷应运而生，构成了现代城市设计多元并存的局面。

从西特（Camillo Sitte）对中世纪城市的首肯开始，经吉伯德（Gibberd）、林奇（Lynch）、纽曼（Newman）、雅各布斯（Jacobs）、希列尔（Hillier）、文丘里（Venturi）直到亚历山大（Alexander）主张发展一种由许多亚文化群构成的城市环境止，勾画出现代城市设计反理性规范思潮的发展梗概，它表明设计者和理论家对"人"的意识的重新觉醒和重视。这种主张"渐进主义"的设计思想与总图决定城市设计思想针锋相对。70年代后，经过总结经验教训，人们开始认识到这两种方法有机结合的重要性。"公众参与"（Public Participation）和重视社会价值观的"倡导性规划"（Advocacy Planning）的问世，标志着城市规划设计从理想到现实、主观到客观、一元到多元迈出了决定性的一步。

概括起来，可以这样说，近现代的历史变革——工业革命与城市发展历史性碰撞的形势决定了"自上而下"城市设计的控制性的主题；而日益偏离人的情感世界的高度技术化的世界新形势决定了"自下而上"城市设计中"历史文化"和"人性"再现的主题。

3 我国城市设计方法探索

我国城市建筑史有着与西方不同的显著特点，这就是"自上而下"设计观念在古代一直居于主导地位。

早在公元前11世纪，我国城市设计就已形成一套较完整的、为政治目的服务的"营国制度"，并且作为一种反映尊卑上下秩序和大一统思想的理想城市模式，深深影响并铭刻在以后历代城市设计的实践中，虽有经常的继承发展，但却始终万变不离其宗。

进入近现代的中国，城市建设开始出现变异，两极分化现象明显。少数城市（多数是殖民地城市）在严格的规划思想控制下实现了，但多数城市建设是畸形的。总体上看，我国近现代城市建设呈无政府状态。比较而言，我国古代城市设计实践处在一个"过量规范"（Overcoding）时期，而我国近现代的城市设计实践则处在一个"规范解体"（Decoding）时期。

新中国是直接从农业社会脱胎而来的。多年来，我国对城市建设的宏观与微观因有机统一的认识比较模糊，在设计中，不仅在建筑标准上走了极端，而且常各自为政，忽视群体艺术和环境概念，许多城市属"无规划自由发展型"（Luwis），类似西方工业革命初期的城市建设，但这却是有经验教训的。历史留给我们许多迫切需要解决的重大城市建设课题，城市设计就是其中最突出之一。

十一届三中全会以来，城市化的洪流以全方位的态势冲决了传统价值观念筑成的堤坝，横溢到城市建设的各个层面。新时期、新要求，客观上需要有一种相应的方法，需要一种新的观念意识，使人们与现实要求保持平衡、和谐。我们今天已处在一个城市设计"规范重组"（Recoding）时期，"重组"规范就意味着要"重组"价值系统和方法论，就意味着要建立一套新的理论假设并验证之。

根据系统论观点，整个城市建设就可看做是一个多级递阶系统，城市设计是城市总体规划的子系统，而建筑设计则又是城市设计的子系统。通常，一个多级递阶系统的"两头"失调比较严重，城市设计实质上就是调节"两头"的中间环节，或中间层次。城市设计既可帮助总体规划物化，又可使建筑设计有序，从而使城市建设的各级系统实现动态平衡的整合。缺少这个环节，城市建设就会走向紊乱、无序，缺乏这一认识是我国城市建设存在问题的症结所在。

城市是一个有机体，它会新陈代谢、兴亡盛衰。人们今天寻求的是一个多元多价的、充满文化内涵的，同时又富有人情味的生活环境。因此，城市设计目标就不可能是一个静态的理想模式。我们的观念和价值就不应是封闭的、一成不变的。理想的城市不是某个固定的目标，而是一个动态开放的意象终极。它随经济、技术、文化、心理的发展不断充实、调整、演进。城市总图的制定及其相应的城市设计同样也就必须富有弹性，易于发展变化。某种意义上讲，除空间的几何量度外，城市设计的一切都是变量。目前已有运用"多步完善式"（Evolutionary）和"自助式"（Selfaid）设计方法来体现现代城市设计的开放价值观念。

与传统社会不同，现代城市的居民构成极为复杂。不同职业、不同阶层、不同文化程度的人即使在同一时代对城市设计也会有不同的侧重和理解，他们的意象常纵横交错，有时甚至完全对立。因此，我们今天有必要建立一个包容性强并且是"公开化"的城市设计过程，使各种意象、观点能合理综合、萃取共性、兼顾个性，同时使跨学科合作成为可能。这种"公开化"设计过程实质上就是"自上而下"和"自下而上"有机整合的过程。有必要改革目前我国城市建设少数人（甚至个别人）说了算的体制（作为事实，这是我国农业社会设计观念在现代的延伸），同时也应从方法论上借鉴国外"公众参与"和"倡导性规划"的不少有益经验。

对人的价值取向决定了城市设计的本质。城市是人类共享物质与精神文化、社会环境相互作用的场所。现代城市设计就是要按照人的心理和行为特点，为现代的人及其和谐共存提供良好舒适的空间环境。目前城市步行街区的勃兴发展就是"人"的主题的具体物化。我国城市建设有明显的偏重经济合理性，忽视情感合理性的倾向，这与其他第三世界国家情况类似，虽有其存在的现实背景，但无疑只是权宜之计，现代主义就是在见物不见人的问题上失落的。我们今天应引以为训。

城市设计以环境建设具体化和视觉化为其特征。今天人们已经普遍放弃了乌托邦的幻想，而代之以更为切实可行的理论和方法。脱离实际的理论和设计不能解决我国现实的迫切需要。城市设计的实施既是一个技术性过程，又是一个政治干预过程，它往往涉及比单体建筑更为复杂和广泛的社会、经济、文化和心理的背景。土地问题、社会心理、投资、景观、交通、基础设施、收益与代价等等都需要城市设计者应有整体而现实的眼光，才能确保实践活动的顺利开展。城市设计中控制与放任是一对矛盾。在我国，目前最关键的是需要进行灵活而适度的控制。城市设计应给建筑设计提供一定的自由度前提和三度空间轮廓，但绝不可僵硬教条，过多的人工斧凿不易创造出自然谐调的形体环境。采用城市设计的双向调节将有利于设计者创造一个高效的，同时又充满魅力的环境。

城市设计具有鲜明的地域文化特色和民族传统。它既有时代性，又有历史和文化的延续性。城镇发展是一种多元文化并存融合的过程，其形态是共生的，它需要设计者对原有建筑文化的理解和尊重，每个民族、每个国家都有自身独特的行为模式、心理特点和实践活动，因而构成多元的人类世界。当今许多较弱的地域传统文化极易被"现代化"的潮流吞噬、同化，"高技术"和"高情感"并存的重要性已为越来越多的人所觉悟。我国城市建设已出现不少文化失调和肤浅的现象，只有空间而没有时间，只有物性而没有人性的环境是没有生命力的。国外不少新城建设不尽如人意就是明证。一句话，我们今天尊重、保护和抢救历史文化遗产、研究如何体现中国特色，正确处理文化的"延续"（Continuity）和"断裂"（Break）的相互关系已成为今天城市设计的当务之急。

综上所述，今天全世界的城市设计领域都正处在矛盾和激变阶段。但总的发展趋势已经明朗，这就是多元、动态、开放和系统的城市设计价值取向日益成为主流；"自上而下"和"自下而上"的方法在新的历史条件下有机交织和灵活运用成为现代城市设计方法的主要探求目标和特征。我深信，这同样是我国今后城市设计最有希望的价值取向。

城市设计——这一新的领域摆到了我们面前，需要我们去开拓、探索，如果你不寻求解决问题的方法，那么你本身就将成为问题的一部分。

参考文献
[1] 齐康．1982．城市的形态［J］．南京工学院学报，(3):14-27
[2] Broadbent T R, Woolf R M. 1978. Trends in Plastic Surgery in the United State[J]. Ann Plast Surg,1(3):249-251.
[3] Eisner S,Gallion A,Stanley E.1982.The Urban Pattern[M]. New York:John Wiley & Sons Inc
[4] Encyclopedea Britannica.1982.Yearbook of Science & the Future[M].Chicago:Encyclopedea Britannica

4 筚路蓝缕，乱中寻序——中国古代城市的研究方法

Enduring Hardships in the Pioneer Work to Identify Orders in Chaos — Research Methods of the Ancient Chinese City

时间
Time | 1990-07

期刊 | 建筑学报
Journal | Architectural Journal

页码 | 1-10
Page

摘要：中国古代城市向为建筑史学研究的一个重点和难点。论文通过考察古代城市和古代建筑在认知研究上的异同和中西方作为城市研究基本素材的地图的差异，并受到历史学和考古学研究方法的启发，阐述了中国古代城市研究中需要解决的科学问题，初步建构了基于"型"、"类"和"期"的古代城市类型学研究方法。

关键词：城市，类型学

Abstract: Chinese ancient cities have always been one of the focus and difficulty issues in the research of architectural history. This paper examines the similarities and differences between ancient cities and ancient buildings in terms of cognitive studies as well as the differentiations between the East and the West in terms of maps as the basic materials for the research on cities. Inspired by the research methods of history and archeology, this paper illustrates the scientific issues that need to be solved in the research of ancient Chinese cities, establishing preliminary research methods of typology of ancient cities based on "prototype", "type" and "stage".

Key Words: City, Typology

中国古代城市一向是建筑史学研究的一个重点，也是一个难点。说其是重点，是因为城市为其他建筑门类提供了实存的空间背景和文脉联系；说其是难点，是因为城市整体的驾驭和洞悉比其他一般建筑更需要有一套比较完备而行之有效的分析工具和方法。

1 古代城市研究与古代建筑研究的差异

相比城市客体而言，古代的宫殿、庙宇、陵墓抑或园林在今天大都可明确归属于"文物建筑"的范畴，其概念和价值较易限定，也比较准确，因而常具有静态特征。一般来说，除个别例外，这些"文物建筑"在古代都有一个相对较短的建造时限和相对限定了的时空条件，随着社会的发展，时过境迁，更年易代，这些建筑有些坍塌颓败甚至荡然无存，而有些则经历了一个原先功能衰微消逝的过程而相对凝冻起来，成为下一个时代"纯粹的"历史遗存。

城市则不然，绝大多数城市乃是经历一个相当长的时间跨度累积渐进的产物。现代城市研究的成果证明，城市作为一种历史现象，各个时代的人为影响和物质印痕都在这一历史现象中积聚、交织并且互相更替。城市永远面临着新生与消亡、保留与淘汰的双重抉择，新生与衰微的社会之间和不同的建设概念之间的冲突和互补，构成了城市发展的原动力。那种在短时间内集中人力、财力和物力建设起来的城市是为数极少的，它们不能说明古代城市的主导运动轨迹和历史发展过程。因此，城市客体的本质特征是动态性，它具有如同生物有机体那样的新陈代谢现象和物质形态的"合生"（Accretion）"拼贴"（Collage）性质。

通常情况下，即使外部时空条件改变了，城市也总是以一个平缓的过程逐步去适应，一般不会发生沧海桑田式的突变，只会渐变，或者趋于衰退、消亡，或者逐渐走向壮大、强盛。事实说明，城市结构具有相当的稳定性和凝聚力，哪怕城市界内的建筑物和空间已经全然改变。正如桢文彦所指出："城市的结构与单体建筑不同，它的构图形态更富于传统性和习惯性……在很多情况下，无论其表层变化多么强烈，但其深层结构却顽固地抵抗着"（桢文彦，1988）。同时，城市界内的部分与部分，及其物质构成因素之间也都存在建造条件和时空背景的差异，这无疑构成了城市较一般古建筑所具有的更为斑斓多彩、纷繁莫测的表层征象，可以说，完全均质的城市是不存在的。这就造成了一种现象，我们可以在今天对一幢或一组全然以历史面貌出现的建筑进行分析研究，但却只能在今天实存的城市现状中来研究它的历史形态，即是说，建筑可以做到是"原装的"，而城市只可能是"组装"甚或"重袭的"时间叠合

产物。因此，必须要有一套相应的分析手段和研究方法。

其次，城市的范围和规模比一般"文物建筑"对象大得多，建筑功能通常较为单一，概念也较易限定，而城市则是一个多功能、复合的动态演化的实体，研究者可以运用比较常规的方法，在较短的时间中去认知、理解建筑客体外显的物质、风格、材料和技术等特征。而对城市就不行，我们只能在城市的某一局部来体验、理解城市，同时需结合社会学、地理学、经济学和历史学的研究，其认识需要经过一种格式塔式的叠加处理程序。作为人与社会互动的生存场所，有时一生也未必能完全理解自己所在的城市。特别是追溯研究远古城市时，它是一种"心理的、而非物质的武器"（Lynch，1981）。虽然无论是文物建筑，抑或是城市都可从肉眼实际感知，但城市所包含的信息量之大、之多、之复杂常会使研究者精神超载，难以驾驭。

因而，研究城市比研究建筑更需要借助于某种方法来作为入门的钥匙并有效地缩短认识周期，唯此，才能既楔入城市中做由内向外的观照，又能跳到比单个城市更为广阔的区域背景层次上达到高屋建瓴式的领悟。

2 我国当前古代城市研究之窘困

迄今为止，我国古代城市研究方法尚十分匮缺，以致进一步研究的深入举步维艰。

一方面，我国古代有关城市建设的历史记载、文字资料和图录支离破碎，准确性很差，而且带有强烈的社会伦理色彩，主观意识浓厚。因工作需要，笔者近几年曾收集了部分方志中的城镇平面图和山川形势图。用今天眼光看，这些插图之原始、之不准确十分惊人，连示意图都不够格。作为城镇形态史实记载的地图，其特征应是客观的、数学的、非个人的和精确的，它们至少应具备三个条件：一是外形轮廓确切，二是相对位置确切，三是比例尺度确切。而事实上，我国古代除极少数地图曾用过矩形网格制图法外，大多数地方志中的城镇地图都不具备此三个条件，有时甚至是纯山水画形式出现的视觉陈述，画法几何和透视法不发达是其主要原因。用这种地图加上常常是含糊其辞的文字来说明古人的城市意象尚可，但据此作精确定量研究就很困难。欧洲在文艺复兴后，便广泛运用托勒密的定量制图法，已经具备现代地图的主要特点和科学性。莫里斯（Morris，1979）所著《城市形态史》中记载了上百个欧美城市的发展历史，其最重要的第一手材料就是他所收集的西方许多城市的古代地图。同时，古代城市研究是一个整体，城市的综合性决定了

其研究途径必须要融合汲取经济学、社会学、考古学和人类学等相关学科的研究成果。如美籍著名学者张光直教授综合运用了文化生态学和聚落考古学的方法研究中国夏、商、周三代的城邑获得成功（张光直，1983），而这一点我国目前做得还很不够。

另一方面，我国古代城市研究笼罩着一个强烈的认识论前提，即认为，考工记营国制度一统中国古代数千年的城市规划建设。这一定论作为研究的一家之说无可厚非，不过，以此概括几千年城市发展显得比较武断。事实上，目前我国古代城市研究尚局限在都城及部分州府城，还远没有足够的城镇案例作为此定论的实证依据。当然，这并非说营国制度对古代城市建设没有影响或影响很小，而是说，城市这样一个社会、文化、经济和生活的复合物质载体，其建设影响因素和作用力同样是复合的，不光是依据某种人为规范，"自上而下"进行规划建设。即使在同一个城市，历史上不同发展时期的建设意匠和构思也是差别巨大的，简言之，中国古代城市建设决非某种单一因素的决定物，崇尚因地制宜的建城学说也曾对古代城市建设产生过重大影响。至于宋代以后出现的商业城镇（如明清时期江南小城镇的崛起）更是典型的"自下而上"生长发展的产物，它们与自然条件和区域经济背景有着比政治文化更为密切的关系，笔者曾就江苏常熟市的案例分析论述了"渐进主义"（Incrementalism）模式在古代城市建设中的作用。

从研究视野和方法看，一位研究者不花气力地轻易搬套别人的结论作为自己认识的预设框架是危险的。这种简单化的研究探寻方法极易导致草率的结论，而掩盖真正有个性价值的创见，致使本质上是突破创新的史学研究僵化。反观发达国家的城市建设史研究，学派林立，众说并存，如 Nolli 的地图分析法、Lynch 的规范模式论、Rapoport 的文化生态分析法、Van Eyck 的场所分析理论等。当然，上述每一种视野和研究方法都有自身不可避免的"盲点"，但之所以存在且有人拥护，必然有其内在合理的一面。而诸家学说的竞争并存局面，正是城市研究繁荣深化的必要条件，我国目前古代城市研究已有明显的单一化趋势，因此，许多基础工作必须从头做起，而首先就是要摆脱预成论的桎梏，迈向方法和视野的多元化。

我国目前正值城市化高潮阶段，城市物质建设正在经历一场亘古未有的巨大变化，但是我们应该看到，在没有真正认识、理解历史上城市的价值和作用的情况下，城市建设的速度越快则对城市威胁越大，就越容易将历史上城市设计和建设的精华部分连同坏死和不适应部分一起抛弃。从可行性分析，我国古代城市物质形态的真正脱胎换骨和大规模扩张是在近现代经济关系和生产方式发生改变之后开始的，目前进行研究尚可能在现存城市形态结构中探寻到一些历史线索（当然不同城市之间有差别），比如通过建筑遗存，老人回忆，地名、方言以及历史上建设留下的各种物质印痕和文化生活形态等。而一旦这些线索完全中断，不复存在，那么如前述，仅凭文献记载和历史地图来研究它就相当困难了，这正是研究中国古代城市最主要的窘困所在。

因此，当前加强对中国古代城市的研究已经刻不容缓。

3 古代城市研究的特点及其类型学分析方法

在不是非常严格的意义上，我们可以认为，城市就是一个有机体。著名城市史家芒福德（Lewis Mumford）曾指出"城市结构的一些发展过程，恰与各种有机体发展进化的不同阶段极相类似"。20 世纪的霍华德（E. Howard）、盖迪斯（P. Geddes）、怀特（H. Wright）等都是城市有机论的推崇者，这种思想在今天已经成为一种"公认的"形态价值理想（Lynch，1981）。这里，我们不妨通过类比来具体阐述城市这个有机体的研究特点。

如果把一座城市比做一棵大树，其中的重要公共建筑就可比做大树的枝桠，一般大量性建筑则是其树叶。树主干横截面上的年轮记载着这棵大树的生长年龄和盛衰，城市各个时期建成区的变化和增长方向之形态地图的叠合则构成了这座城市的"年轮"，它同样镌刻着其历史形态的衰荣和时空条件的影响。在生长过程中，树叶很容易脱落，尔后又长出新叶，枝桠就相对稳定一些，但如毁坏或攀折（如会昌灭法，捣毁佛寺，开国君主烧毁前代宫殿），主干上仍有重新生长出来的可能，然而，一旦主干遭砍伐，再生就很困难，即是说，如果城市的整体结构破坏了，就可能是一个不可逆的过程。

从研究角度看，观察树叶和枝桠的生长形态和质量比较直观、容易。主干要看出短时间的变化就不容易，而要真正认识这棵大树的生长机制和特质，则必须设法透过外观的征象深入到主干内部，对生长年轮及其不同时期、不同外界条件在年轮中留下的作用印痕进行研究。唯此，我们才有可能去把握它的过去，尔后，以此为基础再行推论那些人们早已淡忘的，或者是当代人根本无法形象地感知的种种历史形态。笔者认为，这一类比可以比较直观，同时也比较确切地说明研究古代城市的方法论特点。

根据国外研究成果，与城市建设有关的变量多达 97 个，举其要者亦有 20 个。因而具体研究一座城市仍有删繁就简、选择主导变量的问题，这也是许多学者一向感到难治之处。于是，他们便常常借用社会发展的线性模式作为认识的框架，长于编年表，而对各影响因素之间的主次关系和隶属关系未得到满意的研究结论。但如果深究一座城市的历史演化过程的形态特点，我们发现它总是可由"型"（Prototype）、"类"（Type）和"期"（Period）三个基本变量来概括地诠释。因此，笔者认为，建立一个理论上自律、应用上可行的，同时包含这三个变量的多级分类框架，就有可能深化我们对古代城市研究的认识。

所谓"型"，是一种较高层次的，隶属城市建设方法论和哲理范畴的变量。这里主要指古代城市发展和建设过程中的人的主导价值取向和文化隐喻。它既可来自人类生来具有的生存本能需要及其与特定地域和文化环境交织的结果，也可以是人们对城市本质逐步形成科学认识的阶段性产物。

大致上，历史上城市的"型"有三类。

第一种，纯粹"自上而下"的"整体受控型"。这是一种由少数统治者、精英阶层或相对一致的社区群体意识和价值理想决定的"型"。例如我国古代、古印度、玛雅文化的一些君主都曾把自己的城市看做是宇宙的缩影，并据此建设起一些高度整体、统一的城市，实例有元大都、华盛顿、新德里、震后新唐山等。

第二种则是由若干个体的城市建设意向和活动叠合所构成的"自由放任型"。它常反映为随机、拓扑的物质形态，我国农业社会和欧洲中世纪的自由城市（Free City）和商业城市都属这一"型"。

第三种则是历史上一些城市的发展演化交替受到了"整体受控"和"自由放任"两种设计价值取向的作用，有时在一个时期中两者同时存在。我国的历史城镇在经历近现代一系列建设活动时大体上都属这种"型"，我们把这种"型"定义为"控制—放任叠合型"。

"类"，《辞海》指"按照事物的共同性质、特点而形成的类别"。这里的城市类别是以形态结构的显性特征或对评价城市有决定性作用的定量和定性结论为依据的。具体分析还可分内、外两个层次：城市职能、规模、区域位置和用地结构类别属于后者，多属城市规划和地理学范畴；城市内部空间结构和形式的类析则属于前者，这常是城市设计和建筑学的对象。如硬质空间和柔性空间的分类（Hard Space和Soft Space）、图形与背景类析法（Figure-Ground Analysis）和形态—类型学分析（Morpho-type Analysis）。

"期"的概念简单地说，就是指一定的城市形态或建设活动在历史发展过程中的时段归属。它决定了时间维度，研究古代城市，特别是进行比较分析时，时间概念是一个至关重要的关键变量，否则将失去准确性和可比性。

"期"的划分标准并没有普遍一致的公允结论，经济学、政治学等都有自己的时段划分标准，研究时一定要抓住我国古代城市发展独有的规律和特征。大体上，我国城市发展有六个时段：第一时段，夏、商、周三代的城邑；第二时段从西周到北宋；第三时段从宋到清末；第四时段从鸦片战争到全国解放；第五时段从解放到十一届三中全会召开（1979年）；第六时段从十一届三中全会始直到今天。

至此，我们按照上述"型"、"类"和"期"三个基本变量的类型学意义，就可找寻任何一个古代城市客体，所归属的时空坐标。

在这个基础上，我们还可将不同地区、不同时代、不同"型"和"类"的城市放在一起进行纵横两方面的比较，进而考察它们之间的相互联系，或更深一层，探寻一种规划设计模式或传统的分布影响圈、流向轨迹、中心点及其传播和城市发展变异的规律。经逐级的分析研究，我们就可获得更为具体的认识，将上述结论进行梳理归纳，并用一定的术语来描述，最终使研究成果获得了理论意义。

4 几点认识

（1）对于古代城市研究，运用结构主义理论和实证方法可使我们深受其益。建立深层结构—浅表结构的层次关系，大大澄清了我们的思维逻辑，而这种思维又必须建立在坚实的案例研究基础上。

（2）从学科建设角度看，我国古代的"自下而上"的城市（镇）研究分支亟待补阙。根据"型"、"类"和"期"的分析框架，我们很容易察见，中国古代城市的历史形态具有多样性，不能将"大一统"思想对城市的影响作用过分夸大，城市毕竟是一个多重复合的实体，其存在既有主观逻辑，但又有自然规律的作用。

（3）城市的本质是运动发展，所以不仅要着眼于研究单个城市的静止状态（布局、道路结构、城市空间等），更要研究它的形态演化意义及其区域性外部联系。

（4）目前我国古代城市研究还远远未达到完美成熟，故应杜绝先入为主、浅尝辄止的研究捷径，提倡多元方法，其成果可互为参照、补充。在这个意义上讲，此文对我国古代城市研究问题的反思和类型学分析方法的构建本身就是这种多元视野中的一支，这也正是本文的撰写初衷。

参考文献
[1] 张光直.1983.中国青铜时代[M].北京：三联书店
[2] 桢文彦.1988.朦胧的城市[J].张在元，译.世界建筑，(4)
[3] Morris A E J.1979.History of Urban Form[M].2nd ed. New York: John Wiley & Sons Inc
[4] Lynch K.1981.A Theory of Good City Form[M].Cambridge:The MIT Press

时间
Time | 1997-07

期刊 | 建筑学报
Journal | Architectural Journal

页码 | 8-12
Page

5 生态原则与绿色城市设计
Ecological Principle and Green Urban Design

摘要：针对当今世界城镇建筑环境建设的突出问题，本文从发展观的视角，剖析了现代城市设计发展三个阶段的价值观念演变特点；系统论述了绿色城市设计的概念、对象和内容；探讨了城市建设中实施贯彻整体优先和生态优先准则的绿色城市设计的紧迫性和必要性。

关键词：城市设计，可持续发展，生态学，建筑环境

Abstract: Focused on the typical problems concerning urban physical environment in the world, this paper analyses the value system and evolutional characteristics of modern urban design in three periods from the angle of development. The paper also expounds the basic concepts, objects and contents of green urban design, and probes into the urgency and necessity for carrying on the green urban design with the norms of global priority and ecological priority.

Key Words: Urban Design, Sustainable Development, Ecology, Physical Environment

1 引言

当今世界，人类生存、发展与全球的环境问题愈演愈烈。人口激增、资源锐减、生态失衡、环境破坏，几乎到了一触即发的程度。在严峻的现实面前，人们不得不重新审视和评判我们现时正奉为信条的城市发展观和价值系统。许多有识之士逐渐认识到，人类本身是自然系统的一部分，它与其支撑的环境休戚相关。在城市发展和建设过程中，我们今天必须优先考虑生态环境问题，并将其置于与经济和社会发展同等重要的地位上；同时，还要进一步高瞻远瞩、通盘考虑有限资源的合理利用问题，即不仅考虑满足当代人的需求，更要为子孙后代考虑对环境资源和利用的需求，这就是 1992 年联合国环境和发展大会"里约热内卢宣言"提出的"可持续发展"（Sustainable Development）思想的基本内涵。可以说，这一全新的发展观是基于人类自身遭受了重大的环境创伤而提出的，因而本身具有浓郁的悲怆意味。

作为城镇建设学科之一的现代城市设计，源自工业革命后人们对解决城镇建筑环境质量问题的客观需求。到 1960 年代，逐渐深入到更为广泛的空间环境品质的改善以及与技术迅猛发展相对峙的人文重建方面。1970 年代以来，作为现代城市设计的延伸，城市设计学科根据全球环境变迁开始更多地考虑了与自然环境的相关性，并探索新一代的、基于整体和环境优先的城市设计思想和方法，笔者这里将其称之为"绿色城市设计"（Green Urban Design）。许多学者和专家的著述为此作出了开拓性的贡献。其中，麦克哈格的《设计结合自然》（*Design With Nature*，1969 年）；罗马俱乐部的《增长的极限》（*The Limits to Growth*，1972 年）；西蒙兹的《大地景观》（*Earthscape*，1978 年）；荷夫的《城市形态和自然过程》（*City Form and Natural Process*，1984 年）；以及更早些时发表的卡逊的《寂静的春天》（*Silient Spring*，1962 年）和鲁道夫斯基的《没有建筑师的建筑》（*Architecture Without Architects*，1964 年）都对城市设计价值取向和概念的转变起了重要的推动作用。本文只拟简要探讨与绿色城市设计有关的一些问题。

2 三代城市设计的演化发展

从设计依据的哲学基础和认识出发点看，城市设计的发展大致经历了三个阶段。

1920 年代以前的第一代城市设计，从总体上看，贯彻的是"物质形态决定论"（Physical Determinism）思想，其对城市空间环境施加产生的影响主要是视觉有序（Visual Order），对较大版图范围内的建筑进行三度形体控制，所遵循的价值取向和方法论系统基本上是建筑学和古典美学的准则，直觉感性多于科学理性。代表人物有奥斯曼、艾纳尔、西特等，他们对城市的兴趣"在于人造形式方面，而不是抽象组织"（Christan，1979）。西特认为，"城镇建设除了技术问题，还有艺术问题"，他于 20 世纪末创立的"视觉有序城市"影响了其后不少的城市规划设计师。实施案例有：美国的华盛顿中心区、法国的巴黎改建、澳大利亚的首都堪培拉等。由于第一代城市设计的实施对象往往是城市或是整体的街区，所以实施真正完成的甚少。

第二代城市设计师在城市建设中遵循了经济和技术的理性准则，但仍信奉"物质形态决定论"和 1920 年代"包豪斯"的设计理念。他们把城市看做是一架巨大的、高速运转的机器，注重的是功能和效率，注重在建设中体现最新科学技术的进步和技术美学观念，其主要代表人物是柯布西埃。总体说，第二代城市设计满足了现代城市建设中的一些显见的现实需要，功不可没。1950 年代后期提出应把设计对象扩展到包括人和社会关系在内的城市空间环境，以满足人的适居性要求，并且考虑特定城市的历史文脉和场所类型，对象却相对缩小到城市界内的保存、开发和更新改造方面，这一时期的城市设计已成为综合性的环境设计的一个分支，它初步涉及自然景观要素和生态问题，其中较大规模的实施案例有：纽约城市改建、旧金山城市设计、名古屋中心区更新改造设计等。

1970 年代以来的第三代绿色城市设计，通过把握和运用以往城市建设所忽视的自然生态的特点和规律，贯彻整体优先和生态优先的准则，力图创造一个人工环境与自然环境和谐共存的、面向可持续发展的未来的理想城镇建筑环境。为此，它除运用第二代城市设计一系列行之有效的方法技术外，还充分运用了各种可能的科学技术，特别是城市生态学和景观建筑学的一些适用方法技术。溯其渊源，绿色城市设计与早期的"花园城市"（Garden City）、"有机疏散"（Organic Decentralization）及"广亩城市"（Broadacre City）思想有一定的内在相关，但那些思想理想色彩较重，实践亦极其有限。总体说，绿色城市设计和以往相比，更加注重城市建设内在的质量、而非外显的数量，追求的是一种由生态美学观（Eco-aesthetic）驾驭的绿色城市（Green City）。

绿色城市设计提出的深层原因，乃是由于当今全球性的城镇建筑环境生态状况不断恶化，而第二代城市设计理论和方法尚不足以解决这一问题而产生。M. 荷夫指出，"以往那种对形成城市物质景观起主导作用的传统设计价值，对于一个健康的环境，或是作为文明多样性的生活场所的成功贡献甚微，如果城市设计可以描述成一种与城市生活相关的艺术和科学，那么，为了使人类生活场所更加丰富多彩和文明健康，就必须重新检讨目前城市形态构成的基础，用生态学的视角去重新发掘我们日常生活场所的内在品质和特性是十分重要的。"荷夫认为，城市的环境观是城市设计的一项基本要素（Hough，1984）。文艺复兴以来城镇规划设计所表达的环境观，除一些例外，大都与乌托邦理想有关，而不是与作为城市形态的决定者——自然过程相关。城市设计并非简单意味着寻求一种可塑造的美，城市设计在某种意义上，寻求的是一种包含人及人赖以生存的社会和自然在内的、以舒适性为特征的多样化空间。绿色城市设计正是在与自然过程结合这一点上，与景观建筑学（Landscape Architecture）有许多相通之处。

在绿色城市设计的方法和技术的发展方面，W. 怀特的城市公园概念在与社会和公众意愿的结合上开拓出一种全新的设计途径；麦克哈格的"设计结合自然"思想在城市社区设计与自然环境的综合方面，为城市设计建立了一个新的基准；西蒙兹则为景观规划与城市设计的结合及其实际操作提出了系统而富有现实意义的建议和主张。有些学者还提出了完整的"生态城"设计的设想；1994年，澳大利亚就Jerrabomberra Valley在1994至2020年的城镇发展开展了城市设计竞赛，政府设想以此来探索澳大利亚未来的城市可持续发展之路；1993年4月，中国海南海口市举行国际城市设计竞赛和研讨会，与会的著名学者C. 柯里亚、刘太格、B. Wiesman、Ken Yeang、罗小未等，就"热带滨海城市的塑造"为主题，系统探讨了与热带滨海环境和气候相适应的城市设计问题，并用中、英两种文字发表了会议宣言（笔者为主要执笔者之一），以及指导海口未来城市设计的14条原则，其中宣言主要内容和大部分原则都与绿色城市设计相关。

3 生态原则在绿色城市设计中的运用

绿色城市设计在整体上广泛涉及环境品质和生态问题，其对象和地理范围大致可分为三个层次，即区域-城市级、分区级和地段级。从绿色城市设计的视角，根据整体优先、生态优先和可持续发展的准则，上述三个层次的设计内容在今天都有了一些新拓展。

一般来说，城市建设常常是增加人文景观、减少自然景观。以生态学角度看，人类活动在各个水平和层次上给生物多样性和景观多样性造成了巨大影响，而景观破碎和生境破坏是全球物种灭绝速率加快的主要原因。当代城市的发展和建设改变了土地利用和景观的格局。由于城市人口集聚和地域的不断扩大，因而人们对于自然的可达性和亲密性减少，自然开敞空间对于城市环境的调节作用越来越小，开敞空间本身的整体性和系统性亦逐渐丧失。这一结果最终影响了城市社区的环境质量。当然，这并不是说，历史上的城市设计表达的就是正确的环境观和发展观。但那时城市发展和建设的速度相对缓慢，人们所掌握的手段尚不足以对城市的自然过程构成威胁，而今天就完全不同。

为此，区域-城市层次上的绿色城市设计首先应从本质上理解城市的自然过程，做好生态调查，并将其作为一切城市开发工作的基础，完成重大项目建设的环境影响报告的制定与审批，做到根据生态原则来利用土地和开发建设，同时，协调好城市内部结构与外部环境的关系，在空间利用方式、强度、结构和功能配置等方面与自然生态系统相适应。

（1）城市开发建设应充分利用特定的自然资源和条件，使人工系统与自然系统协调和谐，形成一个科学、合理、健康和完美的城市格局

城市及其周边地形和地貌特点常常是城市设计师所倾心利用的自然素材。历史上许多著名城市的发展建设大都与其所在的地域特征密切结合，通过艺术性的创造建设，既使得城市满足功能要求，又使得原来的自然景色更臻完美，进而形成城市的艺术特色和个性。如中国南京"襟江抱湖、虎踞龙盘"的城市形态（图C5-1）；常熟古城"十里青山半入城"的不对称均衡城市格局；桂林"山、水、城一体"的城市形胜；再如，澳大利亚布里斯班市中心保留了自然的山丘绿地，为这座城市平添了几分生气（图C5-2）。所有这些，都是城市设计师在应答人工系统与外部环境的共生和谐问题时的一种创造性的思维结晶。不仅如此，自然气候的差异亦对城市格局、社会文化和

图 C5-1 南京山水城格局

图 C5-2 自然山体楔入布里斯班市中心

人的生活方式影响极大。如热带和亚热带城市的布局就可以开敞通透一些，有意识地组织一些符合夏季主导风向的空间廊道，增加有

庇护的、户外活动的开敞空间；而寒带城市则应采取相对集中的城市结构和布局，以利于加强冬季的热岛效应，降低基础设施的运行费用。在今天还必须处理好城市尺度上的景观保护、景观治理以及景观建设统一的问题，尤其是要解决好城市生态敏感区的城市设计问题。

（2）城市重大工程建设应注意保护自然景观、格局和物种的多样性，和由此引起的城市景观形态的变化，这是区域－城市级城市设计必须关注的当然领域

例如，以往的城市道路建设往往割断自然景观中生物迁移、觅食的路径，破坏了生物生存的生境地和各自然单元之间的连接度。为此，法国在近年的高速公路建设中，为保护自然鹿种，在它们经常出没的重要地段和关键点，通过建立隧道、桥梁来保护鹿群的通过，以降低道路对生物迁移的阻隔作用。在日本兵库县淡路岛开展的另一高速干道建设案例中，还对建设可能引起的城市形态及景观特质的改变，以及新的城市景观创造进行了充分调查研究，保留了一些今天仍然起确定方位作用的历史标志点，赢得了当地居民的理解和支持。必须认识到，生态需要和经济性两者从长远看是一致的。

（3）创造一个整体连贯而有效的自然开敞绿地系统

虽然现今许多城市在城市中或市郊建立了动、植物园和自然保护区，但由于建设的人为影响，改变了生物群体的原有生态习性。同时，受苏联"游憩绿地"思想的影响，以往的规划设计只

图 C5-3 美国丹佛 Platte 河谷绿地规划

图 C5-4 华盛顿中心区鸟瞰

注重面积指标和服务半径，使开敞绿地空间只能处于建筑、道路等安排好后"见缝插绿"的配角位置。因而不能在生态上相互作用，形成一个整体绿地系统。为此，我们应该在动、植物园、自然保护区及野生动植物群落之间有意识地建立廊道和暂息地，结合城市开敞空间、公园路（Parkway）及其相关的"绿道"（Green Ways）和"蓝道"（Blue Ways）

网络的设计，使两者互相渗透，具有良好的景观连接度，从而将被保护的动植物和野生生物群体联系起来，为城市提供真正有效的"氧气库"和舒适、健康的外部休憩空间。在这方面，国内外均有成功的案例。如美国丹佛市 1986 年完成并实施的中心区滨河开敞绿地体系的城市设计（图 C5-3）；在古城南京，由紫金山、钟山植物园、玄武湖及毗邻的小九华山、北极阁、鼓楼高地、五台山和清凉山构成的自然绿脉，不仅是南京自然形胜的精华所在，而且更重要的是，这一自然开敞空间廊带使城市及其次生自然环境与城郊原生自然环境形成了亲密无间的共生关系，为物种多样性及其生态习性的保存创造了良好的条件。可惜，今天从鼓楼到五台山一段已有部分破坏。

再如，美国华盛顿州在实施区域和城市规划设计中，通过廊道"溪沟"将城市中零散分布的公园与野外生物群落地域直接联系起来，使野鸭等从郊邑大自然进入城市公园中，在城市发展的同时，实现了对生物物种的保护（图 C5-4）。

在分区这一规模层次上，绿色城市设计的内容主要集中在两方面：第一，旧城的改造和更新中的复合生态问题（自然、社会、文化、历史等）；第二，与城市级城市设计对环境整体考虑所确立的原则的衔接。

城市形体环境中的时空梯度是永恒存在的。城市设计在大多数

图 C5-5 悉尼岩石区改造

图 C5-6 悉尼女王大街改造

图 C5-7 波士顿昆西市场改造

情况下都与旧城更新改造相关，尤其是在分区层次上。旧城更新改造中实施绿色城市设计的关键，在于妥善处理好新老城市生态系统的衔接，建立一种良性循环的、符合整体和生态优先准则的新型城市生态关系。这里，有必要理解广义的城市生态保护的概念。近 30 年来，旧城改造中那种一切推倒重建（目前中国仍很流行）的做法已经停止。如在美国，人们又重新评价旧建筑和砖瓦泥浆在旧城改造中的意义，并认为，旧建筑是一种储存着的、现成可以利用的能源，而建造新的高楼大厦将需要耗费大量的能源去生产，笔者近年访问美国、日本和澳大利亚时曾考察了许多这样的例子。如悉尼的岩石区（The Rocks）改造（图 C5-5）、女王大厦街区综合改造（图 C5-6）、波士顿的昆西市场城市更新设计（图 C5-7）都是比较成功的案例。

与此同时，一定要注意保护旧城（尤其是居住区）历史上形成的、目前仍维系完好的社区生态结构，保护城市历史文化的延续性。实施中应保证一定的居民回迁率，改造中有形和无形并重，在改善居住自然生态条件（如增加绿化和基础设施、降低建筑密度和居住密度）的同时，不致破坏原有的睦邻关系和社区特点。这一方面，R. 欧斯金主持的英国纽卡斯尔贝克住宅区设计改造是一个成功案例。

另一方面，必须与整个城市乃至更大范围的城市环境建设框架和指导原则协调一致，以确保整体上的成功。事实上，许多生态要素及其网络体系，如作为"蓝道"的河川流域、作为"绿道"的开敞空间和步行体系、基础设施体系乃至城市的整体空间格局和艺术特色，在实施过程中，往往要落实到具体的地区和地段城市设计中来体现处理，源与本、点与面、上与下、前与后的关系都要摆正

确。如中国苏州旧城街坊改造，就离不开对苏州历史名城风貌和特色及现有水网体系和基础设施的整体研究和分析。又如，美国圣安东尼内城城市改造中，对流经全城的圣安东尼河（San Antonio River）开展了包括自然生态保护、景观保护和创造、功能调整和基础设施完善在内的城市设计，并取得成功。这一项目虽则焦点在城市中心区这一段，但具体设计着眼点却是整个城市。

地段级的绿色城市设计主要落实到具体建筑物设计及一些较小范围的形体环境建设项目上。在这一层次，主要将依靠广大建筑师自身对绿色城市设计观念的理解和自觉。其中有三方面要点。

① 与分区级城市设计类似，应处理好局部和整体的关系，协调好具体开发建设中的各方利益，而不能仅以业主意志和纯粹的经济盈利原则所左右。

② 利用生态设计中环境增强原理，尽量增加局部的自然生态要素并改善其结构。如可以根据气候和地形特点，利用建筑周边环境及其本身的形体来处理通风和光影关系，组织立体绿化和水面，以达到改善环境之目的。这样的案例在澳大利亚、新西兰和日本随处可见，它们十分重视对建筑物一切可能地方种植绿色植物的投资，由此有效地弥补了人工环境建设中生态的改变。

③ 建筑物设计应注意建设和运行管理中与特定气候和地理条件相关的生态问题，如最普遍、且最具实用意义的建筑节能和被动式设计（Passive Design）。热带气候和寒带气候对城市建筑的能源耗费影响极大，前者在夏季大量能源被用于建筑物的空调和制冷，而后者则大量能源被用于冬季取暖。为此，在设计建筑物时就不应使用大面积的玻璃幕墙，有些城市甚至制订有关法规禁止玻璃幕墙使用（如悉尼），避免能源的过度消耗、减少光污染。同时，热带城市应注意主导风向和绿化布置，创造庇荫面积（如骑楼和连廊），尽量设计雨水可渗透的地面，保护景观水面以蒸发降温；而寒带城市同样可利用被动式节能技术（如使用太阳能），规划安排好高大建筑物和道路的布局，以避免不利风道的形成，降低空气流通速度。此外，建筑及环境用色亦应丰富多样，因为寒带城市在冬天视觉上往往非常单调。

4 结语

综上所述，将绿色城市设计的概念和原理运用于当今城市建设具有极其重要的战略意义和普遍的应用价值。它一方面契合了"可持续发展"的全球共识，是城市设计领域自身的拓延和发展；另一方面也为解决未来城镇建筑环境建设的问题提供了一个独特视角。

与绿色建筑一样，它是当代城市设计工作者面对跨世纪的城镇可持续发展的一种理性思索和应答，同时也是一个需要付诸心血和艰苦探索的新领域。

通过研究和学习，笔者有以下几点认识：

（1）我国目前"城市病"的根本症结还是一个正确发展观的树立问题，纲举才能目张。作为城市建设的决策者和规划设计者，应审慎考虑能不能做（可能性）、值不值得做（经济性）、可不可以做（合法性）、应不应该做（趋利避害和可持续性）的问题，完成若干有形的建设目标的确相对较易且有目共睹，但若发展观不正确，其实际效果和长远收益就会受到很大影响，甚至得不偿失。

（2）观念转变和环境的最终实质性改善是一项长期和艰巨的任务，理想与现实的关系需要辩证地看待。实践初期，不妨多从典型的案例抓起，如政府的"城市建设奋斗目标"，脚踏实地，取得经验再及时推广。不要只热衷于构建庞大的理论框架和体系，而应理论和实践并举，相辅相成。

（3）城市发展和建设应基于科学、合理、合情的标准，坚持一种留有余地、富有弹性的发展状态。在过程中寻求可持续的城市发展和再发展。

（4）在城市建设的每一个层次上，都要注意结合生态要素进行城市设计。重大项目论证的环境影响报告（EIA or EIS）的制定和审批应作为开发建设中一个必须强制执行的程序，并应给予时间和经费上的保障。

应该说明，迄今为止，笔者在所接触的文献中，只看过"绿色建筑"、"绿色美学"、"生态城"（其中包含了许多城市设计内容）等提法。本文冒昧提出"绿色城市设计"的概念，旨在总结归纳1970年代以来现代城市设计发展的新动向，并在第二代城市设计理论和方法基础上，更加突出城市建设与自然生态相关的环境属性和可持续发展的价值取向；更加突出今天城市在走向未来过程中所面临环境问题挑战的严峻性和城市设计领域自身深化和拓展的紧迫性。

总之，未来是绿色的，通向未来的路也只能是绿色的，舍此，将别无选择。

参考文献

[1] Christian N S.1979.Genius Loci: Towards a Phenomenology of Architecture[M]. New York: Rizzoli Press

[2] Hough M.1984.City Form and Natural Process:Towards a New Urban Vernacular[M].London: Croom Helm

时间
Time | 2005-01

期刊 | 城市规划
Journal | Urban Planning

页码 | 45-53
Page

6 基于高层建筑管控的南京老城空间形态优化

Optimization of the Spatial Form for Nanjing Old Area Based on the Guidance and Management of High-rise Buildings

摘要：1990 年代以来，南京老城历史风貌与高层建筑建设的矛盾日渐突出。本文系统剖析了南京作为一个历史名城的形态艺术特色，研究了高层建筑对于城市发展的优缺点以及相关的历史风貌、文化、地价、可达性、改造潜力和城市景观计六个方面的影响因子；针对南京老城未来的保护改造目标提出了高层建筑建设优化调整策略；同时，基于城市设计三维建模和 GIS 技术，建立了一个开放性的数字化形态分析研究平台并提出了具体的改造优化建议和方案。

关键词：高层建筑，南京，遗产保护，优化，建设管理，数字技术

Abstract: The contradiction between Nanjing old area and the construction of the high-rise buildings is becoming more evident since 1990's. This paper identifies the article and morphological features of Nanjing as one of the most well known historic towns, and established an analytical framework for the strong and week point of high-rise buildings on urban construction. By the analysis of six major influential elements including historic appearance, culture, land price, accessibility, potentials for renovation and townscape, this paper puts forward improvement strategy and proposals for the optimization, guidance and management of high-rise buildings in the future of Nanjing. Meanwhile, a digital analytical model open to the construction management and concerned renovated schemes are set up based on the urban design 3d modeling and GIS support.

Key Words: High-rise Building; Nanjing; Heritage Conservation; Optimization; Construction Management; Digital Approach

近年，南京市委、市政府先后提出关于南京城市建设"一城三区"，"一疏散、三集中"的发展战略和指导原则①，受南京市规划局委托，我们对南京老城开展了基于高层建筑建设、引导控制和管理的空间形态优化和形象特色研究。

1 南京古城特色研究

1.1 南京古城特色

南京是国务院公布的第一批历史文化名城，也是一座有着2460年建城史、450年建都史的著名古城。与其他同等级别的历史文化名城相比，南京有着丰富、多样而鲜明的特色。

（1）南京古城采用的是顺应自然的城市整体格局，城市建设充分利用自然地势、地貌和水面。城墙布局顺应秦淮河自然水系，平面呈多边形蜿蜒起伏，形成多层次的城市景观形态和空间结构。南京迄今仍保留着长达21.35km的明代城墙，具有申报世界文化遗产的潜力。

（2）南京明代宫城形制是北京紫禁城的原型，但考虑到南京的特定城市条件，宫城位置偏于城东一隅，与北京以紫禁城为几何中心的城市整体格局有很大区别。

（3）从景观特色方面看，南京城南居民点密集、街市繁盛，空间尺度亲切；城北地形起伏，建筑稀少，空间疏朗。总体讲，城南以市井和建筑人文特色见长，城北则以人文与自然结合为特色，其中特别值得一提的是，经过历史上有序的城市建设，古城中逐渐形成结合明代城墙，由钟山、富贵山、九华山、鸡笼山、鼓楼坡、五台山、清凉山等自然地形构成的自然绿楔开敞空间。

（4）南京民国近代建筑也有鲜明特色。如《首都计划》的制定，一些重大历史事件及其相关的建筑和环境所构成的特色街区和地段给中国近代城市和建筑历史留下了宝贵的财富。因此，南京的城市特色不能简单地用传统或现代等来描述。统一是一种城市特色的体现，多样统一也是一种特色的体现。像纽约、柏林、巴黎这样的大都市，它们几乎都是以自身历史文化为基础、吸收多元文化的丰富性为特征的。

我们认为，"求同存异、和而不同"的城市特色塑造思路对于南京而言可能更为合适。所谓"同"指"遵守保护自然山水与老城浑然一体的城市格局"；所谓"异"指"各种不同时期的文化传统能够和谐共存，相得益彰，持续发展"。

1.2 南京古城特色的构成要素

大多数人认为，南京的城市特色是"山，水，城，林"，近来也有说"山（林）、水、城、陵"的，就通常而言可以理解，但从学术层面细究却存在问题。

从这四个字所包含的内容看，山、水和林的自然属性和所代表的形象意义比较易于识别和界定。在第二种提法中，"林"与"山"合并成山林，但在众多市民和国内外游客心目中，南京浓荫蔽日的"绿色隧道"似乎并不能包含在今天"林"的特色内涵中，而且南京的"陵"基本属于一个历史范畴，对今天南京城市格局的影响相对有限。"城"的含义比较复杂，按一般定义，它不仅包括南京人引以为傲的明代城墙，而且还包括与此相关的历史建筑以及今天所有实存的街坊建筑和道路格局等物质要素。

在上述城市要素中，"山"、"水"、"林"已成为相对稳定的特色要素，对其的工作主要是如何在现代城市建设中进行保护、优化和加强；相较之下，"城"却处在持续的发展演变之中，日益成为影响城市空间特色和形象的最主要因素之一。

我们认为，今天的"城"具有更加广义的内涵，它包括了目前南京老城中地位日渐突出的"楼"的要素。当然，这里的"楼"有明确的概念界定，就是指那些造型优美、环境协调、区位适当、体现科技进步、对于城市具有积极意义的新建筑或建筑群构成的"楼"。由于近些年我国一些城市盲目建设高层建筑，使得人们对高层总体上贬多褒少。但纵观世界上一些著名城市，以高层建筑作为或部分作为城市形象特色的不在少数，如纽约曼哈顿、悉尼中心区，即使在一向不鼓励建设高层建筑的欧洲城市，新近作为柏林重建标志的波茨坦广场建设也在城市设计的引导下修建了不少高层建筑。可以肯定的一点是，高层具有较好的地标性意义，它改变并丰富了城市的天际线和空间尺度，一定程度上反映了城市的繁荣和经济实力，并给人以一种自信和心理上的满足。

总体而言，今天南京的城市特色并非能依靠单一的历史文物建筑、地段抑或这些内容的组合来表达，南京古城内单个文物建筑和地段或许不如北京的紫禁城，甚至也不如西安古城中的建筑那么有名，但是，其城市特色更多的是通过一个相关的系统和整体来表达，即"山、水、城、林浑然一体"的多层次景观系统。因此，南京空间形态控制和改善优化的过程中应特别加强这些要素的关联性和整体性，在一定程度上重新塑造与发掘南京特有的"襟江抱湖，虎踞龙盘"的空间感，创造古都风貌与现代城市浑然一体的南京新貌。

1.3 南京高层建筑对城市空间形态的影响

古城保护改造与发展建设是一体的两面，单纯谈"保护"并不可行。应该看到，发展与保护的理性要求之间有着不同的评价尺度，而中国目前的老城保护及改造问题，特别是环境容量和历史内涵意义表达等方面的问题又特别脆弱，稍有不慎，就会造成永久性的破坏。因此，做南京古城保护与改造工作，就必须对南京高层建筑对老城空间形态的影响及其调整优化进行研究。概括地讲，高层建筑对于城市发展具有正反两方面的影响。

（1）正面影响

① 现代城市发展所要求的运转效率和紧凑密集模式，带来了高层建筑存在的必然性和合理性。研究表明：城市人口越密集，该城市中居民人均能源消耗越小。高层建筑在一定程度上缓解了有限土地必须容纳更多人口的压力，并为城市空间的未来发展提供了一个可能的趋势。

② 有利于产生多层次的城市空间形态，赋予城市天际轮廓线更为生动和丰富的变化，加强城市地标特征。

③ 具有一定的可识别性和象征意义，能够加强游客和城市居民的场所感，为辨认城市方位提供心理和视觉上的帮助。重要地段的高层建筑也可限定承载城市公共活动的空间场所，成为城市人们活动的景观背景。

④ 汇聚了现代建筑科学技术发展的成就，并促使建筑审美方式和理论发生变化。

⑤ 提供广阔的视野，使人们得以在更高的视点观察和认识我们的城市环境。

（2）负面影响

① 随着高层建筑数量的增加，城市肌理逐渐改变，城市尺度也因此不断加大。尤其在与老城并存的状态中，高大体量的建筑物（群）常常会对历史街区和建筑造成负面影响。

② 高层建筑物形成的阴影区对城市日照和环境有不利影响，同时易于影响周边公共场所空气运动方式，形成倒灌风和突然阵风。

③ 高层建筑的单体形象和体量问题较易形成争议，因其造价和各方面的原因，一旦落成便对周围环境乃至整个城市产生作用，并在相当长的时间中持续，且可变更性几乎为零。

④ 高层建筑易于导致人流和车流数量的剧增，形成大量地区的交通和停车问题。

1.4 南京目前高层建筑现状分析

（1）高层建筑数量近年迅速增长，占新增建筑面积的比例逐年上升，在新增高层建筑中，写字楼日趋饱和，而住宅比例逐渐提高。

（2）高层建筑分布主要集中在以新街口地区为辐射中心、沿中山路、中山北路（鼓楼—大方巷—山西路的带形地区），汉中路、洪武路、丹凤街一线用地范围里，也有部分见缝插针，但大体分布符合南京房地产地价市场规律，并与地价图所反映的南京地价区位分布相关。

（3）高层公共建筑分布基本上均沿街，或与广场等城市开放空间相关，这与其自身功能和需要良好的可达性有关，除住宅类建筑等会在住宅区内部组织交通停车及其他基础设施配套以外，一般高层建筑大多依托城市解决相关配套问题，但目前建筑间还是各自为政，城市层面上的资源共享和整合（特别是停车场问题）较差。

（4）老城中心区部分地段中高层建筑过于集中，建筑容积率和密度过大，一再突破城市规划确定的控制底线，破坏了环境的合理容量。此外，高层建筑分布随意性较强且缺少城市设计层面的引导和控制。

（5）较多考虑经济和物质方面的因素，而对日照、通风、眩光以及对城市局地气候的影响考虑较少，发生了一些与此相关的用户与业主的矛盾和冲突。这不仅是一个技术规范问题，更是一个社会和伦理良知问题。

（6）个别高层建筑及少数的多层建筑对城市特色产生破坏作用。近年在城市一些景观特色的敏感地区开展的建设（特别是房地产开发建设），擅自以各种手段突破规划管理和环境容量限制，造成了建设性破坏。

2 南京高层分布相关因子分析

2.1 城市风貌因子（图C6-1）

为保护南京古城格局与自然风貌，控制建设开发，参照《南京历史文化名城保护规划》，确定如下南京古城城市风貌保护范围：历史轴线——中华路（长乐路至中华路段两侧30m的范围）、御道街（两侧100m的范围）、中山路（两侧民国建筑）。明代城郭——明城墙风光带。河湖水系——（1）水面：玄武湖、莫愁湖、前湖、琵琶湖；（2）河系水道：秦淮河、金川河、玉带河、明御河、珍珠河等（河道两侧15m的范围为控制地带，今后择机复育滨水绿地）。自然风貌——钟山风景区、石城风景区、秦淮风光带。在上述范围中，严格控制高层建设开发。

图 C6-1 城市风貌因子分析图

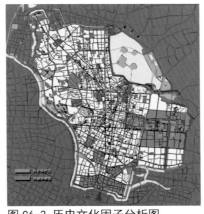

图 C6-2 历史文化因子分析图

图 C6-3 土地价格因子分析图

图 C6-4 交通可达性因子分析图

图 C6-5 建设潜力因子分析图

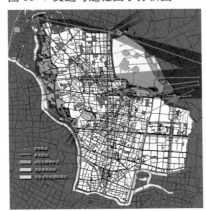

图 C6-6 城市景观因子分析图

2.2 历史文化因子（图 C6-2）

为保护南京古城丰富的历史文化遗产，参照《南京历史文化名城保护规划》，形成以核心保护区（重点保护区）为中心，风貌保

护区（一般保护区）为外围的两级保护范围。在上述确定范围中，高层建设开发活动受到严格控制。

2.3 土地价格因子（图 C6-3）

在市场经济条件下，土地价格是城市建设，尤其是高层建筑建设的直接动力。除行政事业单位、部队军事用地高层布局和建设有特殊动机和经济支撑外，一般情况下，土地价格越高，对高层建设的吸引力越大。到目前为止，南京老城的高层建筑分布与南京房地产地价市场规律基本吻合。可以认为，在今后南京老城的高层建设中，土地价格仍将是一项重要的乃至决定性的影响因素。

2.4 交通可达性因子（图 C6-4）

交通可达性也是影响高层建筑分布的重要因子，这里主要考察两个方面：一为城市公交体系，地块周边定点运行的公交车线路越多，交通可达性相对越好；另一因子为城市轨道交通，即南京在建的地铁系统，根据北京、上海以及发达国家的经验，地铁沿线尤其是站点附近地段由于良好的交通可达性将导致地价上升，进而促进高层建筑开发（鉴于地铁建设的阶段性和远期规划的不确定性，本研究主要考虑 2010 年前完工的地铁 1、2 号线）。

2.5 建设潜力因子（图 C6-5）

依据地块现状的建筑质量、等级、政府制定的开发时序等因素，对各地块的建设潜力作出"可改造、近期改善、近期保留"的等级判定，可改造度越大、可改造时间与今天越近，建设潜力越充分，高层建筑决策、兴建可能性也越大。

2.6 城市景观因子（图 C6-6）

（1）调查视点景观分析

① 城市制高点：100m 以上的城市制高点，能相对整体俯视南京老城结构脉络。

电视塔旋转餐厅（约 200m）：为目前南京古城内最高视点。城市脉络清晰有序；秦淮河、长江、紫金山、南京城浑然一体，构成气势磅礴的诗画长卷；山西路、大方巷两组建筑群业已形成，鼓楼、新街口建筑群组群性不强，缺乏节奏变化。

商贸百货观光厅（约 200m，南京最高楼）：置身高层建筑群体之中；东、南向景观背靠钟山，层次感稍强；西、北向建筑景观略显分散凌乱。

希尔顿酒店顶层（约 130m）：近景地段建设（明故宫区域，

多为住区与军区）整齐有序；远景中山南路、中山北路沿线高层建筑密集宛如墙体，缺乏高度变化与节奏韵律。

② 城市游览视点：是观赏南京山水城格局的主要地点。

狮子山阅江楼塔顶：石城风光带（狮子山－电视塔－清凉山）视线通廊景观优美、保护得力；南向长江大桥景观壮观；近景下关地区高层建筑略显散乱。

中华门城楼：城市高层建筑组团布局明显，形成从中华门向新街口方向延伸的视觉对景关系，防止健康路以南有高层建筑影响城南以中低层建筑为主的空间形态，并遮挡该视觉通道。

雨花阁阁顶：与中华门城楼视线方向相同，唯视点高度增加；高层建筑组团性更强，天际线高低错落有致；观赏南京老城区建筑形态的最佳视点之一。

鸡鸣寺、北极阁、玄武湖台城：东北向玄武湖西岸景观尚可，其余方向景观一般；南向建筑景观（珠江路、丹凤街地段）杂乱无序；新电信大楼、太平大厦、金陵御花园、市政府大楼成为影响鼓楼－北极阁－鸡鸣寺－九华山－富贵山－紫金山视线通廊的建筑败笔。

长江大桥桥面：东西两端幕府山、狮子山景观优美；视点与城区距离稍远，建筑景象娇小无力，无明显突兀，这可能与下关地区长期建设滞后有关。

玄武湖环湖路：层次感强，湖面、台城、九华山、远处建筑天际轮廓线彼此映衬，形成古今辉映的秀丽山水。

③ 城市生活视点：该部分视点一般选取城市公共开放空间，从人们日常生活、休闲的视角分析城市的局部景观。

鼓楼广场：广场自身设计良好，但周边建筑空间形态尚需进一步调整。除西向大方巷建筑群基本形成、轮廓线尚好外，其余建筑布局分散零落，新、老电信大楼一定程度上影响了鼓楼到北极阁和紫金山的视线通廊。

山西路广场：广场设计良好，周边建筑交通银行、金山大厦等景观尚好，但东北界面缺少界定，建议适当增加高层建筑，一方面围合市民广场界面，增加土地价值，同时为整个山西路广场地区界定出一个更大的空间范围。

汉中门广场：巧妙利用古城墙遗址，现代城市生活与历史遗迹相得益彰；高层建筑相对集中于广场以东；对广场周边景观影响较大的并非高层建筑，而是周围的多层建筑，它们与该段城墙高度接近，易于造成平淡、沉闷的景观线。

明故宫广场：广场周边空间形态和高度控制情况良好；该区今后高层建设应严格控制在明故宫保护区影响范围之外；广场北向视

野开阔，可与紫金山直接对话；南向午朝门公园树木苍郁，环境怡人。

（2） 视点评价与结论

通过以上分析，对景观视点得出如下结论。

① 高视点景观优于低视点景观（大面积景观可视范围弱化了小范围内的无序因素）。

② 能借景山水的视点景观优于普通景观（山、水、城、林、楼交相辉映）。

（3） 景观评价与结论

针对以上景观分析，我们对南京老城景观塑造提出如下建议。

① 南京老城"山、水、城、林"格局的形成地带、敏感地带区域（主要反映为通视走廊）不应再设置高层，对业已建成的建筑采取相应措施（立面改造乃至日后拆毁等）。

② 南京老城目前形成以山西路、大方巷、鼓楼、新街口等为中心的建筑群，其中除山西路、大方巷建筑群相对成组外，其他建筑群组团性较弱，故应加强这些建筑群之间的相对独立性，彼此之间留出一定高层隔离带，切忌相连形成"墙"状空间而缺乏韵律变化。

③ 各高层建筑群组团之间宜形成一定的高度变化，根据整体城市空间格局确定一到两个"标点性"建筑，与其他建筑拉开高度级差，形成视觉统领。

④ 开阔地带是人们经常观赏城市景观的地方，同时也是天际线易于出彩的地方，因此要特别加强老城滨水岸线、城市广场等开放空间的景观设计。

3 南京建筑空间形态控制与优化

3.1 南京建筑空间形态控制调整思路

（1）总体原则：整体优先，保护优先，历史文化优先，自然特色优先。

在目前高层建筑建设比较混乱的情况下，南京老城建设总体宜采取"控制从严"的规划建设管理原则和态度。在历史文化名城和城市格局保护敏感地带与战略要点处，多层建筑及局部地段的低层建筑也要严格控制乃至禁建（如"显山露水"和彰显古城特色地区）。

（2）调整策略：以调整优化、控制引导作为未来南京高层建筑和空间形态发展的指导思想，疏导部分城市中心职能，从根本上改变南京现有的空间格局和形态。即在历史文化名城保护和城市形态特色突显的基础上，完成宏观层面上城市空间结构的"东西关系"

和微观层面上的"南北关系"。

东抑（城市宏观结构）——明故宫地区及其与城墙、富贵山、紫金山相关的地区，南京历史特色精华的集中展示地区，山、水、城结构格局的敏感地区。

西拓（城市宏观结构）——跳出老城圈，在河西新城区建设新的城市中心，增加南京城市中心和副中心土地的有效供给，确保政府城市建设跨越式发展战略的结构性实现。

南保（老城微观空间结构）——南京历史文化凝聚之地，包括城南历史地段和民居保护区，建筑风格、尺度和体量的敏感和脆弱地区。

北移（老城微观空间结构）——在山西路建设老城区内仅次于新街口的副中心，有效改善老城空间结构，带动南京城北地区发展。

中调（微观结构）——新街口—鼓楼地区可在调整优化前提下适当发展高层建筑。

（3）操作时序：近期以调整优化为重点，疏减建筑量，高层适度发展区域在经严格论证的前提下可兴建部分高层，以"加法"（Infill）形式完善现状的天际轮廓线和高层布局；远期可结合部分"减法"操作，择机拆除公认的建设败笔。

3.2 南京老城区高层建设可能性研究评析

本研究首先对老城整体空间形态进行了三维空间抽象电子建模，具体做法是：1—3层建筑为第一等级，4—6层为第二等级，7—9层为第三等级，9层以上全建。这样，我们便获得了一个基于南京三维空间关系的电子模型，如果再运用VR技术，还可体现城市空间形态中的人、空间和时间要素的互动。

在本项目的指导性要求以及所确定的研究原则前提下，根据南京规划局确定的路网规划，综合以往的《南京城市总体规划》和《南京历史文化名城保护规划》等成果，将南京老城细分为759个地块，并就历史文化、景观、交通、建设潜力、地价等因子进行了等级打分，打分原则是：客观为基础，结合部分的主观判断和我们的调整思路，并为评定和打分结果建立了一个基于GIS技术的数据库成果。同时，分单项和综合两种方式、用三维立体方式表达出一个易于判别的直观成果。

（1）技术路线

GIS有强大的空间地理数据管理和分析功能，并能对分析结果给予直观显示。本设计可以利用GIS具有的空间分析功能，建立基于空间分析的多因子高层建设布局评价模型，通过对这些因子的定量化、空间化分析，为高层建设可能性提供决策支持。基本程序为：

① 采用特尔斐法确定评价指标；

② 应用GIS建立评价各因子的原始数据库，并对各评价因子进行分析和制作专题图，得出每个地块的每项指标分值；

③ 在GIS数据库中应用多因子综合评价的方法求出每个地块的综合评价值，并依据该值的大小进行等级划分，以之作为高层建设的可行性依据。

（2）评析方法

① 将南京老城城区按照规划路网划分为若干地块，通过定性与定量相结合、客观分析与主观判断相结合的方法，对高层建筑的未来建设提出评析。

② 高层建设可能性涉及很多因素，任何单项指标都不能体现整体的状况，且指标彼此间往往还存在着信息的重叠和类似。所以，综合评价的第一步也是关键的一步在于挑选具有代表性、灵敏性、特异性、可靠性的指标，组成综合评价的指标体系。本设计根据科学性、系统性和可操作性等原则，选取对评价目标起主导作用的6个因子，分别从自然、人文、社会和经济状况等方面对高层建设的影响进行刻画，它们分别是：城市风貌、历史文化、土地价格、交通可达性、建设潜力、城市景观。

③ 根据相关数据或分析，将每个评价因子划分为不同等级。各等级中，以对高层建筑建设负面抑制影响力最小或正面促进影响力最大的等级分值为1，其他等级分值根据各自影响力大小减少，得出研究地块在单项评价因子中的分值。

④ 各单项评价因子分值相乘，得到的最后分值为最终评价数据。分值越大，高层建筑建设可能性越大，反之则越小。

⑤ 数值大小只反映客观对象在研究内容上的定性比较，不表示定量差额关系。

⑥ 鉴于评价的主观判定性，以及部分信息制定和获取的难度，少数判定依据并非最新版本，故该评价体系得出的结果只作为方案设计的主要参考，而非绝对依据。

（3）地块划分与编号

根据南京最新区划调整，将南京老城划分为下关、鼓楼、玄武、白下、秦淮5个区域，每个区域视地块面积大小再分为1—3个小区，每个小区内以相关部门提供的最小城市道路网为边界，形成759个研究地块并按顺序编号。

（4）指标量化

① 城市风貌因子：以城市风貌因子图为判定依据。城市风貌协调区、城市风貌保护区、历史轴线保护区、城市水系保护区内，高层建筑建设受不同程度抑制。

无明显城市风貌需求   1
城市风貌协调区   0.8
城市水系保护区   0.6
城市历史轴线保护区   0.6
城市风貌保护区   0.6

② 历史文化因子：以文化保护因子图为判定依据。城市历史文化保护、风貌协调区范围内，高层建筑建设受不同程度抑制。

无明显文化保护需求   1
历史文化风貌协调区   0.8
历史文化保护区——市级文保单位、近现代优秀建筑 0.7
　　　　　　——省级文保单位   0.6
　　　　　　——国家级文保单位   0.5

③ 土地价格因子：以土地价格因子图为判定依据。地价越高，高层开发经济收益越大，促进影响值越高。

一级地区   1
二级地区   0.9
三级地区   0.8
四级地区   0.7
五级地区   0.6

④ 交通可达性因子：该因子分为轨道交通和公交交通两部分，鉴于轨道交通较一般交通有相对优越性，故轨道交通权重设为 0.6，公交、出租交通权重设为 0.4。

轨道交通因子：以交通可达性因子图为判定依据。研究地块与地铁站点的距离越近，对高层建设的促进影响力越大（设计主要考虑定于 2010 年完工的地铁 1、2 号线；d 表示用地至地铁站点的水平最短距离）。

$d \leqslant 200\text{m}$ 1
$200\text{m} < d \leqslant 500\text{m}$ 0.9
$500\text{m} < d \leqslant 1000\text{m}$ 0.8
$d > 1000\text{m}$ 0.7

公交、出租因子：以交通可达性因子图为判定依据。地块周边围绕的交通性道路越多，距离越近，城市公交体系、出租车运营体系的交通可达性相对越好（n 表示与用地相邻的交通性道路数量）。

$n \geqslant 3$ 1
$n = 2$ 0.9
$n = 1$ 0.8
$n = 0$，且至最近交通道路距离为 1 个街区 0.7
$n = 0$，且至最近交通道路距离为 2 个街区 0.6
$n = 0$，且至最近交通道路距离大于 2 个街区 0.5

⑤ 建设潜力因子：以建设潜力因子图为判定依据。可改造度越大、可改造时间与今越近，建设潜力越充分，高层兴建可能性相对越大。

可改造用地   1
近期改善用地   0.9
近期保留用地   0.8

⑥ 城市景观因子：以城市景观因子图为判定依据。城市景观保护区、通视走廊保护区范围内，高层建筑建设受不同程度抑制。

无明显视廊、景观需求   1
城市景观保护区   0.8
城市通视走廊保护区   0.5

（5）地块评分

根据评析体系，对每个研究地块从 6 个相关因子角度进行赋值。

3.3 南京建筑空间形态控制与优化

（1）单因子评价

应用 GIS 建立评价各因子的原始数据库，根据单项因子分值大小划分等级，得出单项因子对于高层建设可行性评价。

（2）多因子综合评价

在 GIS 数据库中将各单项评价因子分值相乘，得到的最后分值为最终评价数据。整个数据的分布范围在 0.0—1.0 的范围，按等值法将数据分布的范围划分五个等级，0.0—0.20 为第一等级；0.21—0.40 为第二等级；0.41—0.60 为第三等级；0.61—0.80 为第四级，0.81—1.0 为第五级，两者合并形成第四等级。地块所在等级越高，高层建筑建设可能性越大，反之越小。

（3）南京老城空间形态高度管控

在多因子综合评价图基础上，根据研究整体思路做局部调整，形成南京老城空间形态高度管控图。

图中按多因子综合评价确定等级将南京老城分为高层禁建区、高层严格控制区、高层一般控制区和高层适度发展区（系指 24m 以上的建筑）。

① 高层禁建区（面积约为 14.6km²，不含道路）：所有高层建筑一律不能建。

② 高层严格控制区（面积约为 10.86km²，不含道路）：禁建 32m 以上的高层建筑，在满足规划和城市设计前提下，可经严格论证建设局部高层建筑。

③ 高层一般控制区（面积约为 4.57km²，不含道路）：在满足

图 C6-7 南京老城近期高层建设用地示意

- 高层禁建区
- 高层严格控制区
- 高层一般控制区
- 高层适度发展区
- 近期高层适度发展区

规划和城市设计的前提下，经过论证可以少量建设 50m 以下的高层建筑。

④ 高层适度发展区为（面积约为 2.12km²，不含道路）：根据本研究确定的老城空间形态调整优化和社会发展需要，可以适当建设高层建筑。局部建议插建的高层建筑的位置、高度、体量详见南京老城高层建筑分布和调整建议图（图 C6-7）和重点地段的分析图。

4 结论

（1） 通过对南京老城历史文化、空间形态和城市格局的深入调查分析，课题组认为，对南京老城应建立基于客观现实的"山、水、城、林"特色要素理解框架，完整认识南京老城的现状、时空梯度和历史发展成因。纯粹理想化的排除现代建筑，特别是高层建筑对于城市特色认知的实际影响是不符合现实的。就目前来说，南京老城空间形态的主要问题是在"保护优先"前提下的调整、优化、疏解，并使之与现实的城市社会文化和历史发展进程相适应。

（2） 通过调查实证，从人的视觉感知层面，基本摸清了南京老城现状及城市特色和空间形态层面上存在的问题和可能利用和发掘的潜力，为进一步寻求优化调整对策提供了科学依据。

（3） 本项目研究的重点并非做一个一般的城市设计项目，而是要为城市未来建设发展，特别是为高层建筑的建设管理和控制提出具有一定科学意义的调控对策，而任何简单化和过于主观的定性判断都会直接影响老城的保护和再生。

（4） 项目所建立的老城三维空间电子模型和基于 GIS 技术的数据库成果，是一个开放性的数字化分析研究平台，它具有用途广泛、可累积发展等特点。用三维立体方式表达的直观成果，既有助于领导、不同专业人士和广大市民的理解和评判，也为城市政府和规划部门实施建设管理提供了技术支持和决策参考。

（5） 成果可通过以下途径进行运用。

① 本研究对南京城市特色的认识看法，可作为对现有理解和认识的补充。

② 实证调查结果和分析结论可供今后相关的规划编制和建设定点参考。

③ 研究建立的城市三维立体模型，不仅是本项目研究的基础，而且可以为今后南京城市建设尤其是生态和城市格局敏感地区的建筑的定点、体量、尺度和空间影响的科学判定提供有效的技术支持，一定程度上，可以有助于改善过去主要依靠领导和专家的经验来判断决策的情况。

④ 成果中关于南京老城高层建筑现状的分析、高层分区建议、地标体系的分析，特别是对相关因子的综合分析研究的数字化成果，为南京市政府确立的"一疏散、三集中"发展方针，特别是老城保护和空间形态优化调整的战略目标实现提供了科学依据，也可为政府和城市规划建设管理部门日后的工作提供有效的决策参考。

（本文作者：王建国、高源、胡明星。项目指导协调为周岚、苏则民；项目主持为王建国；项目技术负责为高源、胡明星；项目参加为李琳、张愚、周立、张婧、沈芊芊。本文基础数据为 2004 年 7 月之前调研。）

注释
① "老城人口向外疏散、工业向工业园区集中、建设向新区集中、高校向大学城集中"，通过城市功能重整，城市资源重新布局，提升城市环境品质，增强城市辐射能力，使南京成为由古都特色鲜明的老城（一城）和现代气息浓郁的"三区"组成的充满经济活力、富有文化特色、人居环境优良的现代化中心城市。

7 如何欣赏城市天际线
How to Appreciate the Skyline

时间 Time | 2009-09

期刊 Journal | 中国国家地理 Chinese National Geography

页码 Page | 134

摘要：天际线记录城市变迁、彰显城市特色，在城市美学中起着重要的作用。本文从天际线构成的历史谈起，总结了天际线设计的角度、欣赏天际线的场所和品评天际线的标准。

关键词：天际线，地标，欣赏

Abstract: Skyline plays an important role in urban aesthetics, according to its function of recording city's changes and displaying city's character. Begin with the skyline's history, the paper summarizes design points, places for appreciating and evaluation standards about skyline.

Key Words: Skyline, Landmark, Appreciate

1 天际线的形成

通常，天际线即指天空与地面相交接的线。绘画中经常会通过天际线来校准画面的透视比例以及帮助确定构图。

天际线与城市高耸的地标（Landmark）密切相关。

前工业时代的城镇天际线常常由绵延的城墙和高耸的塔式建筑所构成（图C7-1），如西方城市中教堂

图 C7-1 圣米歇尔城堡

图 C7-2 阿西西古城天际线

及市政厅等公共建筑的钟塔、中国的宝塔和楼阁。如果有幸附之以自然地景则会更具特色（图C7-2），如常熟古城虞山和南宋方塔构成的天际线关系，是周边乡郊从水路进入城市辨别方位的重要视觉辨认依据。

用普通建筑来表达天际线则已经是19世纪下半叶的事了，因为此时美国的芝加哥等发达国家的城市先后出现了高层建筑（图C7-3、图C7-4）。这是指人们真正使用的建筑，而不是以往教堂钟塔、穹顶、金字塔无实际功能的建筑，当然中世纪的塔式住宅和防御性塔楼除外，如意大利托斯卡纳地区中世纪古城San Gimigliano的高塔，其主要用途是家族间的安全防御和贮存财产，全盛期曾经有72座高塔，现仍然有15座，其对城市外观形象产生了前所未有的影响。

天际线的形成有三种不同的路径：一是利用城市特定的地景地貌；二是表达人为营建和艺术表现；三是出自政治和军事的用途。

天际线的构成既是一个历史范畴，又是一种记录城市变迁成长的物化载体。如中国农业社会的高耸地标常常是宝塔、楼阁（如古代的四大名楼）和垂直尺度显著突出于民居的庙宇建筑；工业社会的地标除了新兴的高层建筑外，可以是高耸的水塔、烟囱、谷仓和电信传输塔，如南京下关电厂当年的工业设施、上海的东方明珠电视塔、Boston的海湾水泥厂都曾经是当地重要的城市天际线构成。

天际线可以彰显城市特色和个性、帮助人们辨认方位、视觉美

感上的养眼，此外，还会由深度赏析而引发历史追忆和怀旧感叹。

2 天际线的特征

图 C7-3 世纪之交的纽约曼哈顿天际线

城市天际线通常会从以下 4 个方面进行设计。

（1） 高度。一直是国家或者城市间实力竞争的要素，其中不乏炫耀和浮夸的攀比。建筑高度并不构成城市天际线品质好坏评判的必要条件。即使是美国学者自己（如 Kostaf）也认为："美国的摩天楼都是一种不可被接受的城市象征。塔是个人利益和资本主义侵略性竞争的纪念碑。"今天的高层建筑早已不再是简单的技术挑战（阿联酋的迪拜和中国上海一直在这一点上十分较劲），然而高层建筑建设真正的决定却是应不应该建的问题。

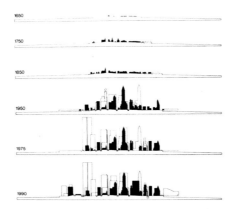

图 C7-4 曼哈顿天际线 1650 年代以来变化

（2） 形状。奇异独特的建筑，特别是建筑顶部造型和艺术处理会对天际线的特征产生影响。

（3） 人工装饰要素。建筑材质（如熠熠生辉的金属建筑材质）、夜间的光电照明效果等也会是影响天际线的因素。

（4） 图形与背景。天际线赏析的重要因素是，好的天际线应该在人工要素和自然要素之间寻求恰当的相关性，而通常应该是"一主一辅"，势均力敌的关系一般较难获得好的效果。

入城的陆上通道、江边或水边、城中自然或人工制高点（有利于获取城市天际线形象的高地或者建筑物）是观察天际线的场所。

（1） 入城的陆上通道，即城市设计研究中必然涉及的城市出入口，是外来者初次认识城市并产生印象的窗口。通过从外围有目的，逐渐移近的观察方式，可以获得对城市最初的总体形象。悉心设计的入城路径可以呈现出最有特点的天际线。

（2） 江边或水边——通常是全景式的或逐渐展开式的。水面上因为无遮挡，成为获得对岸建筑完整天际线的好视角。而另一种方式则是站在运动的船上来观看，此时建筑相对于船是不断运动的，

对于观察者来说，天际线便逐渐展开和发生变化。蒙太奇式的观察方式使得城市中建筑和景观的设定都考虑到人运动观察的角度。

（3） 城中自然或人工制高点，多为自然形成的高地或城市中的高层建筑物或构筑物。几百年来攀登钟塔都是人们热衷的活动。现今的高层建筑（构筑物）顶部的旋转餐厅和观光平台（Observatory）为赏析城市全景提供了更多的途径。

高层建筑是城市景观中最具特色，也是塑造城市天际线的重要元素，高层建筑是城市中能够被显著感知的景象，设计独特的高层建筑可以增加城市的识别性。格式塔心理学的图形—背景原理从视知觉的角度为这一现象阐明了理论基础。很多情况下，高层建筑都是城市天际线全景（背景）中的主体。

3 城市天际线的品评标准建议

图 C7-5 青岛滨海城市天际线

图 C7-6 故宫为前景的背景的城市天际线

图 C7-7 上海浦东陆家嘴

图 C7-8 香港港岛建筑滨水天际线

美学、特色和可识别性、内涵和意义可以作为品评城市天际线的标准。

（1） 美学原则。让人们通过城市天际线实际感知到美（或优美、或壮观、或跌宕起伏、主从性、层次性、韵律感等）总是第一位的，也是公认的品评原则。

（2） 特色和可识别性原则。具有可感知的城市整体结构性特征（显著区别于其他城市的差异性），易于识别城市意象和氛围。

（3） 内涵和意义（如何概括再议）。天际线构成既是一个历史范畴，又是一种记录城市变迁成长的物化载体。其中应蕴涵人们关于历史事件、轶事、时代发展等的丰富想象。

此外，高层建筑不宜作为普适性的评价尺度，因为这对历史城市不适用。

我国的城市天际线大致有如下 3 种（美学和可识别性为主要推荐标准，此处肯定是挂一漏万）。

（1） 海滨城市的城市滨海岸线，如以自然地貌与建筑相结合的青岛（图 C7-5）和大连滨海天际线、以高层建筑为标志的海口滨海岸线。

（2） 历史城市天际线，如北京景山南眺的紫禁城为观赏主体的历史城市天际线（图 C7-6），山西平遥城墙和严格控制的民居尺度构成的平远型城市天际线，以及厦门鼓浪屿因多年历史遗产保护和建设控制而幸存的优美天际线等。

（3） 城市以开阔水面或者场地为前景的天际线，如上海外滩看浦东陆家嘴高层建筑群（图 C7-7），黄浦江游船看上海浦西外滩历史建筑天际线，南京火车站广场透过玄武湖前景看与明代城墙交融的城市建筑群，以及香港九龙尖沙咀观赏港岛山城交相辉映的城市天际线（图 C7-8）等都非常著名。

第二部分 PART 2

案　例
PROJECT

A　城市设计
URBAN DESIGN

1 中国 2010 年上海世界博览会规划设计
Planning and Design for the World Expo 2010 Shanghai, China

项目成员：王建国、刘博敏、韩冬青、冷嘉伟、董卫、杨涛、雒建利、葛明、张彤、吴晓、孙世界、F. 施瓦茨、
R. 斯特恩等
Cooperation: WANG Jianguo, LIU Bomin, HAN Dongqing, LENG Jiawei, DONG Wei, YANG Tao, LUO Jianli, GE Ming, ZHANG Tong,
WU Xiao, SUN Shijie, F. Schwartz, R. Stern, et al.
委托单位：2010 年上海世博会组织委员会
Client: Organizing Committee of the 2010 Shanghai World Expo
获奖情况：Architectural Review 杂志 2004 年城市景观设计两项大奖（总体规划和建筑综合利用）
Awards: Cityscape 2004 Architectural Review Awards (the Master Planning Award & the Mixed-Use Award)

时间 Time | 2004-03 至 2004-07
地点 Location | 上海 Shanghai
规模 Area | 6.68 平方千米 6.68 km²

上海世博会选址位于黄浦江两岸、卢浦大桥与南浦大桥之间的河曲部位，规划涉及范围总面积约为 6.68km²，其中围栏区面积约 3km²。

规划功能布局以黄浦江为横轴，在浦东和浦西园区间建构垂直浦江的世博中轴，将整个展区分为四个区域：浦东形成国际展示区与中国岛区，以展示、交流和大型集庆活动为功能主体；浦西形成企业馆区与城市试验区，突出近代产业发展历史，展现港口城市文化和生活气息。园区道路交通网络系统的规划设计充分考虑到世博会期间特殊的交通流特性和强度以及世博会结束后后续利用的发展要求。园区内交通采用地铁、轻轨、巴士、水上巴士、自行车、步行等多个层面各种方式。

建筑设计以体现中国传统"天人合一"、"和为贵"的山水哲学为理念，采用了足以形成地景的"城市地形"和"建筑地形"的设计策略，同时综合考虑了会后场地利用规划、建筑保留与会后拆除的关系、综合交通系统的组织、反恐安全设计等问题。在中国馆等建筑设计中构想了结合被动式日照通风绿色技术的运用。中国馆和部分出租展馆采用巨型钢网壳结构模拟自然山形，内部形成巨大的展览空间。山形结构表皮具有生态技术特征和多功能、可持续的利用价值，较好地从形态与技术双重层面诠释了山水城市的设计理念。设计旨在通过世博会园区建设，建立一个符合可持续发展的生态人居理念，与体现和平、进步、公平、效率原则的新上海城市典范。

Spanning both sides of Huangpu River and located at its bend between Lupu Bridge and Nanpu Bridge, the World Expos 2010 Shanghai covers an area of 6.68 square kilometers with an enclosed zone of 3 kilometers in the planning.

Four display sections are planned based on the cross formed by Huangpu River and a central Expo axis rectangular to it, which are to be constructed between the Pudong and Puxi Expo parks. To be built in Putong are the International Display Section and a separate China Display Section, the major functions of which are exhibition, exchanges and major events. In Puxi, Industrial Display Section and Urban Experimental Section are to be set up, highlighting China's industrial development in modern times and unfolding the culture and life of the port city. The transport network is planned and designed with due consideration of characteristics and density of the traffic in the session of the Expo and the demand for the follow-up development after it is closed to the public. The means of transportation are many and varied, including the subways, light rails, buses, vaporettos, bicycles and travelling on foot.

The architectural design embodies the ideas that "man is an integral part of nature" and that "harmony is the most precious", both of which are traditional Chinese philosophy of landscaping. It adopts the design strategy of "city-terrain" and "building-terrain", which will suffice to form the whole landscape and meanwhile takes into account such issues as how to plan the post-Expo use of the venue, how to handle the relations concerning the retained and removed structures, how to organize the transport system with a comprehensive view in mind and how to achieve a safe and secure anti-terrorism design. The design is aimed, through the construction of the Expo venue, at putting in place a philosophy of ecological habitat concordant with the idea of sustainable development, and a new Shanghai as an urban paradigm expressing the principles of peace, progress, equity and efficiency.

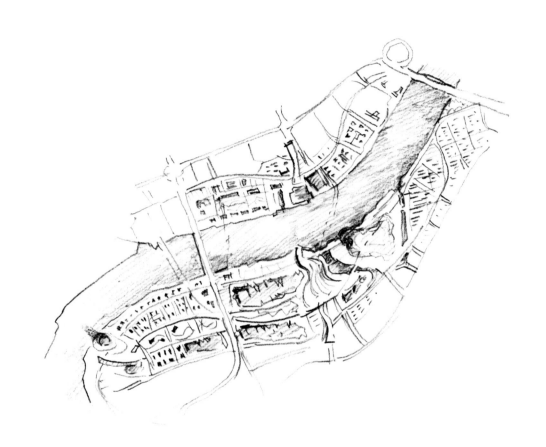

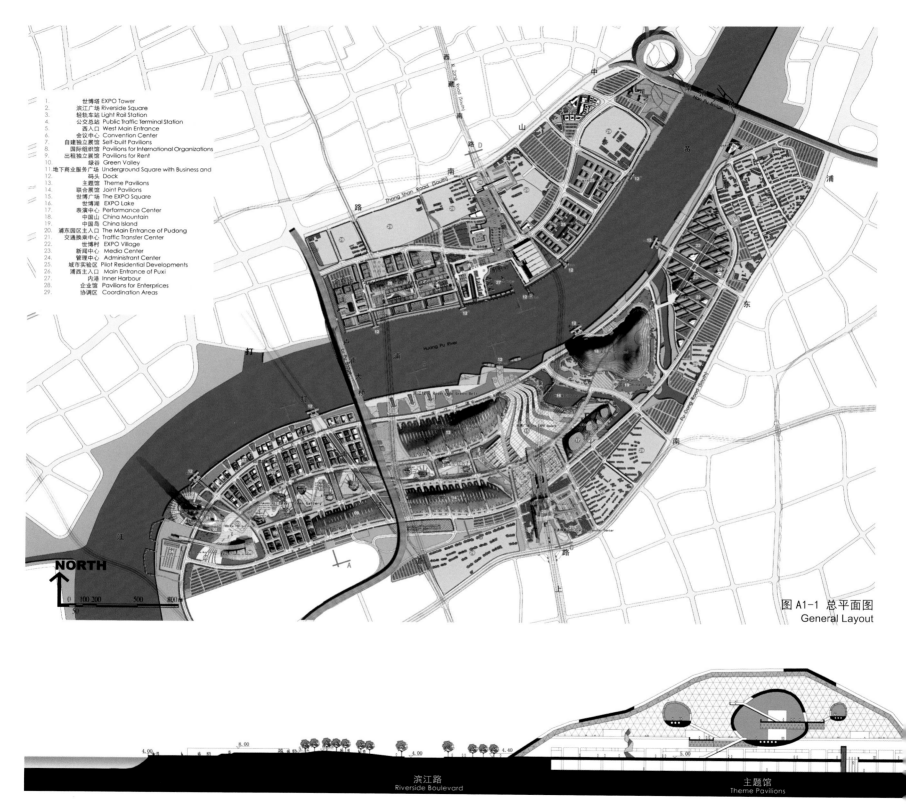

1. 世博塔 EXPO Tower
2. 滨江广场 Riverside Square
3. 轻轨车站 Light Rail Station
4. 公交总站 Public Traffic Terminal Station
5. 西入口 West Main Entrance
6. 会议中心 Convention Center
7. 自建独立展馆 Self-built Pavilions
8. 国际组织馆 Pavilions for International Organizations
9. 出租独立展馆 Pavilions for Rent
10. 绿谷 Green Valley
11. 地下商业服务广场 Underground Square with Business and
12. 码头 Dock
13. 主题馆 Theme Pavilions
14. 联合展馆 Joint Pavilions
15. 世博广场 The EXPO Square
16. 世博湖 EXPO Lake
17. 表演中心 Performance Center
18. 中国山 China Mountain
19. 中国岛 China Island
20. 浦东园区主入口 The Main Entrance of Pudong
21. 交通换乘中心 Traffic Transfer Center
22. 世博村 EXPO Village
23. 新闻中心 Media Center
24. 管理中心 Administrant Center
25. 城市实验区 Pilot Residential Developments
26. 浦西主入口 Main Entrance of Puxi
27. 内港 Inner Harbour
28. 企业馆 Pavilions for Enterprices
29. 协调区 Coordination Areas

NORTH

0 100 200   500   800 m
50

图 A1-1 总平面图
General Layout

滨江路
Riverside Boulevard

主题馆
Theme Pavilions

120

图 A1-2 总体鸟瞰图
Bird View

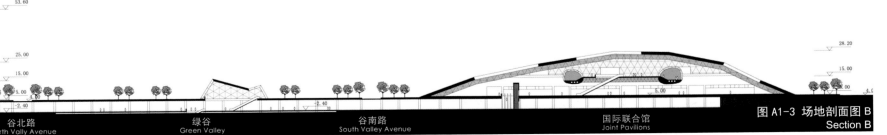

53.60

25.00

15.00

5.00

-2.40

谷北路
North Vally Avenue

绿谷
Green Valley

谷南路
South Valley Avenue

国际联合馆
Joint Pavilions

28.20

15.00

图 A1-3 场地剖面图 B
Section B

121

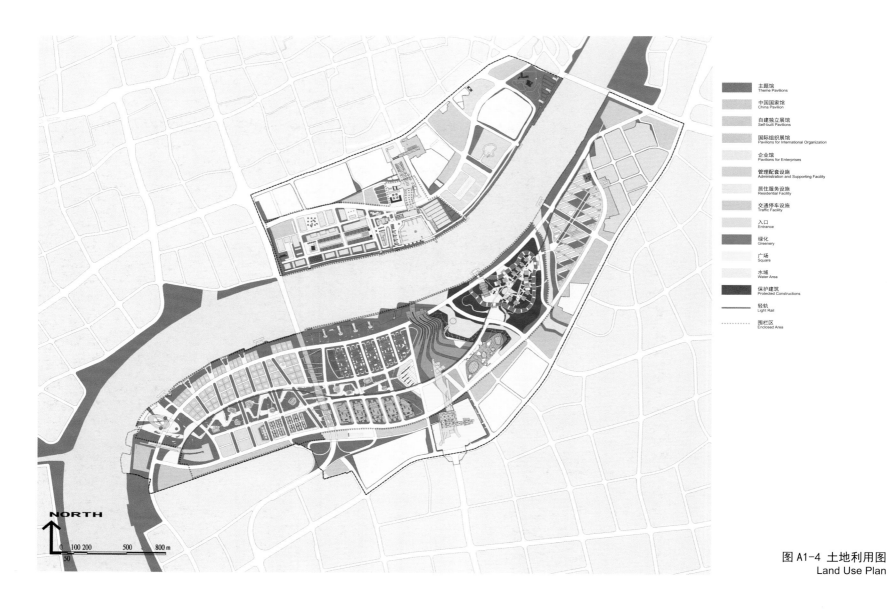

图 A1-4 土地利用图
Land Use Plan

主题馆
Theme Pavilions

中国国家馆
China Pavilion

自建独立展馆
Self-built Pavilions

国际组织展馆
Pavilions for International Organization

企业馆
Pavilions for Enterprises

管理配套设施
Administration and Supporting Facility

居住服务设施
Residential Facility

交通停车设施
Traffic Facility

入口
Entrance

绿化
Greenery

广场
Square

水域
Water Area

保护建筑
Protected Constructions

轻轨
Light Rail

围栏区
Enclosed Area

NORTH

0 100 200   500   800 m
   50

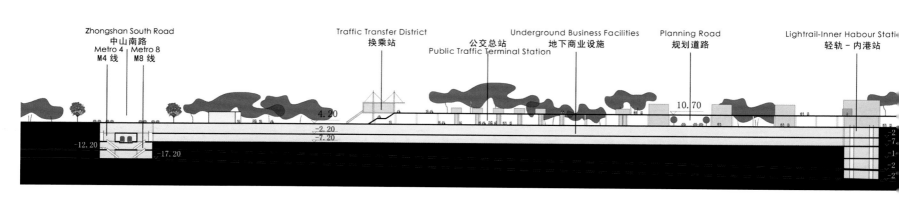

Zhongshan South Road
中山南路
Metro 4 | Metro 8
M4 线 | M8 线

Traffic Transfer District
换乘站

公交总站
Underground Business Facilities
地下商业设施
Public Traffic Terminal Station

Planning Road
规划道路

Lightrail-Inner Habour Statie
轻轨 - 内港站

4.20

10.70

-2.20
-7.20

-12.20

-17.20

122

图 A1-5 浦西内港区工业遗产改造设计
Industrial Heritage Renovation in Puxi Inner Port Area

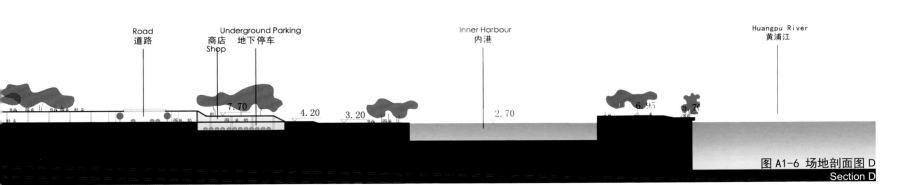

Road
道路

Underground Parking
商店　地下停车
Shop

Inner Harbour
内港

Huangpu River
黄浦江

7.70

4.20

3.20

2.70

6.95

9.7

图 A1-6 场地剖面图 D
Section D

图 A1-7 中国国家馆·馆内空间
China Pavilion • Perspective of Inner Space

图 A1-8 主题馆·馆间步道
Theme Pavilion • Perspective of Walking Avenue

图 A1-9 主题馆
Theme Pavilion

图 A1-10 世博广场
Expo Plaza

时间	2008-11 至
Time	2009-06
地点	杭州
Location	Hangzhou
面积	45 平方千米
Area	45 km²

2 杭州西湖东岸景观规划——西湖申遗之景观提升工程

Landscape Planning for East Bank of Xihu Lake, Hangzhou — A Landscape Upgrading Project for the application of World Cultural Heritage for the Xihu Lake

项目成员：王建国、杨俊宴、陈宇、徐宁、刘迪、孔祥恒、赵烨、杨扬等
Cooperation: WANG Jianguo, YANG Junyan, CHEN Yu, XU Ning, LIU Di, KONG Xiangheng, ZHAO Ye, YANG Yang, et al.
委托单位：杭州市规划局
Client: Hangzhou Urban Planning Bureau
获奖情况：国际竞赛第一名，江苏省第十五届优秀工程设计一等奖（2012）
Awards: 1st Prize of International Competition, 1st Prize of Jiangsu Excellent Project (2012)

西湖是中国传统山水园林中，历史悠久、文化内涵极为丰富的案例。项目即是在西湖酝酿申报世界文化遗产的背景下，针对其景观提升展开的研究。

规划设计首先对西湖形成的自然历史和人文历史进行了梳理，进而廓清了西湖景观的价值和国内外具有广泛影响力的原因。规划设计成功创制并实践了基于 GPS 和 GIS 技术研究西湖随机视点分布规律的方法，同时还引入了"空气能见度"与景观观赏关系的研究，为西湖景观环境的提升和整治提供了关键科学依据。

规划设计以"疏解老城、城湖交融、山水入城"为理念，综合运用基于城市设计的大尺度空间形态控制理论、景观视觉评价理论和城市中心体系发展理论，分析了城市未来的高度形态分布，寻求西湖东岸城市景观控制的不同途径，提出"二核四辅"的高层分布、"山水绿脉"的景观轴线、"赏游合一"的观景游线和"秀隐谐巧"的建筑风貌四方面的综合景观提升策略。

The project of the Xihu Lake, a perfect example of traditional Chinese landscape gardens boasting a long history and abundant culture, is a study aimed at upgrading its landscape against the background of its applying for the World Cultural Heritage.

The planning and design begins with a combing of its forming process contributed by both nature and man to develop a clear idea of its scenic value and the reasons why it has a wide-ranging influence both at home and abroad. It succeeds in creating and putting in practice the GPS-based and GIS-based approach in researching the distribution pattern of random vantage points and embarks on the study of relationships between "atmospheric visibility" and view admiring, thus providing key scientific data for the landscape renovating and upgrading of the Xihu Lake.

The planning and design process, guided by the philosophy of "alleviating the old part of the city, blending the city and the lake and creating a city with natural landscape", applies the theories of morphological control for large-scale spaces, visual landscape evaluation and urban center system development that based on urban design in a comprehensive way. It conducts an analysis of the morphological distribution of heights of a city in the future in order to come up with different approaches of urban landscape control over the east bank of the Xihu Lake. A height distribution of "two cores with four auxiliaries", a landscape axis of "landscaped green vein", tourist routes featuring an "integration of sightseeing into travelling", and an architectural style accentuating the "beautiful, obscure, harmonious and intricate" features of buildings are proposed as comprehensive strategies of upgrading the landscape.

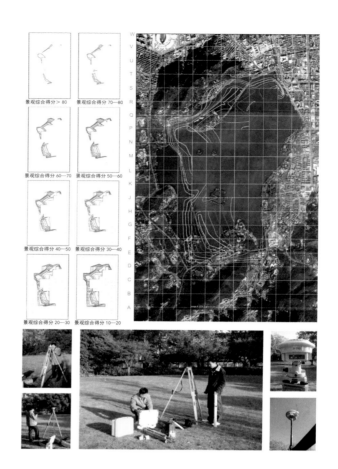

图 A2-1 观景点的选取和等视线的确定
Scenic Spots Selection and Equal Sight Line Desiding

图例 Legend

● 堤岸上选点位置
Position by bank

● 湖上选点位置
Position on lake

景观综合得分 > 80　景观综合得分 70—80

景观综合得分 60—70　景观综合得分 50—60

景观综合得分 40—50　景观综合得分 30—40

景观综合得分 20—30　景观综合得分 10—20

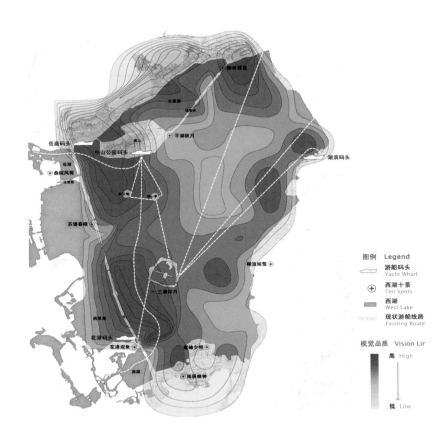

图 A2-2 现状西湖游船路线与景观等视线叠合图
Current Superimposition of Cruise Line and Equal Sight Line

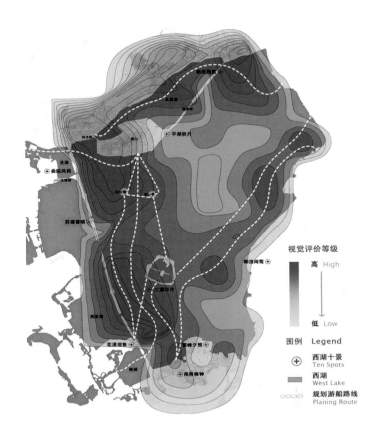

图 A2-3 规划西湖游船路线与景观等视线叠合图
Planned Superimposition of Cruise Line and Equal Sight Line

图 A2-4 环湖景观立面
Elevation Around Xihu Lake

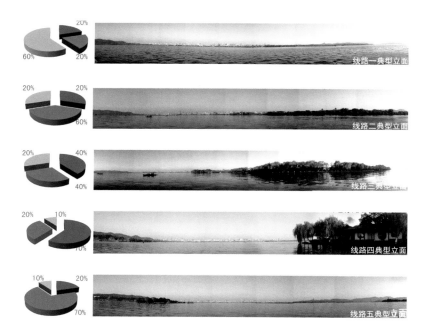

图 A2-5 西湖景观与湖面游线
的观景关系
Relationship Between
Landscape and Tour Line

线路一典型立面

线路二典型立面

线路三典型立面

线路四典型立面

线路五典型立面

图例 Legend
综合评分 10—20
综合评分 20—30
综合评分 30—40
综合评分 40—50
综合评分 50—60
综合评分 60—70
综合评分 70—80
综合评分 80—90

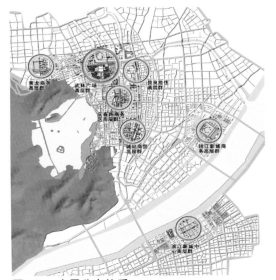

图 A2-6 高层分布体系
High Buildings Distribution

图 A2-7 景观地标分布体系
Landmark Distribution

图 A2-8 开放空间体系
Open Space

图 A2-9 总体鸟瞰图
Bird View

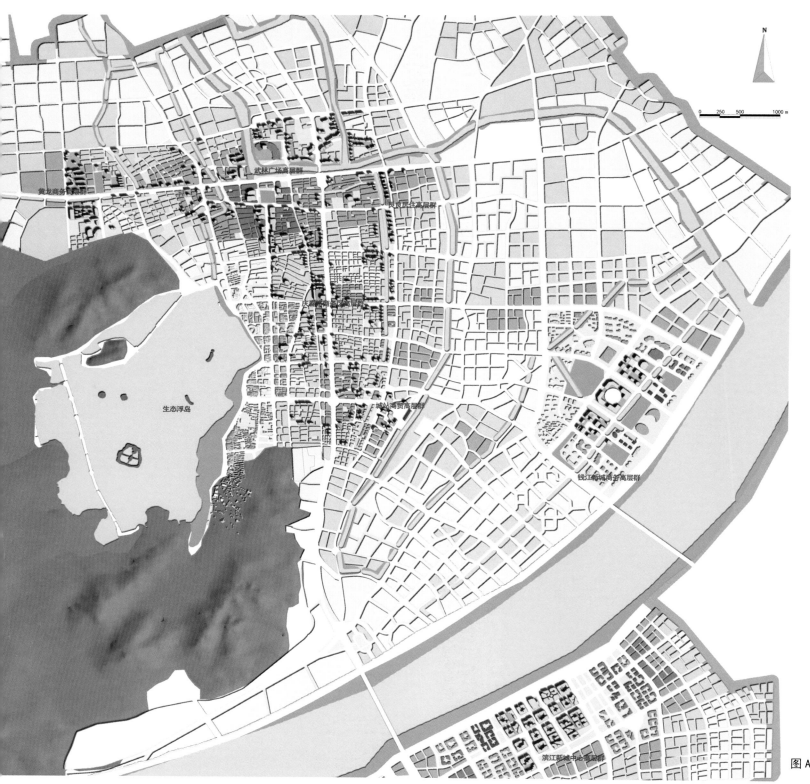

武林广场高层群

黄龙商务区高层群

良良居住高层群

生态浮岛

庆春路商务高层群

城站商贸高层群

钱江新城商务高层群

滨江新城中心高层群

图 A2-10 总平面图
General Layout

图 A2-11 轮廓线显现度分布图
Contour Line

图 A2-12 近景中景远景分布图
Vision Range

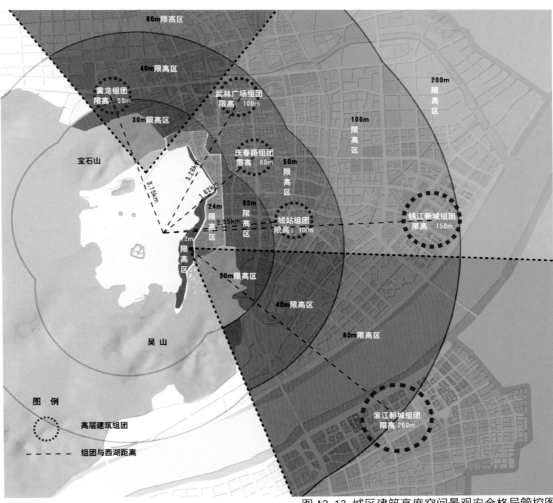

60m 限高区

40m 限高区

黄龙组团
限高：50m

武林广场组团
限高：100m

200m
限高区

30m 限高区

100m
限高区

宝石山

庆春路组团
限高：60m

50m
限高区

钱江新城组团
限高：150m

24m
限高区

32m
限高区

城站组团
限高：100m

2m
限高区

20m 限高区

吴山

40m 限高区

80m 限高区

滨江新城组团
限高：200m

图 例

高层建筑组团

组团与西湖距离

图 A2-13 城区建筑高度空间景观安全格局管控图
Security Control of Building Height

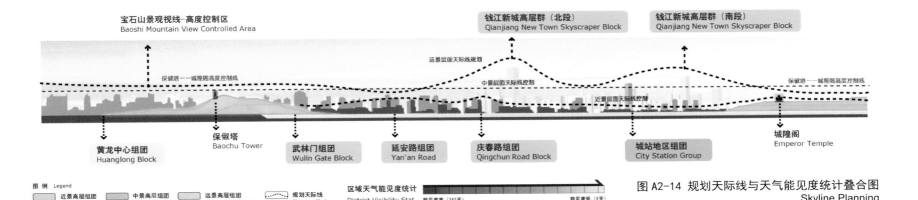

宝石山景观视线-高度控制区
Baoshi Mountain View Controlled Area

钱江新城高层群（北段）
Qianjiang New Town Skyscraper Block

钱江新城高层群（南段）
Qianjiang New Town Skyscraper Block

远景层面天际线规划

保俶塔——城隍阁高度控制线

中景层面天际线控制

近景层面天际线控制

保俶塔——城隍阁高度控制线

黄龙中心组团
Huanglong Block

保俶塔
Baochu Tower

武林门组团
Wulin Gate Block

延安路组团
Yan'an Road

庆春路组团
Qingchun Road Block

城站地区组团
City Station Group

城隍阁
Emperor Temple

图 例 Legend

近景高层组团
Close-shot Group

中景高层组团
Mid-shot Group

远景高层组团
Distance-shot Group

规划天际线
Planning Skyline

区域天气能见度统计
District Visibility Stat.

能见度高（365天）　能见度低（0天）

图 A2-14 规划天际线与天气能见度统计叠合图
Skyline Planning

133

3 广州传统中轴线城市设计
Urban Design of the Traditional Central Axis of Guangzhou

时间 | 2000-10 至
Time | 2000-12

地点 | 广州
Location | Guangzhou

规模 | 1.44 平方千米
Area | 1.44 km²

项目成员：王建国、韩冬青、董卫、陈宇、吕志鹏、戴琦、王湘君、费移山等
Cooperation: WANG Jianguo, HAN Dongqing, DONG Wei, CHEN Yu, LU Zhipeng, DAI Qi, WANG Xiangjun, FEI Yishan, et al.
委托单位：广州市规划局
Client: Guangzhou Urban Planning Bureau
获奖情况：城市设计竞赛第一名、广东省优秀城乡规划设计三等奖（2005）
Awards: 1st Prize of Urban Design Competition, 3rd Prize of Guangdong Excellent Urban & Country Planning (2005)

广州传统轴线是中国古城城市轴线历史延续最长的案例之一，也是广州城市整体形态格局的核心骨架——北起中山纪念碑、南至海珠广场，全长约为3.3km。但在疾风暴雨式的城市快速发展中也出现了空间破碎化、绿化功能不完整、步行行为不连续及相应的特色不明显等问题。

设计基本目标：理想形态结构的追寻，历史文化内涵的深化，社区价值和场所性的维系，环境特色和品质的追求。

从历史名城保护的角度出发，以"云山珠水，一城相系"为核心理念，优化调整空间结构，整合历史文化资源，建构山、水、城之间的步行体系，重筑城市轴线与白云山、珠江的关系，塑造充满生机而富有魅力的城市传统轴线，重新打造出集生态轴、活动轴、历史发展轴为一体的城市公共活动场所。

通过具体的设计措施，保护了五仙门发电厂等已经列入拆除用地的历史建筑，同时有效改善了中山纪念堂、广州起义旧址、书院群、高第街、海珠广场等重要历史建筑周边的城市环境。成果已经优化修改后以城市设计导则的形式由广州市政府批准实施。

The 3.3-kilometer traditional axis in Guangzhou is among those urban axes with a long history, acting as the core framework in terms of its overall formal pattern of Guangzhou--running from Sun Yat-sen Monument in the north to Haizhu Square in the south. Unfortunately, in the frenetic fast development of the city, problems have arisen such as fragmentation of spaces, dysfunctional green spaces, discontinued pedestrian behaviors and related ill-defined features.

The fundamental goals that this project is aimed to achieve are as follows: to pursue an ideal formal structure, to deepen its historical and cultural implications, to maintain the community values and sense of locality, and to seek environmental features and quality.

From the perspective of historic city conservation, the design, based on the core philosophy of "Baiyun Mountain and Zhujiang River bridged by Guangzhou city", should construct a pedestrian system linking the mountain, the river and the city, and re-establish the connections between the city axis and the river and the mountain by adjusting and optimizing the city's spatial structure, and integrating all the historical and cultural resources. In so doing, a vigorous and glamorous traditional urban axis will come into being and a public place will emerge, with an ecological axis, an axis for public events and an axis featuring the city's historical development, all wrapped into one.

Specific measures in the design will help preserve Wuxianmen Power Plant and other historical buildings located in the tear-down land, and contribute a great deal to the improvement of the surroundings of such historically significant buildings as Dr. Sun Yat-sen's Memorial Hall, the former site of the Guangzhou Uprising, the cluster of ancient academies of classical learning, Gaodi Street, and Haizhu Square. After modified and optimized, these research achievements have been ratified for implementation by the Municipal Government of Guangzhou as a guideline for urban design.

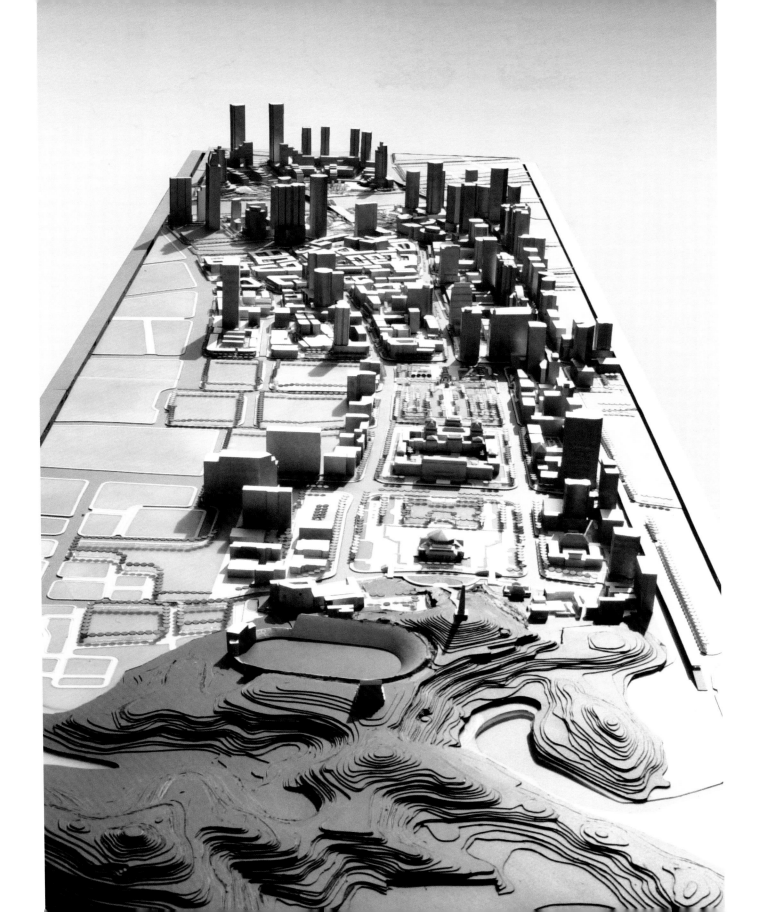

图 A3-1 现状城市肌理
Original Urban Fabric

图 A3-2 规划城市肌理
Urban Fabric After Planning

图 A3-3 总平面图
General Layout

图 A3-4 街景透视 1
Streetscape 1

图 A3-5 街景透视 2
Streetscape 2

图 A3-6 总体鸟瞰图
Bird View

时间 | 2002-07 至
Time | 2002-11

地点 | 厦门
Location | Xiamen

规模 | 9.32 平方千米
Area | 9.32 km²

4 厦门市钟宅湾开发规划设计
Planning and Design of Zhongzhai Bay Developments, Xiamen

项目成员：王建国、阳建强、王晓俊、王湘君、魏羽力、胡明星、王玉等
Cooperation: WANG Jianguo, YANG Jianqiang, WANG Xiaojun, WANG Xiangjun, WEI Yuli, HU Mingxing, WANG Yu, et al.
委托单位：厦门市规划局
Client: Xiamen Urban Planning Bureau
获奖情况：国际竞赛第一名
Awards: 1st Prize of International Competition

钟宅湾地区位于厦门岛东北部绿心（湖边水库）向北的绿廊上，其西南区域作为和绿心的结合部，是生态敏感区域。规划设计重点是为钟宅湾地区的中长期开发提供基本框架和规划指南，主要包括：

维持并加强海湾地区岸线的连续与统一，处理好水域环境保护与利用关系，促进钟宅湾地区与邻近地区的协调和谐。

提高与改善钟宅湾的水质与生态环境，积极创建新的自然保护区，为长期保持生态平衡奠定基础。

保护好钟宅湾地区的历史文化遗迹及传统村落，挖掘历史文化资源，提升旅游产业的价值

加强与改善钟宅湾的观点瞭望及景点的规划，促进临近水面地区的建筑设计水平，建设大型、高质量的景点，设计一系列城市景观观赏区域及线路，增强海湾地区及其周围环境的可观赏性。

丰富钟宅湾地区的休闲娱乐特色，增强钟宅湾湖滨大道的观赏性。

提高钟宅湾地区的通达能力，减少机动车的干扰，改善钟宅湾的市政公园设施及促进与周边环境的协调，整体优化钟宅湾地区的功能布局与土地利用。

合理确定钟宅湾地区内部的农村的保留、拆迁与合并，探寻农村居民点城市化的有效途径，促进该地区开发社会、经济与环境效益的综合平衡。

Zhongzhai Bay, whose southwest, connecting the "green heart" (the Riverside Reservoir), is an ecologically-sensitive area, is located in the green corridor north of the "green heart" (Hubian Reservoir) in the northeast of Xiamen Island. The focus of planning and design is on the provision of a framework and a planning guide for the mid-term and long-term development of Zhongzhai Bay area. Major solutions are as follows:

Maintaining a consistently continuous coastline in the bay area, balancing the use and the preservation of local waters, and promoting the harmonious coexistence of the bay area and its neighbors.

Improving the water quality and ecological environment of Zhongzhai Bay, making special efforts to create new natural reserves to lay a solid foundation for a long-term ecological balance.

Protecting the historical and cultural relics and traditional villages, and exploring historical and cultural resources to add value to its tourism.

Upgrading the planning for the vantage points and scenic spots, boosting the quality of architectural design of waterfront areas, initiating the construction of large scale tourist attractions with high quality, and designing a series of tourist routes as well as zones of urban scenery in an effort to attach additional value to the bay area and its surroundings in terms of sightseeing.

Enriching the entertainment of the bay area and making the Lakeside Avenue more worthwhile to admire.

Making the bay area more accessible by reducing the interference caused by automobiles, perfecting the recreational facilities such as parks in the urban areas to make them part of the surroundings, and comprehensively optimizing the functional layout and the land use of the bay area.

Making advisable decisions as to whether certain rural residences in the bay area should be preserved, torn down, or incorporated in order to boost the balance of social, economic and environmental benefits while developing the area.

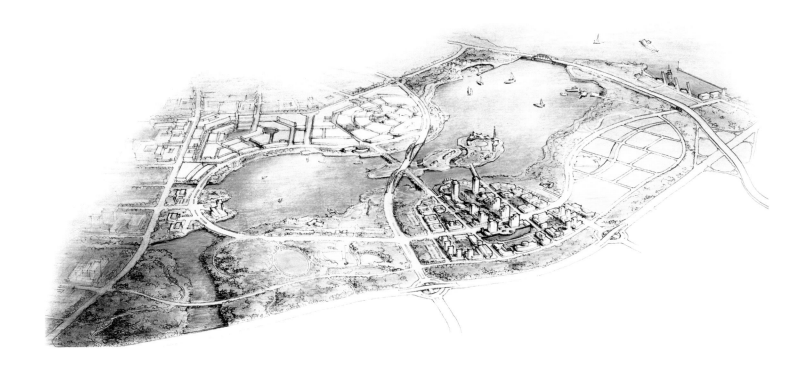

游艇俱乐部
Yacht Club

五通码头
Wutong Harbor

钟宅湾
Zhongzhai Bay

钟宅村历史文化旅游区
Zhongzhai Historical & Cultural Area

恢复红树林防护带
Recovery Mangrove

高级别墅区
Villas

湖心岛
Island

商务区
Commerce & Office Area

预留发展用地
Preserved Development Area

内湾
Inner Bay

保留村镇
Preserved Village

温泉中心
Hot Spring Center

游乐场
Pleasure Ground

核心发展区
Core Development Area

棒垒球运动场
Baseball and Softball Sports Area

生态斑块
Ecological Patch

图 A4-1 总平面图
General Layout

140

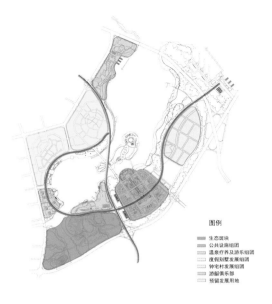

图 A4-2 功能组团图
Function

图例
- 生态斑块
- 公共设施组团
- 温泉疗养及游乐组团
- 度假别墅发展组团
- 钟宅村发展组团
- 游艇俱乐部
- 预留发展用地

图 A4-3 道路交通图
Transportation

图例
- 城市快速路
- 城市干道
- 区域主干道
- 支路
- 辅路

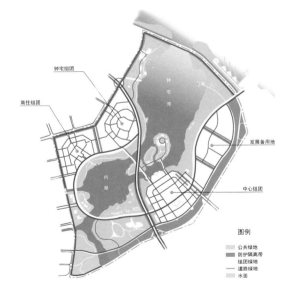

图 A4-4 绿地系统图
Green Space

图例
- 公共绿地
- 防护隔离带
- 组团绿地
- 道路绿地
- 水面

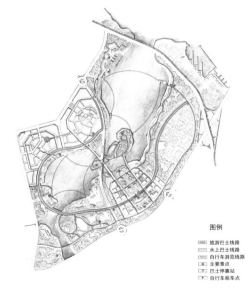

图 A4-5 旅游线路图
Tourist Route

图例
- 旅游巴士线路
- 水上巴士线路
- 自行车游览线路
- 主要景点
- 巴士停靠站
- 自行车租车点

图 A4-6 模型照片
Model Photo

时间 Time	2005-05 至 2005-08
地点 Location	重庆 Chongqing
规模 Area	33.1 平方千米 33.1 km²

5 重庆大学城总体城市设计
Comprehensive Urban Design of Chongqing College Town

项目成员：王建国、阳建强、吴晓、孙世界、王兴平、高源、王晓俊等
Cooperation: WANG Jianguo, YANG Jianqiang, WU Xiao, SUN Shijie, WANG Xingping, GAO Yuan, WANG Xiaojun, et al.
委托单位：重庆市规划局
Client: Chongqing Urban Planning Bureau
获奖情况：国际竞赛二等奖
Awards: 2nd Place of International Competition

重庆大学城位于重庆市主城区以西的西永组团中部，坐落于中梁山、缙云山之间以及寨山坪北麓，是联系重庆市域西部城镇的重要地区。大学城中心区核心区用地面积为 80hm² 左右，其设施配置具有服务大学的专业性，除行政办公、商业金融、文化娱乐等一般生活服务中心用地外，还有休闲体育、教学科研等用地。

设计将中心区的独特空间结构归纳为"双核互映，轴带相连，水绿交融，人文集聚"。

设计贯彻了"生态优先"的城市设计理念，设置了大学的"生态绿核"（中央休闲公园），沿虎溪河安排了蜿蜒延伸的不同尺度的绿地，并将其贯穿整个大学城中心区，将何家冲公园、中央休闲公园与大成湖公园依次串接了起来，为城市文化休闲生活提供了一个连续、丰富、多变的滨水活动区和绿色大舞台。

在西永—土主中心区的"商务硬核"内部，面向山体和市民公园横向引入一绿楔（商务广场），在改善城市微环境、保障风道畅通的同时，也于城市森林中引入一片宝贵的公共活动绿地。

Chongqing College Town, an important area linking Chongqing Municipality and cities and towns in West China, is located in the central part of Xiyong Cluster to the west of the main city zone of Chongqing, lying between Zhongliang Mountain and Jinyun Mountain, at the foot of Zhaishanping in the north. In the central part of the College Town, the core area covers about 80 hectares, the supporting facilities to be built serving the colleges and universities. Apart from the land use for general purposes such as administration, commerce, finance, and entertainment, there is also land reserved for leisure sports, teaching and scientific research.

This design presents the unique spatial structure of the central area as "two cores reflecting each other, an axis and a belt being interconnected, waters and green spaces being merged and a culture of learning reigning supreme".

The philosophy of urban design as "ecology first" is carried out through the whole design process, according to which a so-called "ecological green core" (a.k.a. Central Leisure Park) will be constructed, and a green belt of different scale along the Huxi River will wind through the central area of the College Town, thus consecutively connecting Hejiachong Park, the Central Leisure Park and Dacheng Lake Park. Such an arrangement offers a successive colorful waterfront abundant in change and a large green stage for the urban cultural and recreational activities.

Inside the so-called "commercial hard core" located in the central area of Xiyong-Tuzhu will be arranged a wedge-shaped green space (Commercial Park), facing and being parallel to a range of mountains and the Civic Park. Such a design makes it possible for there to exist a valuable public recreational green space in the urban jungle of buildings while the urban microenvironment is being improved and the ventilation corridor guaranteed to work properly.

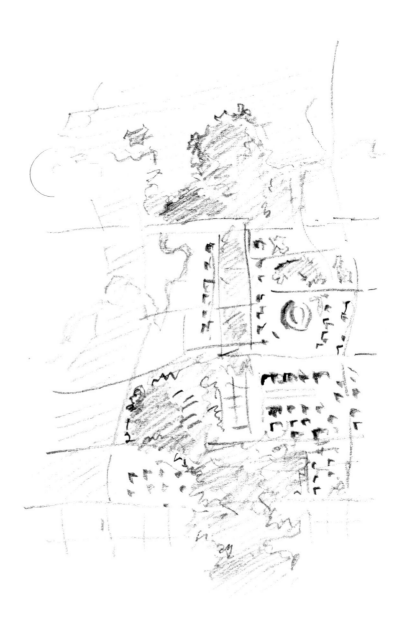

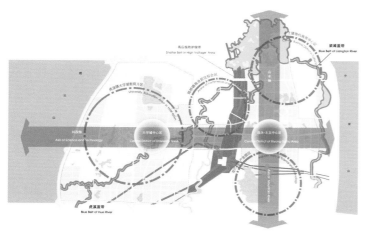

图 A5-1　总体空间结构分析图
Overall Spatial Structure Analysis Diagram

图 A5-2　总平面图
General Layout

图 A5-3 总体鸟瞰图
Bird View

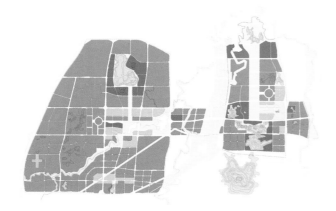

	低层建筑区	Low-rise Building Zone
	多层建筑区	Multi-story Building Zone
	高层适度发展区	High-rise Building Appropriately Development Zone
	高层优先发展区	High-rise Building Priority Development Zone

图 A5-4 建筑高度分区控制图
Building Height Partition Control Diagram

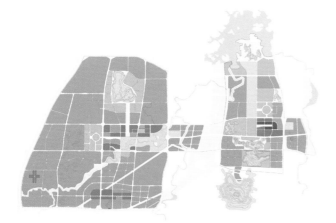

	极低强度	Very Low Density
	低强度	Low Density
	中强度	Medium Density
	中高强度	Medium to High Density
	高强度	High Density

图 A5-5 开发强度分区控制图
Density Partition Control Diagram

图 A5-6 城市天际线
City Skyline

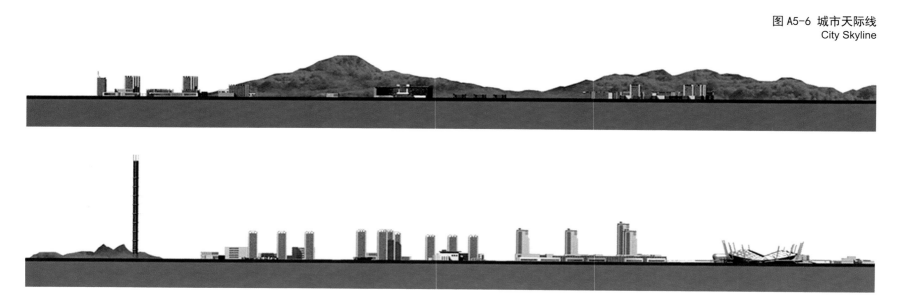

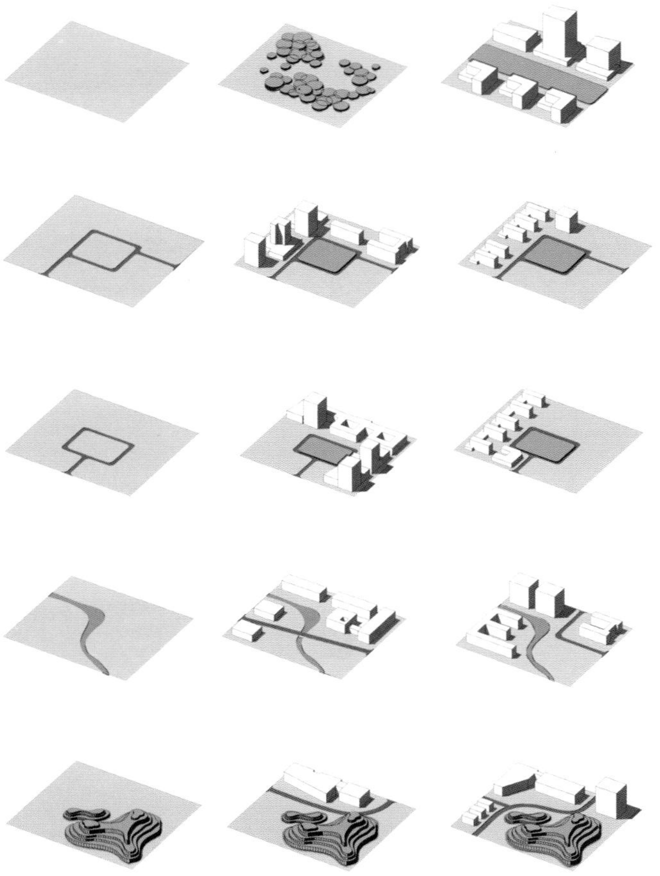

图 A5-7 建筑排布示意图
Architectural Arrangement Diagram

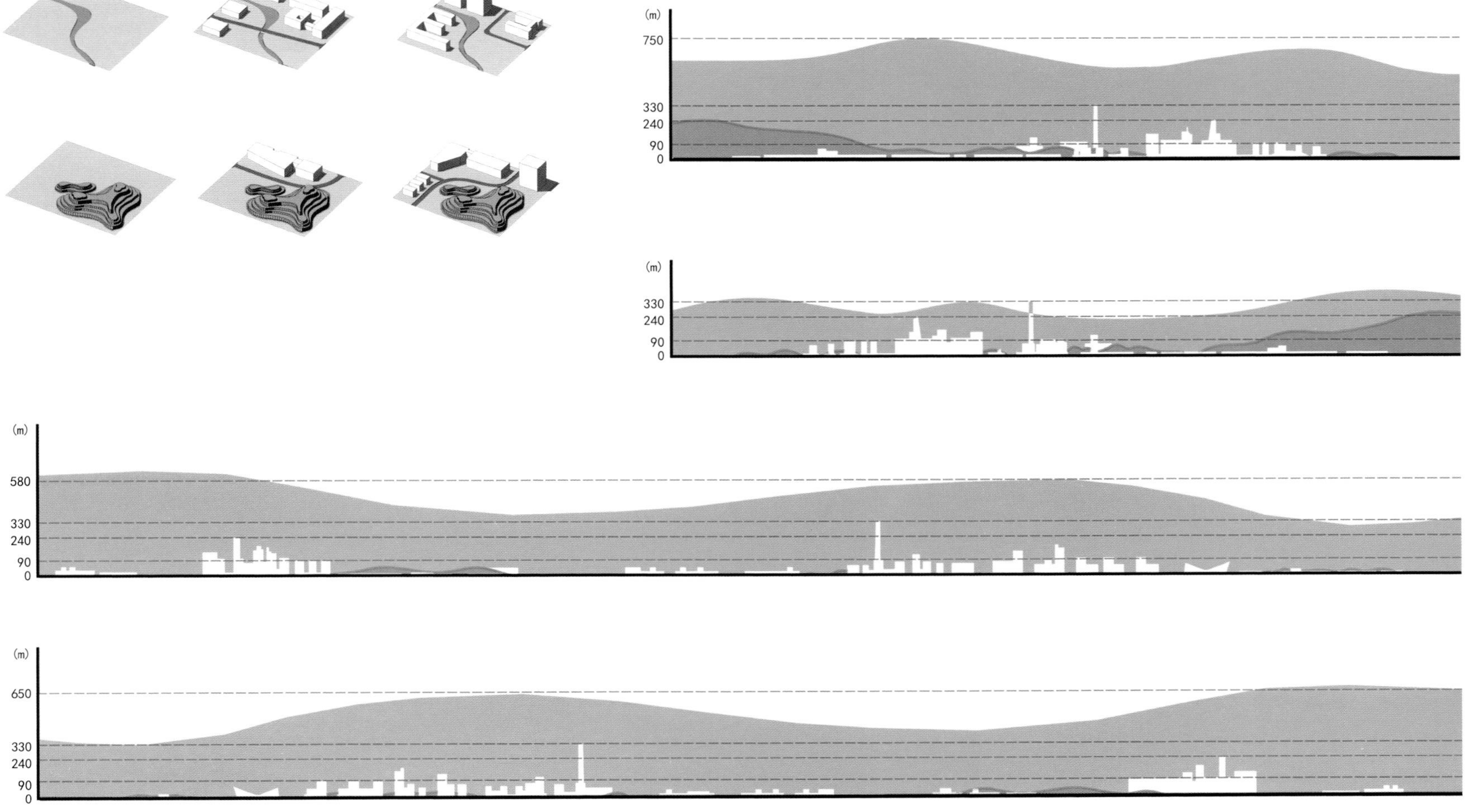

图 A5-8 城市天际线与山体关系示意图
Relationship Between City Skyline and Mountains

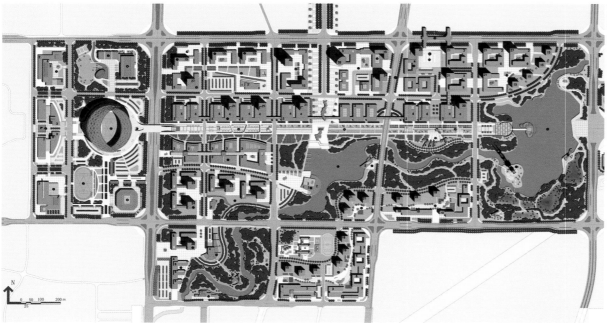

图 A5-9 大学城中心区平面图
Plan of Central Area

图 A5-10 大学城中心区鸟瞰图
Bird View of Central Area

148

图 A5-11 西永—土主中心区平面图
Plan of Xiyong-Tu Central Area

图 A5-12 西永—土主中心区鸟瞰图
Bird View of Xiyong-Tu Central Area

149

时间 Time	2009-10 至 2009-11
地点 Location	西安 Xi' an
规模 Area	71.8 公顷 71.8 hm²

6 西安交通大学曲江校区建设规划设计
Planning and Design of the Construction of Qujiang Campus, Xi'an Jiaotong University

项目成员：程泰宁、王建国、冷嘉伟、唐斌、徐春宁、王幼芬等
Cooperation: CHENG Taining, WANG Jianguo, LENG Jiawei, TANG Bin, XU Chunning, WANG Youfen, et al.
委托单位：西安交通大学
Client: Xi'an Jiaotong University
获奖情况：国际竞赛第一名
Awards: 1st Prize of International Competition

曲江校区位西安南郊少陵塬的北部，规划定位为世界一流的研究型科学园与具有鲜明科学园区特色的开放城市空间。

规划方案考虑了生态优先的理念，设计从西安地区特定的"塬"形地貌出发，结合当地夏季盛行西南风、冬季盛行东北风的气候特征，形成东密西疏、引导西南风、阻挡东北风的规划形态。

设计突破了以往校园规划"重形轻态"的设计模式，统筹考虑校园人文特色与交通大学历史传承的开放性特征与周边用地的功能影响，因地制宜地实现了设计与基地条件的有机结合。

设计中提出的"书院制"学习、工作、生活功能的空间组团化规划策略，突破了以往国内一般理工科院校校园规划中重管理、重规训和功能机械分区的空间规划范式，在校园规划设计中具有一定的创新性。

Located at the north part of Shaolingyuan in the southern suburb of Xi'an, Qujiang campus is orientated by the planning as world-class scientific park for research and open urban spaces with distinguished features of scientific park.

The planning scheme gives priority to ecological considerations. Based on a type of Xi'an-specific plateau ("Yuan" in Chinese language) topology and the local climatic conditions, i.e., southwest wind dominates summer and northeast wind is common in winter, it develops a planning morphology featuring densely distributed buildings in the east and sparsely distributed ones in the west to let in the southwest wind and keep out the northeast wind.

Sharply different from the traditional campus planning mode where "the form is valued above the morphology", this design takes a holistic approach by taking into account the campus culture, the open access characterizing the university's history, and the functional impact exerted by the surrounding land use, thus organically integrating specific conditions of the site into the designing procedure.

The planning strategies of spatial grouping of learning, working and living in the "College System" are introduced in the design, which constitutes an innovative breakthrough compared with the rigid spatial planning paradigm often adopted by most institutes of science and technology, where supervision and discipline are emphasized and functional areas are mechanically divided.

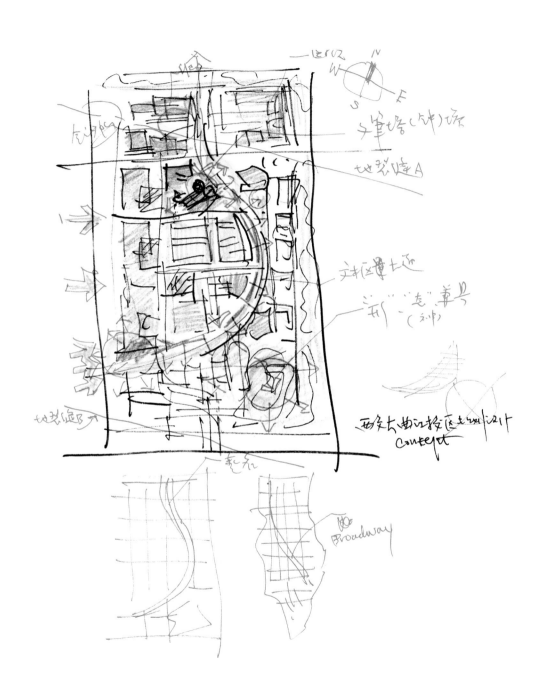

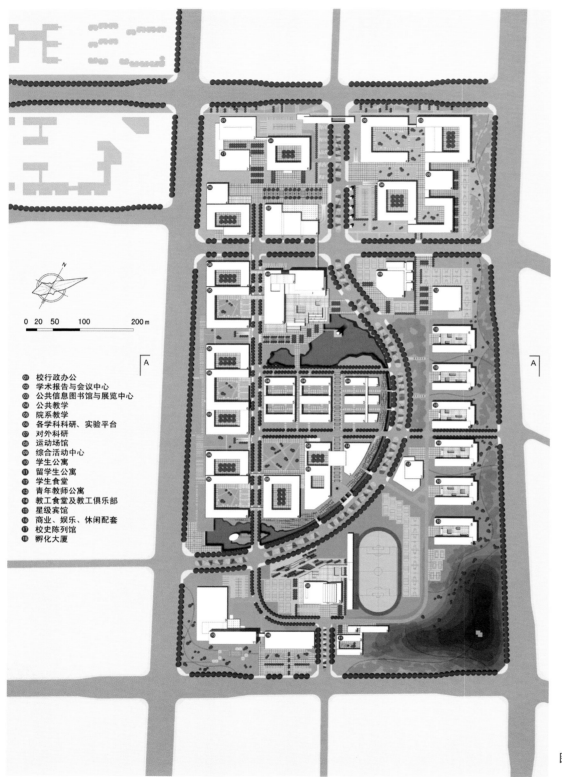

① 校行政办公
② 学术报告与会议中心
③ 公共信息图书馆与展览中心
④ 公共教学
⑤ 院系教学
⑥ 各学科科研、实验平台
⑦ 对外科研
⑧ 运动场馆
⑨ 综合活动中心
⑩ 学生公寓
⑪ 留学生公寓
⑫ 学生食堂
⑬ 青年教师公寓
⑭ 教工食堂及教工俱乐部
⑮ 星级宾馆
⑯ 商业、娱乐、休闲配套
⑰ 校史陈列馆
⑱ 孵化大厦

0 20 50   100   200 m

图 A6-1 总平面图
General Layout

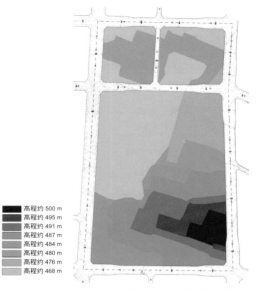

高程约 500 m
高程约 495 m
高程约 491 m
高程约 487 m
高程约 484 m
高程约 480 m
高程约 476 m
高程约 468 m

图 A6-2 基地地形分析图
Site Terrain Analysis

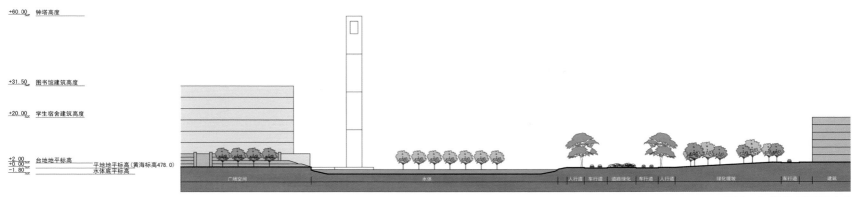

+60.00 钟塔高度

+31.50 图书馆建筑高度

+20.00 学生宿舍建筑高度

+2.00 台地地平标高
+0.00 平地地平标高 (黄海标高478.0)
-1.80 水体底平标高

广场空间　　　　　　　　水体　　　　人行道 车行道 道路绿化 车行道 人行道　　绿化缓坡　　车行道 建筑

图 A6-3 场地剖面图 A-A
Site Section A-A

图 A6-4 中心广场鸟瞰图
Bird View of Central Plaza

153

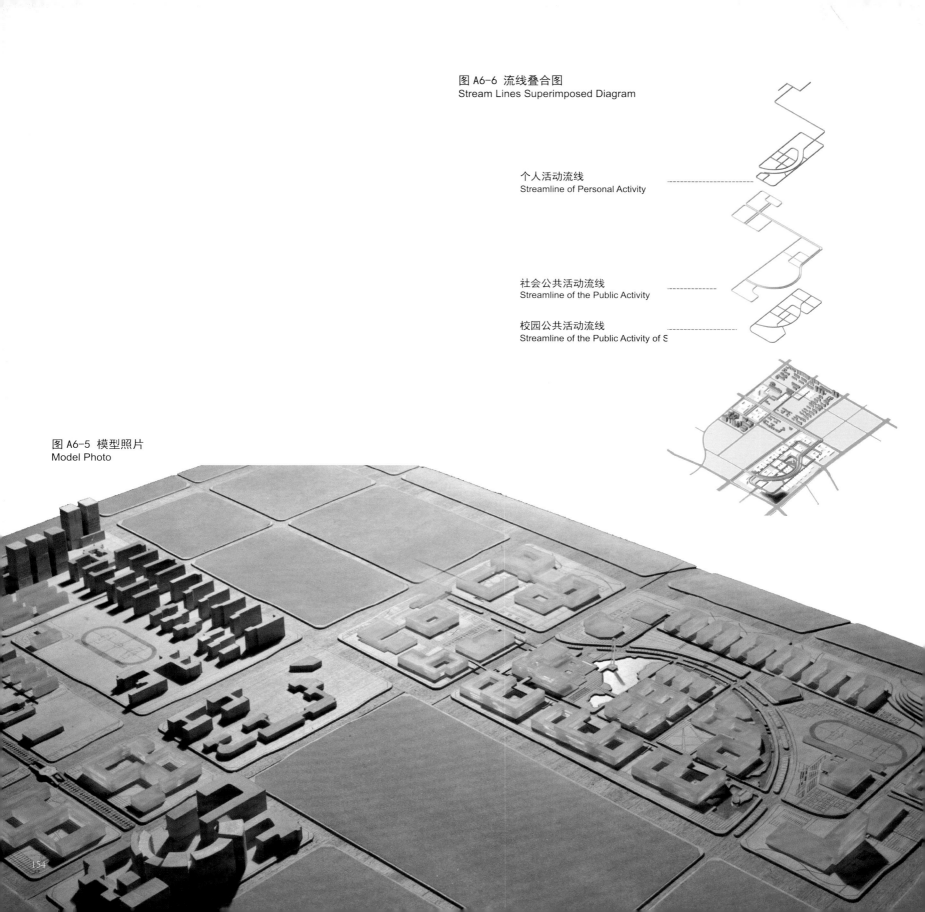

图 A6-6 流线叠合图
Stream Lines Superimposed Diagram

个人活动流线
Streamline of Personal Activity

社会公共活动流线
Streamline of the Public Activity

校园公共活动流线
Streamline of the Public Activity of S

图 A6-5 模型照片
Model Photo

154

图 A6-7 夜景鸟瞰图
Bird View

时间	2011-09 至
Time	2012-12
地点	南京
Location	Nanjing
面积	16.6 公顷
Area	16.6 hm²

7 南京大报恩寺遗址公园规划设计
Planning and Design of Dabao'en Temple Ruins Park in Nanjing

项目成员：陈薇、韩冬青、王建国、胡石、姚昕悦、杨俊等
Cooperation: CHEN Wei, HAN Dongqing, WANG Jianguo, HU Shi, YAO Xinyue, YANG Jun, et al.
委托单位：南京市大明文化实业有限责任公司
Client: Nanjing Daming Culture Industrial Limited Liability Company
获奖情况：国际竞赛第一名
Awards: 1st Prize of International Competition

　　金陵大报恩寺琉璃塔建于明朝，是举世闻名的名胜，曾被欧洲人称为"中世纪世界七大奇迹"之一，后毁于太平天国战火，仅存南北两座御碑和香水桥等遗迹。2007 年，考古发掘显示，大报恩寺隶属中国古代皇家寺庙的崇高规制等级，出土的"阿育王塔"和"佛顶真骨"震惊国内外佛教界。

　　设计遵循"遗址规制，保护优先"、"盛景再现，佛境荟萃"、"人文先导，科技支撑"的定位原则，严格保护遗址文物。以遗址区作为场地空间核心，形成层层渐进的空间序列。空间主轴为报恩寺原有的东西向轴线，副轴为三藏殿院落东西延线。明代报恩寺琉璃塔原址建设含地宫、塔基的塔形保护建筑，恢复历史上画廊围合的空间格局并将其设计成为遗址博物馆的一部分，呼应明代报恩寺的规制格局。建筑形态南高北低、北疏南密，以规避用地周边高架道路导致的不良视线景观。设计还综合考虑了现状保留和拆迁的可行性。

　　Built in the Ming Dynasty, the world-famous Jinling Dabao'en Temple and its Glazed Pagoda was regarded by Europeans as one of "the Seven World Wonders in the Middle Ages", but destroyed in warfare during the Taiping Heavenly Kingdom, only two imperial tablets in the north and south as well as Xiangshui Bridge remaining intact. An archaeological excavation in 2007 revealed that Dabao'en Temple was ranked as "lofty" on a grading scale of ancient Chinese imperial temples. The "Asoka Tower" and the "Parietal Bone of Buddha" unearthed in the excavation caused a huge stir in the domestic and overseas Buddhist circle.

　　To protect the ruins and the cultural relics on the site, the design follows the principles oriented toward "preservation and protection being priority in terms of regulations of the ruins", "restoring the splendor in its history by creating a vivid Buddhist atmosphere", and "supportive science and technology being subject to humanities". Where the ruins are located constitutes the spatial core, complemented by a progressive spatial sequence. The major spatial axis is the existing one of the Dabao'en Temple, running from the east to the west and the auxiliary axis is the extension line, running east-west, of the courtyards of the Three Buddhist Scriptures Palace (San Zang Dian in Chinese language). On the former site of the Glazed Pagoda in Dabao'en Temple of the Ming Dynasty is to be built a pagoda-shaped protective structure as part of the Ruins Museum in the design with a pedestal of the pagoda and an underground palace in an effort to restore the spatial pattern featuring enclosed galleries and accord with regulations of the Dabao'en Temple in the Ming Dynasty. The architectural form is designed as buildings in the south taller and densely distributed and those in the north being lower and sparsely distributed to provide a better view against the elevated highway surrounding the site. The design also allows for the possibility of retaining and relocating the existing buildings.

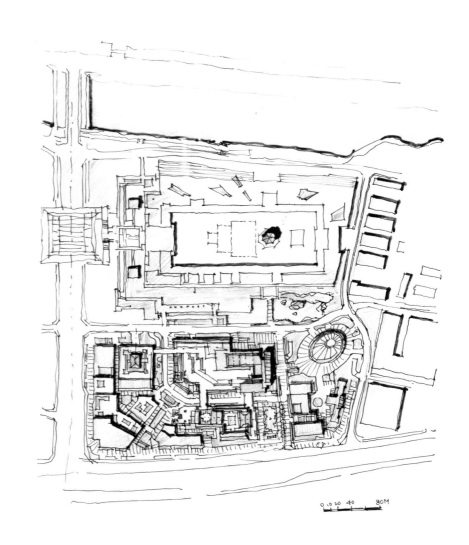

0 10 20 40   80M

157

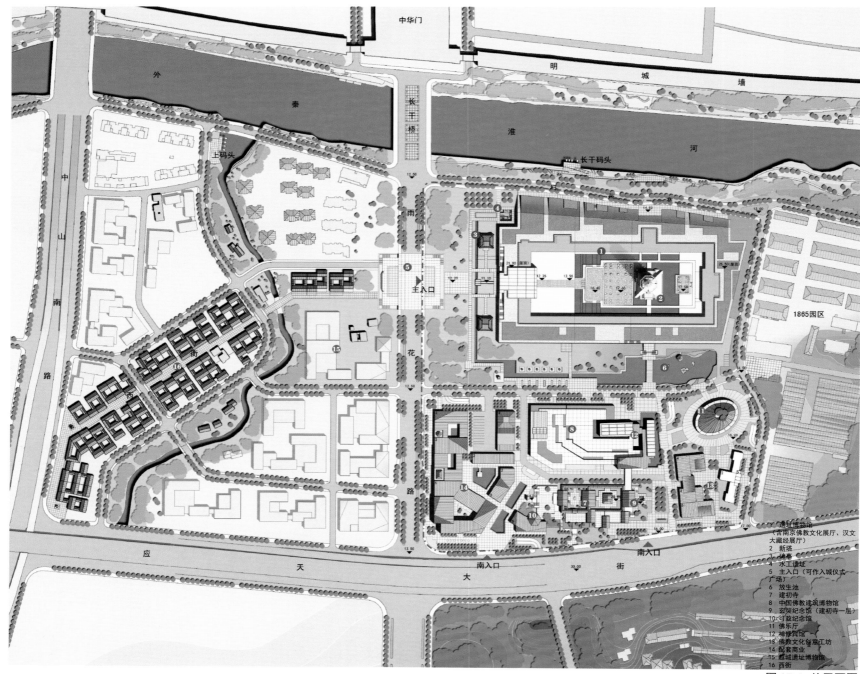

中华门

外　秦　淮　河

明　城　墙

长干桥

上码头

长干码头

1865园区

中山南路

12.50

雨

花

街

12.50

主入口

15

16

西

街

12.50

应　天　大　街　南入口　南入口

30.00

13.50

南入口

16.00

1 遗址博物馆
（含南京佛教文化展厅、汉文
大藏经展厅）
2 新塔
3 碑亭
4 水工遗址
5 主入口（可作入城仪式
广场）
6 放生池
7 建初寺
8 中国佛教建筑博物馆
9 玄奘纪念馆（建初寺一层）
10 可政纪念馆
11 佛乐厅
12 禅修宾馆
13 佛教文化创意工坊
14 配套商业
15 越城遗址博物馆
16 西街

图 A7-1 总平面图
General Layout

图 A7-2 利用建筑屋顶的观塔广场
Square for Enjoying the Tower

图 A7-3 倒影池和塔
Wading Pool and Tower

图 A7-4 总体鸟瞰图
Bird View

8 沈阳方城旅游文化区（故宫－张氏帅府及周边地区）城市设计

Urban Design of the Tourist Culture Area of Fangcheng, Shenyang (the Imperial Palace — Chang's Mansion and Its Surroundings)

时间 | 2004-08 至
Time | 2004-10

地点 | 沈阳
Location | Shenyang

规模 | 26.5 公顷
Area | 26.5 hm²

项目成员：王建国、陈薇、朱渊、沈旸等
Cooperation: WANG Jianguo, CHEN Wei, ZHU Yuan, SHEN Yang, et al.
委托单位：沈阳市规划局
Client: Shenyang Urban Planning Bureau

沈阳方城始建于辽代，是沈阳城市发展的开端。其后不同时期的建设都给该地段物质空间留下新的痕迹，新旧要素之间多元性和历时性的"拼贴"是方城现状的基本特征，但在现有方城内，各组历史建筑及观览路线各自为政，历史信息淹没在大量品质一般的行列式住宅群中，支离破碎，亟待改造优化。

设计遵循历史遗迹，挖掘人文潜质，在保护历史建筑的基础上，设置开放空间序列和轴线整合，重新沟通了北部的世界遗产沈阳故宫和南部的国家重点保护文物单位张作霖－张学良大帅府。同时完善了区内的综合配套设施。

通过对历史格局的研究，城市设计重新塑造了具有地方文化底蕴的标识性地段，同时突出了建筑风格、空间格局、体量尺度的唯一性价值和历史原真性。

汲取历史建筑和地段保护再生的国际经验，寻求不同时代印记在同一地区的共生共存。同时优化具有历史价值的南北轴向开放空间，整合串联明、清、民国三代文物建筑精华，再现历史上的"盛京盛事"。

Built from the Liao Dynasty, Fangcheng, Shenyang represents an inception of its urban development. Ever since then, the construction at different times in history has left new traces of physical spaces on the area, resulting in the fundamental feature of diversified and diachronic collage of the new and ancient elements. In existing Fangcheng, however, groups of buildings with historic interest and their sightseeing routes are scattered and littered incoherently with its history hidden in rows of housing of mediocre quality. Hence, there arises an urgent need of renovating and optimizing the fragmented historical relics.

Following the historical ruins to explore the potential of related humanities, the design, based on the philosophy of preserving and protecting historical buildings, intends to establish an open spatial sequence and integrate the axes to reestablish the route between the World Heritage Shengyang Imperial Palace in the north and the southern Marshals Mansion of Chang Tso-lin & Chang Hsueh-liang, a state-level key historical relics protection unit. Additionally, the design also improves necessary supporting facilities of different kinds within the area.

The urban design reshapes the landmark sections with local cultural connotations with the help of an investigation on the relevant historical layout, and meanwhile highlights historical genuineness, and the uniqueness of architectural style, spatial patterns, volumes, and scales.

The design, drawing the lessons from successful preservation and regeneration of historic buildings and districts in the world, is aimed to seek the coexistence of artifacts with different historical imprints. Therefore, it optimizes the historically important open space along a north-to-south axis and integrates the essential structures built in the Ming Dynasty, the Qing Dynasty and the Republic of China to revive the "splendor of Shengjing (ancient Shengyang)".

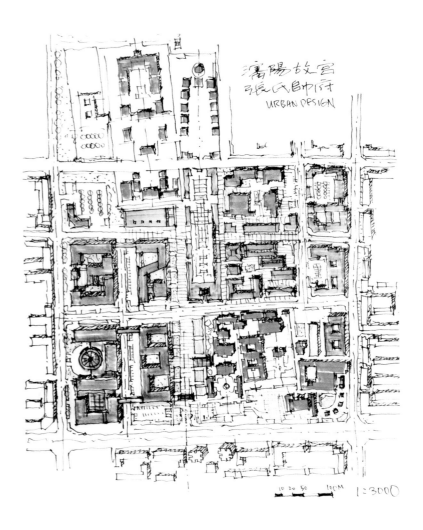

瀋陽故宮
張氏帥府
URBAN DESIGN

10 20 50 100M 1:3000

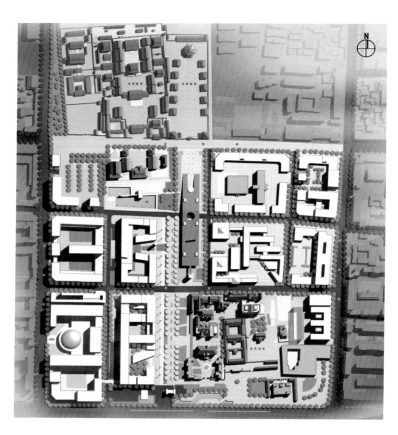

图 A8-1 总平面图
General Layout

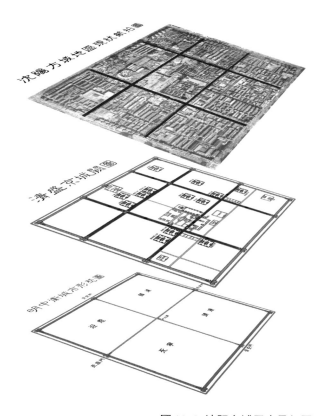

图 A8-2 沈阳方城历史叠加图
Shenyang Fangcheng Historical Overlay

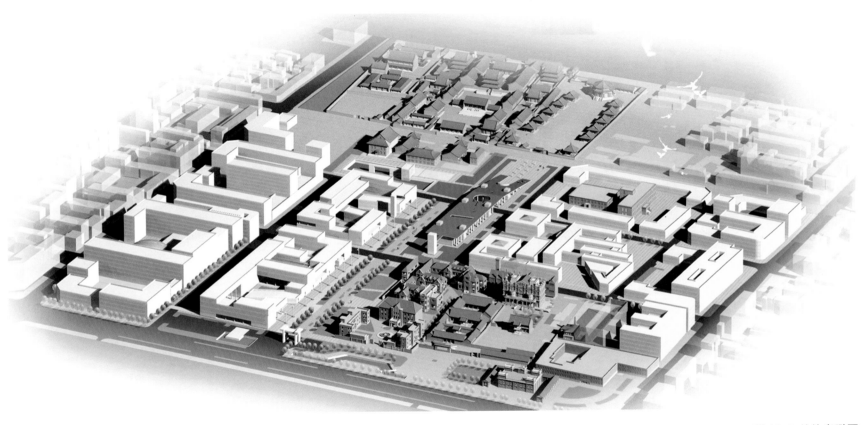

图 A8-3 总体鸟瞰图
Bird View

时间 | 2007-07 至
Time | 2008-03

地点 | 扬州
Location | Yangzhou

面积 | 4.1 公顷
Area | 4.1 hm²

9 扬州古城北门遗址抢救性保护工程设计
Design for Salvaging and Protecting Yangzhou's Ancient North Gate

项目成员：王建国、陈薇、陈宇等
Cooperation: WANG Jianguo, CHEN Wei, CHEN Yu, et al.
委托单位：扬州市文物局
Client: Yangzhou Cultural Relics Bureau

北门遗址位于全国历史文化名城扬州古城的北侧，是确定扬州古城格局和位置的关键实物见证。设计从规划与保护两个层面展开，一方面明确该地区的用地性质、交通组织、绿地景观与发展远景，提出项目保护范围、建设控制地带的划定建议，另一方面针对北门的特殊性，对重建城门进行史料研究。最终基于遗产保护优先的原则，参考国内外城门保护相关案例，通过历史路径保护、城门意象重建、优化支撑结构提出规划设计方案。

The North Gate ruins, standing in the north of Yangzhou, one of China's historical and cultural cities, is key physical evidence used to identify the location and layout of ancient Yangzhou. The design is to be conducted from the aspects of planning and protection. On the one hand, the design will specify the nature of the land use of the area, its traffic organization, green spaces and landscape and prospect for further development, suggesting the scope of protection and delimitation for the construction control area of the project; on the other hand, historical literature research will be conducted due to the special features of the North Gate. Finally, guided by the principle of heritage conservation priority, a planning and design scheme, with reference to both domestic and overseas cases of city gate protection, will be proposed as to how to protect its historical routes, how to reconstruct the image of the gate and how to optimize its supporting structures.

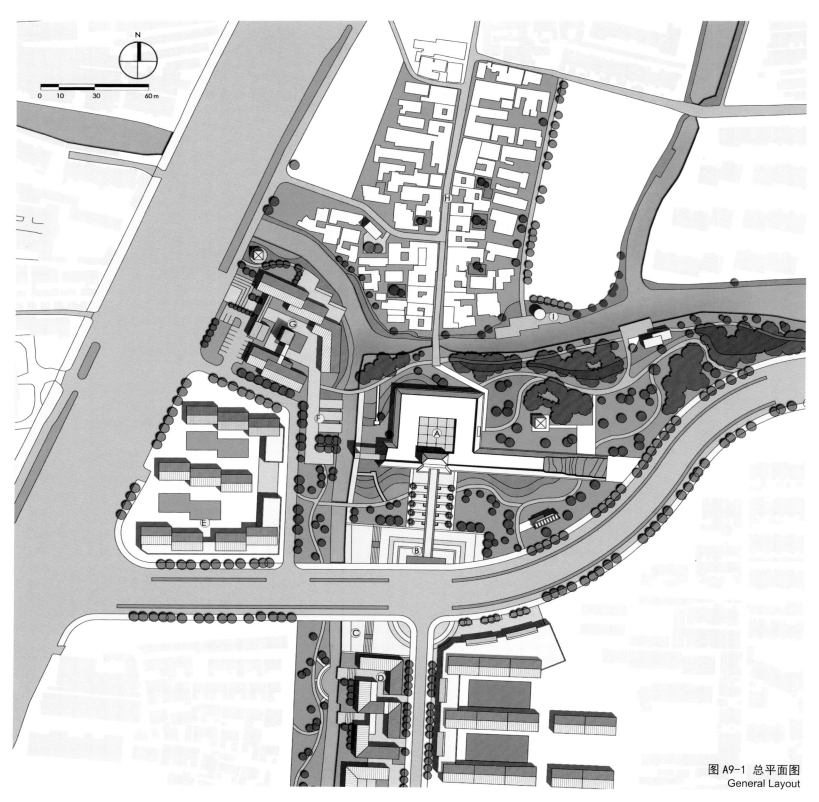

图 A9-1 总平面图
General Layout

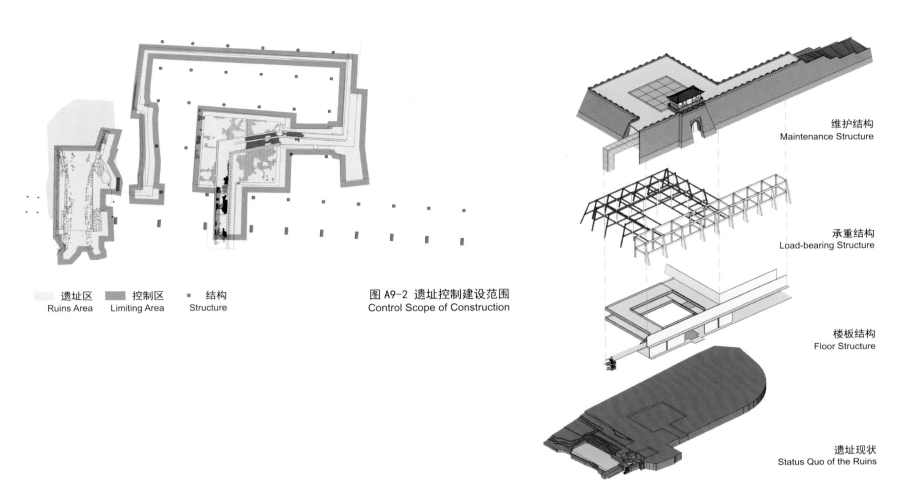

遗址区
Ruins Area

控制区
Limiting Area

结构
Structure

图 A9-2 遗址控制建设范围
Control Scope of Construction

维护结构
Maintenance Structure

承重结构
Load-bearing Structure

楼板结构
Floor Structure

遗址现状
Status Quo of the Ruins

图 A9-3 结构与遗址的关系
Structure and Ruins

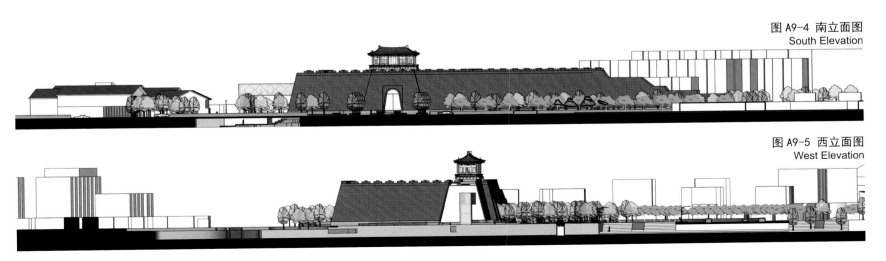

图 A9-4 南立面图
South Elevation

图 A9-5 西立面图
West Elevation

10 北京焦化厂地区建设改造规划设计
Planning and Design for the Transformation and Construction of the Area of Beijing Coking Plant

时间 | 2008-06 至
Time | 2008-09

地点 | 北京
Location | Beijing

规模 | 143 公顷
Area | 143 hm²

项目成员：王建国、阳建强、熊国平、吴晓、孙世界、徐小东、王晓俊、汪坚强、朱彦东等
Cooperation: WANG Jianguo, YANG Jianqiang, XIONG Guoping, WU Xiao, SUN Shijie, XU Xiaodong, WANG Xiaojun, WANG Jianqiang, ZHU Yandong, et al.

委托单位：北京市科技园招投标公司
Client: Beijing Science and Technology Park Bidding Company

北京焦化厂位于北京城区东南部垡头工业区，西侧有四环路、东侧紧邻五环路两条城市快速路，地铁7号线从基地通过并设站，基地面积为1.47km²。

北京焦化厂是中国煤化工工业发展的典型代表，具有独特的工业空间形态表征。参考国际产业建筑和地段遗产保护的经验，规划设计流程基于理性的场地调研、对场地内各种工业建筑物和构筑物以及外部环境现状（包括污染）进行了缜密的综合评估，基于产业建构筑物数据库的建立和评价，以此确定相关建筑的保护条件与保护方式。通过保护工业遗产、建设工业遗址公园，规划设计同时有效结合了北京市东南角垡头地区的整体城市经济开发策略和11号轨道线建设需求。

结合景观建设修复生态，T型公园与U形绿带连接渗透，构建网络状绿化网络。建设绿色交通体系，利用废弃铁道，修建环状客运单轨线，设立环行非机动车游线。集中治理污染土壤，建设湿地公园，利用水生植物清洁水环境，利用自然坡度，设计生态雨水管理系统，持续降解污染。

利用工业景观，营造影视拍摄者的理想场景。改造构建筑物宽阔的室内空间，成为设计者和艺术家的创作天堂。修饰焦炉的精致工艺肌理，成为表演者的梦想舞台。

结合工艺流程，组织焦化工业科普教育，体验遗产历史价值。改造塔仓，开展极限运动，体验遗产生活价值。

依托独特的工业遗址，发展服务于创意产业的高端服务；利用交通枢纽，发展大型商业，形成地区综合服务中心。混合土地利用，开发地段办公商业居住适度混合，遗址公园体育文化绿化相互渗透，应对未来发展的不确定性。

设计借由轨道交通体系和综合交通枢纽的建设，提升土地价值，并基于城市功能更新、创意产业和高端服务业主导下的地区发展策略，可为中国棕色地带整治和改造再利用提供样本。

Beijing Coking Plant is located in Fatou Industrial Zone in the southeast of Beijing Municipality bordered by the Fourth Ring Road to the west and adjacent to the Fifth Ring Road to the east, two urban expressways in Beijing. Metro Line 7 runs through the 1.47-kilometer zone and havs a station there.

Beijing Coking Plant is a model representing the development of China's coal chemical industry with unique representations of industrial spatial forms. Taking into account the experience obtained from other countries' heritage protection for industrial buildings and sites, the procedure of planning and design, based on rational on-site investigations, conducts a careful and comprehensive evaluation of industrial buildings and structures and external environmental status quo (including the seriousness of pollution). Thereafter, a database of industrial buildings and structures is developed and assessed, and it forms the basis for identifying the protection conditions and methods of relevant buildings. Through the protection of industrial heritage and construction of an industrial ruins park, the planning and design effectively integrate the overall urban economic development strategies of the Fatou area in southeast Beijing and the requirements for constructing Rail Line No. 11.

Ecological system will be restored, facilitated by the landscape construction under way, a T-shaped park will be connected with and penetrated by a U-shaped green belt, and a latticed green network will be constructed. Environment-friendly transport system will be developed by reusing the abandoned railway line for a ring monorail for passengers, and a ring tourist route will be opened for non-motorized means of transportation. Concentrated efforts will be made to restore polluted soil, including constructing wetland parks, taking advantage of aquatic plants to clean water, and harnessing the natural slopes of the site to devise an ecological rainwater management system to degrade pollution in a sustained way.

The industrial landscape will be utilized to create an ideal scene for photographers and movie makers. The interior spaces in the buildings and structures may be transformed to make them a paradise of creation for designers and artists. The delicate texture of the process of a coke oven is modified as performers' dream stage.

Scientific knowledge of the coking industry will be popularized with the help of its technological process for the visitors to experience the historical value of the heritage. The tower silo will be transformed for extreme sports to help visitors experience the heritage's value in life.

High-end services oriented towards creative industries will be developed relying on the unique industrial ruins. Drawing on the transport hub, large-scale businesses will be developed to create a comprehensive service center of the area. Through the mix-use of the developed land, office blocks will be appropriated blended with business and residential areas. In the ruins park, sports, culture and green spaces will be integrated to meet the uncertainties in the future development.

The design will increase the land value with the help of the construction of a rail transport system and a comprehensive transport hub, and guided by the regional development strategies of updating urban functions and fostering creative industries and developing high-end services, provide a sample for the renovation, transformation and reuse of brownfields in China.

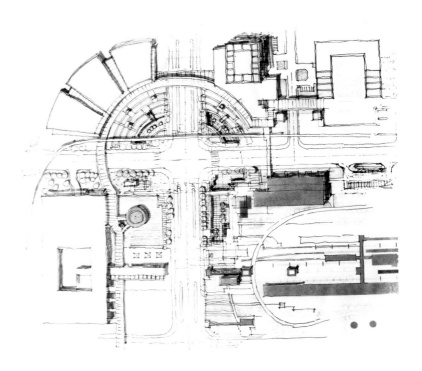

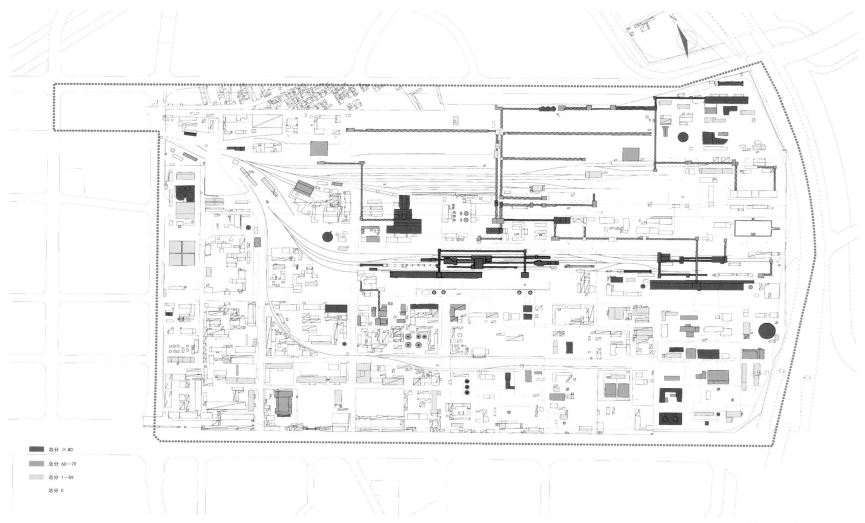

图 A10-1 建构筑物综合评分图
Comprehensive Evaluation of Buildings and Structure

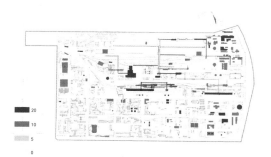

图 A10-3 工业空间评分图
Evaluation of Industrial Spatial

图 A10-4 产业特征评分图
Evaluation of Industrial Feature

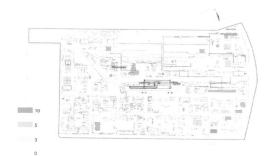

图 A10-5 改扩建可能评分图
Evaluation of Renovation Possibilities

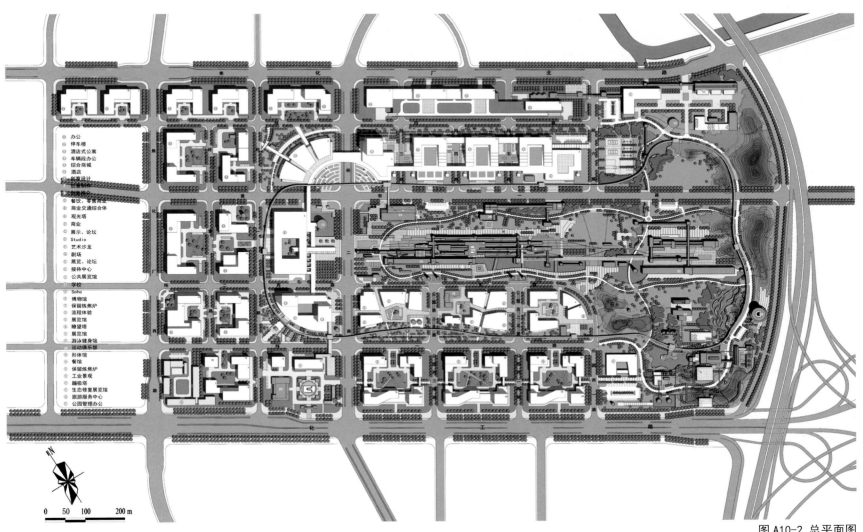

① 办公
② 停车楼
③ 酒店式公寓
④ 车辆段办公
⑤ 综合商城
⑥ 酒店
⑦ 创意设计
⑧ 创意推介
⑨ 餐饮、零售商业
⑩ 商业交通综合体
⑪ 观光塔
⑫ 商业
⑬ 展示、论坛
⑭ Studio
⑮ 艺术沙龙
⑯ 剧场
⑰ 展览、论坛
⑱ 接待中心
⑲ 公共展览馆
⑳ 学校
㉑ Soho
㉒ 博物馆
㉓ 保留炼焦炉
㉔ 流程体验
㉕ 展览馆
㉖ 瞭望塔
㉗ 展览馆
㉘ 游泳健身馆
㉙ 运动俱乐部
㉚ 形体馆
㉛ 餐馆
㉜ 保留炼焦炉
㉝ 工业景观
㉞ 蹦极塔
㉟ 生态修复展览馆
㊱ 旅游服务中心
㊲ 公园管理办公

0 50 100   200 m

图 A10-2 总平面图
General Layout

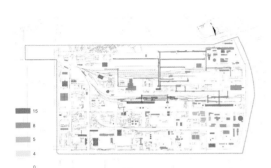

15
8
5
4

0

图 A10-6 建筑质量评分图
Evaluation of Building Quality

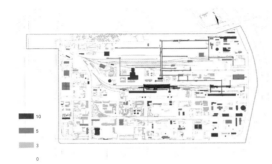

10
5
3

0

图 A10-7 建筑风貌评分图
Evaluation of Architectural Style

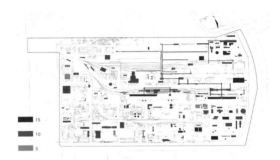

15
10
5

0

图 A10-8 结构类型评分图
Evaluation of Structure Typology

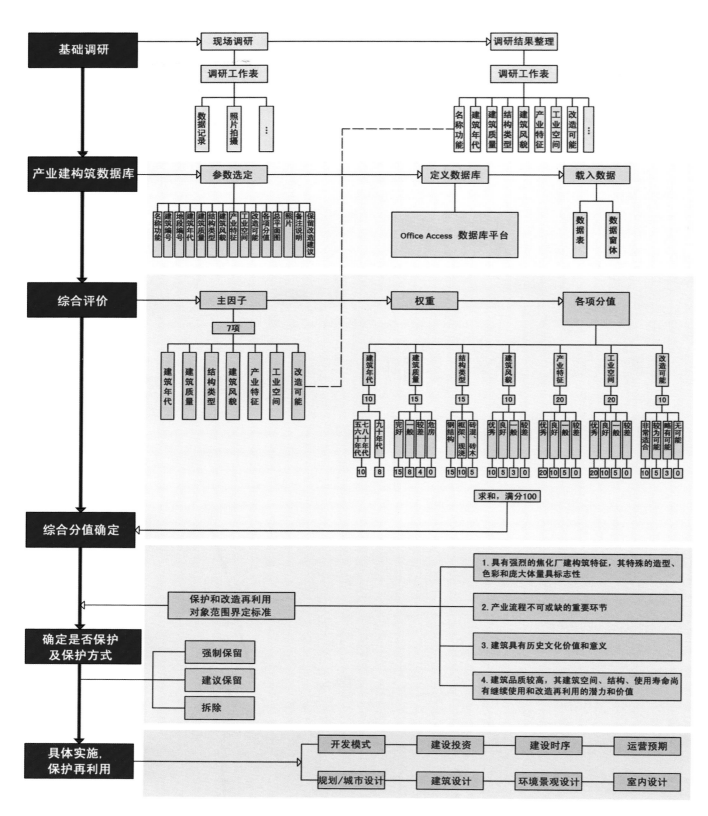

图 A10-9 研究框架图
Research Framework

172

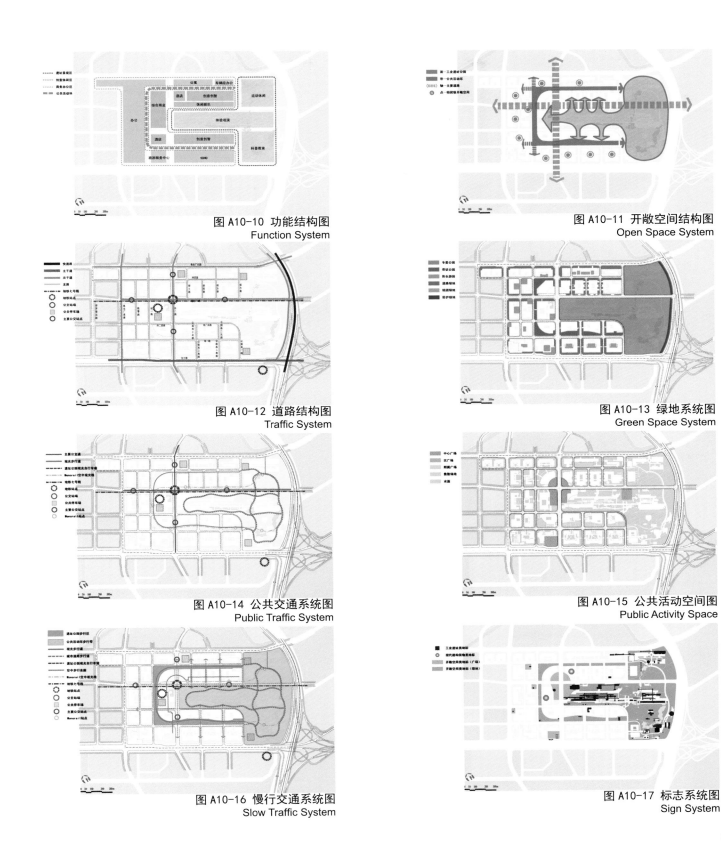

图 A10-10 功能结构图
Function System

图 A10-11 开敞空间结构图
Open Space System

图 A10-12 道路结构图
Traffic System

图 A10-13 绿地系统图
Green Space System

图 A10-14 公共交通系统图
Public Traffic System

图 A10-15 公共活动空间图
Public Activity Space

图 A10-16 慢行交通系统图
Slow Traffic System

图 A10-17 标志系统图
Sign System

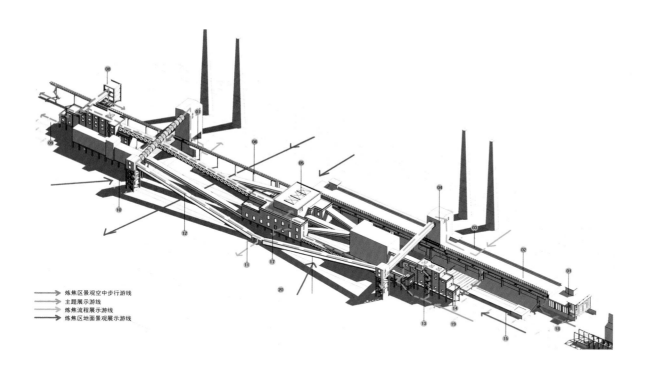

01 休闲咖啡屋		
02 炼焦设备景观展示		
03 炼焦展示服务中心入口		
04 炼焦流程展示入口		
05 主题展示中心		
06 工业参观空中步行道		
07 炼焦流程展示出口		
08 水上观景游乐厅		
09 主题展示游览出口		
10 炼焦流程展示休息平台		
11 炼焦流程展示二号出口		
12 炼焦区中心景观绿地		
13 主题展示一号厅		
14 炼焦展示服务中心		
15 室外景观展示区		
16 炼焦游览管道		
17 主题展示中心出口		
18 空中步行道入口		
19 主题展示游线入口		
20 炼焦区景观绿地入口		

➤ 炼焦区景观空中步行游线
➤ 主题展示游线
➤ 炼焦流程展示游线
➤ 炼焦区地面景观展示游线

图 A10-18 建构筑物保护再利用游线图
Tour Line of Building Protective Reuse

规划系统	核心理念	具体内涵	意象图片
建构筑物布点	"群"	通过适量的插建、加建和改建，优化和完善经普查评估后保留的建构筑物布点，形成三片相对集中的组群： ● 中部组群 ● 北部组群 ● 南部组群	
功能布局	"3E"	在三大组群功能和基地总体定位之间建立空间联系，针对不同时态分别打造： ● 体验观演区（Experience） ● 运动休闲区（Enjoyment） ● 生态修复区（Ecology）	
交通组织	"环"	以绿色出行全覆盖为纲，构建多层次、人性化的环道系统： ● Monorail环道 ● 自行车环道 ● 步行体系	
空间景观	"带"	以符合工业模数的平行条带实现对公园形态的理性控制和总体引导： ● 曾经工业物流的传输带 ● 今日公园形态的控制带 ● 未来工业文明的传承带	
绿地系统与开放空间	"网"	构筑了由不同层次绿地与开放空间构成的、彼此交织叠置的网络式格局： ● 绿核 ● 水系 ● 山体 ● 绿廊 ● 绿院	
各类设施与游线	"链"	基于均衡性和可达性原则，营建以线串点、以线带面的链式结构： ● 基于Monorail的链式游线 ● 基于自行车道的链式游线 ● 基于步行道的链式游线	
绿化配置	"合"	以景观协调为目标导向，多层面地打造和谐绿化景观与生态环境： ● 功能匹配 ● 生态适宜 ● 主题调和	
夜景照明	"24h"	以全天候魅力呈现和活力延续为指向，综合采纳点线面相结合的多元化照明方式	

图 A10-19 生态修复区
Ecological Recover District

图 A10-20 体验观演区鸟瞰图
Experience Area

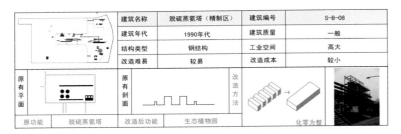

建筑名称	脱硫蒸氨塔（精制区）	建筑编号	S-B-08
建筑年代	1990年代	建筑质量	一般
结构类型	钢结构	工业空间	高大
改造难易	较易	改造成本	较小

原有平面		原有剖面		改造方法	
原功能	脱硫蒸氨塔	改造后功能	生态植物园		化零为整

图 A10-21 工业建筑改造示例图 1
Industry Building Renovation Sample 1

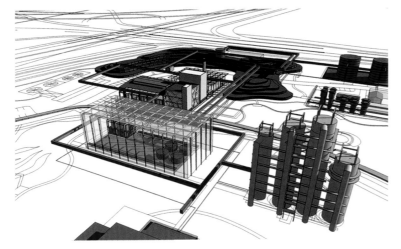

建筑名称	饱和器（精制区）	建筑编号	S-B-09
建筑年代	1990年代	建筑质量	完好
结构类型	大跨结构	工业空间	高大宽敞
改造难易	较难	改造成本	较大

原有平面		原有剖面		改造方法	
原功能	饱和器	改造后功能	生态修复展览馆		空间重构

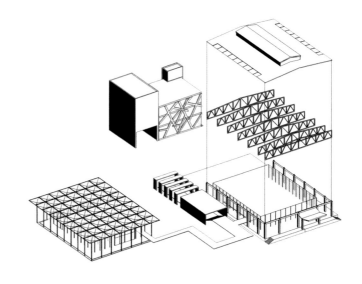

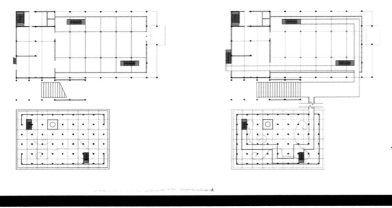

生态修复园　　　　　　　生态修复展览馆

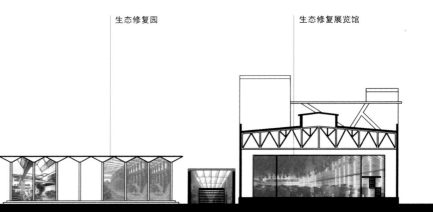

176

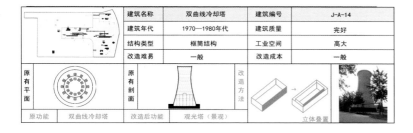

建筑名称	双曲线冷却塔	建筑编号	J-A-14
建筑年代	1970—1980年代	建筑质量	完好
结构类型	框筒结构	工业空间	高大
改造难易	一般	改造成本	一般

原有平面	原有剖面	改造方法
		立体叠置

原功能	双曲线冷却塔	改造后功能	观光塔（景观）

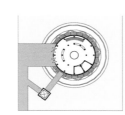

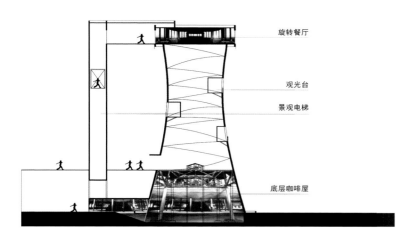

旋转餐厅

观光台

景观电梯

底层咖啡屋

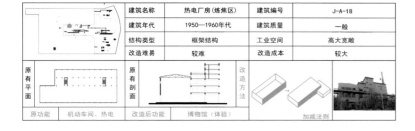

建筑名称	热电厂房（炼焦区）	建筑编号	J-A-18
建筑年代	1950—1960年代	建筑质量	一般
结构类型	框架结构	工业空间	高大宽敞
改造难易	较难	改造成本	较大

原有平面	原有剖面	改造方法
		加减法则

原功能	机动车间、热电	改造后功能	博物馆（体验）

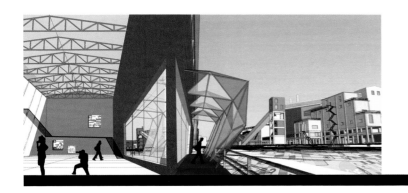

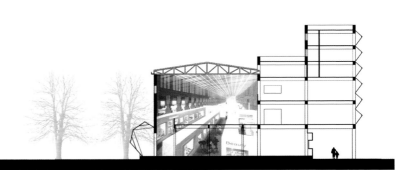

图 A10-22 工业建筑改造示例图 2
Industry Building Renovation Sample 2

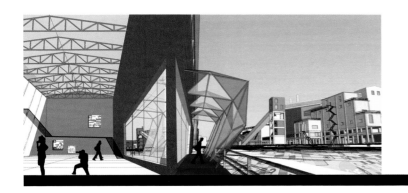

177

11 唐山焦化厂地段改造规划及城市设计
Transformation Planning and Urban Design of the Area of Tangshan Coking Plant

时间 | 2005-12 至
Time | 2006-01

地点 | 唐山
Location | Tangshan

规模 | 19.9 公顷
Area | 19.9 hm²

项目成员：王建国、张愚、杨宇、赵婧等
Cooperation: WANG Jianguo, ZHANG Yu, YANG Yu, ZHAO Jing, et al.
委托单位：唐山市规划局
Client: Tangshan Urban Planning Bureau

唐山焦化厂位于唐山市路北区，该用地的利用改造对于城市的紧凑发展和路北区的空间重组具有重要影响。设计着眼于地段周边开放空间系统的整合，提出"绿核＋绿带＋绿轴"的系统架构。功能布局立足综合开发、结合环境整治和景观改造的策略，设置适当规模的商业、居住和文化娱乐功能，促使经济操作可行。

城市设计策略包括：

1. 针对不同的场地建筑遗存和环境，采取改造—保护—完善—再利用的技术策略，基于分类指导原则开展改造工作。建筑遗产保护充分考虑焦化厂在唐山工业历史上的重要地位，以及标志性建筑体量、造型对周边用地的影响，通过选择性的保留和再利用（如备煤设施、炼焦设备等），营造具有工业景观属性的特色环境，既延续地段场所价值，又融入新的城市功能。

2. 利用特有的景观和环境综合要素优势，实施城市发展的文化策略，而非单一的土地功能置换和地产开发目标。

3. 结合弯道山公园、陡河滨水绿带和东部塌陷地生态养护区，为市民创造一处具有"景观连接度"、承上启下的空间场所。营造一处东西向敞开，镶嵌在路北区西部工业带中的重要绿化和景观节点。

4. 因地制宜地采用土地综合利用和生态修复、整治、再生等组合型的技术应对方法策略。在改造初期，可以安排较大部分用地绿化，通过化学、植物（如种植向日葵）等来实施场地污染的治理。

The utilization and transformation of the site of Tangshan Coking Plant in Lubei District, Tangshan makes great difference to the city's compact development and the spatial restructuring in the district. The design, aimed at integrating the open space system in the areas around the plant, proposes a framework of "a green core + green belts + a green axis" system. The functional layout will be arranged based on the strategy of comprehensive development with the combination of the strategies of environmental renovating and landscape improving; commercial, residential and recreational functions of appropriate scales is necessary to render the economic development workable.

Included are the following urban design strategies.

1. Different architectural relics and surroundings require different technical strategies, i.e. transforming--protecting--perfecting--reusing. The work of transformation will be embarked on under the guiding principle of classification. In the building heritage protection, full consideration will be given to the important position Tangshan Coking Plant once occupied in the city's industrial history and the influence of the volumes and forms of landmark buildings have on the surrounding area. Selective retaining and reusing (of coal-storage facilities, cokers, etc.) will help create a special ambience with an industrial landscape, and in doing so, the value of the site will be kept and new urban functions will be added.

2. Other than only targeted at land use replacement and estate development, culture-oriented strategies for urban development will be implemented by making use of the unique landscape and the advantaged presented by the comprehensive environmental factors.

3. Connecting Wandao Mountain Park, a waterfront green belt near Douhe River and the eco-conservation zone of the subsidence area in the east, the design is aimed at creating a place of interconnected spaces with" a smooth link to landscape". An important green space and landscaping node is created with the open space running from the east to the west that inlaid within the industrial zone to the west of Luxi area.

4. A combination of technical coping methods and strategies including comprehensive land use, ecological reclamation, renovation and regeneration will be adopted in accordance with the specific local conditions. The work of transformation may begin with afforesting the bulk of the land and detoxicating polluted parts of the land by adopting chemical means or growing such plants as sunflowers.

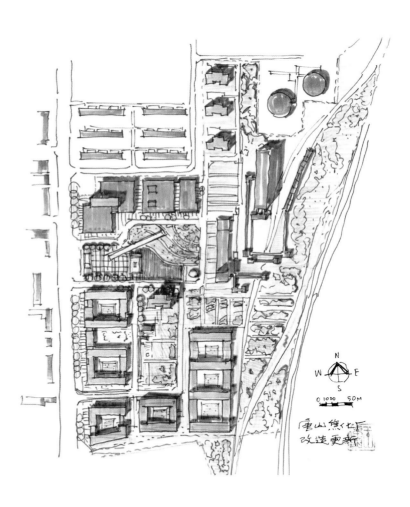

唐山焦化厂
改造更新

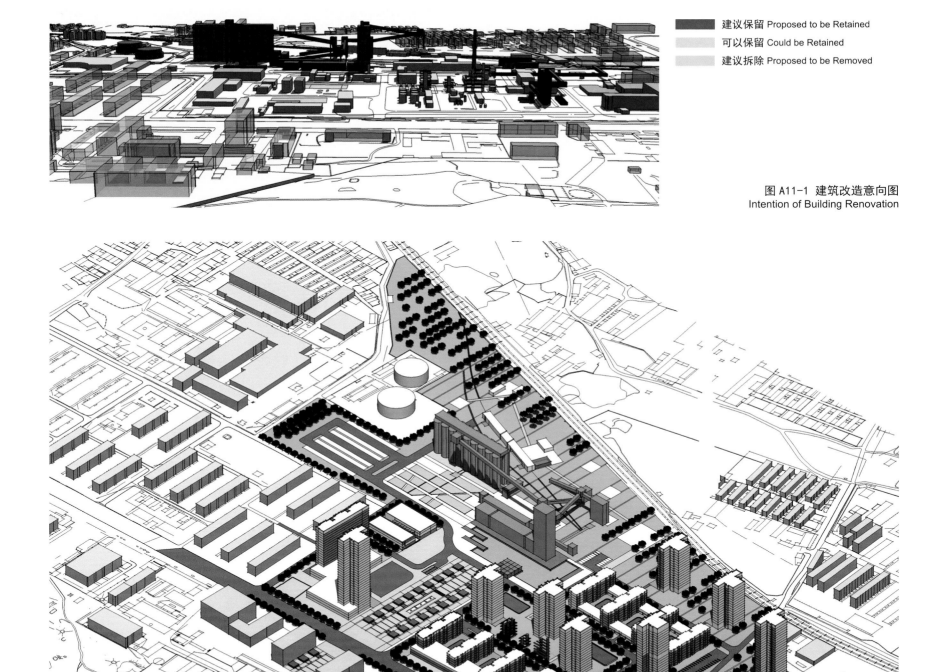

建议保留 Proposed to be Retained
可以保留 Could be Retained
建议拆除 Proposed to be Removed

图 A11-1 建筑改造意向图
Intention of Building Renovation

图 A11-2 总体鸟瞰图
Bird View

图 A11-3 储藏仓改造前
Storage Tanks Before Reforming

图 A11-4 储藏仓改造意向图
Storage Tanks Reform Intention

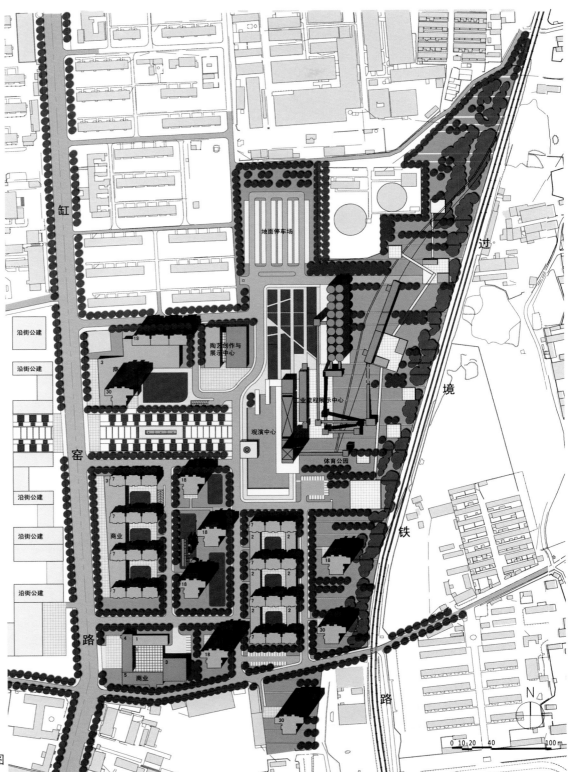

图 A11-5 总平面图
General Layout

时间 | 2011-01 至
Time | 2011-04

地点 | 南京
Location | Nanjing

面积 | 17公顷
Area | 17 hm²

12 南京国际健康都市产业园改造项目规划设计

Planning and Design of the Transformation Project for Nanjing International Healthcare Industrial Park

项目成员：王建国、蒋楠、李京津、景文娟、盛吉等
Cooperation: WANG Jianguo, JIANG Nan, LI Jingjin, JING Wenjuan, SHENG Ji, et al.
委托单位：南京祺康置业发展有限公司
Client: Nanjing Qikang Development Limited Corporation

南京国际健康都市产业园原为南京压缩机厂厂区。项目旨在通过综合改造与功能引入，塑造服务于长三角地区的一方高端中医药、养生、休闲文化产业示范区。

设计依据建筑年代、质量、结构、风貌、空间、改扩建可能性等性能参数的综合评价，遵循保护、改造、再利用和新建"四位一体"的组合开发策略，提倡用地性质和使用功能的适度混合，进而结合周边城市的用地功能，明确相关产业建筑的保护和改造措施，创造多样化的城市与建筑空间。

Nanjing International Healthcare Industrial Park is located on the site of the former Nanjing Compressor Factory. The project is aimed at creating an exemplary industrial park of high-end traditional Chinese medicine, regimen and recreational culture serving the Yangtze River Delta Area by conducting a comprehensive transformation and introducing a variety of functions.

This design is based on an overall evaluation of performance parameters such as the age of a building, its quality, structure, style, spaces and feasibility of transformation or extension and follows a combination of development strategies featuring an integration of the "quaternity" of preservation, transformation, reuse and new construction. It recommends an appropriate mixture of land usage and functions, and then taking into account land usage in the surrounding cities, specifies the preservation and transformation measures of related industrial buildings, thus bringing about diverse urban and architectural spaces.

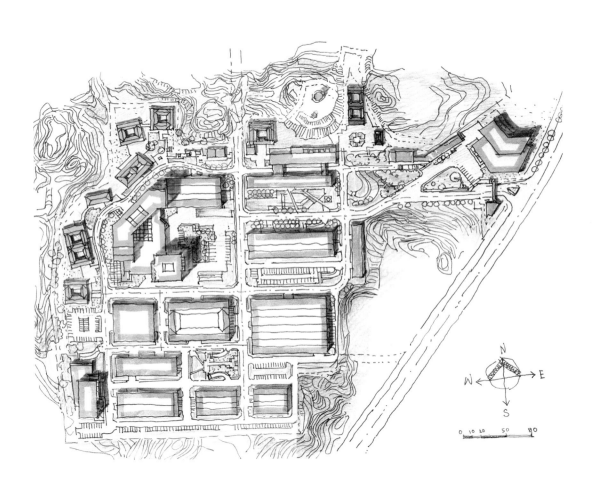

183

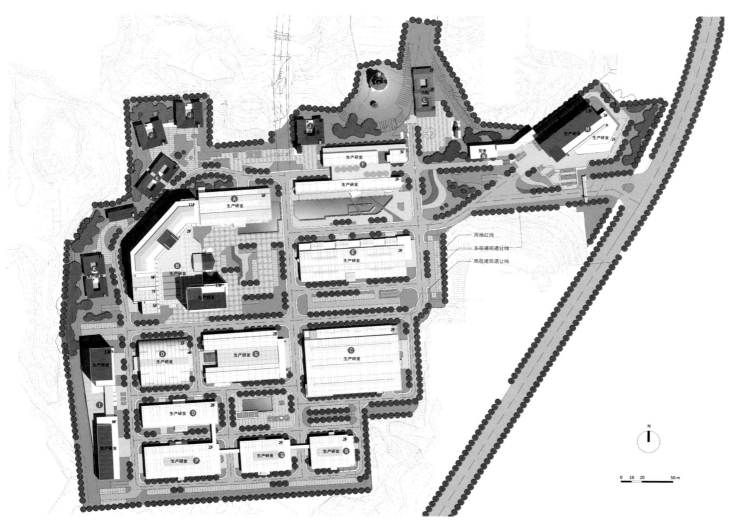

生产研发 建筑退让线
用地红线
多层建筑退让线
高层建筑退让线

图 A12-1 总平面图
General Layout

图 A12-2 总体鸟瞰图
Bird View

图 A12-3 厂房改造图
Plant Renovation

图 A12-4 中心区景观图
Central District

图 12-5 厂房改造图
Plant Renovation

图 A12-6 中心广场鸟瞰图
Center Square

图 A12-7 健康商务中心
Leisure and Business Centre

位置图
Site

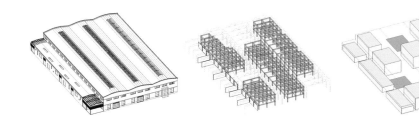

剖面图
Section

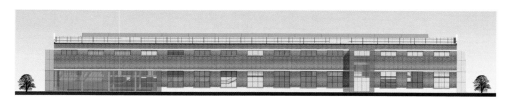

立面图
Elevation

三层平面图
3rd Floor Plan

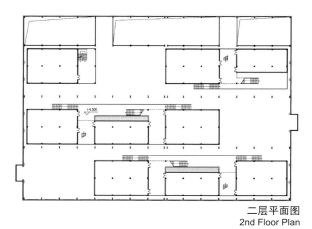

二层平面图
2nd Floor Plan

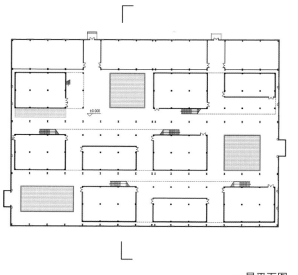

一层平面图
1st Floor Plan

室内透视图
Interior Perspective

13 无锡总体城市设计
Overall Urban Design of Wuxi City

时间 | 2006-12 至
Time | 2008-12

地点 | 无锡
Location | Wuxi

规模 | 630 平方千米
Area | 630 km²

项目成员：王建国、阳建强、杨俊宴、孙世界、吴晓、费移山、胡明星、王兴平、王晓俊等
Cooperation: WANG Jianguo, YANG Jianqiang, YANG Junyan, SUN Shijie, WU Xiao, FEI Yishan, HU Mingxing, WANG Xingping, WANG Xiaojun, et al.
委托单位：无锡市规划局
Client: Wuxi Urban Planning Bureau
获奖情况：江苏省第十五届优秀工程设计二等奖（2012）
Awards: 2nd Prize of Jiangsu Excellent Project (2012)

无锡是环太湖地区的重要山水城市，靠山滨水的历史文化名城，在我国大城市中具有一定的代表性，对其总体形态的研究具有一定的类型意义；同时无锡的城市发展交融了传统外延式扩展和组团跳跃式发展，其发展演替变化，是整个城市变化的集中体现。

研究了无锡中心城区城市形态的历史演进过程中与城、湖、山、河的相互关系，分析了不同发展阶段影响城市形态的特色要素，城墙、运河、水网、道路、产业区对城市形态的影响，并划分了特征鲜明的四个历史分期。

对无锡城市形态演替中的主要特色要素进行评价，将它们与建成区的空间距离、轴线、视廊、高度关系、数量、断面、比重等分项量化研究，并分析无锡历史文化资源点在各要素空间上的数量分布比较。

根据各项分析，对应各特色要素，综合总量、年代、等级、密度、影响范围等几项影响因子做出综合比较。总体来看，山、湖、城、河的历史文化分布和形态影响因子要优于其他各要素。因此认为：山、湖、河、城是无锡城市形态历史演进过程中的核心要素，是无锡城市形态的基本特色。

从规划管理的角度来说，城市设计的成果，最终要将城市的空间形态优化问题，转化为便于控制的量化指标。本次设计所选择的量化指标主要考虑要在三维空间上控制城市的发展。城市的三维空间是由高度与二维平面所构成的，而二维平面又可以转化为建筑与开敞空间这两个要素。设计过程中将这两个关键要素定义为高度与开敞度这两个可以具体量化的指标，并以此把握住城市中建筑与开敞空间的关系，就可能从整体上控制城市的空间形态特征。

基于无锡"山、湖、河、城"的整体性山水人文意象，设计对无锡城市的总体空间景观框架和对整体城市空间发展做出了预期性引导，并对其中重要的结构因素"两心、三轴、四廊、八河、二十节点"形成的空间构架做出了概念性设计和具体的设计引导。

Wuxi, an important landscape city by hills and on the waterfront along the Taihu Lake rim and a historic one with a profound cultural background, is representative of China's megacities and therefore it is of importance in terms of typology to explore its overall morphology. Meanwhile, the urban development of the city features a mixture of traditional expansion of extensive mode and clustered leapfrog development, an epitome of the city's evolution as a whole.

The design explores the interrelations between the city and its lake, hills and rivers in the historical evolution of the central area of Wuxi city, analyzes the characteristic elements shaping its urban morphology in different stages of development and the influences city walls, the canal, the river network, roads and industrial areas have had on the city's forms, based on which are identified four historical stages with sharp features.

On the basis of the assessment of major characteristic features in the evolution of urban morphology of Wuxi, the design conducts a quantitative research respectively of their spatial distances, axes, visual corridors, relative heights, quantity, sections and proportions with the built areas, and comparatively analyzes the city's spots of historical and cultural resources in terms of the quantitative spatial distribution of those elements.

According to each individual analysis, a comprehensive comparison, corresponding to respective characteristic features, is made, synthesizing several factors of influence such as totality, age, grade, density and scope of influence. Taken as a whole, the historical and cultural distribution and factor of influence on morphology of hills, the lake, the city and rivers are superior to other factors. Therefore, it may be concluded that hills, the lake, the city and rivers constitute core elements in the historical evolution of the city forms of Wuxi and a fundamental feature in terms of its urban morphology.

From the perspective of planning management, the fruit of urban design will materialize by translating optimization spatial forms of a city into quantitative indicators that easy to control. When choosing quantitative indicators, this design takes into account the issue of controlling urban development in three-dimensional spaces. Three-dimensional spaces of a city consist of heights and two-dimensional planes, the latter of which can be translated into buildings and open spaces, two important elements. In the design process, these two elements are defined as heights and spatial openness, two quantifiable indicators, with which to regulate the relations between the buildings and open spaces in the city, an overall control of the characteristics of spatial forms of the city will be possible.

On the basis of the overall landscape and cultural image of "hills, the lake, rivers and the city" of Wuxi, this design develops a prospective guideline for the framework of its overall spatial landscapes and the whole city's spatial development; it also proposes a conceptual design and a design guideline for the spatial framework formed by such important structural elements as "2 centers, 3 axes, 4 corridors, 8 rivers and 20 nodes".

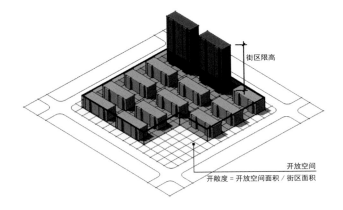

街区限高

开放空间
开敞度 = 开放空间面积 / 街区面积

用地性质因子 Land Use Factor

交通可达性因子 Transport Accessibility Factor

历史保护因子 Historic Preservation Factor

土地价格因子 Land Prices Factor

图 A13-1 GIS 数字评价平台
GIS Digital Evaluation Platform

禁建区
一级开敞区
二级开敞区
三级开敞区
四级开敞区

图 A13-2 街区开敞度控制图
Blocks Open Degree Control

景观廊道因子 Landscape Corridors Factor

生态廊道因子 Ecological Corridors Factor

生态强制因子 Ecological Mandatory Factor

用地性质因子 Land Use Factor

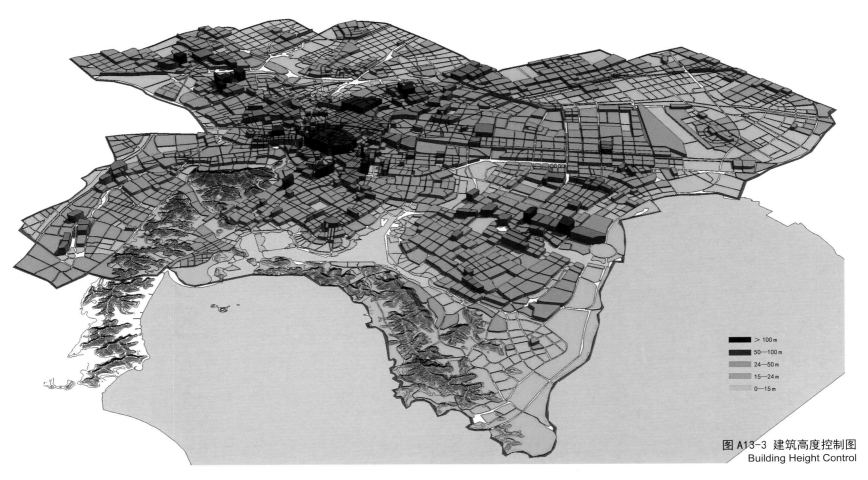

■	> 100 m
■	50—100 m
■	24—50 m
■	15—24 m
□	0—15 m

图 A13-3 建筑高度控制图
Building Height Control

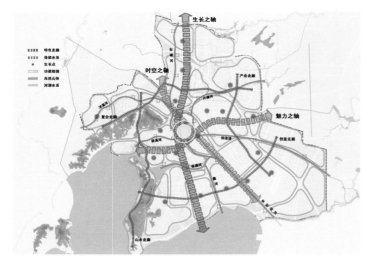

图 A13-4 总体空间结构图
Overall Spatial Structure

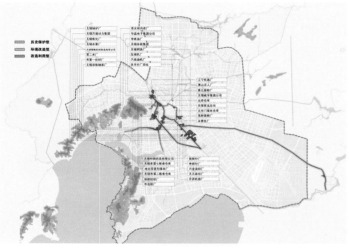

图 A13-5 历史展示系统图
Historical Display System

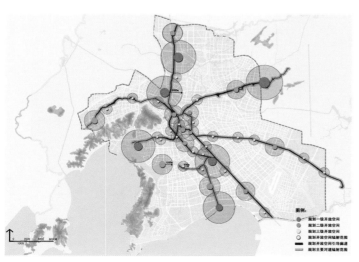

图 A13-6 沿河开放空间系统图
Riverside Open Space System

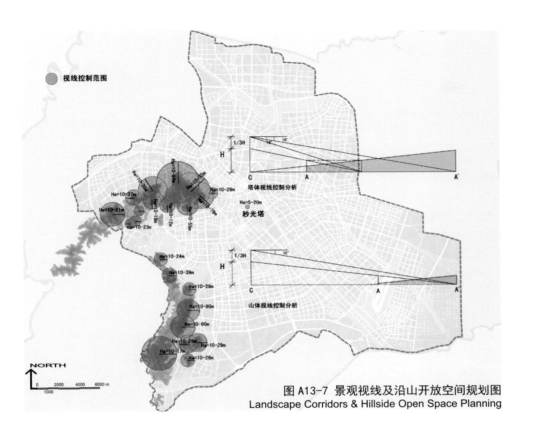

图 A13-7 景观视线及沿山开放空间规划图
Landscape Corridors & Hillside Open Space Planning

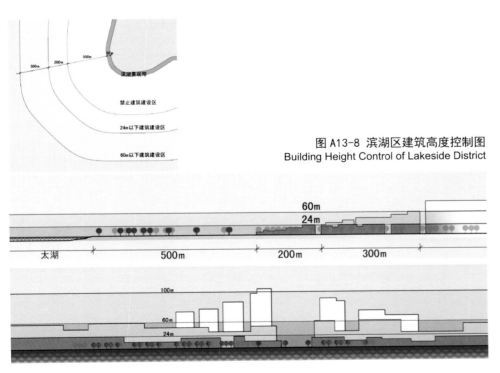

图 A13-8 滨湖区建筑高度控制图
Building Height Control of Lakeside District

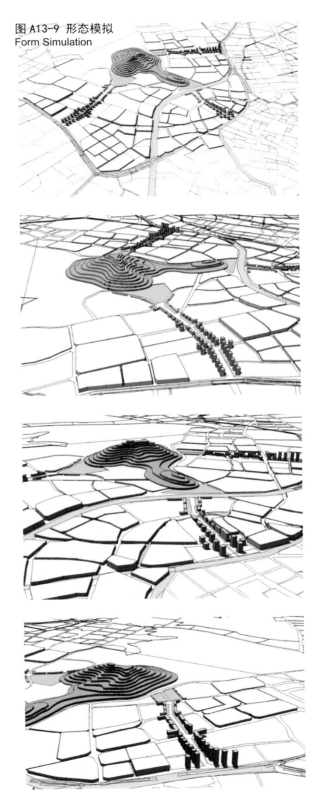

图 A13-9 形态模拟
Form Simulation

14 南京总体城市设计
Overall Urban Design of Nanjing City

时间 | 2008-10 至
Time | 2009-06

地点 | 南京
Location | Nanjing

规模 | 4388 平方千米
Area | 4388 km²

项目成员：王建国、阳建强、高源、王承慧、孙世界、吴晓、董卫、童本勤、毛克庭等
Cooperation: WANG Jianguo, YANG Jianqiang, GAO Yuan, WANG Chenhui, SUN Shijie, WU Xiao, DONG Wei, TONG Benqin, MAO Keting, et al.
委托单位：南京市规划局
Client: Nanjing Urban Planning Bureau
获奖情况：江苏省第十五届优秀工程设计二等奖（2012）
Awards: 2nd Prize of Jiangsu Excellent Project (2012)

　　南京总体城市设计项目意图从构筑优美的城市空间环境形象和加强城市土地利用调控角度出发，通过对南京自然山水特征和历史文化特色的把握，以及对南京现有相关城市设计成果的整合与优化，明确南京未来城市空间形态的总体框架与发展思路，为南京总体规划相关内容的修编提供依据，并为下一步城市设计工作的开展提供指南。

　　规划范围分三个层次：南京市域（约为 6582km²），南京一城三区（约为 4388km²），中心区、滨水区、历史地段、门户节点等南京城市重点地段。

　　设计将南京城市特色发展趋势为"在城市规模不断扩张的同时，努力寻找城镇建设发展与虎踞龙盘，襟江带湖的自然格局，以及沧桑久远、精品荟萃的历史人文生态资源的再度协调与交融"。

　　针对南京城市空间形态优化主要面临的"如何串联、如何保护、如何展现、如何塑造"的问题，确定了"总体格局、特色意图区、空间景观、高度分区"四个主要的规划设计方向，同时对每个专题设计的结构要素提供了导则指引。

　　在总体格局方面，综合历史空间格局、开敞空间格局、建设开发格局与空间景观格局的特点，提出以"三环圈层"为特征的南京城空间结构。三环圈层及其间分布的多条联系绿楔，奠定了南京"主城—副城—新城"的建设开发格局，串接诸多具有历史、空间、景观特征的认知节点、轴线、路径与区域，并对各格局认知要素提出导则指引。在特色意图区方面，从"空间特色区"与"景观敏感区"两个角度划定若干包括自然山水、历史文化、现代风貌以及活动和视觉感知途径清晰的敏感区等类型的重要南京城市特色意图区，并对其未来空间发展提出相关控制引导。在空间景观方面，依据景观视线评价，明确南京城重要的景观视线 37 条，同时依据城市视觉体验中"景观视线"与"景观界面（天际线）"的概念与联系，提出南京城市沿玄武湖、紫金山、新街口、滨江南北岸共 4 组（5 条）重要的城市景观界面，赋予其滨湖、临山、现代都市与滨江临山的界面特征。在高度分区方面，以历史人文、开敞空间、城市景观与用地功能四重结构性要素的综合评判为技术路线，提出城市建设开发高度分区"三环圈层网络控制、片区多点优先"的构想，并对城市各功能区域提出高度控制导则。

The project of overall urban design of Nanjing city is aimed at constructing a beautiful image of urban spatial environment, reinforcing the regulation and control of urban land use, better understanding of its natural landscape features and its special history and culture, and integrating and optimizing related achievements of existing urban designs. In so doing, the project will specify the overall framework and developmental trend of the urban spatial morphology of Nanjing in the future, and provide a basis for the possible revision of relevant content in the Master Plan of Nanjing and offer guidance for further work of urban design.

The scope of planning is divided according to three hierarchies: its administrative region (about 6582 square kilometers); one new urban area and three new city districts (about 4388 square kilometers); key sections such as the central area, waterfront areas, historic areas and the nodes of gateways within Nanjing city.

The design portrays special features of the urban development of Nanjing as "with its continuous urban expansion in its scale, striving to rebalance and mingle its urban development with its geographic pattern of a crouching tiger (Shitoucheng in the west) and a coiling dragon (Zhongshan Mountain in the east), and interlaced rivers and lakes as well as its long and eventful historical, cultural and ecological resources with a concentration of high-quality treasures.

In response to the major issues of "how to link, protect, display and shape" in optimizing the spatial forms of Nanjing city, the design decides on four major planning and design aspects, including "the comprehensive layout, areas for special purposes, spatial landscape and building height zoning ". It also provides guidelines to direct the structural elements of each special design.

As for the comprehensive layout, based on a synthesis of the layout of historical spaces, open space, construction and development as well as spatial landscape, the spatial structure characterized by "three rings with loops and tiers" is proposed. The three rings and the many connecting wedge-shaped green spaces that link in between constitute the layout of construction and development of Nanjing as "main city--sub-center--new urban areas", connecting numerous cognitive nodes, axes, routes and sections with historical, spatial and landscape features. The guidelines are also provided to direct the cognitive elements of each layout. In terms of the areas for special purposes, several important zones for special purposes of Nanjing city are defined featuring such types of natural landscapes, history and culture, modern styles and sensitive areas with clear activity and visual perceptive approaches in the perspectives of "areas with spatial characteristics" and "areas sensitive to landscapes". The design also provides relevant guidelines for controlling future spatial development of each area for specific purpose. With regard to spatial landscapes, this design identifies 37 important landscape views in Nanjing on the basis of the landscape views assessment. Meanwhile, according to the concepts of and connections between "landscape views" and "landscape interface (skyline)", it singles out 4 sets (5 lines) of important urban landscape interfaces of Nanjing along Xuanwu Lake, Zijin Mountain, Xinjiekou, and the north and south banks of the Yangtze River, thus attaching to it such interface features as lakeside, adjacent to hills, modern city, and riverside and foot of hills. Then, the design comes up with specific guidelines to direct the four sets of interfaces and 37 landscape views. Regarding building height zoning, this design, following the technical outline of the comprehensive evaluation of the quadruple elements of history and culture, open spaces, urban landscape and land usage, puts forward the conception of "three rings with loops and tiers with network control and sections and multiple localities priority " in terms of building height zoning in urban construction and offers guidelines to direct the height control of various functional areas in the city.

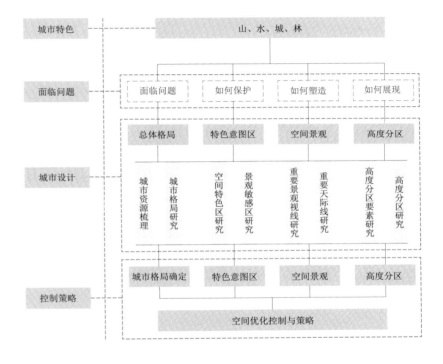

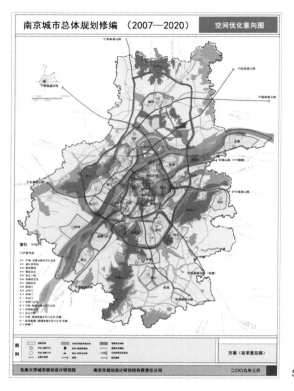

图 A14-1 空间优化意向图
Space Optimization Intention

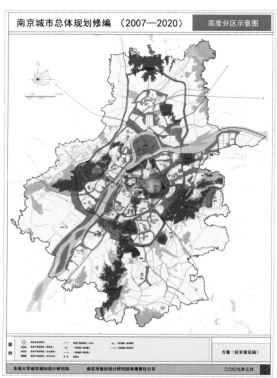

图 A14-2 高度分区示意图
Height Zoning

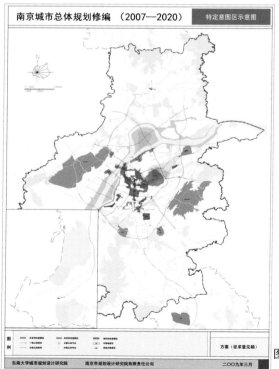

图 A14-3 特定意图区示意图
Special District

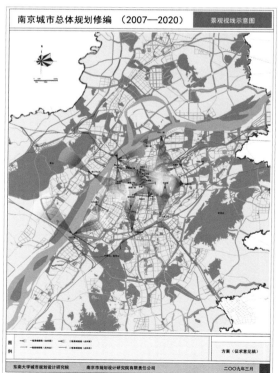

图 A14-4 景观视线示意图
Landscape View

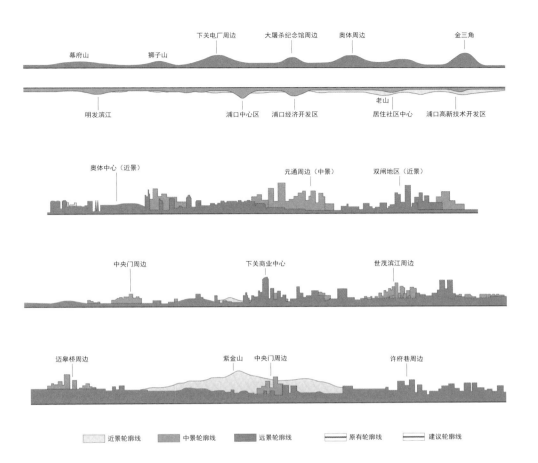

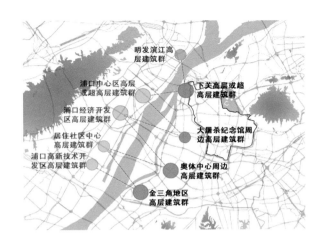

图 A14-5 滨江南岸城市天际线示意图
Urban Skyline of South Bank of the Yangtze River

幕府山　狮子山　下关电厂周边　大屠杀纪念馆周边　奥体周边　金三角

明发滨江　浦口中心区　浦口经济开发区　老山　居住社区中心　浦口高新技术开发区

奥体中心（近景）　元通周边（中景）　双闸地区（近景）

中央门周边　下关商业中心　世茂滨江周边

迈皋桥周边　紫金山　中央门周边　许府巷周边

近景轮廓线　中景轮廓线　远景轮廓线　原有轮廓线　建议轮廓线

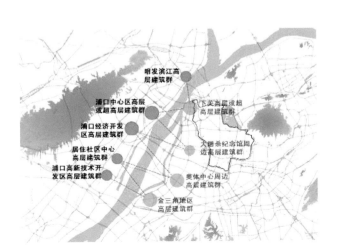

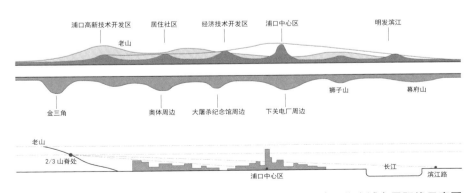

图 A14-6 滨江北岸城市天际线示意图
Urban Skyline of North Bank of the Yangtze River

浦口高新技术开发区　居住社区　经济技术开发区　浦口中心区　明发滨江

老山　金三角　奥体周边　大屠杀纪念馆周边　下关电厂周边　狮子山　幕府山

老山　2/3 山脊处　浦口中心区　长江　滨江路

15 南京老城空间形态优化和形象特色塑造

Optimization of the Spatial Forms of the Older Part of Nanjing City and Shaping of its Characteristic Image

时间 Time	2002-06 至 2003-06
地点 Location	南京 Nanjing
面积 Area	40 平方千米 40 km²

项目成员：王建国、高源、胡明星、张愚等
Cooperation: WANG Jianguo, GAO Yuan, HU Mingxing, ZHANG Yu, et al.
委托单位：南京市规划局
Client: Nanjing Urban Planning Bureau

南京是国务院公布的第一批历史文化名城之一。在快速城市化进程中，南京老城历史风貌与高层建筑建设的矛盾日渐突出。

设计基于现状调查与"山、水、城、林"的城市特色解析，通过历史、景观、地价、交通可达性等相关因子的遴选评价，在国内率先使用GIS技术对因子互动关系作出分析研究，建构起"用地单元划分—因子建构—数据赋值—数值计算—评价决策"的城市设计与GIS协同工作的步骤框架，进而确定了南京老城中不同区域的高层适建性并计算出高层禁建区、高层严格控制区、高层一般控制区和高层建筑适度发展区四类用地的面积比例，提出了南京未来高层建筑调整优化的技术路径和老城空间高度控制的相关策略。

研究遴选出南京老城区包括明城墙、历史轴线、景观路、特色街道、城市水系、主要出入口等在内的十个代表性地段进行了形态引导和管控的概念设计，较为整体和系统地把握了南京老城高层建筑分布规律、现状优化潜力和未来发展趋势，从技术理性层面克服单纯主观感性的经验判断，提高城市决策与建设的科学性。

Nanjing is among the first group of historical and cultural cities declared by the State Council of China, but in the fast urbanization process, the older part of the city is experiencing an increasingly serious conflict between its historical style and the construction of high-rises buildings.

The design begins with an investigation of the status quo, a thorough analysis of such urban features as mountains, water, the city and woods, a careful selection and evaluation of relevant factors such as history, landscape, land value and traffic accessibility and a GIS-based (used for the first time in China) analytical study of the interaction among the factors. All the efforts lead to the construction of a procedure framework, where the urban design of "zoning of land use units—constructing relevant factors—data assignment—data calculation—decision based on evaluation" is in coordination with GIS technology. The design further specifies the constructability of high-rise buildings in different sections of old Nanjing town and works out the area ratio of construction prohibition, strict control, general control and moderate development areas of high-rise buildings and proposes the technical route of regulating and optimizing hig-rise buildings in the future and allied strategies for controlling the height of spaces in the older part of the city.

Ten typical sections in the older part of Nanjing are selected including the Ming Dynasty's city walls, historical axes, landscaped routes, streets with unique features, urban water system, and main gateways for a conceptual design of guiding, regulation and controlling the forms, holistically and systematically grasps the distribution patterns, potential for current optimization and future trend of development of high-rise buildings in the older part of Nanjing, thus technically and rationally overcoming purely subjective, perceptual and empirical judgment in an effort to make the urban decision-making and construction more scientific.

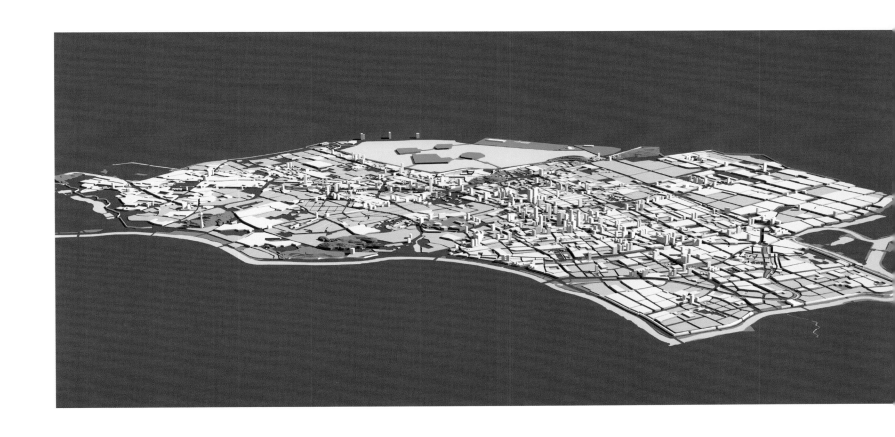

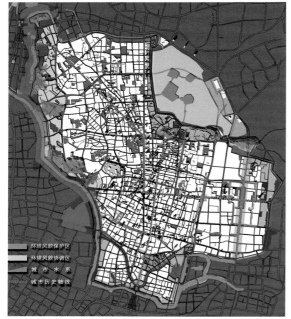

图 A15-1 城市风貌因子图
Urban Style Factor

图 A15-2 历史文化因子图
Historical and Cultural Factor

图 A15-3 土地价格因子图
Land Price Factor

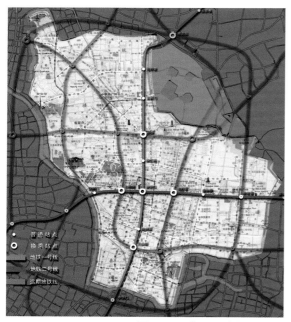

图 A15-4 交通可达性因子图
Traffic Accessibility Factor

图 A15-5 建设潜力因子图
Construction Potential Factor

图 A15-6 景观因子图
Landscape Factor

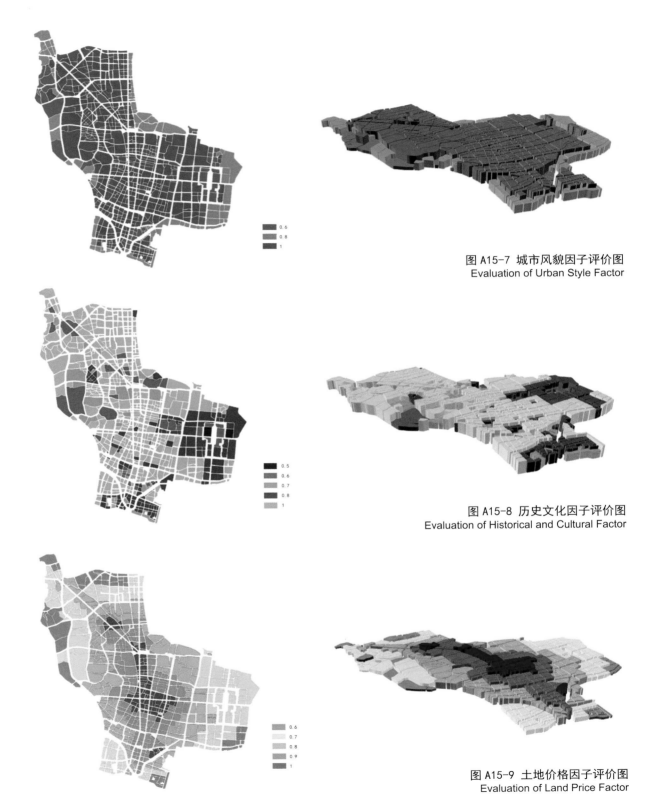

图 A15-7 城市风貌因子评价图
Evaluation of Urban Style Factor

图 A15-8 历史文化因子评价图
Evaluation of Historical and Cultural Factor

图 A15-9 土地价格因子评价图
Evaluation of Land Price Factor

0.00—0.20
0.21—0.40
0.41—0.60
0.61—1.00

图 A15-10 多因子综合评价图
Evaluation of Multiple Factors

图 A15-11 现状高层分布地块图
Current High-rise Distribution

高层禁建区
高层严格控制区
高层一般控制区
高层适度发展区

图 A15-12 空间形态高度管控图
Height Control on Space Form

高层禁建区
高层严格控制区
高层一般控制区
高层适度发展区
近期高层适度发展区

图 A15-13 近期高层建设用地示意
High-rise Distribution Recently

高层禁建区控制线

图 A15-14 台城城墙及太平门片区优化图 1
Optimization of the Taicheng and Taipingmen District 1

图 A15-15 台城城墙及太平门片区优化图 2
Optimization of the Taicheng and Taipingmen District 2

图 A15-16 狮子山、挹江门、石城片区优化图
Optimization of Shizishan Hill, Yijiangmen and Shicheng District

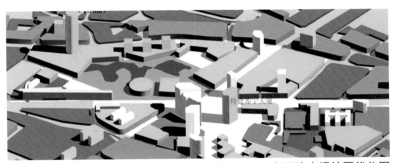

图 A15-17 山西路广场片区优化图
Optimization of Shanxi Road Plaza District

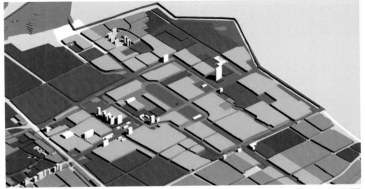

图 A15-18 中山东路、中山门片区优化图
Optimization of Zhongshan East Road and Zhongshanmen District

时间 | 2003-03 至
Time | 2003-07

地点 | 南京
Location | Nanjing

面积 | 61.2 公顷
Area | 61.2 hm²

16 南京总统府、煦园历史地段及其周边地区建筑高度和空间形态控制与引导
Control and Guidance on the Building Height and Spatial Forms of the Historic Site of the Presidential Palace of Nanjing, Xuyuan Garden and the Surrounding Areas

项目成员：王建国、高源、周立、沈芊芊等
Cooperation: WANG Jianguo, GAO Yuan, ZHOU Li, SHEN Qianqian, et al.
委托单位：南京市规划局
Client: Nanjing Urban Planning Bureau

　　总统府、煦园历史地段位于南京市老城区中心位置，具有显赫的历史地位和丰富的自然人文景观。为解决该地段更新改造和历史文化保护的现实矛盾，设计依循"城市发展与历史保护相结合"、"景观调整和改善优化相结合"的原则，采用感性体验、视线分析与模型演拟的技术方法，重点对用地中的四组轴线景观展开研究，对未来建设提出必要的控制和形态预期，形成与用地控规相接轨的用地高度调整优化依据与建议。

　　Enjoying an eminent position in history and an abundance of natural and cultural landscape, the historic site of the Presidential Palace and Xuyuan Garden is located at the central area in the old part of Nanjing. To resolve the current conflict between the renewal of this section and the conservation of historical and cultural heritage, the design, following the principle of "combining the urban development with preservation of historic relics" and "combining landscape regulation with its improvement and optimization" and adopting techniques of perceptual experience, view analysis and modeling and simulation with an emphasis on the study of 4 sets of axial landscape on the site, provides necessary controlling measures and formal predictions in the future construction and forms basis and advice concerning the height regulation and optimization on the site in line with the regulatory planning of the site.

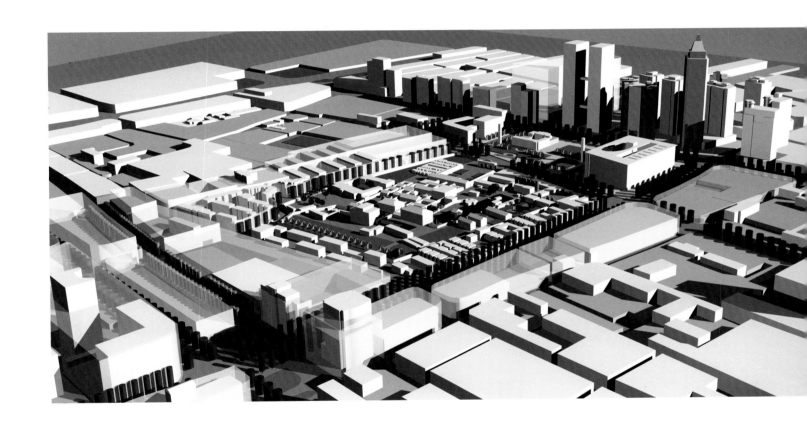

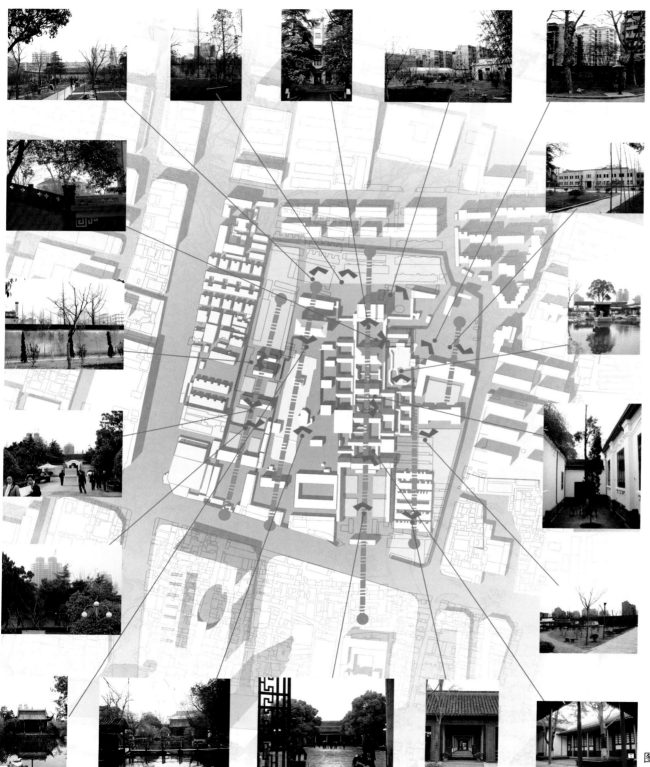

图 A16-1 轴线分析图
Axis Analysis

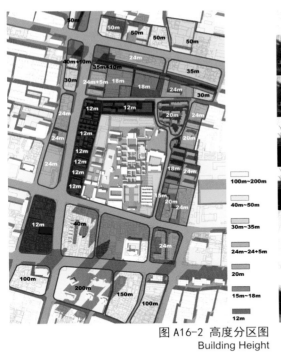

图 A16-2 高度分区图
Building Height

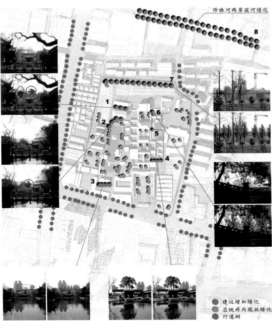

图 A16-3 树木栽植示意图
Tree Planting Schematic

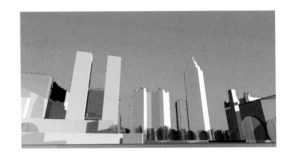

图 A16-4 形态模拟
Form Simulation

图 A16-5 总体鸟瞰图
Bird View

时间 Time | 2005-06 至 2007-01

地点 Location | 常州 Changzhou

面积 Area | 400 平方千米 400 km²

17 常州城市空间景观规划研究
Urban Space Landscape Planning and Research of Changzhou City

项目成员：王建国、龚恺、刘斌、严玲、张啸马、刘铭、张愚、白小松等
Cooperation: WANG Jianguo, GONG Kai, LIU Bin, YAN Ling, ZHANG Xiaoma, LIU Ming, ZHANG Yu, BAI Xiaosong, et al.
委托单位：常州市政府
Client: Changzhou Municipal Government
获奖情况：全国优秀城乡规划设计三等奖（2008）、江苏省优秀工程设计二等奖（2008）
Awards: 3rd Award of National Excellent Urban and Rural Design (2008), 2nd Prize of Jiangsu Excellent Engineering Design (2008)

通过对常州城市空间景观结构分析、建筑高度分布现状分析、历史文化资源分析、道路交通系统分析以及现状土地级别分析，得出常州城市特色和空间形态层面上存在的问题和可能利用和发掘的潜力。

在城市整体空间的宏观层面上，选取了用地性质、历史文化保护、景观风貌、环境资源、道路交通、土地价格、近期建设、轨道交通八个因子，运用 GIS 的数据平台，对全城范围内的所有地块进行赋值打分，建立起一个基于 GIS 技术的数据库成果，该成果既可以单因子分析，也可复合性运用分析。同时，通过因子综合成果与开发建设强度的相关性研究，大致确定了各地块相对应的开发建设强度预期。在空间形态管控中，采用主客观评价相结合的方法，进一步明确了地块的开发强度和容积率控制范围，为城市空间景观的优化引导、视线走廊的模拟分析与控制和重大项目规划设计方案比选推敲中提供了数字化三维辅助系统的信息平台支撑。

The study concludes with the characteristics of Changzhou city and existing problems concerning spatial morphology through the analysis of the urban spatial landscape structure, current distribution of building heights, historic and cultural resources, traffic network and present land grading and proposes the potential for use and development.

On the macro-level of the integral urban space, the study establishes a GIS-based database capable of either single-factor analysis or combining application analysis by selecting eight factors of land usage, conservation of historic and cultural heritage, landscape style, environmental resources, road traffic, land value, recent construction and rail transit, and assigning points to all the plots of the city on a GIS data platform. Meanwhile, a correlation study of the comprehensive results from factor research and intensity of development and construction basically helps determine the expected development and construction intensity corresponding to each plot. In the regulation and control of the spatial forms, subjective and objective evaluations are both adopted, the scope of regulation of the development intensity and the floor area ratio (FAR) of a plot is further clarified to provide support for an information platform of three-dimensional digital auxiliary system in the optimization and guidance of urban spatial landscape, modeling analysis and control of view corridors, and comparison and selection of schemes for the planning and design of major projects.

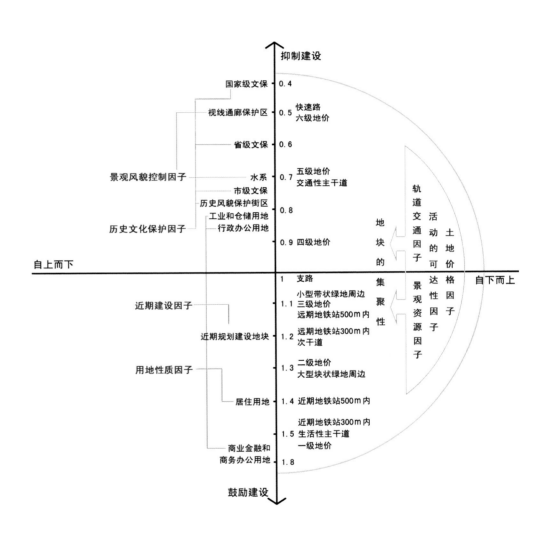

抑制建设

国家级文保 0.4

视线通廊保护区 0.5 快速路
六级地价

省级文保 0.6

景观风貌控制因子 水系 0.7 五级地价
交通性主干道
市级文保
历史风貌保护街区
工业和仓储用地 0.8
行政办公用地
历史文化保护因子
0.9 四级地价

自上而下

1 支路
小型带状绿地周边
近期建设因子 1.1 三级地价
远期地铁站500m内
远期地铁站300m内
近期规划建设地块 1.2 次干道
1.3 二级地价
用地性质因子 大型块状绿地周边
居住用地 1.4 近期地铁站500m内
近期地铁站300m内
1.5 生活性主干道
一级地价
商业金融和
商务办公用地 1.8

鼓励建设

自下而上

地块的集聚性

轨道交通因子

活动的可达性因子

景观资源因子

土地价格因子

图 A17-1 规划用地性质因子图
Evaluation of Land-use Factor

图 A17-5 道路交通因子图
Evaluation of Traffic Factor

图 A17-2 历史文化保护因子图
Evaluation of Historical Protection Factor

图 A17-6 土地价格因子图
Evaluation of Land Price Factor

图 A17-3 景观风貌因子图
Evaluation of Landscape Factor

图 A17-7 近期建设因子图
Evaluation of Recent Construction Factor

图 A17-4 环境因子图
Evaluation of Environmental Factor

图 A17-8 轨道交通因子图
Evaluation of Orbit Traffic Factor

图 A17-9 容积率估算结果
FAR Estimation

容积率

- 0.000000—0.600000
- 0.600001—1.200000
- 1.200001—2.000000
- 2.000001—3.000000
- 3.600001—8.503700

住区								

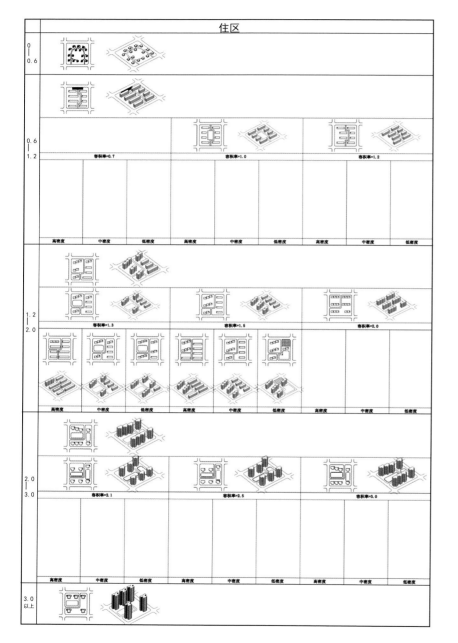

商住混合								

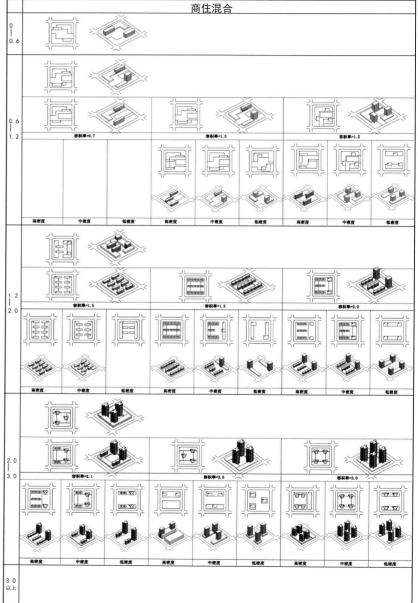

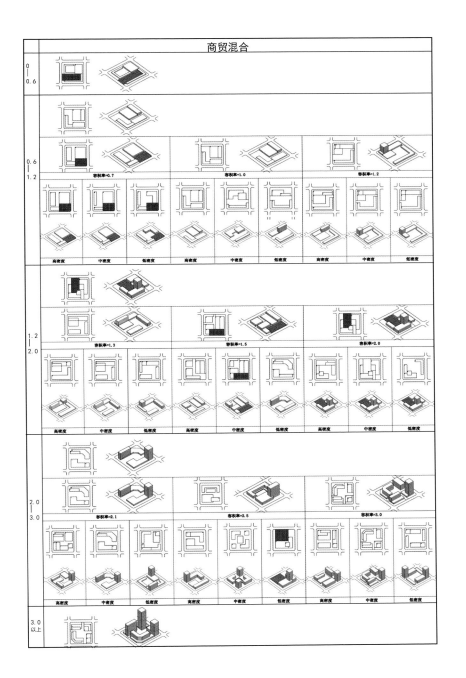

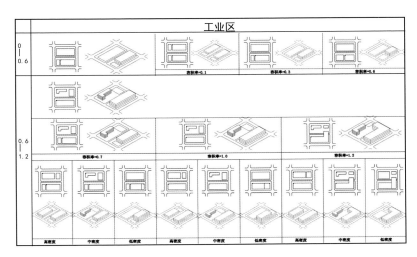

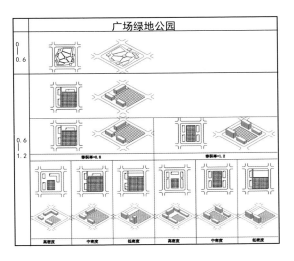

图 A17-10 街区空间形态模式
Spatial Morphology Pattern of Block

217

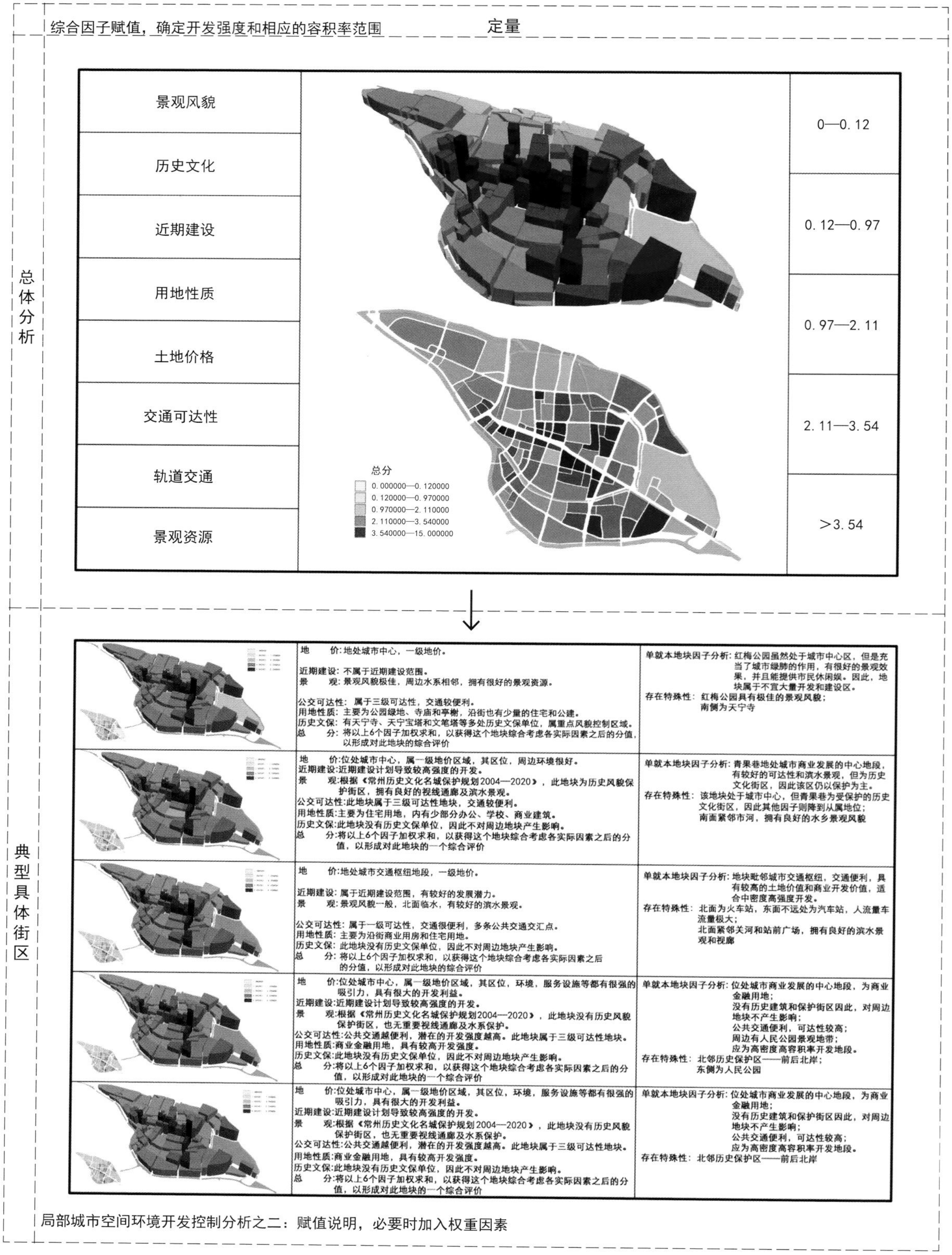

综合因子赋值，确定开发强度和相应的容积率范围　　　　定量

总体分析

景观风貌		0—0.12
历史文化		
近期建设		0.12—0.97
用地性质		
土地价格		0.97—2.11
交通可达性		2.11—3.54
轨道交通		
景观资源		>3.54

总分
0.000000—0.120000
0.120000—0.970000
0.970000—2.110000
2.110000—3.540000
3.540000—15.000000

典型具体街区

地　　价：地处城市中心，一级地价。
近期建设：不属于近期建设范围。
景　　观：景观风貌极佳，周边水系相邻，拥有很好的景观资源。
公交可达性：属于三级可达性，交通较便利。
用地性质：主要为公园绿地、寺庙和亭榭，沿街也有少量的住宅和公建。
历史文保：有天宁寺、天宁宝塔和文笔塔等多处历史文保单位，属品点风貌控制区域。
总　　分：将以上6个因子加权求和，以获得这个地块综合考虑各实际因素之后的分值，以形成对此地块的综合评价

单就本地块因子分析：红梅公园虽然处于城市中心区，但是充当了城市绿肺的作用，有很好的景观效果，并且能提供市民休闲娱。因此，地块属于不宜大量开发和建设区。
存在特殊性：红梅公园具有极佳的景观风貌；
南侧为天宁寺。

地　　价：位处城市中心，属一级地价区域，其区位、周边环境很好。
近期建设：近期建设计划导致较高强度的开发。
景　　观：根据《常州历史文化名城保护规划2004—2020》，此地块为历史风貌保护街区，拥有良好的视线通廊及滨水景观。
公交可达性：此地块属于三级可达性地块，交通很便利。
用地性质：主要为住宅用地，内有少部分办公、学校、商业建筑。
历史文保：此地块没有历史文保单位，因此不对周边地块产生影响。
总　　分：将以上6个因子加权求和，以获得这个地块综合考虑各实际因素之后的分值，以形成对此地块的一个综合评价

单就本地块因子分析：青果巷地处城市商业发展的中心地段，有较高的可达性和滨水景观，但为历史文化街区，因此该区仍以保护为主。
存在特殊性：该地块处于城市中心，但青果巷为受保护的历史文化街区，因此其他因子则降到从属地位；
南面紧临市河，拥有良好的水乡景观风貌。

地　　价：地处城市交通枢纽地段，一级地价。
近期建设：属于近期建设范围，有较好的发展潜力。
景　　观：景观风貌一般，北面临水，有较好的滨水景观。
公交可达性：属于一级可达性，交通便利，多条公共交通汇点。
用地性质：主要为沿街商业用房和住宅用房。
历史文保：此地块没有历史文保单位，因此对周边地块产生影响。
总　　分：将以上6个因子加权求和，以获得这个地块综合考虑各实际因素之后的分值，以形成对此地块的综合评价

单就本地块因子分析：地块毗邻城市交通枢纽，交通便利，具有较高的土地价值和商业开发价值，适合中密度高强度开发。
存在特殊性：北面为火车站，东面不远处为汽车站，人流量车流量极大；
北面紧邻关河和站前广场，拥有良好的滨水景观和视廊。

地　　价：位处城市中心，属一级地价区域，其区位、环境、服务设施等都有很强的吸引力，具有很大的开发利益。
近期建设：近期建设计划导致较高强度的开发。
景　　观：根据《常州历史文化名城保护规划2004—2020》，此地块没有历史风貌保护街区，也无重要视线通廊及水系保护。
公交可达性：公共交通越便利，潜在的开发强度越高。此地块属于三级可达性地块。
用地性质：商业金融用地，具有较高开发强度。
历史文保：此地块没有历史文保单位，因此对周边地块产生影响。
总　　分：将以上6个因子加权求和，以获得这个地块综合考虑各实际因素之后的分值，以形成对此地块的一个综合评价

单就本地块因子分析：位处城市商业发展的中心地段，为商业金融用地；
没有历史建筑和保护区因此，对周边地块不产生影响；
公共交通便利，可达性较高；
周边有人民公园绿地带；
应为高容积率高开发地段。
存在特殊性：北邻历史保护区——前后北岸；
东侧为人民公园。

地　　价：位处城市中心，属一级地价区域，其区位、环境、服务设施等都有很强的吸引力，具有很大的开发利益。
近期建设：近期建设计划导致较高强度的开发。
景　　观：根据《常州历史文化名城保护规划2004—2020》，此地块没有历史风貌保护街区，也无重要视线通廊及水系保护。
公交可达性：公共交通越便利，潜在的开发强度越高。此地块属于三级可达性地块。
用地性质：商业金融用地，具有较高开发强度。
历史文保：此地块没有历史文保单位，因此不对周边地块产生影响。
总　　分：将以上6个因子加权求和，以获得这个地块综合考虑各实际因素之后的分值，以形成对此地块的一个综合评价

单就本地块因子分析：位处城市商业发展的中心地段，为商业金融用地；
没有历史建筑和保护街区因此，对周边地块不产生影响；
公共交通便利，可达性较高；
应为高密度高容积率开发地段。
存在特殊性：北部历史保护区——前后北岸

图 A17-11　街区空间形态控制范例
Controling Models of Blocks' Spatial Morphology

局部城市空间环境开发控制分析之二：赋值说明，必要时加入权重因素

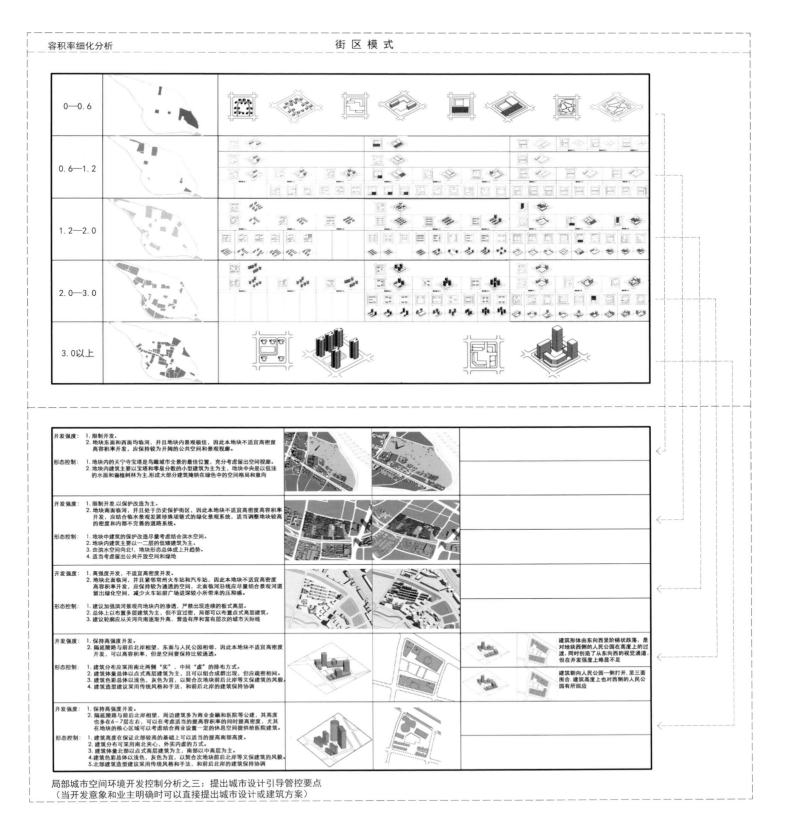

容积率细化分析　　　　　　　　　　　　　　　　　　　　　街 区 模 式

0—0.6		
0.6—1.2		
1.2—2.0		
2.0—3.0		
3.0以上		

开发强度： 1. 限制开发。
2. 地块东面和西面均临河，并且地块内景观极佳，因此本地块不适宜高密度高容积率开发，应保持较为开阔的公共空间和景观视廊。

形态控制： 1. 地块的天宁寺宝塔是乌瞰城市全景的最佳位置，充分考虑留出空间视廊。
2. 地块内建筑主要以宝塔和零星分散的小型建筑为主为主，地块中央以低注的水面和遍植树林为主，形成大部分建筑掩映在绿色中的空间格局和意向。

开发强度： 1. 限制开发。以保护改造为主。
2. 地块南面临河，并且处于历史保护街区，因此本地块不适宜高密度高容积率开发，应结合临水观发展珍珠项链式的绿化景观系统，适当调整地块较高的密度和内部不完善的道路系统。

形态控制： 1. 地块中建筑的保护改造尽量考虑结合滨水空间。
2. 地块内建筑主要以一二层的低矮建筑为主。
3. 由滨水空间向北，地块形态总体成上升趋势。
4. 适当考虑留出公共开放空间和绿地。

开发强度： 1. 高强度开发，不适宜高密度开发。
2. 地块北面临河，并且紧邻常州火车站和汽车站，因此本地块不适宜高密度高容积率开发，应保持较为通透的空间，北面临河沿线应尽量结合景观河道留出绿化空间，减少火车站前广场进深较小所带来的压抑感。

形态控制： 1. 建议加强滨河景观向地块内的渗透，严禁出现连续的板式高层。
2. 总体上布置多层建筑为主，但不宜过密，局部可以布置点式高层建筑。
3. 建议轮廓应从关河向南逐渐升高，营造有序和富有层次的城市天际线。

开发强度： 1. 保持高强度开发。
2. 隔延陵路与前后北岸相望，东面与人民公园相邻，因此本地块不适宜高密度开发，以高容积率，但是空间要保持比较通透。

形态控制： 1. 建筑分布应采用南北两侧"实"，中间"虚"的排布方式。
2. 建筑体量总体以点式高层建筑为主，且可以组合成群出现，但应疏密相间。
3. 建筑色彩总体以浅色，灰色为宜，以契合次地块前后北岸等文保建筑的风貌。
4. 建筑造型建议采用传统风格和手法，和前后北岸的建筑保持协调。

建筑形体由东向西呈阶梯状跌落，是对地块西侧的人民公园在高度上的过渡，同时创造了从东向西的视觉通道，但在开发强度上略显不足

建筑朝向人民公园一侧打开，呈三面围合。建筑高度上也对西侧的人民公园有所回应

开发强度： 1. 保持高强度开发。
2. 隔延陵路与前后北岸相望，周边建筑多为商业金融和医院等公建，其高度也多在6-7层左右，可以在考虑适当的提高容积率的同时提高高度，尤其在地块的核心区域可以考虑结合商业设置一定的休息空间提供给医院建筑。

形态控制： 1. 建筑高度在保证北部较高的基础上可以适当的提高南部高度。
2. 建筑分布可采用南北夹心，外实内虚的方式。
3. 建筑体量以点式高层建筑为主，南部以中高层为主。
4. 建筑色彩总体以浅色，灰色为宜，以契合次地块前后北岸等文保建筑的风貌。
5. 北部建筑造型建议采用传统风格和手法，和前后北岸的建筑保持协调。

局部城市空间环境开发控制分析之三：提出城市设计引导管控要点
（当开发意象和业主明确时可以直接提出城市设计或建筑方案）

时间 Time	2003-10 至 2004-03
地点 Location	常州 Changzhou
长度 Length	2.6千米 2.6 km

18 常州市常澄路—万福路城市设计
Urban Design of Changcheng Road - Wanfu Road of Changzhou

项目成员：王建国、刘斌、严玲、高源、黄勇、唐昊骏、陶茹萍、王宗记、何其春、张婧、李琳等
Cooperation: WANG Jianguo, LIU Bin, YAN Ling, GAO Yuan, HUANG Yong, TANG Haojun, TAO Ruping, WANG Zongji, HE Qichun, ZHANG Jing, LI Lin, et al.

委托单位：常州市规划局
Client: Changzhou Urban Planning Bureau

获奖情况：全国优秀城乡规划设计表扬奖（2007）、江苏省优秀工程设计二等奖（2007）
Awards: Recognition Award of National Excellent Urban and Rural Design (2007), Second Prize of Jiangsu Excellent Engineering Design (2007)

　　常澄路 - 万福路位于常州市新区与中心城区交接位置，是联系新区与中心城区的重要交通性城市主干道。设计在用地性质、开发容量、建筑高度等关键指标分析研究的结果上，对地块定位、空间格局、交通引导、建筑高度、建筑风格等关键要素提出了具体导则要求。

　　设计将干道两侧临街地块的车行交通引至干道背侧，形成与完善平行于主干道的辅道系统，并在合理位置架设立体步道，在满足快速交通要求的同时联系为干道隔断的两侧用地。根据不同路段的功能定位，项目设置沿街韵律建筑段与标志建筑，通过建筑体量水平延展与纵向拔升的有机结合，营造节奏变化。在原有控详指标的基础上，设计建议适当提高土地使用强度，促进自身及临近用地的开发增值，为用地环境品质的提升提供经济保障。

　　运用了 VR（虚拟现实）、RS（数字航空遥感）、GIS（地理信息系统）三项先进的地理信息技术。VR 技术为参与者提供任意角度、速度的漫游感受；同时运用 RS 与 GIS 两大技术进行现状分析，将两种成果与规划数据叠加，以 RS 影像进行地块现状的定性分析，以 GIS 技术进行地块与拆迁建筑的定量统计，从而使得出的结果更为有效、快捷、科学。

Located where the New District is connected with the central urban area of Changzhou, Changcheng Road - Wanfu Road is an important urban trunk for traffic linking the new district to the central urban area. Based on the analysis and research on key indicators such as land usage, development capacity, building heights, this design provides specific guideline and requirements in terms of orientation of a plot, spatial layout, traffic guidance, building heights and architectural styles.

The design channels the vehicle traffic on the plots facing streets on both sides of the main road to the back of these roads to develop and perfect the auxiliary road system parallel to the main roads, and construct pedestrian overpasses where appropriate to connect the lands separated by the main roads while at the same time meeting the requirements of rapid transit. In response to the functional orientations of different sections, the project creates blocks of buildings facing the streets that form rhythmic sections as well as landmark buildings. The rhythmic variety is formed by an organic combination of the horizontal stretches and vertical rises of building volumes. Based on the existing indicators presented in the regulatory detailed planning, this design proposes that the intensity of land use be properly enhanced to boost the added value of the land itself and surrounding areas in order to provide financial guarantee for the enhancement of environmental quality of the site.

Three advanced geographic information techniques of VR (virtual reality), RS (remote sensing), and GIS (geographic information system) are applied in the design. VR technique offers participants roaming experience at any angle and speed. In this design, both powerful techniques of RS and GIS are used to analyze the status quo and the two types of results are superposed with the planning data. RS is used for a qualitative analysis of the status quo of a plot and GIS for quantitative statistics of the plot and the buildings to be demolished, making the achievements more valid, convenient and scientific.

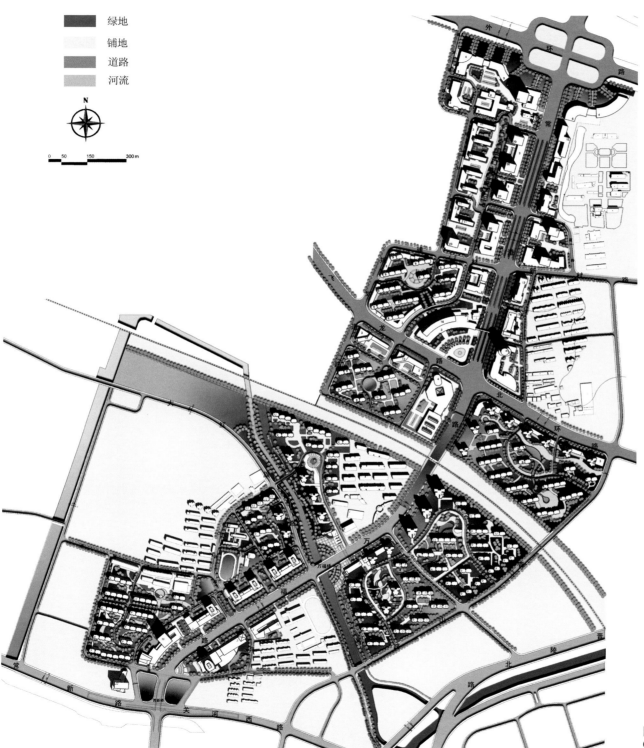

图 A18-1 总平面图
General Layout

图 A18-2 总体鸟瞰图
Bird View

图 A18-3 绿荫人行道
Footpath Under Shade

图 A18-4 街景
Vista

时间 | 2006-03 至
Time | 2006-07

地点 | 南京
Location | Nanjing

面积 | 231.78 公顷
Area | 231.78 hm²

19 南京钟山风景名胜区博爱园修建性详细规划

Detailed Construction Planning of Bo'ai Garden (Literally Universal Love Garden) in the Zhongshan Mountain Scenic Area in Nanjing

项目成员：王建国、韩冬青、马晓东、陈薇、王晓俊、周武忠、胡明星、孙世界、王正、蔡凯臻、徐小东、顾震弘等
Cooperation: WANG Jianguo, HAN Dongqing, MA Xiaodong, CHEN Wei, WANG Xiaojun, ZHOU Wuzhong, HU Mingxing, SUN Shijie, WANG Zheng, CAI Kaizhen, XU Xiaodong, GU Zhenhong, et al.

委托单位：南京钟山风景区建设发展有限公司
Client: Nanjing Zijin Mountain Scenic Area Construction and Development Limited Company

获奖情况：教育部优秀勘察设计一等奖（2013）
Awards: 1st Prize of Ministry of Education Excellent Perambulation Design (2013)

博爱园和天地科学园位于南京钟山风景名胜区核心景区南部，是景区的有机组成部分，也是南京主城东部门户的重要节点。区内自然生态资源丰富，历史文化积淀深厚，总面积为 231.78hm²。

规划设计贯彻整体协调、持续发展、生态优先、文化传承的原则，科学保护与利用自然资源。针对场地地形地貌、植被林相、地质水文条件复杂以及历史人文积淀丰厚的实际情况，研究采用了规划、建筑、历史、生态景观、交通、旅游策划和计算机技术等多学科协同工作的方法。项目首先通过"千层饼"的叠图分析，分析出场地基于自然敏感度的环境适建性范围，进而采用低环境冲击力的方式适度介入规划设计。

规划应用 GIS 技术构建了用于规划设计与景区管理的信息查询及管理数据库，有效保证了成果的前瞻性、科学性与可操作性，为日后景区环境的整治与有序建设提供了必要的技术支持。项目建成后因自然生态与景观浑然一体的环境品质而受到社会的一致好评和赞誉。

Bo'ai Garden and Tiandi (literally sky and earth) Science Park are located in the south of the core area of the Zhongshan Mountain Scenic Area, Nanjing, forming an organic part of the whole area and also constituting an important node of the eastern gateway of the main city in Nanjing. Within the 231.78hectares area is an abundance of natural ecological resources and cultural and historic heritage.

The planning and design is aimed at preserving and utilizing natural resources on a scientific basis, guided by the principles of ensuring integral harmony and sustainable development with priority given to ecological protection while carrying on and forward the cultural heritage. Considering the complexity of the topography, the form of vegetation and forests, and geological and hydrologic conditions as well as the richness of historical and cultural heritage of the site, it adopts the methodology of multi-disciplinary coordination, such as planning, architecture, history, ecological landscaping, transportation, and tourism programming and computer technology. The project begins with a "multi-layer cake - shaped" overlay analysis to arrive at the scope of constructible areas on the basis of their sensitivity to natural environment, followed by appropriate intervention of planning and design with a moderate environmental impact.

An information search and management database used in the planning, design and scenic management of the scenic area, thus effectively guaranteeing that the achievements of the project is foresighted, scientific and feasible and providing the necessary technical support for the future renovation and well-organized development of the environment in the scenic area. Upon completion, the project receives favorable comments from the public for its high environmental quality born of an integration of the landscape and natural ecology.

A 博爱园入口广场
B 博爱园入口游客服务区
C 青年志愿者活动中心
D 小卫街地铁站
E 宋庆龄基金会
F 博爱广场
G 博爱阁
H 美龄宫
I 百花谷
J 海外华人成就展示馆
K 停车场
L 游客服务中心
M 博爱坛
N 野营基地
O 民国科技展览馆
P 原军区125医院
Q 地震观测所
R 户外科技展示区
S 城市休闲会所
T 陵园新村邮局
U 游客服务中心
V 山地俱乐部
W 天文台
X 孝陵卫地铁站
☐☐ 规划范围

N

0 30   90   180m

图 A19-1 总平面图
General Layout

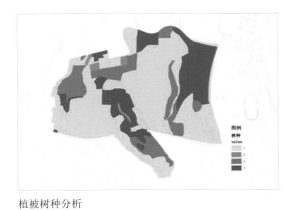

植被树种分析

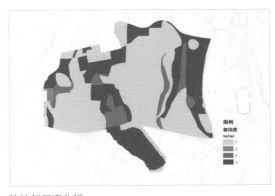

植被树龄分析

植被郁闭度分析

图 A19-2 植被综合分析图
Comprehensive Analysis of Vegetation Map

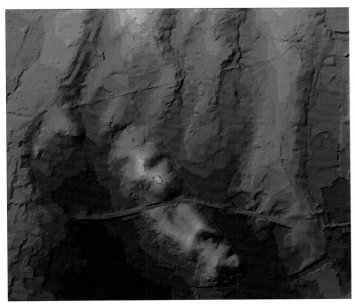

图 A19-3 地形高程分析图
Terrain Elevation Analysis

图 A19-4 可建设场地综合分析图
Comprehensive Analysis of the Construction Viability

229

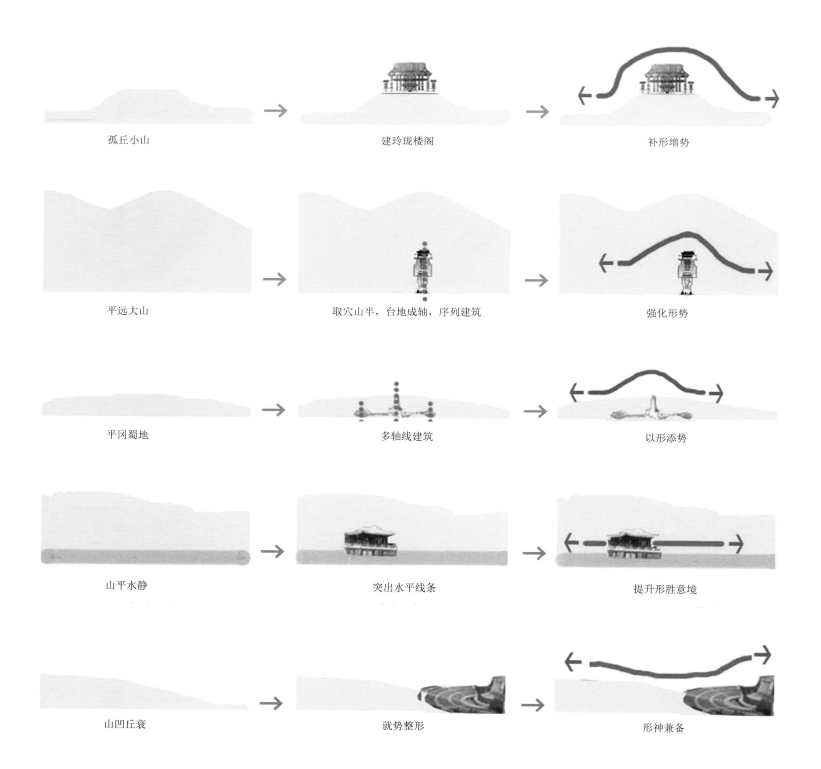

孤丘小山　　　建玲珑楼阁　　　补形增势

平远大山　　　取穴山半，台地成轴，序列建筑　　　强化形势

平冈蜀地　　　多轴线建筑　　　以形添势

山平水静　　　突出水平线条　　　提升形胜意境

山凹丘衰　　　就势整形　　　形神兼备

图 A19-5　历史建筑设计手法
Historic Building Design Practices

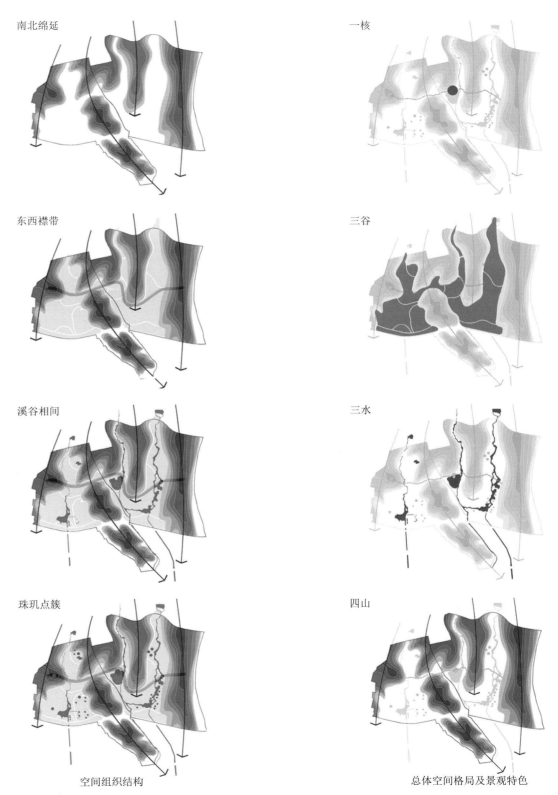

南北绵延

一核

东西襟带

三谷

溪谷相间

三水

珠玑点簇

四山

图 A19-6 总体空间结构图
Overall Spatial Structure

空间组织结构

总体空间格局及景观特色

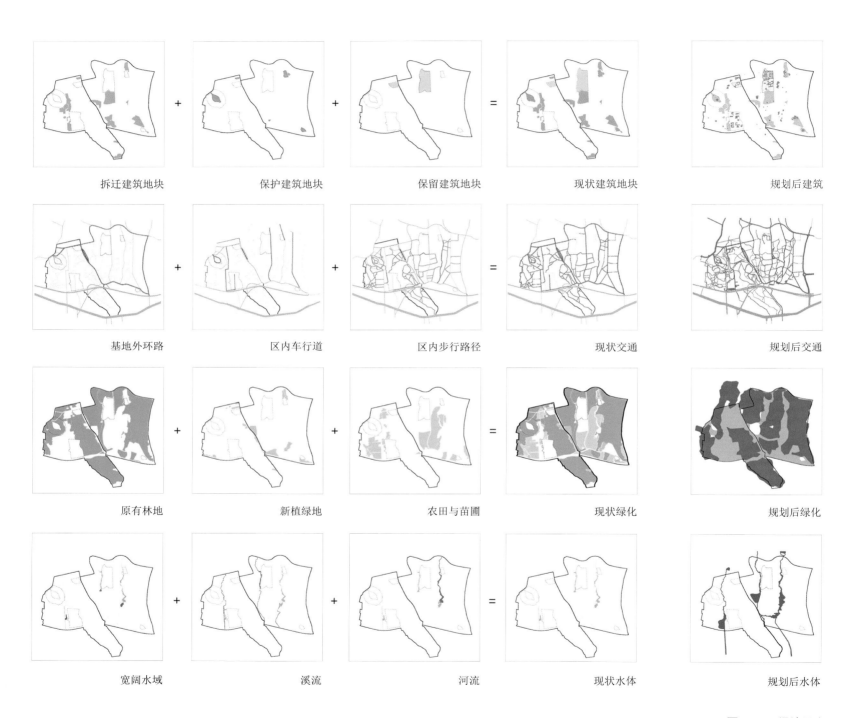

拆迁建筑地块 + 保护建筑地块 + 保留建筑地块 = 现状建筑地块   规划后建筑

基地外环路 + 区内车行道 + 区内步行路径 = 现状交通   规划后交通

原有林地 + 新植绿地 + 农田与苗圃 = 现状绿化   规划后绿化

宽阔水域 + 溪流 + 河流 = 现状水体   规划后水体

图 A19-7 场地元素
Site Factors

图 A19-8 场地与中山陵的视觉联系
Visual Contact of Site and Sun Yat-sen Mausoleum

图 A19-9 博爱广场
Bo'ai Plaza

图 A19-10 原左所村区域拆除改造后的实景
Photo of the District of Zuosuo Village After Demolished and Transformed

图 A19-11 西溪改造后实景
Photo of Xi Stream After Transformed

235

20 广州海鸥岛旅游策划及城市设计
Tourism Programming and Urban Design of Hai'ou Island of Guangzhou

时间 Time	2002-12 至 2003-02
地点 Location	广州 Guangzhou
规模 Area	36 平方千米 36 km²

项目成员：王建国、董卫、阳建强、SASAKI 等
Cooperation: WANG Jianguo, DONG Wei, YANG Jianqiang, SASAKI, et al.
委托单位：广州市规划局
Client: Guangzhou Urban Planning Bureau

海鸥岛地处珠江入海口，为珠江主航道和莲花山水道环绕，是典型的因珠江三角河流冲积形成的内河岛。设计依据并深化上位规划对于海鸥岛的功能定位，为其中长期开发提供基本框架和规划指南。

基于与广州主城区、南沙和未来新城中心高效快节奏的生活方式和发展经济理性的对峙，提出"快城慢岛"的设计理念，倡导由整体中的局部合理逐步达到整体的最终合理，关注城市乃至更大范围的自然生态和人工系统的统筹协调，强调一、二、三产业的融合与协调发展，综合运用多种生态策略和生态技术的集成组合，并通过微观城市设计策略实现日常生活中的人文关怀和延续。

规划以不损害当地居民利益为出发点，尊重其生活习惯，改善其生活条件，采取一种从地域条件出发的温和、渐进的发展模式，在保留该岛农业资源、村落形态及其自然景观的基础上对环境加以整治，开发有益于保护地方生态的农业旅游和康体休闲产业项目，改变岛内原有单一的经济模式，全面提升海鸥岛的生活品质，增加了就业机会，改善了基础设施，促进了地区社会的整体进步。

明确划定岛内的生态敏感度分区，保证区域的生态安全；实现最大程度的自然能量的利用（风能和太阳能），鼓励使用绿色公共交通和其他减少石油消耗的交通方式；凸现水面、河港、岸线、农田、沼泽湿地等地域性特色，加强林地培育，建立整体连贯而有效的自然开敞绿地系统，形成与北端的莲花山自然区和南端三江汇流的自然湿地相协调的大地景观，构建了一个具有自然生态和水乡田园风光特色的"伊甸园"。

强调水、绿和地形地貌等自然要素的突出作用，显现海鸥岛的"岛－岛、小岛、群岛，田－海鸥岛，河－海鸥岛，塘－塘，村－海鸥岛，堤－环岛，林－岛，港－码头"的自然与人文景观特征。海鸥岛南部洲头通过建立风能发电设施，北部洲头的观景休憩节点则强调与对岸莲花山风景区的山水空间互动和历史关联，沿珠江和莲花山水道的东西两侧主要创造绿色生态主题的外部形象。

Located at the mouth of the Zhujiang River, Hai'ou Island is surrounded with the main channel of the river and the waterways of Lianhua Mountain, a typical inland-river-formed island built by the river alluvium in the Zhujiang Delta. The design bases itself on and furthers the functional orientations of the island established by upper planning to provide an essential framework and planning guideline for medium-to-long term development.

Confronting the highly efficient and fast-track way of life and economic development in the main city of Guangzhou, Nansha District and the new urban center in the future, the design philosophy of "fast-track city and slow-track island" is proposed, advocating the overall rationality evolving from local rationality, concerning the overall coordination of the natural ecology with artificial systems on the scale of a city and beyond, valuing the mingling and well-balanced development of the first, second and tertiary industries, comprehensively adopting a variety of ecological strategies and an integrated combination of ecological techniques, and extending sustained humanistic care through micro urban design strategies.

The planning is pursued with no harm done to the interests of the local residents, respecting their living habits and customs and striving to improve their living conditions. Adopting a moderately progressive mode of development based on the local conditions, the planning is aimed at upgrading the environment and launching eco-friendly agricultural tourism and projects of sports and recreational industries while keeping intact the agricultural resources, the village forms and natural landscapes on the island. In so doing, the single mode of economic development is changed, and people's quality of life is improved comprehensively, as new jobs are created and infrastructure is upgraded, thus making the local community progressing in an all-rounded way.

The design specifies the zoning of the island on the basis of their environmental sensitivity to ensure its ecological safety. It advocates maximum harnessing of natural energy (wind and solar energy), encouraging the use of eco-friendly public transport system and other means of transportation that reduce the consumption of fossil fuels. The design brings out such local features as water, harbors, coastlines, farmland, marshes and wetlands, proposing to step up efforts to develop more forestlands and establish effectively continuous natural, open and green spaces, forming a grand landscape well-coordinated with Lianhua Mountain Natural Area in the north and the natural wetland formed by the convergence of three rivers in the south. There emerges an Eden boasting a natural eco-system and idyllic scenery shaped by rivers and lakes.

The prominent roles of water, green spaces and topography are highlighted, aiming at revealing the characteristics of natural and cultural landscapes of "islands—islands, islets, and archipelagos; land—Hai'ou Island; rivers—Hai'ou Isand; ponds—ponds; villages—Hai'ou Island; embankment—encircling the island; forests—islands; harbors—docks". Wind power facilities are set up at the southern end of Hai'ou Island; at the northern end of the island are built nodes of sightseeing and leisure activities, highlighting the interaction of landscpaed spaces and historical connections with the Lianhua Mountain Scenic Area opposite the bank. On both the west and east banks along the channel of the Zhujiang River and Lianhua Mountain is created an external image with green ecology as its theme.

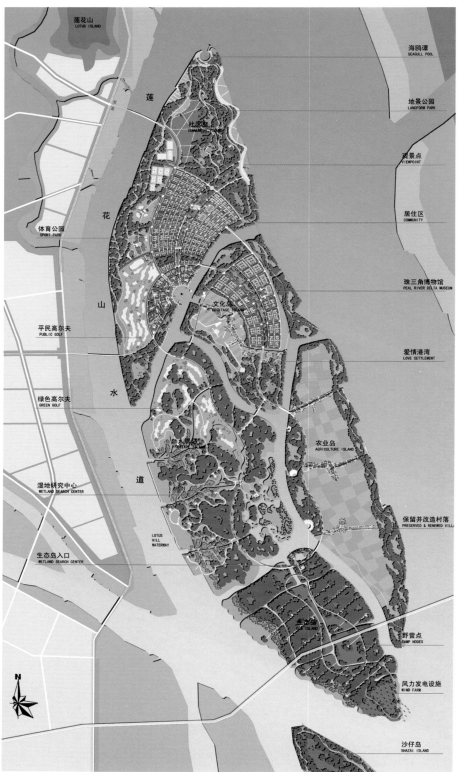

莲花山
LOTUS ISLAND

海鸥潭
SEAGULL POOL

莲

地景公园
LANDFORM PARK

花

观景点
VIEWPOINT

社区岛
COMMUNITY ISLAND

山

居住区
COMMUNITY

体育公园
SPORT PARK

珠三角博物馆
PEAL RIVER DELTA MUSEUM

水

文化岛
HERITAGE ISLAND

平民高尔夫
PUBLIC GOLF

爱情港湾
LOVE SETTLEMENT

绿色高尔夫
GREEN GOLF

道

农业岛
AGRICULTURE ISLAND

湿地研究中心
WETLAND SEARCH CENTER

人居岛
HERITAGE ISLAND

保留并改造村落
PRESERVED & RENEWED VILLA

LOTUS
HILL
WATERWAY

生态岛入口
WETLAND SEARCH CENTER

野营点
CAMP NODES

丝之岛
SILK ISLAND

风力发电设施
WIND FARM

N

沙仔岛
SHAZAI ISLAND

图 A20-1 总平面图
General Layout

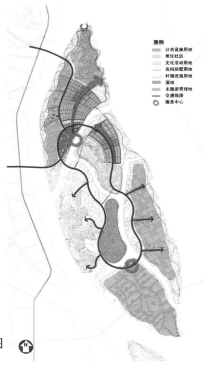

图 A20-2 用地性质图
Land Use

图 A20-3 开发强度图
Density

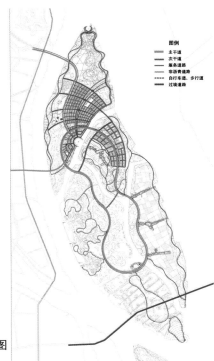

图 A20-4 交通规划图
Transportation

图 A20-5 游览线路图
Tourist Route

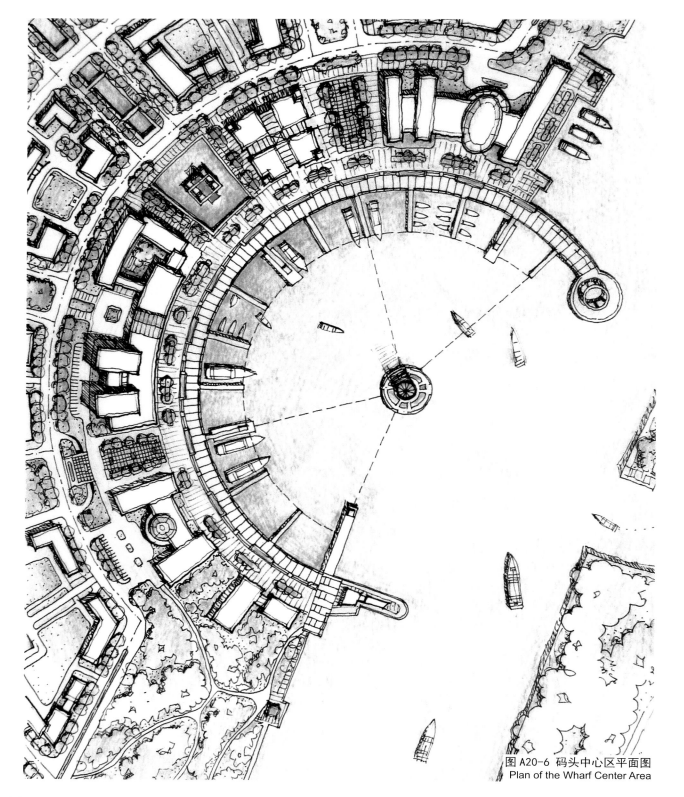

图 A20-6 码头中心区平面图
Plan of the Wharf Center Area

图 A20-7 海鸥潭码头鸟瞰图
Bird View of the Hai' ou Bay Wharf

图 A20-8 码头中心区鸟瞰图
Bird View of the Wharf Center Area

241

时间 Time	2001-09 至 2002-06
地点 Location	宜兴 Yixing
面积 Area	8.6 公顷 8.6 hm²

21 江苏宜兴团氿滨水地区城市设计
Urban Design of Tuanjiu Waterfront Area of Yixing, Jiangsu Province

项目成员：王建国、周小棣、徐小东、魏羽力、李琳、张愚等
Cooperation: WANG Jianguo, ZHOU Xiaodi, XU Xiaodong, WEI Yuli, LI Lin, ZHANG Yu, et al.
委托单位：宜兴市规划局
Client: Yixing Urban Planning Bureau
获奖情况：江苏省城乡建设系统优秀勘察设计（景观类）三等奖（2008）、江苏省优秀工程设计（风景园林）三等奖（2008）
Awards: 3rd Prize of Jiangsu Excellent Perambulation Design(Landscape Category) (2008), 3rd Prize of Jiangsu Excellent Engineering Design(Landscape Category) (2008)

团氿位于江苏省宜兴市城区西部，是地方重要的水体资源。基于绿色生态优先的理念，设计汲取国际城市滨水区创造生活活力的经验，研究了该滨水地区与东侧城市街区的互动关系，着力塑造了体现地方特色和滨水风貌的南、中、北三段主题空间。南段生态休闲区保留部分现状湿地，强化与城市步行体系的连通，中段为中心广场和集会活动场所，北段突出休闲娱乐功能，软硬质景观结合，合理配置水上舞台、服务中心与规整式绿地。同时在景观和小品设计上突出了环境的宜人尺度。

Located in the west of the urban area of Yixing, Jiangsu Province, Tuanjiu is an important local water resource. Following the philosophy of green ecology first, the designers exert great efforts in shaping the thematic spaces in the south, middle and north sections reflecting local features and the waterfront style by drawing on the experience of creating vitality of life in the waterfront areas of international cities and studying the interactions between the waterfront area and the urban blocks on the east side. In the south section of ecological recreational area, a part of existing wetland is kept and its connection with the pedestrian system of the city is strengthened. The middle section is the central square and an assembly place for various activities. The north section focuses on recreation and entertainment functions with a combination of both hard and soft landscapes; an overwater stage, a service center and regular green spaces are reasonably allocated and the pleasant scale of the environment is given special consideration in the design of the landscape and street furniture.

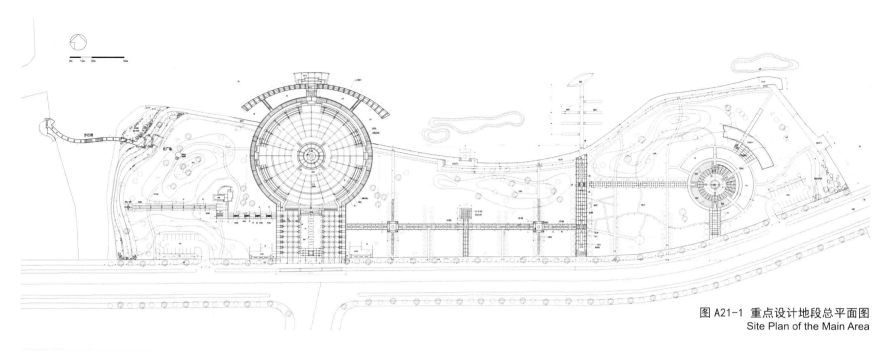

图 A21-1 重点设计地段总平面图
Site Plan of the Main Area

图 A21-2 中心广场鸟瞰
Bird View of Central Plaza

图 A21-3 水景步道鸟瞰
Bird View of Pedestrian Path Above Water

图 A21-4 水景步道
Pedestrian Path Above Water

图 A21-5 滨水景观
Waterfront

图 A21-6 中心广场 1
Central Plaza 1

图 A21-7 游客服务中心
Tourist Center

图 A21-8 滨水步行桥
Waterfront Bridge

图 A21-9 中心广场 2
Central Plaza 2

图 A21-10 从滨水步行桥远眺中心广场
View of Central Plaza from Waterfront Bridge

图 A21-11 湿地景观
Wetland Landscape

图 A21-12 水上舞台
Water Stage

B 建筑设计
ARCHITECTURE

1 四川绵竹广济镇中心区灾后重建公共建筑群

Public Building Complex Post-quake Reconstruction in the Central Area of Guangji Town at Mianzhu, Sichuan Province

时间 | 2009-07 至
Time | 2010-04

地点 | 绵竹广济
Location | Guangji

面积 | 22156 平方米
Area | 22156 m²

项目成员：王建国、张彤、韩冬青、邓浩、万邦伟等
Cooperation: WANG Jianguo, ZHANG Tong, HAN Dongqing, DENG Hao, WAN Bangwei, et al.
委托单位：绵竹市广济镇镇政府
Client: Guangji Town Government
获奖情况：全国工程勘察设计行业优秀工程勘察设计行业奖（建筑设计）一等奖（2011）
Awards: 1st Prize of National Excellent Perambulation Design(2011)
建设情况：建成
Status: Completed

绵竹市广济镇位于绵竹市西部，北依龙门山脉，在 5·12 特大地震中人员伤亡、房屋损毁惨重。灾后重建公共建筑群集中位于镇区中心的四个地块内，包括文化中心、便民服务中心、卫生院、小学校、幼儿园、福利院等公共民生设施。建筑群总建筑面积为 22156m²，最大高度为 16.30m，钢筋混凝土框架结构。

中心区重建运用整体和系统的城市设计思想和方法，统筹整合重建后的市镇空间及其与总体规划的关系；场地设计顺应现状溪流并根据人流活动要求安排带形公共绿地；城市设计创建了连续的街道界面、统筹建筑形式语言；结合镇行政服务中心、文化中心与小学校的主入口设置市民广场，使之成为镇区居民日常活动汇聚的场所；保留震后幸存的大树，将其巧妙组合进建筑的院落空间中。

在整体连贯的城市设计引导下，建筑设计运用了因地制宜的技术策略和协调统一的材料做法，因此，广济镇中心区的公共建筑群体现出突出的系统性、整体性和安全性，形成了具有显著城镇空间特征并保留乡土气息的新市镇环境。投入使用以后，得到各方面的一致好评。作为江苏援建绵竹市各重建市镇中最具整体质量的范例，设计团队接受中央电视台大型纪录片《奇迹》的采访。

Guangji Town is located at the western part to Mianzhu City, with its north adjacent to the Longmen Mountains. In the major earthquake on 12th May, the town suffered heavily from numerous causality and building destruction. The public building complex reconstructed after the earthquake is located within four sections of the center of town area, including such public livelihood facilities as cultural center, convenience center, health center, primary school and secondary school, kindergarten, welfare homes, etc. The total floor area of the building complex is 22,156m², with the maximum height 16.30m. The structural system is reinforced concrete frame structure.

The integrated and systematic idea and approach of urban design was applied in the reconstruction of the central area, with the overall planning and integration of the reconstruction of the town spaces as well as their relationship with the master plan. The site was designed according to the existing creek, with the linear public green spaces arranged conforming to the requirements of pedestrian flow and activities. Continuous street edges were created in the urban design, integrating formal languages of buildings. The public square was laid out combining the entrance spaces of administrative center, cultural center and primary school of the town, making it a place for people to meet in their daily lives. The trees that survived the earthquake were kept and carefully fit the courtyard spaces between buildings.

With the guideline of integrated and coherent urban design, the technical strategies that adapted to the local conditions and united and harmonious materials were applied in the architectural design. Therefore, the public building complex of the central area at Guangji Town showed prominent characteristics of systematization, integrity, and safety, shaping a new townscape that characterized with outstanding urban spaces as well as maintained indigenous flavor. Upon putting into operation, it was well accepted. The design team was interviewed by the series of documentation program *The Miracles* of CCTV, exemplifying the most holistic and qualified town reconstructed by Jiangsu Province.

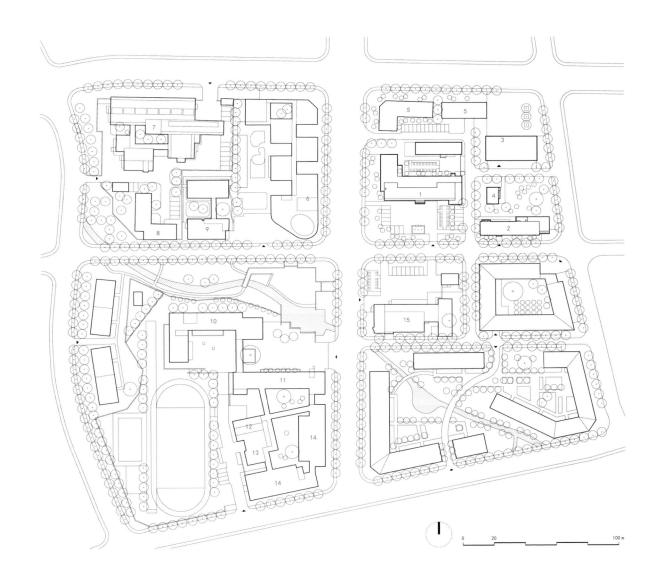

1	便民服务中心（政务中心）	Government Centre
2	便民服务中心	Service Centre
3	农贸市场	Open Fair
4	公厕	Public Toilet
5	市政服务设施	City Service and Facilities
6	幼儿园	Kindergarten
7	门诊楼	Outpatient Building
8	职工宿舍	Staff Quarter
9	福利院	Welfare House
10	办公及科技楼	Office and Technology Building
11	教学楼	Teaching Building
12	食堂	Canteen
13	浴室	Bathroom
14	宿舍	Dormitory
15	文化站	Culture Centre

0   20   100 m

图 B1-1 建筑群鸟瞰图 1
Bird View of Building Group 1

图 B1-2 建筑群鸟瞰图 2
Bird View of Building Group 2

图 B1-3 中心建筑群视景
Central Buildings

时间 | 2009-07 至
Time | 2010-04

地点 | 绵竹广济
Location | Guangji

面积 | 936 平方米
Area | 936 m²

2 四川绵竹市广济镇文化中心
Cultural Center of Guangji Town at Mianzhu, Sichuan Province

项目成员：王建国、徐小东、王鹏、孙海霆、姚昕悦等
Cooperation: WANG Jianguo, XU Xiaodong, WANG Peng, SUN Haiting, YAO Xinyue, et al.
委托单位：绵竹市广济镇镇政府
Client: Guangji Town Government
获奖情况：江苏省第 14 届优秀工程设计一等奖（2011）
Awards: 1st Prize of Jiangsu Excellent Project (2011)
建设情况：建成
Status: Completed

广济镇文化中心是 5·12 汶川地震后东南大学建筑学院和建筑设计研究院组织的第二批援建项目之一。

设计要点：

建筑布局充分考虑当地气候条件，采用规整平面形式，利用地形和植被加以限定，形成尺度适宜、层次丰富的建筑空间；

建筑造型一方面保证功能空间表达的真实性，另一方面，在立面柱廊、开窗形式和材料划分等细节的艺术处理上考虑了与文化中心功能相关联的节律性视感；

庭院设计结合地震中幸存的大树，表达特有的场所价值；

以功能实用和经济性为前提，设计采用通用建材和构造节点，方便施工和工程进度把握，同时保证建筑良好的自然通风采光性能。

建筑用色主要有三种，白色的墙柱形态结构性构件采用白色涂料，灰色的水刷石墙面，填充墙体的面砖则选用了土红色面砖，色彩搭配考虑协调中而有对比变化，试图营造震后重建家园的几许温馨，缓解灾难之后民众的伤感。

The Cultural Center of Guangji Town is one of the second projects that reconstructed by the School of Architecture and the Architects and Engineers Ltd. of Southeast University after Wenchuan Earthquake.

Design Outlines:

Local climatic conditions were carefully considered in the building layout. The regular plan was applied, defined with terrain and vegetation, shaping the architectural spaces with appropriate scale and diversified hierarchy.

In terms of architectural forms, on the one hand, the authenticity of functional spaces was expressed; on the other hand, the visual rhythm that related to the functions of cultural center was considered in the artistic articulation of the portico on facades, forms of openings and subdivision of materials.

The trees survived the earthquake was integrated in the design of courtyards, presenting the particular value of locality.

On the premise of practicability and economy of functions, general building materials and construction details were applied in the design, facilitating the construction and the control of project progress and meanwhile assuring the adequate natural ventilation and lighting performance of the building.

There are three colors applied on the building. White paint was applied on the structural elements with the forms of walls and columns. Grey was applied on the granitic plaster walls. Brick-red facing tiles were chosen for the filler walls. This palette was designed to present harmony with comparison and variety, in an attempt to create warm atmosphere of reconstructed homestead, releasing the pains that the general public suffered after the disaster.

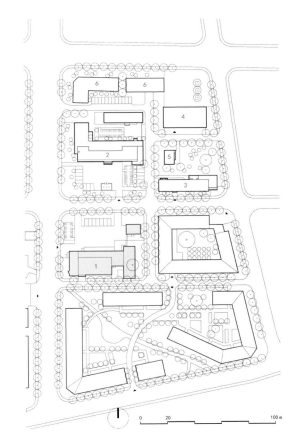

1	文化中心	Culture Centre
2	便民服务中心（政务中心）	Government Centre
3	便民服务中心	Service Centre
4	农贸市场	Open Fair
5	公厕	Public Toilet
6	市政服务设施	City Service and Facilities

0   20   100 m

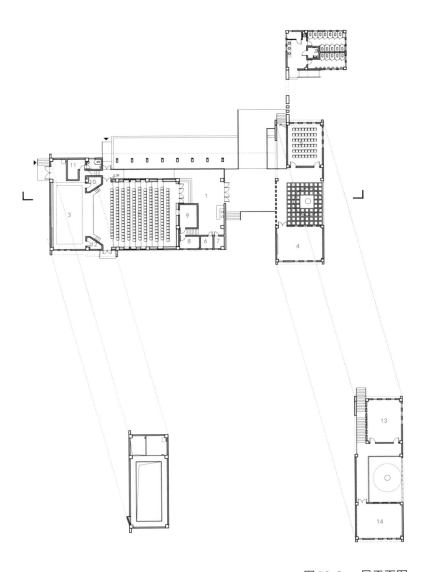

图 B2-2 一层平面图
1st Floor Plan

图 B2-1 鸟瞰图
Bird View

1	门厅	The Hall
2	报告厅	Lecture Hall
3	主席台	Plateform
4	培训室	Training Room
5	多媒体播放室	Media Room
6	弱电	Light Current
7	强电	Strong Current
8	管理值班	Management Office
9	设备室	Equipment Room
10	更衣室	Changing Room
11	休息室	Retiring Room
12	更衣室	Changing Room
13	阅览室	Reading Room
14	活动室	Activity Room

图 B2-3 柱廊与倒影池
Portico and Pool

图 B2-4 北侧视景
North View

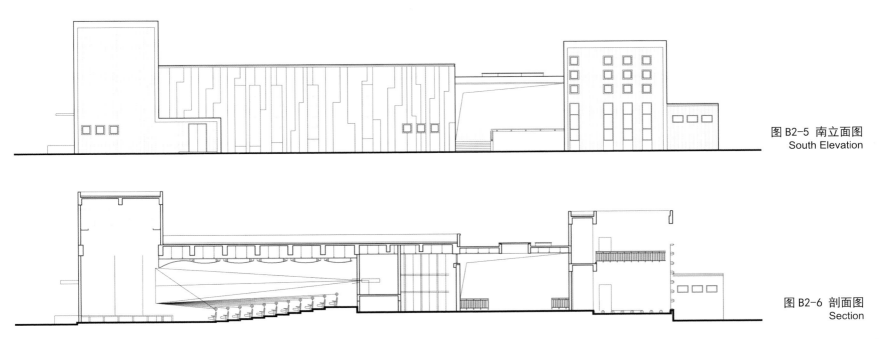

图 B2-5 南立面图
South Elevation

图 B2-6 剖面图
Section

图 B2-7 劫后余生的大树
Surviving Tree From the Earthquake

图 B2-8 庭院中的大树
Tree in the Courtyard

图 B2-9 室内视景
Indoor View

图 B2-10 入口广场视景
Entrance Plaza View

时间 | 2009-07 至
Time | 2010-04

地点 | 绵竹广济
Location | Guangji

面积 | 4489 平方米
Area | 4489 m²

3 四川绵竹市广济镇便民服务中心建筑群
Convenience Center Complex of Guangji Town at Mianzhu, Sichuan Province

项目成员：王建国、徐小东、王鹏、姚昕悦、孙海霆等
Cooperation: WANG Jianguo, XU Xiaodong, WANG Peng, YAO Xinyue, SUN Haiting, et al.
委托单位：绵竹市广济镇镇政府
Client: Guangji Town Government
获奖情况：江苏省第 14 届优秀工程设计二等奖
Awards: 2nd Prize of Jiangsu Excellent Project (2011)
建设情况：建成
Status: Completed

　　广济镇便民服务中心是 5·12 汶川地震后东南大学建筑学院和建筑设计研究院组织的第二批援建项目之一，与广济文化中心隔街相望。
　　设计要点：
　　基于地方气候条件，建筑布局规整开敞，形体舒展，单廊设置有利增加自然通风采光；
　　建筑造型结合遮阳处理，形成丰富的光影效果，较好体现了节能、环保的生态理念；
　　考虑到抗震救灾项目的特殊性和时间要求，建筑结构选型尽可能简单合理，服务设施各功能之间相对独立、便于管理；
　　建筑材质、用色及细部处理与相邻的文化中心一脉相承，形成相对统一的建筑风格。

The Convenience Center of Guangji Town is one of the second projects that reconstructed by the School of Architecture and the Architects and Engineers Ltd.of Southeast University after Wenchuan Earthquake, opposite to Guangji Cultural Center.

Design Outlines:

The architectural layout conformed to local climatic conditions, with regular and widely open shapes. The arrangement of single-sided corridors helped to enhance natural ventilation and lighting.

The architectural forms were combined with sun-shading, showing diversified lighting effects. The ecological ideas of energy-saving and environmental protection were presented.

Given the special requirements of earthquake relief projects and the fast response, building structures were selected as simple and rational as possible, with relatively independent functions of various service facilities in order to facilitate management.

The building materials, textures, palette, and details were designed similar to the adjacent Cultural Center, shaping relatively unified building styles.

1	文化中心	Culture Centre
2	便民服务中心（政务中心）	Government Centre
3	便民服务中心	Service Centre
4	农贸市场	Open Fair
5	公厕	Public Toilet
6	市政服务设施	City Service and Facilities

0   20   100 m

图 B3-1 从文化中心东侧望便民服务中心建筑群
View From East of Cultural Center

图 B3-2 政务中心西北侧视景
Northwest View of Government Centre

图 B3-3 政务中心东南侧视景
Southeast View of Government Centre

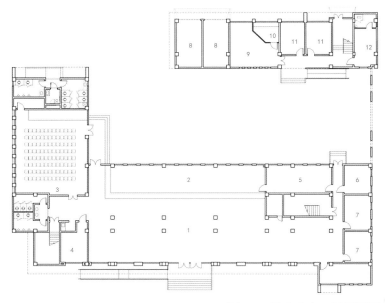

图 B3-5 政务中心一层平面图
1st Floor Plan

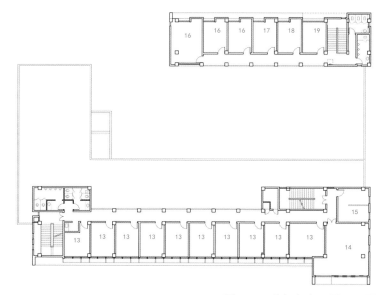

图 B3-6 政务中心二层平面图
2nd Floor Plan

图 B3-4 政务中心细部
Detail of Government Centre

1	门厅	The Hall
2	咨询服务台	Info & Service Counter
3	会议中心	Conference Centre
4	值班室	Duty Room
5	办公室	Office
6	网络电话机房	Network Telephone Equipment Room
7	接待室	Antechamber
8	车库	Carport
9	食堂	Canteen
10	厨房	Kitchen
11	办公室	Office
12	值班室	Duty Room
13	办公室	Office
14	会议室	Conference Room
15	值班室	Duty Room
16	办公室	Office
17	审讯室	Interrogation Room
18	候问室	Asking Room
19	关押室	Captivity Room

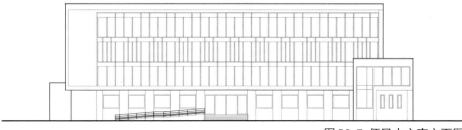

图 B3-7 便民中心南立面图
Sorth Elevation

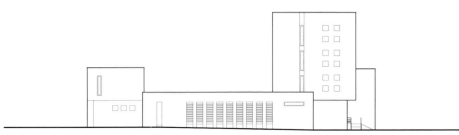

图 B3-8 便民中心西立面图
West Elevation

图 B3-9 便民中心
Citizen Centre

时间 | 2003-04 至
Time | 2005-07

地点 | 南京
Location | Nanjing

面积 | 71000 平方米
Area | 71000 m²

4 东南大学九龙湖校区公共教学楼
Public Teaching Building at Jiulong Lake Campus of Southeast University

项目成员：王建国、张航、王湘君等
Cooperation: WANG Jianguo, ZHANG Hang, WANG Xiangjun, et al.

委托单位：东南大学
Client: Southeast University

获奖情况：全国优秀工程勘察设计行业奖（建筑设计）三等奖（2009），江苏省优秀工程设计（建筑设计）二等奖（2008）
Awards: 3rd Prize of National Excellent Perambulation Design(2009), 2nd Prize of Jiangsu Excellent Project(2008)

建设情况：建成
Status: Completed

教学楼位于南京江宁区东南大学九龙湖校园中心区，具有重要的景观地标价值。

设计秉持"适宜、雅致、经典"的理念，在群体布局和空间组织方面与校园总体规划进行有效衔接。同时汲取校园建筑的优良传统，采用水平向延展的院落组合布局与坡顶三段式的处理手法，突出教学楼应有的端庄大方和良好的比例尺度。形体处理上关注局部异质要素的介入，在统一中追求适度变化，通过不同颜色的外墙面砖的砌筑增加建筑的细节感。

The teaching building is located at the central area of Jiulong Lake Campus of Southeast University, Jiangning District, Nanjing, and of important value as scenic landmark.

The ideas of "suitable, elegant, classic" were applied in the design, with the group layout and spatial organization being effectively linked to the master plan of the campus. Learning from the traditions of campus buildings, the composition of courtyards was horizontally extended with pitched roofs and three-section facades. The characteristics of the teaching building are presented as decency and modesty with appropriate proportions and scales. In terms of forms, the intervention of different elements are concerned in details, with unity while moderate changes. The sense of details of the building was enhanced by means of facing tiles with different colors.

图 B4-1 远景透视图
Perspective Drawing.

图 B4-3 沿街视景
View Along the Street

图 B4-4 内院视景
View of Courtyard

图 B4-5 局部视景
Part of the Building

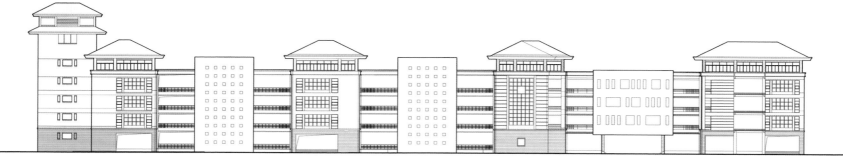

图 B4-6 教学楼东立面图
East Elevation

图 B4-7 连廊
Corridor

275

图 B4-8 走道
Passage

图 B4-9 楼梯
Stairway

图 B4-10 庭院局部 1
Part of the Courtyard 1

图 B4-11 庭院局部 2
Part of the Courtyard 2

图 B4-12 庭院局部 3
Part of the Courtyard 3

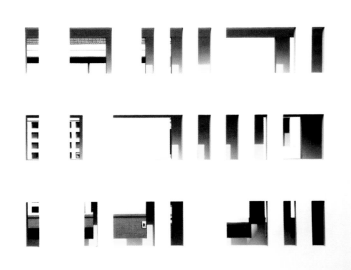

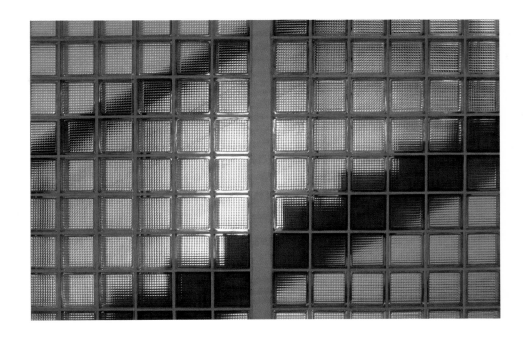

图 B4-13 细部
Details

时间
Time | 1993—1998

地点 | 郑州
Location | Zhengzhou

建筑面积 | 78800 平方米
Area | 78800 m²

5 河南博物院

Henan Museum

项目成员：齐康、郑炘、王建国、张彤等（方案阶段）
Cooperation: QI Kang, ZHENG Xin, WANG Jianguo, ZHANG Tong, et al.
委托单位：河南省文化厅
Client: Department of Culture of Henan Province
获奖情况：河南省优秀工程设计一等奖（1999），建设部优秀城乡勘察设计一等奖（2004），国家优秀工程设计铜质奖（2006）
Awards: 1st Prize of Henan Excellent Design(1999), 1st Prize of Excellent Perambulation Design in the Urban and Rural Ministry of
　　　　Construction (2004), 3nd Prize of National Excellent Design(2006)
建设情况：建成
Status: Completed

　　河南博物院坐落于郑州市农业路，是河南省自新中国成立以来第一个国家级的公益性大型文化设施。设计采用了传统中轴对称、主从有序的布局手法，主体建筑居中，附属建筑分布四隅，聚散有致，和谐统一。主体建筑以我国现存最早的天文台遗址——河南登封元代观星台为原型，经艺术夸张演绎为戴冠的金字塔造型。整体建筑设计线条简洁遒劲，造型新颖别致，风格独特，气势恢宏，是一座凝聚着中原文化特色和时代精神的标志性建筑。

　　Located at Nongye Road, Zhengzhou, Henan Museum is the first national major non-profit cultural facility in Henan Province ever since the establishment of PRC. The hierarchical layout was applied in design with traditional axial symmetry. The main building is at the center with the auxiliary buildings spread around the four corners. Order was shown in the gathering and scattering of buildings, representing unity and harmony. The prototype of the main building is the astronomical observatory of Yuan Dynasty at Dengfeng, Henan, one of the earliest observatories existed in China. It is magnified and interpreted in an artistic way as a pyramid with crown. The design of the entire building shows simplified and vigorous lines, novel and innovative forms, peculiar styles and grand spectacles, representing a landmark that characterized with the Central Plains Culture as well as spirit of the time.

图 B5-1 南侧视景
South View

图 B5-2 西南侧视景
Southwest View

时间	1995-06 至
Time	1997-08
地点	福建长乐
Location	Changle
面积	4413 平方米
Area	4413 m²

6 冰心文学馆
Bingxin Literature Museum

项目成员：齐康、林卫宁、王建国等
Cooperation: QI Kang, LIN Weining, WANG Jianguo, et al.
委托单位：冰心研究会
Client: Bingxin Research Association
获奖情况：福建优秀建筑工程一等奖（1998），福建第二届"双十佳"建筑奖（1999）
Awards: 1st Prize of Fujian Excellent Project (1998), 2nd Double-Top-Ten of Fujian Architecture Project (1999)
建设情况：建成
Status: Completed

文学馆坐落在冰心的故乡福建长乐，是全国第一个以个人名字命名的文学馆。设计构思突出了一个"亲"字，亲切、亲近和亲情，建筑体量水平向延展，高低跌落，玲珑小巧，尺度宜人。建筑手法源自福建当地乡土民居，以新乡土主义表现了冰心老人的人格和性格，是当地文化公园的主要景点。建筑以灰、白色为主要基调，丰富而不落俗套，朴素又不失大方，给人清新、悦目的感觉。

Located at Changle, Fujian Province, the hometown of Bingxin, the Literature Museum is the first museum of literature that names after a well-known people in China. The characteristic of "closeness" is presented in the design conception, which means gentleness, intimacy and familial affection. The building massing extended horizontally, with varied height, exquisite shapes and moderate scale. The manner of architectural design derived from vernacular dwellings in Fujian Province. The personality and characters of the old lady Bingxin was presented by means of New Vernacularism. It is one of the main scenic spots of local cultural park. The palette of the building is grey and white, showing richness in appearance instead of conforming to conventional patterns. It is simple while elegant, bringing a sense of clarity and pleasant.

图 B6-1 西南侧视景
Southwest View

图 B6-2 东南侧视景
Southeast View

图 B6-3 主入口视景
Main Entrance

7 南京市东晋历史文化博物馆暨江宁博物馆
Cultural Museum of Dongjin History in Nanjing - Jiangning Museum

时间 | 2007-07 至 2011-12
Time |

地点 | 南京
Location | Nanjing

面积 | 7480 平方米
Area | 7480 m²

项目成员：王建国、王湘君、徐宁、朱渊等
Cooperation: WANG Jianguo, WANG Xiangjun, XU Ning, ZHU Yuan, et al.
委托单位：江宁市文化局
Client: Jiangning Cultural Affairs Bureau
获奖情况：江苏省城乡建设系统优秀勘察设计一等奖（2013）
Awards: 1st Prize of Jiangsu Excellent Perambulation Design (2013)
建设情况：建成
Status: Completed

东晋历史文化博物馆暨江宁博物馆位于南京江宁中心区的竹山东麓，北临外港河，东接竹山路，南与居住区相邻，用地呈不规则状。

设计构思主要基于对当代博物馆学发展概念和趋势的理解、对建筑之于特定环境文脉和场地地形的解读、对现代博物馆建筑空间组织原则的运用等三个方面。

建筑形态设计主要受到特定场地环境的启发而采用对话环境的策略。设计将博物馆主体建筑向西南部后退，采用地下为主的集中式建筑布局，以缩减场地地坪标高上的建筑体量；建筑体型采用最易于统筹和协调复杂场地关系的圆形形态组合，较好回应了竹山及河道的自然形态。在方圆、虚实、水平与垂直向的对比之间营造环境与主体建筑的拓扑张力关系，寓意"天圆地方"，并呼应古江宁"湖熟文化"聚落台形基址的特征。同时，建筑处于周围众多建筑的高视点可及的视野范围中，因此特别考虑了建筑第五立面相对于竹山和外港河自然要素的尺度适宜性和景观。

The historical and cultural museum of Eastern Jin Dynasty (Jiangning Museum) is located at the eastern foot of Zhushan Mountain of the central area of Jiangning District, Nanjing, with its north facing Waigang River, east adjacent to Zhushan Road, and its south part close to residential areas. The site showed irregular shapes.

The conception of the design was based on the following three aspects: the understanding of the trend and concept of the development of contemporary museology, the reading of the building against its context and the site terrain, and the organization principles of the architectural spaces for modern museums.

Inspired by the particular site context, the strategy of dialogue between the building and the surroundings was applied in the design of architectural forms. In the design, the main building of the museum was set back towards its south-west part, with the centralized layout of underground buildings in order to reduce the volumes above the ground level of the site. Compositions of round shapes were utilized in architectural forms to facilitate overall planning and coordinate the complex site relationships, in better response to the natural features of Zhushan Mountain and the river course. The topological, tensional relationship between surroundings and the main building was created in the comparison between squares and rounds, emptiness and solidness, horizontal and vertical, implying "orbicular sky and rectangular earth", in response to the characteristics of "Hushu Culture" at ancient Jiangning as setting dwellings on top of terraced site. Since the building is within the visual fields of numerous neighboring buildings' high viewpoints, the fifth elevation of the building was carefully considered against such natural elements of Zhushan Mountain and Waigang River in terms of its suitability of scales and landscape.

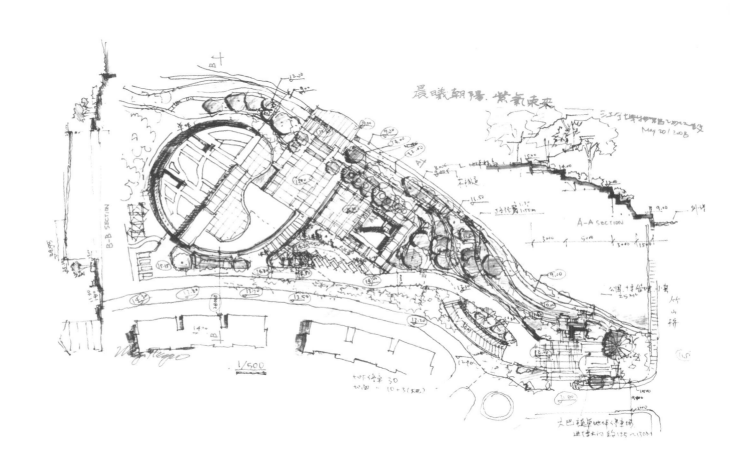

晨曦朝陽, 紫氣東來

May 20/2018

A-A SECTION

B-B SECTION

1/500

289

图 B7-2 滨水视景
Waterside View

建筑主体由一片弯曲绵延的墙体环绕交通轴生成，在主入口处向内翻折为倾斜框门，将曲线墙体的两端连为一体，通过简约形式获得纪念性与整体力度。同时弧形墙体也清晰界定出室内中庭和室外庭院的领域划分。在展厅流线组织的过渡空间中设计了两个面向竹山景观的天井，以缓解封闭式室内展厅较长时间参观可能带来的"博物馆疲劳"（Musuem Fatigue）。场地东侧结合博物馆车库和报告厅人流疏散需要，设计了一个正方形的下沉式水院空间（水之院），该水院建立了建筑地下和地面的联系，为报告厅和车库空间带来了自然阳光和通风，同时也成为室外广场中的一个视觉焦点。

建筑墙体以抽象化的铭文勒石细节彰显地域文化特色。墙面的干挂花岗岩石材采用竖向板条形式，以顺应曲面墙体的体量转折，檐口处以深灰色金属板压边。悬空墙体与地面间是后退的落地玻璃幕墙，通透的质感与灰色花岗岩饰面的厚重墙体形成强烈的虚实对比；入夜，室内温暖的灯光从幕墙内投射出来，整栋建筑仿佛轻盈飘浮在广场基座之上的宝盒。

图 B7-3 东北立面图
Northeast Elevation

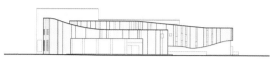

图 B7-4 东南立面图
Southeast Elevation

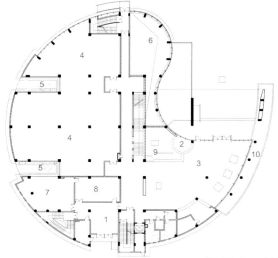

图 B7-6 一层平面图
1st Floor Plan

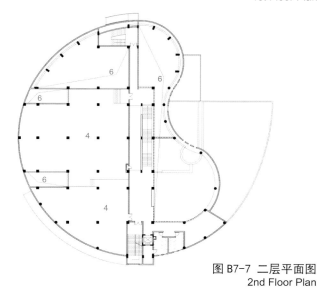

图 B7-7 二层平面图
2nd Floor Plan

1	门厅	Entrance Hall
2	售票	Ticket Office
3	序言厅	Hall for Foreword
4	展厅	Exhibition Hall
5	庭院	Courtyard
6	上空	Void
7	工作区	Workspace
8	会议室	Meeting Room
9	服务部	Service
10	莲池	Water-lily Pond

图 B7-8 鸟瞰图
Bird View

图 B7-9 主入口夜景 1
Main Entrance Night View 1

图 B7-10 主入口夜景 2
Main Entrance Night View 2

图 B7-11 水院
The Courtyard of Water

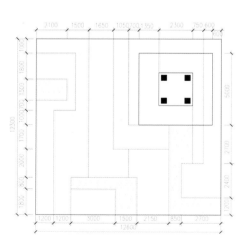

图 B7-12 水院池底铺地
Paving of the Courtyard of Water

图 B7-13 水池
Pool

图 B7-14 莲池
Water-lily Pond

图 B7-16 通道
Passage

图 B7-15 中庭
Courtyard

图 B7-17 门厅
Hall

图 B7-18 休息厅
Lobby

8 浙江龙泉夏侯文青瓷研究所
Xia Houwen Celadon Institute at Longquan in Zhejiang Province

时间 | 2009-08 至
Time | 2012-04

地点 | 龙泉
Location | Longquan

建筑面积 | 3264 平方米
Area | 3264 m²

项目成员：王建国、徐小东、孙海霆等
Cooperation: WANG Jianguo, XU Xiaodong, Sun Haiting, et al.
委托单位：龙泉市政府
Client: Longquan Municipal Government
建设情况：建成
Status: Completed

龙泉青瓷是世界非物质文化遗产之一，有着悠久的历史和极高的艺术价值。夏侯文青瓷研究所位于浙江龙泉南部青瓷大师苑 10 号地块，主要用于青瓷的研究、生产和展示。

建筑总体布局和设计回应龙泉自古以来山清水秀的山水环境，因地制宜、因势利导、建筑化整为零、现代单坡顶组织的合院布局、高低错落呈簇群分布、丰富而又节制的建筑第五立面，在与自然环境互动中表达出谦逊的建筑策略。

通过黑、白、灰三种不同色彩的建筑材料的建构性组合，创造质朴、淡雅、灵动，具有江南文人气质的工作坊建筑：设计围绕夏侯文大师创制哥窑和弟窑相结合的新瓷种的最突出的成就，通过以黑色片石墙面代表"哥窑"的古朴庄重。白色粉墙象征"弟窑"的明澈温润，通过黑色和白色二种建筑体量的穿插和交织，创造出"哥"和"弟"刚柔相济的建筑意象，充分反映大师的人格气质、作品特质和艺术追求。

建筑布局设计的整体意向源于夏侯文大师的经典作品——梅子青纹片双鱼洗，建筑由生产展示区和生活区两部分组成，两组"U"字形体穿插扭动，两形相生。

结合当地材料运用，通过常规技术和低技术表达地域民间建筑建造传统，既营造出具有一定现代性的粉墙黛瓦的江南文人建筑，回应了地域性的审美倾向和要求，又能够有效控制建筑选材的便利和工程造价。

As one of the intangible world cultural heritages, Longquan celadon has a long history with extreme aesthetic value. Xia Houwen Celadon Institute is located at No. 10 Plot of Celadon Master's Park in the southern part of Longquan, Zhejiang Province, for the purpose of research, production and exhibition of celadon.

In response to the landscape of Longquan with beautiful mountain and clear waters down the ages, the overall plan and design of the building was conducted according to local conditions and actual situations. The building mass was dispersed rather than aggregated, with courtyard layout organized by modern mono-pitched roofs and clustered composition with varied heights. The fifth elevation of the building that showed abundance and modesty expressed an unpretending architectural strategy through interaction with surrounding natural features.

The combination of three different colors for building materials, black, white and grey, presented an unpretending, elegant and vivid workshop building that characterized with literati temperament in the southern Yangtze River area. According to the outstanding achievements of new types of porcelain created by Master Xia through the combination of "Ge Kiln" and "Di Kiln", the black rag work walls represent simplicity and decency of the "Ge Kiln", while the white painted walls symbolize the clarity and smooth of the "Di Kiln". The intercrossing and interweaving of black and white volumes created the architectural image of the juxtaposition of rigidness and softness for "Ge" and "Di" (means elder brother and younger brother), fully presenting his personal character, the traits of his artworks and his pursuits of art.

The overall image of the building layout derived from the classical work of Master Xia: the wash bottle with plum trees, blue crackle and Pisces. The building is composed of production and exhibition areas and living areas, with two U-shape volumes twisted and intercrossed, shaping each other.

Local materials were applied and conventional technologies and low technologies represented traditions of constructing regional, vernacular dwellings. The literati architecture at the south of Yangtze River characterized with white walls and black tiles while also presented modernity to some extent was created in order to respond the aesthetic trend and requirements in this area as well as effectively control the accessibility of building materials and the project cost.

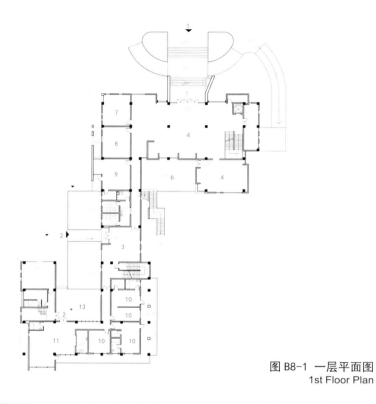

1	主入口	Main Entrance
2	次入口	Minor Entrance
3	次门厅	Minor Hall
4	产品展示	Exhibition
5	精品展示	Special Exhibition
6	室外临时展台	Outdoor Temporary Display
7	接待	Reception
8	贵宾室	VIP Room
9	大师工作室	Master Studio
10	办公	Office
11	餐厅	Restaurant
12	健身房	Fitting Room
13	屋顶花园	Roof Garden

图 B8-1 一层平面图
1st Floor Plan

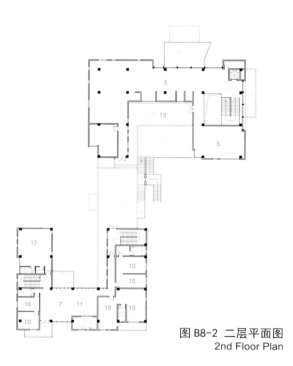

图 B8-2 二层平面图
2nd Floor Plan

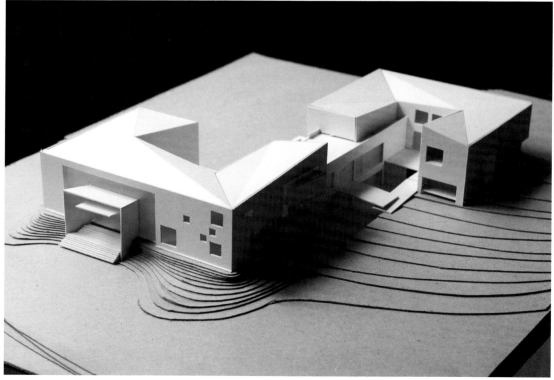

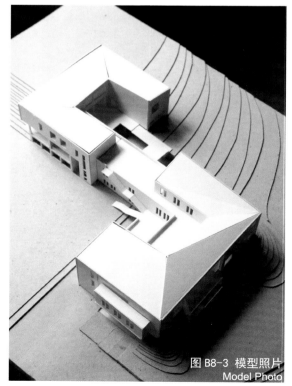

图 B8-3 模型照片
Model Photo

图 B8-4 主入口
Main Entrance

图 B8-5 庭院
Courtyard

图 B8-6 东侧视景
East View

图 B8-7 东立面图
East Elevation

图 B8-8 南立面图
South Elevation

图 B8-9 南侧鸟瞰
South Bird View

305

时间	2007-08 至
Time	2009-08
地点	南京
Location	Nanjing
面积	860 平方米
Area	860 m²

9 南京市下关区 7316 厂厂房改造设计
Plant Transformation of 7316 Factory at Xiaguan District, Nanjing

项目成员：王建国、蒋楠、周炜等
Cooperation: WANG Jianguo, JIANG Nan, ZHOU Wei, et al.
委托单位：南京市下关区土地储备中心
Client: Nanjing Xiaguan District Land Reserve Center
建设情况：建成
Status: Completed

7316 厂位于南京明城墙仪凤门西侧，绣球公园北端。地块面对天妃宫，北望阅江楼，周边景观资源丰富，文化底蕴深厚。因该工厂现已搬迁，政府计划对该地块进行改造，规划以集中绿地为主，附带部分商业、办公用房，并通过对场地仅存一座多层厂房的改造性再利用以传承厂区的历史与记忆。

设计通过保留树木、绿化铺装、坡屋顶等多种处理手法，重点考虑其与狮子山、阅江楼、明城墙等高视点的景观组织，并妥善处理其与静海寺、天妃宫、仪凤门、绣球山等场地要素的空间关系，使基地与绣球公园融为一体，成为连接狮子山、绣球公园的重要景观元素。

此外，针对场地上保留的一座旧厂房，采用"改造再利用"作为其保护途径，除了保存原有建筑以外，亦为建筑注入新的生命，使建筑和周围环境共同获得新生。在建筑改造处理方面，通过楼板局部镂空、设置屋顶花园、增加细部处理等方法，削减厂房体量，更好地与周边环境相协调，并充分考虑阅江楼等高视点的视觉效果，创造出独具品位情调的活力之所。

7316 Factory is located at the west side of Yifeng Gate of the city walls of Ming Dynasty in Nanjing, and the north end of Xiuqiu Park. Facing Tianfei Temple and overlooking Yuejiang Pergola to the north, the site boasts abundant landscape resources and rich cultural deposits. Since the factory had moved out, the municipal government planned to transform the plot. The centralized green spaces were planned as the main body of the scheme, with affiliated parts of business and office buildings. The transformation and reuse of the only existed multi-storey plant on the site will continue the history and memory of the factory.

Several strategies were applied in the design as conserving the trees, greenery planting, and pitched roofs in order to focus on its relationship with the landscape organization of such high viewpoints as Lion Mountain, Yuejiang Pergola and Ming Dynasty Walls. The spatial relationship with such site elements of Jinghai Temple, Tianfei Palace, Yifeng Gate and Xiuqiu Mountain was carefully articulated, integrating the site with Xiuqiu Park as an important landscape feature linking the Lion Mountain and Xiuqiu Park.

Furthermore, in terms of the existing plant on the site, the principle of "transformation and reuse" was applied as the way of preservation. In addition to the conservation of the existing building, new life was also breathed into the building, rejuvenating the building and its surroundings. With respect to the refurbishment of the building, parts of the floors were hollow-carved, roof gardens were built and details were added. Such approaches were applied in order to reduce the volume of the plant, better fit the surroundings. The visual effects from such high viewpoints as Yuejiang Pergola were carefully considered to create a vivid place with unique taste and sentiment.

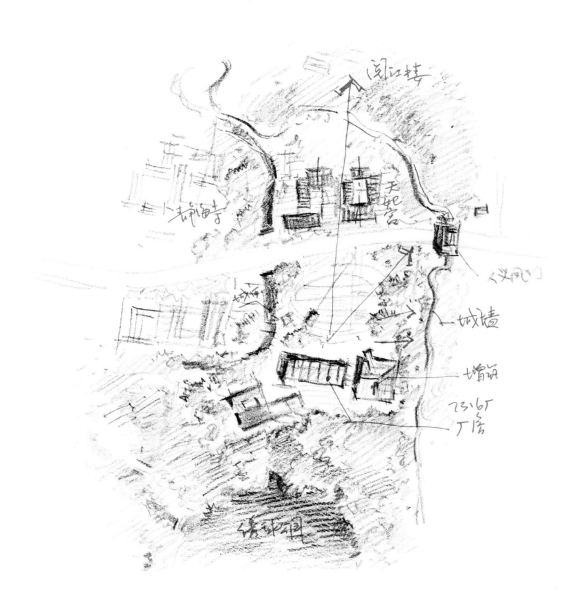

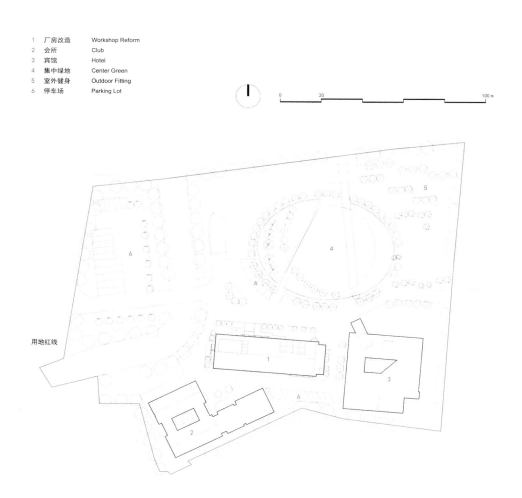

1 厂房改造   Workshop Reform
2 会所   Club
3 宾馆   Hotel
4 集中绿地   Center Green
5 室外健身   Outdoor Fitting
6 停车场   Parking Lot

0   20   100 m

用地红线

图 B9-1 总平面图
General Layout

图 B9-2　北侧鸟瞰图
North Bird View

图 B9-3　从狮子山鸟瞰
Bird View From Lion Mountain

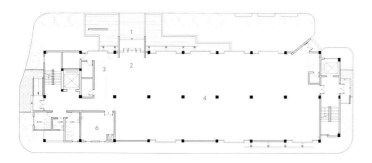

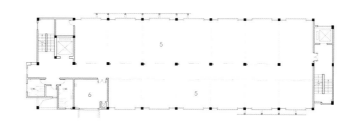

1	主入口	Main Entrance
2	门厅	Hall
3	前台	Reception
4	中餐厅	Chinese Restaurant
5	包间	Private Rooms
6	备餐	Meal Preparation

图 B9-4　一层平面图
1st Floor Plan

图 B9-5　二层平面图
2nd Floor Plan

图 B9-6 局部
Detail

图 B9-7 从建筑望狮子山和阅江楼
View of Lion Mountain and Yuejiang Pergola

图 B9-8 南立面图
South Elevation

图 B9-9 北立面图
North Elevation

时间 | 2005-06 至
Time | 2008-12

地点 | 盐城
Location | Yancheng

面积 | 150000 平方米
Area | 150000 m²

10 盐城卫生职业技术学院新校区
New Campus of Yancheng Institute of Health Science

项目成员：王建国、陈宇、蒋楠、韦峰等
Cooperation: WANG Jianguo, CHEN Yu, JIANG Nan, WEI Feng, et al.
委托单位：盐城卫生职业技术学院
Client: Yancheng Institute of Health Science
获奖情况：江苏省第 14 届优秀工程设计二等奖（2011）
Awards: 2nd Prize of Jiangsu Excellent Project (2011)
建设情况：建成
Status: Completed

校园位于盐城城南职教园区，用地紧凑。整体布局综合考虑了校园功能、交通组织、城市景观、建筑朝向等要素间的相互协调，结合自然要素形成场地空间的有机变化。

四组主体建筑的造型设计与功能匹配，并力求反映学校的特殊气质。立面处理强调不同材质的理性表达和光影效果。图文中心的布局和形体设置有助于形成校园的凝聚力，对中心广场乃至整个校区空间结构起到重要的控制与标识作用。

The campus is located at the Vocational Education Park at the southern part of Yancheng. The coordination among such elements as campus functions, traffic organization, urban landscape and building orientations were considered comprehensively in the overall layout, forming varied site spaces in harmony with natural elements.

The formal design of the four main buildings conformed to their functions, in an attempt to present the unique character of the institute. Rational presentation and lighting effects formed by various materials and textures were the emphasis of facade design. The configuration and the formal layout of the Graphic Center help to shape the coherence of the campus, acting as an important controlling element and landmark for the spatial structures of the central square and the entire campus.

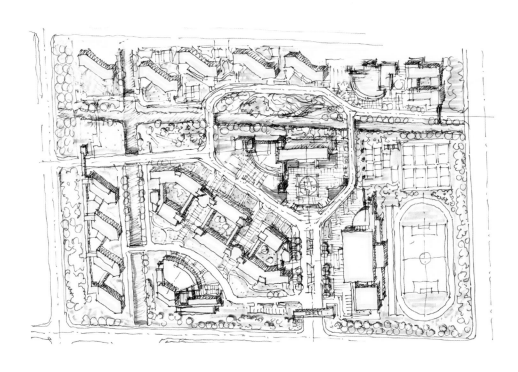

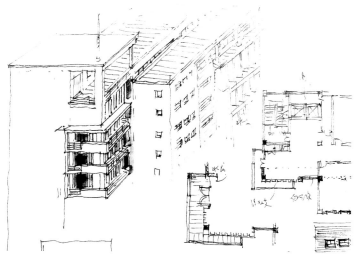

图 B10-1 草图
Sketch

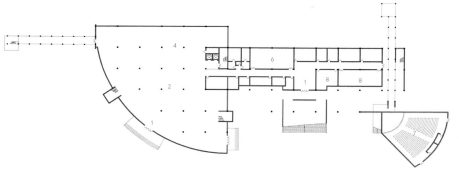

图 B10-2 图文中心一层平面图
1st Floor Plan

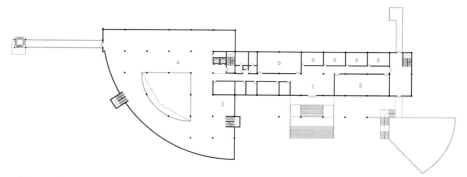

图 B10-3 图文中心二层平面图
2nd Floor Plan

1	门厅	Hall
2	展厅	Exhibition Hall
3	文献检索	Literature Search
4	阅览室	Reading Room
5	多媒体阅览	Multimedia Reading
6	书库	Stack Room
7	报告厅	Auditorium
8	办公室	Office
9	自习室	Study Room

图 B10-4 校园主入口视景
View of the Main Entrance

图 B10-5 图文中心
Library Center

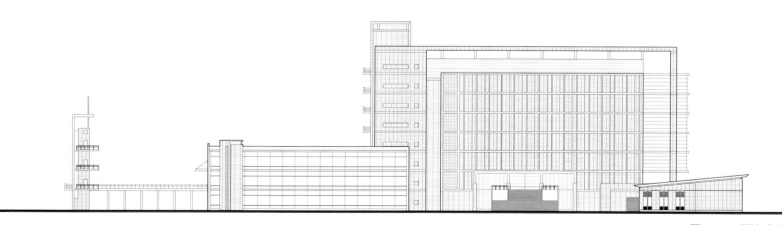

图 B10-6 图文中心东南立面图
Southeast Elevation

图 B10-7 图文中心庭院
Courtyard

图 B10-8 图文中心门厅
Hall

图 B10-9 图文中心室内
Interior

图 B10-10 图文中心立面细部
Detail

图 B10-11 专家楼
Professor Apartment

图 B10-12 教学楼夜景
Night View

图 B10-13 教学楼南立面图
South Elevation

时间	2002-03 至
Time	2003-09
地点	盐城
Location	Yancheng
建筑面积	124000 平方米
Area	124000 m²

11 盐城中学南校区
The Southern Campus of Yancheng School

项目成员：王建国、陈宇、许轶、何嘉宁等
Cooperation: WANG Jianguo, CHEN Yu, XU Yi, HE Jianing, et al.
委托单位：盐城中学
Client: Yancheng High School
获奖情况：江苏省优秀勘察设计二等奖（2005）
Awards: 2nd Prize of Jiangsu Excellent Perambulation Design(2005)
建设情况：建成
Status: Completed

　　盐城中学南校区位于盐城南部新城，是盐城市政府确定的 2003 年社会事业重点发展项目之一，基于当代校园规划发展新趋势，组织结合功能区域的空间序列、营造更加人性化和便于交往的校园环境是规划的主要出发点。建筑设计则关注了以下要点：

　　建筑形态。校园建筑总体以周边式布置占据用地，各功能区建筑以院落进行组合，建筑形态与周围公建和住宅小区在总体上区别开来。屋顶第五立面以轻巧的平顶处理为主，通过局部升高的楼梯间等单元体强调节奏和韵律感，大空间屋顶造型单独处理突出空间特色，形成视觉趣味焦点，如体育馆钢网架弧形顶、报告厅的弧形曲线、主楼的格构等。

　　建筑尺度。校园沿街面注意大尺度城市空间街面的连续性、整体性处理，强调其公共性。校园内部则体形组合多样，在此基础上注重步行视点人的尺度的细致处理，营造丰富宜人的校园环境。

　　建筑色彩和材质。校园建筑整体以白色浅灰为主，艺术楼等局部跳跃一些原色色彩，铺地以砖红为主色调。整体色彩感觉上形成暖色铺地、绿树丛中掩映淡雅朴素建筑的效果。校园建筑以浅色无光毛面面砖和高级涂料为主。装饰材料适度使用磨光和镜面建材，大空间建筑屋顶则采用浅灰彩钢板，形成朴素大方、精致耐久的教育建筑形象。

Located at the new town south of Yancheng, the southern campus of Yancheng School is one of the key projects of social undertakings in 2003 identified by the municipal government. Based on recent trend of contemporary campus planning, the starting point of planning is to organize spatial series of functional areas, creating a campus environment that is more human-oriented and facilitates communication. The following outlines the concerns of architectural design:

Architectural forms: the campus buildings occupied the site in a peripheral mode in the overall plan. Courtyards are used to organize buildings in various functional areas. In general, the architectural forms can be distinguished from surrounding public buildings and residential areas. As the fifth elevation of the building, the roof was designed as light flat-headed, with such units as distributed, elevated staircases reinforcing the sense of rhythm. The roof forms of large-span spaces are designed separately to emphasize the spatial characters, forming the visual focus, such as the curved roof with steel grid structure of the gymnasium, the rondure of the auditorium and lattice roof of the main building.

Building scales: the continuity and integrity of the street edges of large-scale urban spaces are considered for the facades of campus buildings that face the streets, focusing on its public spaces. The compositions of the forms within the campus varied. In doing so, the details on the pedestrian level are carefully considered according to human scale, creating rich and pleasant campus environment.

The colors, materials and textures of buildings: the campus buildings are mainly rendered white and light grey, with primitive colors dotted on some parts of Art Building with the brick red as the tone. The overall sense of the palette shows the effects of warm ground and green bushes, interrupted by elegant and unpretending buildings. The light-colored, unpolished, mat facing tiles and high quality paints are applied to most campus buildings. Polished and mirror materials are applied on decorative elements and light grey steel panels for the roofs of large-span buildings, shaping the image of simple, elegant, and durable educational buildings.

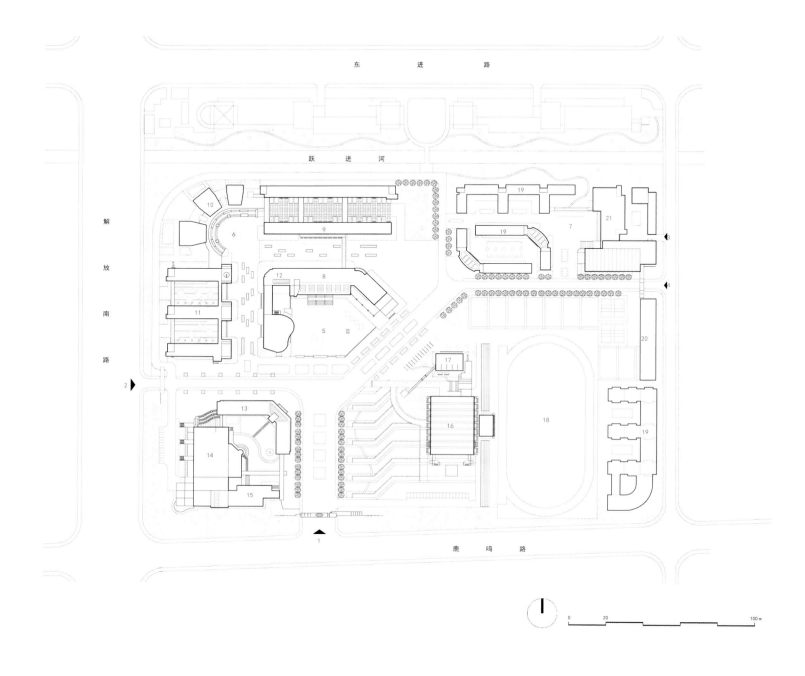

图 B11-1 总平面图
General Layout

1	主入口	Main Entrance	12	教学办公	Teaching & Office		
2	西入口	West Entrance	13	办公楼	Office		
3	后勤入口	Logistics Entrance	14	礼堂	Auditorium		
4	生活区入口	Quarters Entrance	15	艺术楼	Art building		
5	主广场	Main Square	16	体育馆	Gymnasium		
6	教学区广场	Teaching Area Square	17	游泳馆	Natatorium		
7	生活区广场	Quarters Square	18	操场	Playground		
8	图书馆（主楼）	Library (Main Building)	19	宿舍	Dormitory		
9	教学楼	Teaching Building	20	生活服务中心	Life Service Center		
10	阶梯教室	Amphitheater	21	食堂	Canteen		
11	实验楼	Lab Building					

图 B11-2 校园西南景
Southwest View of the Campus

图 B11-4 综合楼局部
Part of the Complex Building

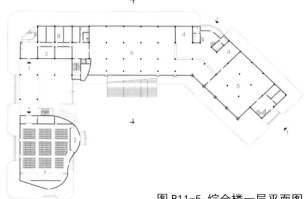

图 B11-5 综合楼一层平面图
1st Floor Plan of the Complex Building

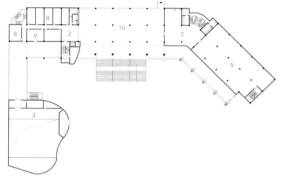

图 B11-6 综合楼二层平面图
2nd Floor Plan of the Complex Building

1	入口	Entrance
2	门厅	Hall
3	接待	Reception
4	检索	Literature Search
5	借阅	Borrow
6	书库	Stack Room
7	报告厅	Auditorium
8	办公	Office
9	会议	Meeting
10	平台	Platform

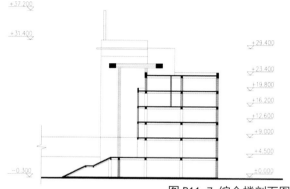

图 B11-7 综合楼剖面图
Section of the Complex Building

图 B11-8 综合楼南侧
South View of the Complex Building

图 B11-9 体育馆东侧
East View of the Stadium

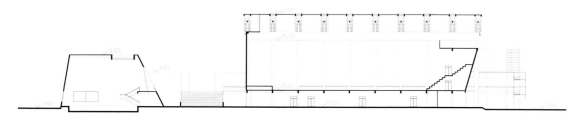

图 B11-10 体育馆 A-A 剖面图
A-A Section of the Stadium

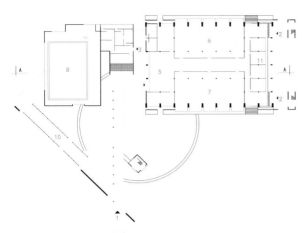

图 B11-11 体育馆一层平面图
1st Floor Plan of the Stadium

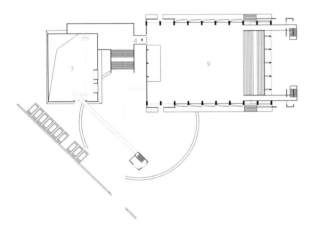

图 B11-12 体育馆二层平面图
2nd Floor Plan of the Stadium

1	主入口	Main Entrance
2	次入口	Minor Entrance
3	游泳馆入口	Natatorium Entrance
4	篮球馆入口	Basketball Arena Entrance
5	门厅	Hall
6	乒乓	Table Tennis
7	体操	Gymnastics
8	游泳馆	Natatorium
9	篮球馆	Basketball Arena
10	展廊	Exhibition Gallery
11	办公	Office

图 B11-13 体育馆西侧
West View of the Stadium

图 B11-14 艺术中心入口
Entrance of the Center for the Arts

图 B11-15 礼堂入口
Entrance of the Auditorium

图 B11-16 礼堂内部
Interior of the Auditorium

图 B11-17 教学楼庭院
Courtyard of the Teaching Building

图 B11-18 阶梯教室
Ladder Classroom

图 B11-19 教学楼回廊
Corridors of the Teaching Building

时间 | 2011-03 至
Time | 2012-10

地点 | 镇江
Location | Zhenjiang

建筑面积 | 2120 平方米
Area | 2120 m²

12 镇江北固山甘露寺佛祖舍利展示馆设计
Exhibition Hall of Buddha Relics at Ganlu Temple of Beigu Mountain at Zhenjiang

项目成员：王建国、王鹏、姚昕悦、刘嘉阳、赵效鹏等
Cooperation: WANG Jianguo, WANG Peng, YAO Xinyue, LIU Jiayang, ZHAO Xiaopeng, et al.
委托单位：镇江市园林局
Client: Zhenjiang Municipal Gardens Bureau
建设情况：在建
Status: Under Construction

甘露寺佛祖舍利展示馆位于镇江北固山山脚南麓，馆内供奉舍利为我国已发现的七处佛舍利之一。设计以舍利展示馆为中心，以佛教最高形制——"坛城"的层层套叠图案展开。人流游线以密林遮挡，由一条小径渐次进入，先收后放，营造进入场地后的豁然开朗之感。建筑地面层为门厅和展厅，通过甬道进入地下一层佛教文化展厅，供奉日亦可进入地下二层佛祖舍利展厅，地下两层之间设置升降装置，实现舍利的多角度观瞻。建筑主要采用钢结构，石材和集成木，厚重与轻盈结合，自然质朴，出檐深远，隐喻唐代遗风。

The Exhibition Hall of Buddha Relics at Ganlu Temple is located at the southern foot of Beigu Mountain, Zhenjiang. The relics that worshiped in this hall are one of the seven Buddha relics found in China. The Exhibition Hall of Buddha Relics is designed as the center and spread out in an overlaid pattern of "Mandala" – the highest form in the Buddhist system. The visitor's route is obstructed by the thick forest and accessed through a trail. Firstly shrinking and then extending, the sense of suddenly enlightened is created after entering the site. The entrance and the exhibition hall are contained in the ground floor. Walking through a paved path, one can enter the exhibition hall of Buddha Culture located on the first basement. On the worship day, people can also enter into the exhibition hall of Buddha Relics on the second basement. There are elevators between the two underneath floors, enabling people to watch and pay respect to the Buddha Relics from multiple perspectives. Steel structures, stones and integrated timber are applied in the building, combining heaviness and lightness and showing natural and unpretending character. The eaves are deeply projected, implying the legacy from Tang Dynasty.

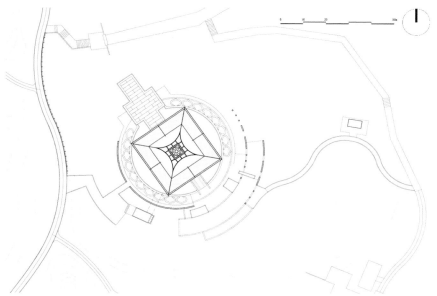

图 B12-1 总平面图
General Layout

图 B12-2 鸟瞰图
Bird View

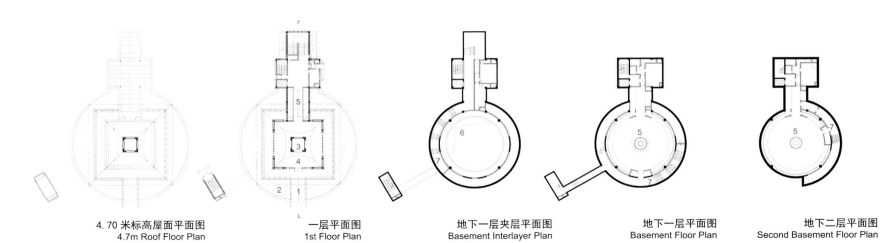

4.70 米标高屋面平面图
4.7m Roof Floor Plan

一层平面图
1st Floor Plan

地下一层夹层平面图
Basement Interlayer Plan

地下一层平面图
Basement Floor Plan

地下二层平面图
Second Basement Floor Plan

图 B12-3 平面图
Plan

1	虹桥	Bridge
2	水池	Pond
3	释迦牟尼坐像	Sakyamuni Seated Sculpture
4	门厅/展厅	Entrance Hall
5	展厅	Exhibition
6	上空	Void
7	甬道	Aisle

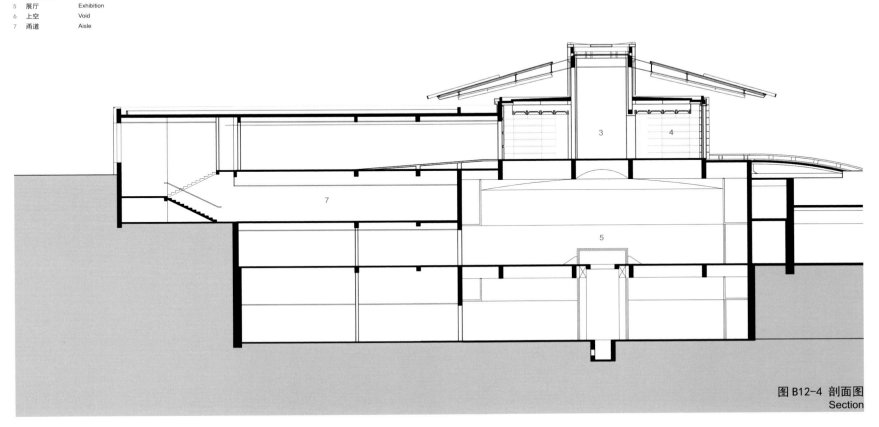

图 B12-4 剖面图
Section

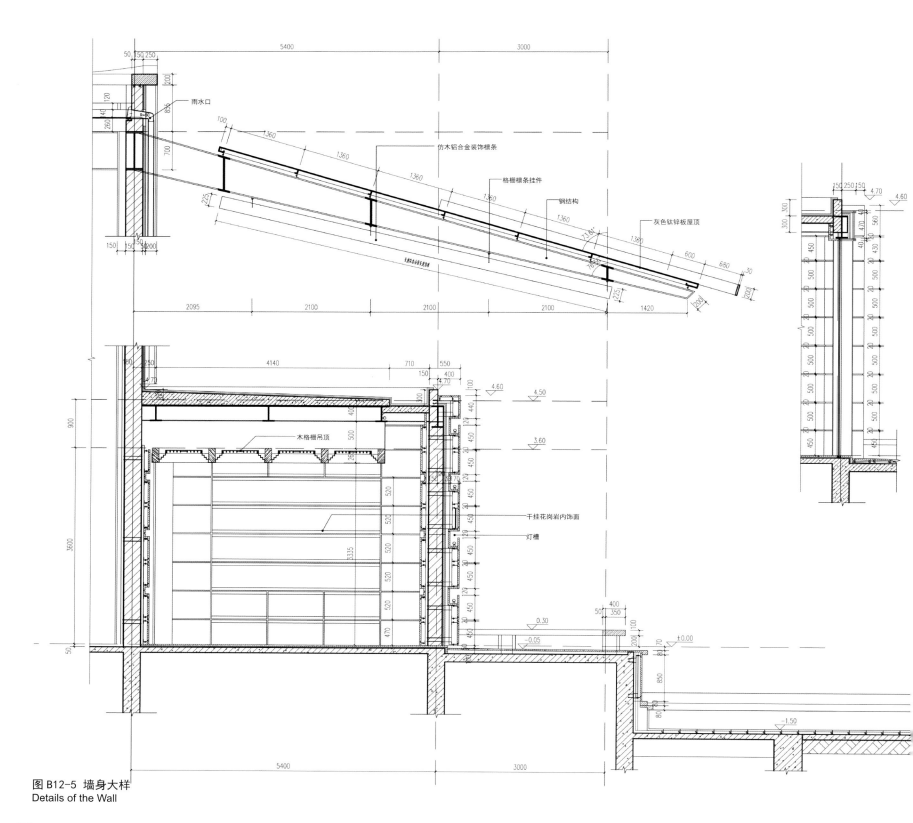

雨水口

仿木铝合金装饰檩条

格栅檩条挂件

钢结构

灰色钛锌板屋顶

木格栅吊顶

干挂花岗岩内饰面

灯槽

图 B12-5 墙身大样
Details of the Wall

336

图 B12-6 入口日景
View of Entrance

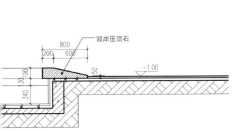

图 B12-7 入口夜景
Night View of Entrance

图 B12-8　模型照片
Model Photo

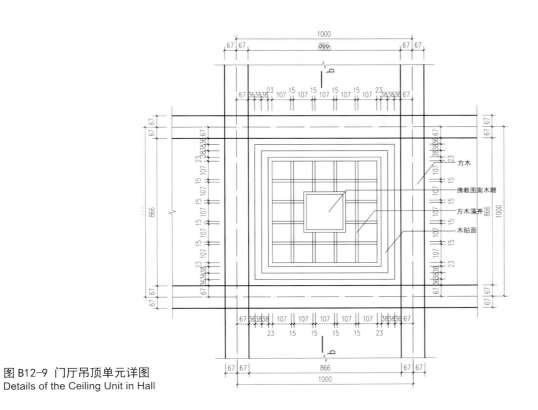

图 B12-9 门厅吊顶单元详图
Details of the Ceiling Unit in Hall

方木
佛教图案木雕
方木藻井
木贴面

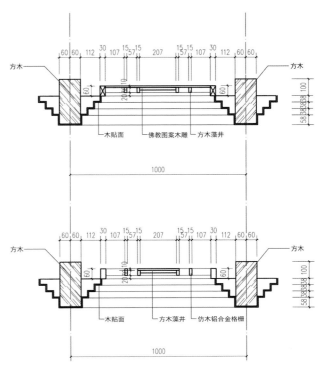

方木
木贴面
方木藻井
仿木铝合金格栅

图 B12-10 甬道意向
Image of Aisle

图 B12-11 门厅意向
Image of the Hall

13 盱眙大云山汉墓博物馆建筑设计
Architectural Design of Han Tomb Museum at Dayun Mountain at Xuyi

时间 | 2011-03 至
Time | 2012-12

地点 | 盱眙
Location | Xuyi

建筑面积 | 11550 平方米
Area | 11550 m²

项目成员：王建国、王鹏、徐小东、柴文远、姚昕悦、顾雨拯
Cooperation: WANG Jianguo, WANG Peng, XU Xiaodong, CHAI Wenyuan, YAO Xinyue, GU Yuzheng
委托单位：盱眙县政府
Client: Xuyi County Government
建设情况：在建
Status: Under Construction

大云山汉墓博物馆位于盱眙县马坝镇，紧邻大云山汉墓遗址，是盱眙县"十二五"重点旅游项目之一。

为尊重大云山汉墓与南部案山之间既有的轴线联系，设计体量避开原有轴线设置，并顺时针适度转达主题体量朝向一号汉墓主墓，形成博物馆新轴线。

建筑主体采用双阙拱卫的布局形式，建筑平面呈矩形，方便展陈空间布置，报告厅和办公等功能则结合广场景观设置，各得其所；

建筑中置层层抬高的玻璃通高中庭，为封闭的博物馆室内与自然天光的融合、形成瑰丽的中庭视觉焦点创造了可能；

屋顶为整体瓦面单坡，外敷石质建材和局部砖材，较好表达了汉风建筑雄浑厚重、简约质朴的风格。

Located at Maba Town, Xuyi County, and adjacent to the relics of Han Tomb at Dayunshan Mountain, the Han Tomb Museum at Dayun Mountain is one of the key tourism projects of the "Twelfth Five-Year Plan" in Xuyi County.

In order to respect the axial relations between the Han Tomb at Dayunshan Mountain and the Anshan Mountain to its south, the building volume is designed to deviate from the existing axis, appropriately turning clockwise towards the main grave of the No.1 Tomb, forming the new axis for the museum.

The configuration of double gate towers (Que in Chinese) as safeguard is applied for the main building. The rectangular form is selected for the plan, facilitating the organization of exhibition spaces. Such functional spaces as the auditorium and offices are laid out to integrate the landscape of the square, each playing its own part.

The glass atrium that running all height and elevated tier by tier within the building, producing opportunities for combining the interior of the closed museum and natural lighting as well as shaping the magnificent visual focus within the atrium.

The roof is designed as a whole with single-pitched tiling. The exterior of the building is cladded with stone materials and dotted with brickwork, expressing the grandiose, heavy, simple and unpretending style of buildings in Han Dynasty.

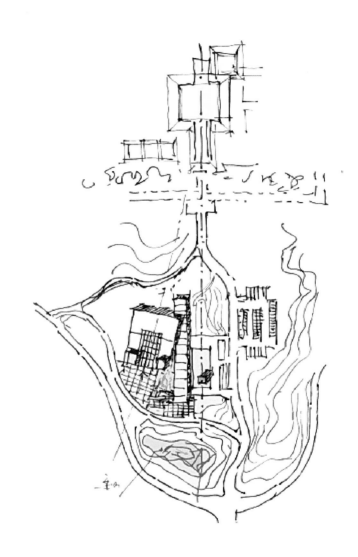

图 B13-1 东南侧鸟瞰图
Southeast Bird View

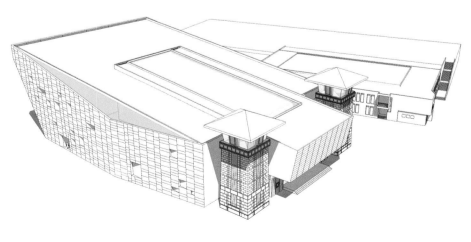

图 B13-2 西南侧鸟瞰图
Southwest Bird View

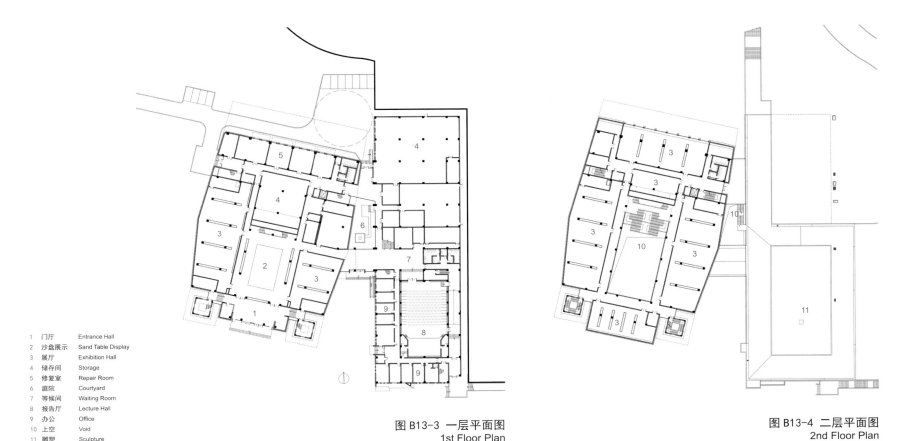

1	门厅	Entrance Hall
2	沙盘展示	Sand Table Display
3	展厅	Exhibition Hall
4	储存间	Storage
5	修复室	Repair Room
6	庭院	Courtyard
7	等候间	Waiting Room
8	报告厅	Lecture Hall
9	办公	Office
10	上空	Void
11	雕塑	Sculpture

图 B13-3 一层平面图
1st Floor Plan

图 B13-4 二层平面图
2nd Floor Plan

图 B13-5 南侧视景
South View

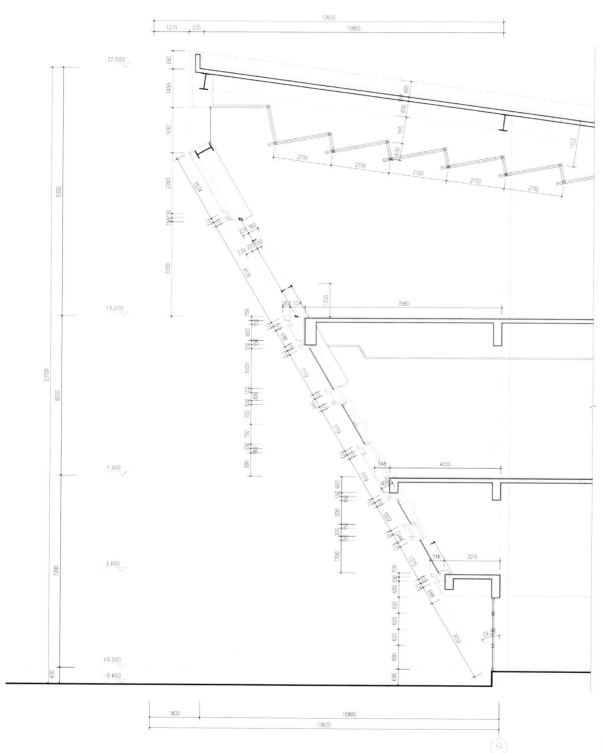

图 B13-6 北侧立面墙身大样
Detail of North Elevation

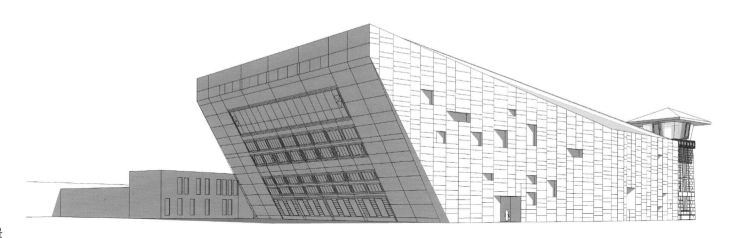

图 B13-7 西北侧视景
Northwest View

图 B13-8 东侧视景
East View

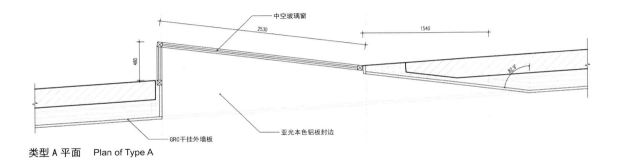

中空玻璃窗

2530

1540

460

83.5°

类型 A 平面　Plan of Type A

GRC干挂外墙板

亚光本色铝板封边

240厚外墙砖

中空玻璃窗

900

120

240

91.5°

83.5°

250

2000

类型 B 平面　Plan of Type B

GRC干挂外墙板

亚光本色铝板封边

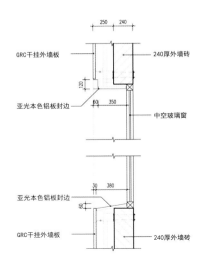

250　240

GRC干挂外墙板

240厚外墙砖

120

亚光本色铝板封边

60　350

中空玻璃窗

30　380

亚光本色铝板封边

60

GRC干挂外墙板

240厚外墙砖

图 B13-9　东西侧外墙开窗大样
Window Detail of East and West Elevation

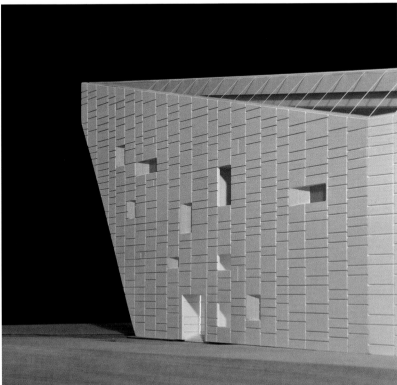

图 B13-10　西侧立面局部
Part of West Elevation

图 B13-11 中庭模型及陈设意向
Model and Decoration Image of Atrium

图 B13-12 主入口视景
View of Main Entrance

14 南京牛首山风景区东入口游客服务中心建筑设计
Design of East Entrance's Tourist Center in Niushou Scenic

时间 | 2013-02 至
Time | 2013-08

地点 | 南京
Location | Nanjing

建筑面积 | 95000 平方米
Area | 95000 m²

项目成员：王建国、朱渊、马进、王晓俊、姚昕悦、任仕新、顾雨拯、刘嘉阳、林岩等
Cooperation: WANG Jianguo, ZHU Yuan, MA Jin, WANG Xiaojun, YAO Xinyue, REN Shixin, GU Yuzheng, LIU Jiayang, LIN Yan, et al.
委托单位：南京市江宁区规划局
Client: Jiangning Urban Planning Bureau, Nanjing
建设情况：方案设计
Status: Under Designing

建筑坐落在南京市牛首山景区东麓，作为牛首山景区和牛首胜境的主要入口，东入口游客服务中心将承担景区 50%—60%、正常高峰日（周末）平均 1 万人次 / 天的接待量。设计建筑功能包括售票、展览、茶室、售卖、小型放映厅及地下停车库。总建筑面积约 9.5 万 km²。

设计在合理利用地形高差的基础上，将禅宗文化要素与理念融入游客进山的路线之中，在空间引导中嫁接游客与山顶主要景点佛顶宫之间的视觉、听觉以及心理活动的互动关联，由此形成具有标识性的东入口建筑。

建筑整体呈现简约的唐风气质，以转折的钛锌板屋面与出挑深远的钢梁，演绎传统与现代之间的融合与对话，风铃塔、景观水面及星云广场等景观要素与建筑相互映衬，大气唐风的氛围中透露出江南的婉约气质。

The East Entrances Tourist Center locates in the East Niushou Scenic in Nanjing. As the main entrances of Niushou Scenic and Niushou Holy Land, this tourist center will take on 50%—60% of the accommodation for the whole scenic, which means an average of 10000 passengers/day in normal peak day(weekend). The functions of the building include the ticket, exhibition, tearoom, selling, small movies theater, underground parking, etc. The total building area will reach about 95000 square meters.

The design tries to integrate the Zen Buddhism's culture elements and idea into the tourists' route when stepping into the mountain, on the basis of reasonable use of the elevation difference. In spatial guide, the design associates the tourist with the Buddha Palace (the main scenic spot on the top of mountain) in vision, audition and psychology. In this way, an identified building for the east entrance could be created.

The whole building presents a kind of minimalist Tang style, with the folding Zinc Titanium roof and overhanging steel beam, which interpret the dialogue between modern and tradition. In addition, Fengling Tower, landscape pool and Xingyun Plaza are designed together with the architecture, displaying the graceful Jiangnan quality in the Tang's atmosphere.

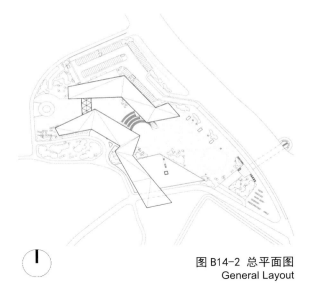

图 B14-2 总平面图
General Layout

图 B14-1 鸟瞰图
Bird View

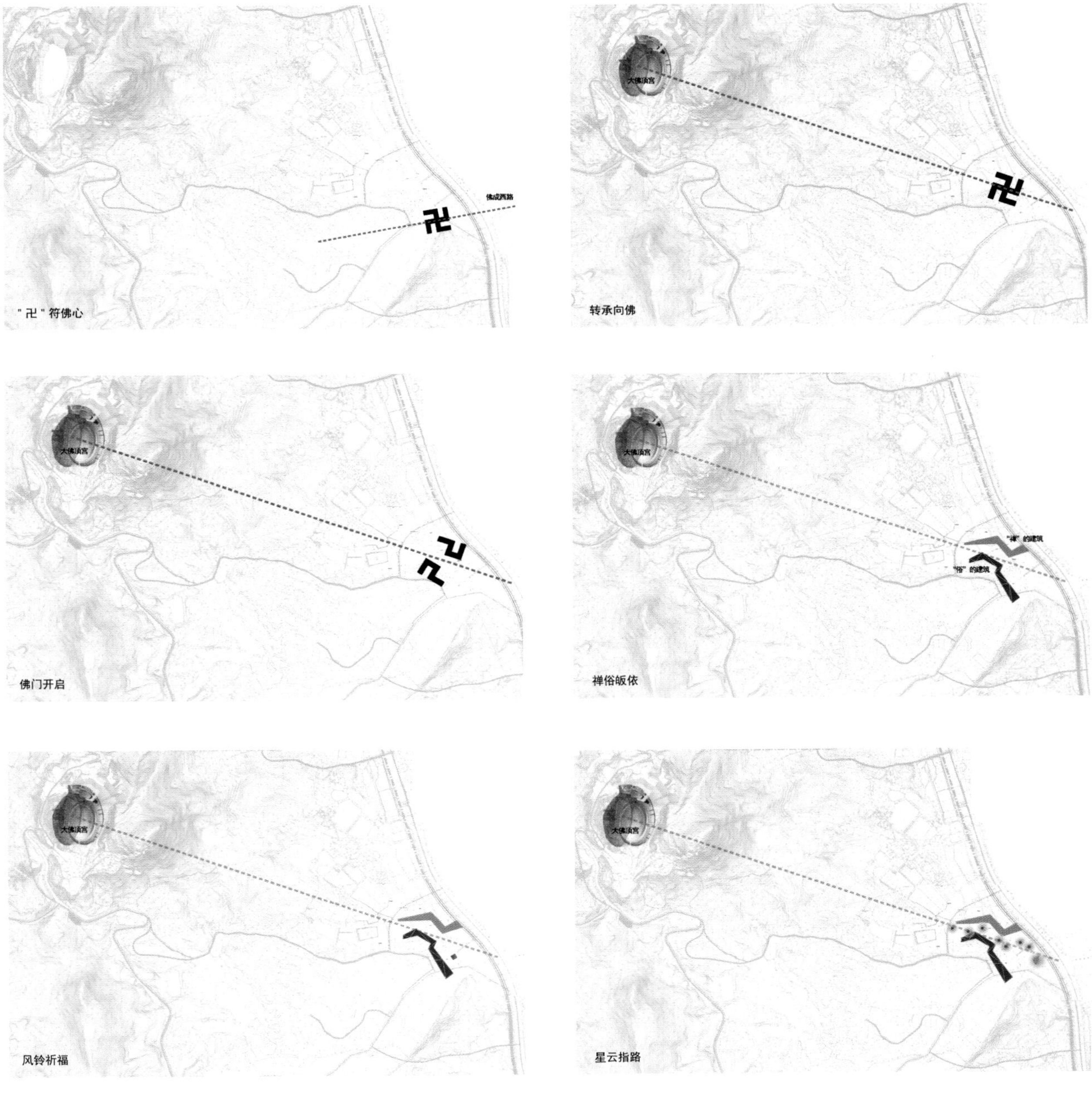

图 B14-3 设计生成
Form Generation

"卍" 符佛心

转承向佛

佛门开启

禅俗皈依

风铃祈福

星云指路

351

图 B14-4 进禅圣道
Passage

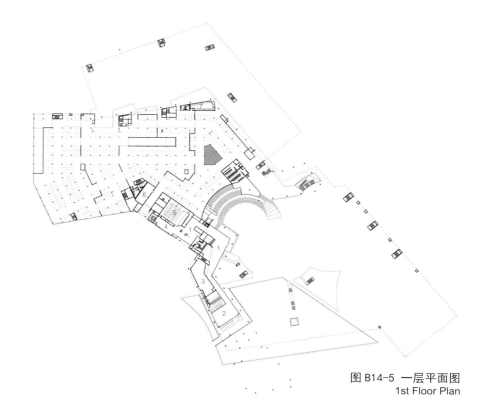

图 B14-5 一层平面图
1st Floor Plan

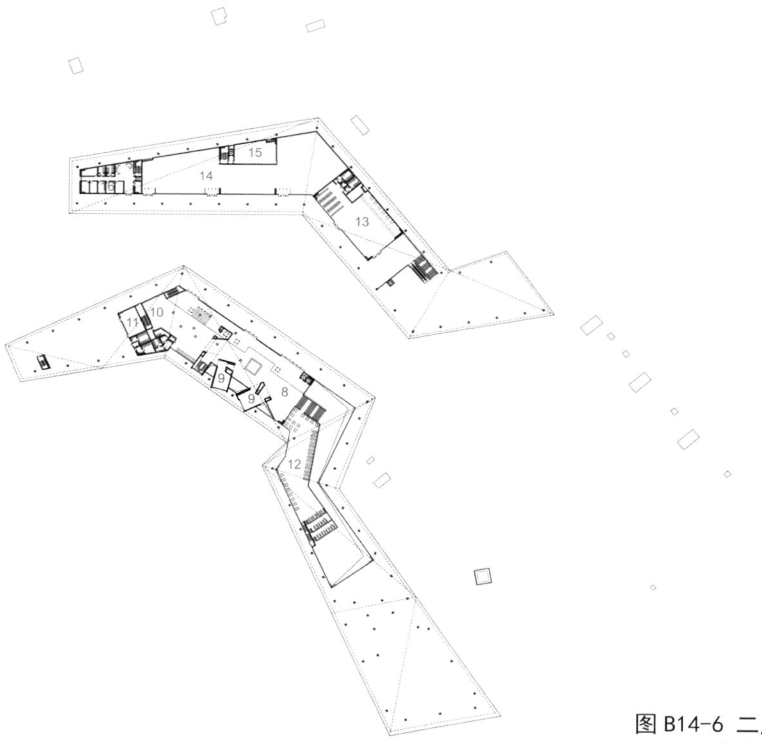

1	门厅	Hallway
2	茶室	Tea House
3	准备间	Service Room
4	休息	Retirng Room
5	影厅	Movie Room
6	变电所	Power Substation
7	大巴司机休息室	Retiring Room for Drivers
8	展厅	Exhibition Stand
9	小展厅	Small Exhibition Stand
10	LED屏幕	LED Screen
11	导游休息室	Retiring Room for Tour Guides
12	茶室	Tea House
13	售票大厅	Ticket Hall
14	售卖	Selling Room
15	储藏	Storage
16	办公	Office

图 B14-6 二层平面图
2nd Floor Plan

图 B14-7 风铃祈福
Aeolian Bells

图 B14-8 莲花碧池
Lotus Pool

时间 Time	2010-09 至 2012-07
地点 Location	淮阴 Huaiyin
建筑面积 Area	152700 平方米 152700 m²

15 淮阴卫生高等职业技术学校新校区规划设计
New Campus Planning of Huaiyin Higher Vocational & Technical School of Health

项目成员：王建国、陈宇、朱渊、蔡凯臻、姚昕悦、孙海霆、盛吉、景文娟等
Cooperation: WANG Jianguo, CHEN Yu, ZHU Yuan, CAI Kaizhen, YAO Xinyue, SUN Haiting, SHENG Ji, JING Wenjuan, et al.
委托单位：淮阴卫生高等职业技术学校
Client: Huaiyin Higher Vocational & Technical School of Health
建设情况：在建
Status: Under Construction

淮阴卫生高等职业技术学校位于淮安市北部高教园区，场地呈不规则状。

规划设计专题性考虑了该校大部分学生均为女性的特殊情况，针对女性的空间认知、交往需求、配套设施和安全需要展开规划设计。

总体布局突出了柔曲的道路线形和温和细腻的建筑形态。设计以环形主干路网为主要交通轴和景观轴，外侧布置教学楼、实训楼、食堂、学生宿舍等基本功能区，内侧布置特征鲜明的校园标志建筑图文中心、体育馆等，整体形成"曲轴连环串书院，花开四季映水园"的空间认知意象。建筑单体造型多采用曲面形态，在与环形路网呼应的同时营造出灵活多变的室内空间。

Huaiyin Higher Vocational & Technical School of Health is located at Higher Education Park at the north part of Huai'an, with irregular site.

The particularity of the planning is to consider the special situation of the school, i. e. most students are female. The planning and design was conducted according to the spatial cognition, communication requirements, supporting facilities and safety needs of female students.

The soft and winding road lines and mild and intricate architectural forms are presented in the overall layout. The circular road network is designed as the main traffic and landscape axis. Such basic functional areas as teaching buildings, training building, canteen, and dormitories are arranged outside of the road system. The inner side is filled with landmark buildings of the campus with distinguished characters, such as Graphic Center, gymnasium, etc. All the above shaped the spatial cognitive image as "academy linked by winding paths and the flowers in all seasons reflected in the water garden". The forms of curved surfaces are applied for most individual buildings, responding the circular road network and creating flexible interior spaces.

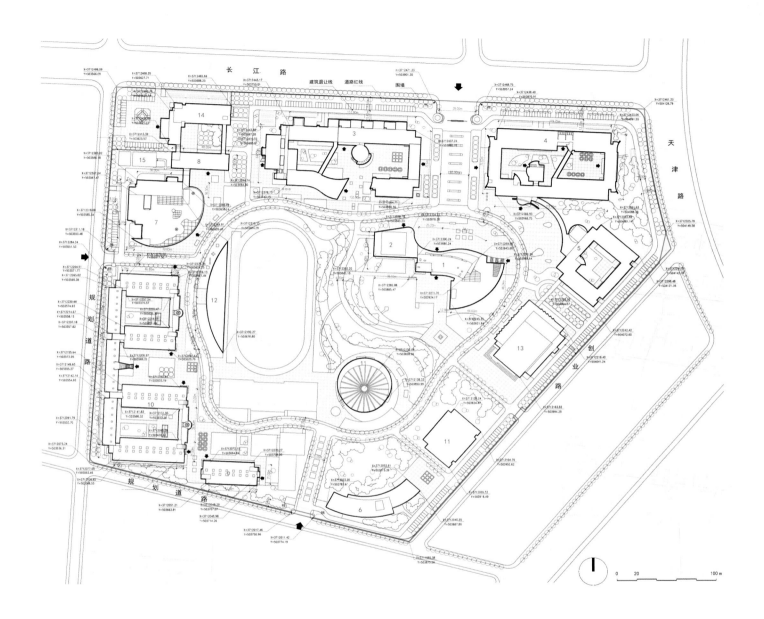

1	图文中心	Graphic Centre
2	报告厅	Lecture Hall
3	教学楼	Teaching Building
4	实训楼	Training Building
5	教学楼	Teaching Building
6	专家楼	Experts Building
7	食堂	The Canteen
8	浴室	The Bathroom
9	男生宿舍	Boys Dormitory
10	女生宿舍	Girls Dormitory
11	风雨操场	The Indoor Playground
12	看台	Bleachers
13	礼堂	The Auditorium
14	社区卫生中心	Community Health Centre
15	后勤设备用房	The Room of Logistics and Equipment

图 B15-1 鸟瞰图
Bird View

357

图 B15-2 图文信息中心
Library and Information Center

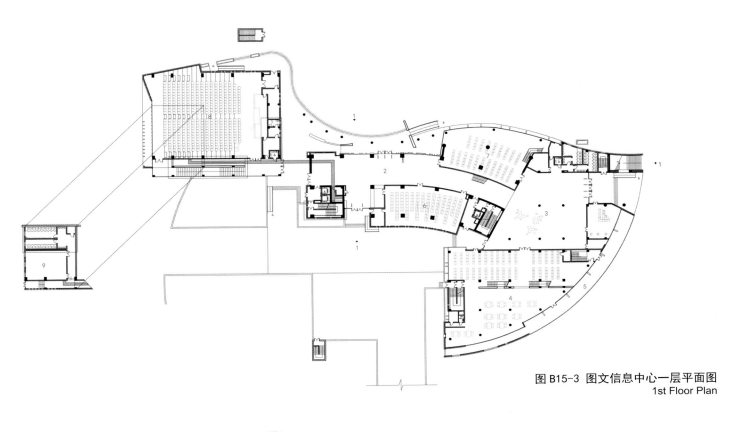

图 B15-3 图文信息中心一层平面图
1st Floor Plan

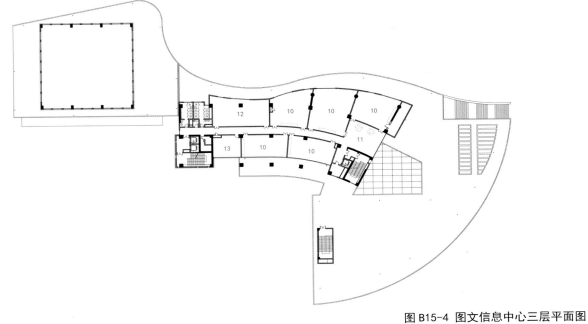

1	主入口	Main Entrance
2	门厅	Hall
3	中庭	Atrium
4	公共图书阅览	Public Library
5	亲水平台	Water Terrace
6	密集书库	Intensive Library
7	专业书籍阅览	Professional Books to Read
8	报告厅	Lecture Hall
9	机房	Computer Room
10	教室	Classroom
11	休息	Rest Room
12	档案	Archives
13	办公	Office

图 B15-4 图文信息中心三层平面图
3rd Floor Plan

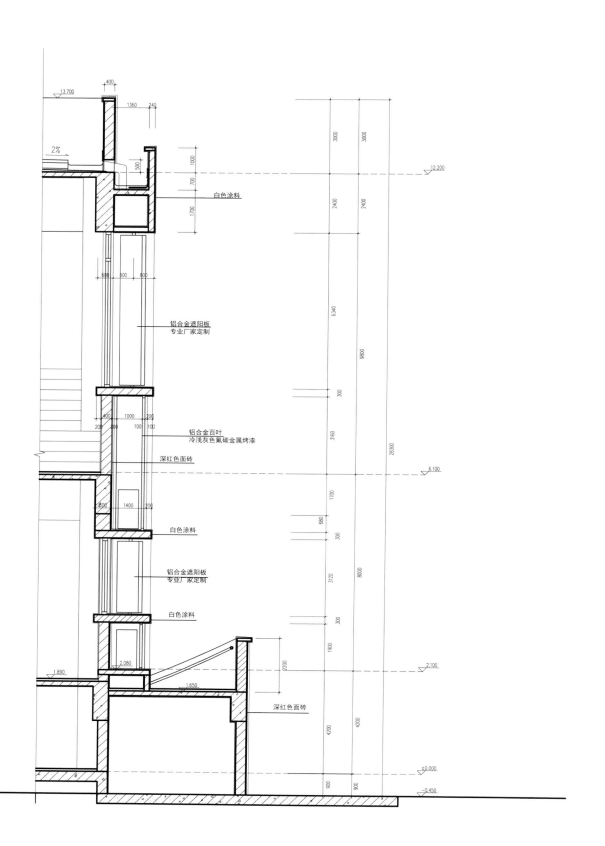

白色涂料

铝合金遮阳板
专业厂家定制

铝合金百叶
冷浅灰色氟碳金属烤漆

深红色面砖

白色涂料

铝合金遮阳板
专亚厂家定制

白色涂料

深红色面砖

图 B15-5 墙身大样
Detail of the Wall

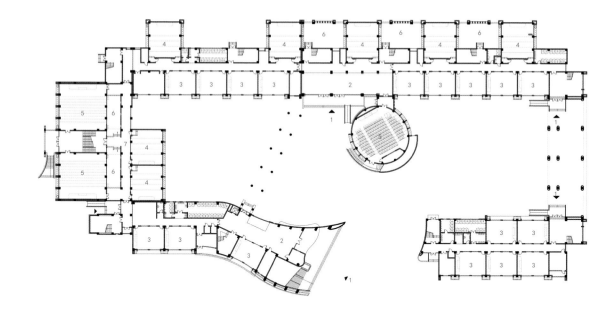

1	主入口	Main Entrance
2	门厅	Hall
3	50人教室	Classroom for 50
4	110人教室	Classroom for 110
5	200人教室	Classroom for 200
6	内院	Cortile
7	室外走廊	Outdoor Corridor

图 B15-6 教学楼一层平面图
1st Floor Plan

图 B15-7 教学楼
Teaching Building

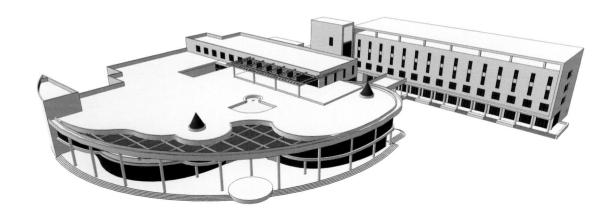

图 B15-8 食堂模型
Model of Canteen

图 B15-9 食堂
Canteen

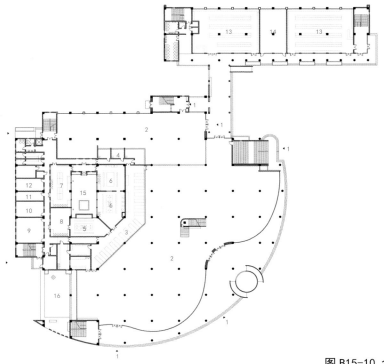

图 B15-10 食堂一层平面图
1st Floor Plan

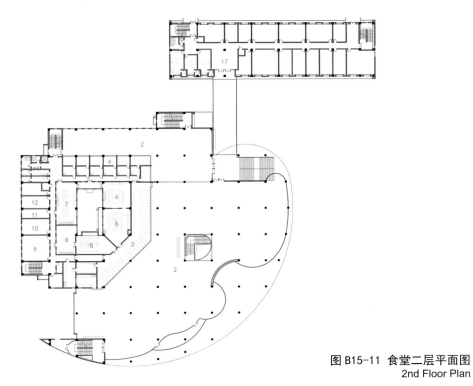

1	餐厅入口	Restaurant Entrance
2	餐厅	Restaurant
3	配餐	Catering
4	小吃窗口	Snacks
5	主食烹饪	Staple Food Cooking
6	副食加工	Subsidiary Food Processing
7	副食粗加工	Subsidiary Food Rough Processing
8	面食加工	Pastry
9	主食库	Storage of Staple Food
10	副食库	Storage of Subsidiary Food
11	调料库	Storage of Seasoning
12	冷库	Freezer
13	超市	Supermarket
14	面包房	Bakery
15	内院	Cortile
16	水池	Pool
17	办公	Office

图 B15-11 食堂二层平面图
2nd Floor Plan

16 青岛市中国海军博物馆建筑设计
Architectural Design of China Navy Museum, Qingdao

时间 | 2003-06 至
Time | 2003-09

地点 | 青岛
Location | Qingdao

面积 | 81864 平方米
Area | 81864 m²

项目成员：王建国、冷嘉伟、夏兵等
Cooperation: WANG Jianguo, LENG Jiawei, XIA Bing, et al.
委托单位：青岛市规划局
Client: Qingdao Urban Planning Bureau
建设情况：方案设计
Status: Under Designing

海军博物馆位于风景秀丽的青岛海滨，东依小鱼山，西含小青岛公园，合抱青岛湾，南濒汇泉湾。设计以"海、湾、馆、城、山相融一体"为创作理念，运用现代城市设计原理，对青岛海湾地区的功能开展了优化调整，以期加强博物馆、海湾及城市间的互动。主馆核心区以庄严稳重的建筑形象突出中国海军的强大威严，科学研究和学术交流区利用场地东南端的历史保护建筑加以设置。

建筑体量较多运用简单有力的柏拉图几何体，并将其作为复杂场地驾驭和秩序建立的方式。本建筑选择了矩形、圆形作为基本的形态构成要素，结合基地的地形和形态走向，主体建筑采用了 3＋1 体量的组合方式，即三个矩形体量和一个由全景电影（IMAX）院构成的球体体量。建筑主入口设在主馆区南北两块场地的结合位置，即主体建筑的东北向，这样可以让主入口直接进入主展大厅的交通中轴空间，便捷流畅，便于组织室内观赏路线。

设计利用了莱阳路到海滨的基地高差，设计了一个巨大的室内外交融、向大海倾斜的展陈大厅空间，舒展流动而富有韵律性的室内空间、整体连续、部分可开启的巨大玻璃斜面采用了带有遮阳百叶的太阳能光电玻璃，不仅绿色环保，而且创造了海博独一无二的建筑空间形象和观景价值。建筑在变化万千的夕阳下熠熠生辉。

The Navy Museum is located at the seashore of Qingdao with marvelous landscape. To the east is Xiaoyushan, the west part contains Tiny Qingdao Park, holding Qingdao Bay, with the south adjacent to Huiquan Bay. Based on the design ideas as "Sea, Bay, Museum, City, and Mountain Blending together", modern principles of urban design are applied, with the optimization and regulation of the functions of Qingdao Gulf area, in an attempt to strengthen the interaction among the museum, the gulf and the city. The sublime and stable architectural image of the central area of the main building is presented to emphasize the strength and power of China Navy. The protected historical buildings on the southeast end of the site are utilized to host research and academic communication areas.

Simple and powerful Platonic solids are applied to most building volumes as an approach to control the complex site conditions and build orders. Basic elements of formal composition, such as rectangular and circular forms, are chosen for this building. Integrating the site terrain and its momentum of forms, the combination measure of "3+1" volumes is applied to the main building, i.e. three rectangular volumes and one sphere consisting of IMAX. The main entrance of the building is placed at the joint between the south and north sections of the main exhibition area, which is the northeast of the main building. In doing so, the main entrance penetrates directly into the traffic axial space of the main exhibition hall, facilitating the organization of the visiting routes, showing convenience and fluency.

The height difference from Laiyang Road to the seashore is utilized to design a huge exhibition and display hall that emerges the interior with exterior and declined to the sea, forming an extending and flowing interior space full of rhythm. The photovoltaic glass with sun-shading is used on the vast glass slope that continues as a whole while can be partly opened, not only meeting the environmental requirements, but also creating a unique spatial image of the Navy Museum. The building is shining with brilliant sunset.

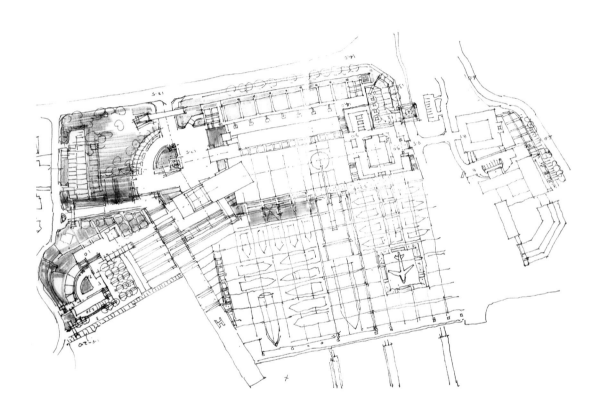

图 B16-1 模型照片
Model Photo

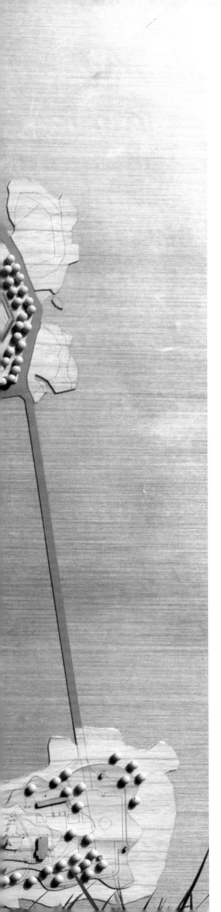

图 B16-2 鸟瞰图
Bird View

1	主入口	Main Entrance
2	地下车库入口	Underground Garage Entrance
3	入口大厅	Hall
4	临时展厅	Tempory Exhibition
5	海军英模展厅	Naval Hero Exhibition
6	海战全景展厅	Naval Panorama Exhibition
7	海军史展厅上空	Naval History Exhibition Atrium
8	放映室	Screening Room
9	车库	Garage
10	水池	Pool

图 B16-3 一层平面图
1st Floor Plan

时间	2012-10 至
Time	2012-12
地点	郑州
Location	Zhengzhou
建筑面积	27055 平方米
Area	27055 m²

17 郑东新区龙湖地区 CBD 副中心内环 7 号地块金融办公建筑单体设计

Site 7 of Zhengdong New District Longhu Area Sub-central Inner Ring Business District Financial Office Building Design

项目成员：王建国、高庆辉、赵效鹏、艾迪、任仕新
Cooperation: WANG Jianguo, GAO Qinghui, ZHAO Xiaopeng, AI Di, REN Shixin
委托单位：郑东新区管委会
Client: Zhengdong New District Management Committee
建设情况：方案设计
Status: Under Designing

　　项目用地位于郑州郑东新区副 CBD 地区，为国际著名建筑师矶崎新先生主持的郑州市郑东新区副中心商务区城市设计的一部分。项目要求在确保城市设计整体性和建筑功能经济合理的前提下，提高容积率，并与周边多栋高层建筑保持协调。设计基于景观与朝向的现状条件，通过建筑体量的错动和倾斜，强调人、自然、建筑的共生，为建筑内部使用人员创造更多的观湖空间与多样化的体验场所。

　　Located at the subsidiary central bussiness area (CBD) in the East New District of Zhengzhou, the project site is part of the urban design for the subsidiary CBD in the East New District of Zhengzhou conducted by Arata Isozaki, the internationally renowned architect. On the premise that the integrity of urban design and the economy and rationality of the building functions shall be secured, the project brief appeals to enhance the floor area ratio (FAR), fitting with surrounding high-rise buildings. Based on the status quo of the landscape and orientations, the design focuses on the symbiosis among human, nature and the building by means of spacing, offsetting and declining the building volumes, in order to create more visual spaces for watching the lake and diversified experiencing places for the occupants of the building.

7# scheme

图 B17-1 沿路鸟瞰图
Bird View Facing the Road

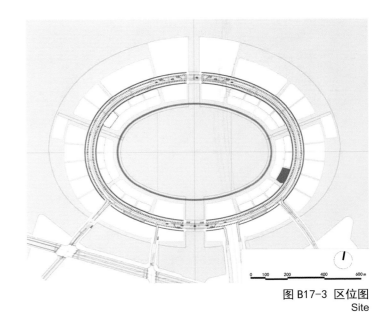

图 B17-2 总平面图
General Layout

图 B17-3 区位图
Site

图 B17-4 沿街视景
View from the Street

图 B17-5 剖透视
Section Perspective

图 B17-6 五层室内视景
Interior View of 5th Floor

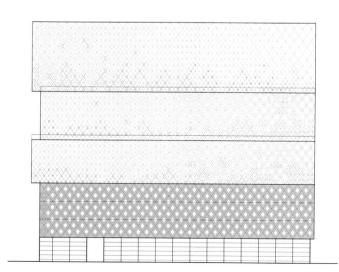

图 B17-7 西立面图
West Elevation

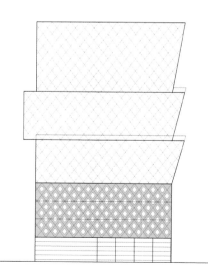

图 B17-8 北立面图
North Elevation

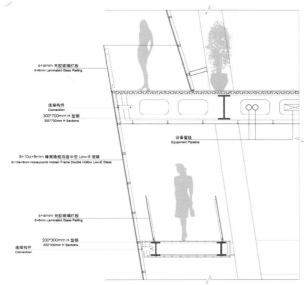

图 B17-9 细部
Detail

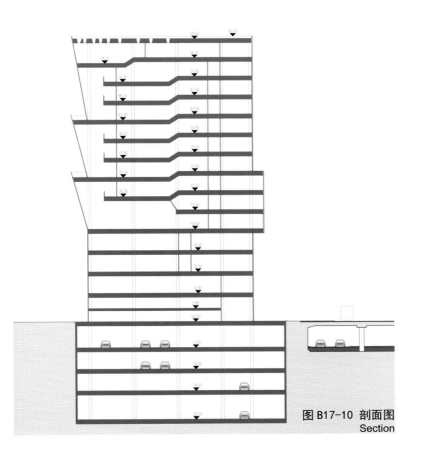

图 B17-10 剖面图
Section

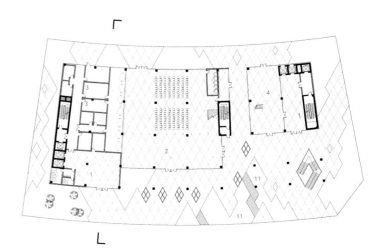

图 B17-11 一层平面图
1st Floor Plan

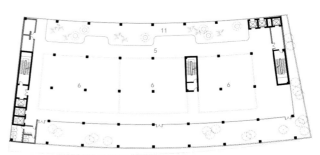

图 B17-12 五层平面图
5th Floor Plan

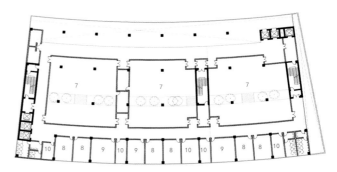

图 B17-13 七层平面图
7th Floor Plan

1	办公门厅	Foyer
2	营业厅	The Operating Room
3	办公	Office
4	咖啡厅	Coffee
5	办公区大堂	Hall
6	展厅	Exhibition Hall
7	部门办公	Department
8	经理办公	Department Manager
9	会议室	Conference Room
10	资料室	Reference Room
11	水池	Pool

时间 | 2012-10 至
Time | 2012-12

地点 | 郑州
Location | Zhengzhou

建筑面积 | 27501 平方米
Area | 27501 m²

18 郑东新区龙湖地区 CBD 副中心内环 17 号地块金融办公建筑单体设计
Site 17 of Zhengdong New District Longhu Area Sub-central Inner Ring Business District Financial Office Building Design

项目成员：王建国、朱渊、顾雨拯、刘嘉阳、金欣
Cooperation: WANG Jianguo, ZHU Yuan, GU Yuzheng, LIU Jiayang, JIN Xin
委托单位：郑东新区管委会
Client: Zhengdong New District Management Committee
建设情况：方案设计
Status: Under Designing

　　建筑设计立足城市与建筑的联系，区分不同朝向的景观活跃性和基于日照通风的适宜性，内部空间在保证舒适办公空间的同时追求适度的空间变化，通过单元重组构筑城市尺度与建筑尺度之间的桥梁，形成城市与建筑、室内与室外之间有效过渡，塑造活泼新颖的办公与交往空间。

　　The architectural design is based on the connection between the city and the building, differentiating the extent of abundance of landscape for various orientations and the suitability based on solar gain and ventilation. The interior space is designed to ensure comfortable office spaces while pursuing adequate spatial variations. The effective transition between the city and the building as well as interior and exterior is formed by means of bridging the urban scale and building scale by element reorganization, shaping active and novel spaces for business and communication.

17# scheme

图 B18-1　滨湖鸟瞰图
Bird View Along the Lake

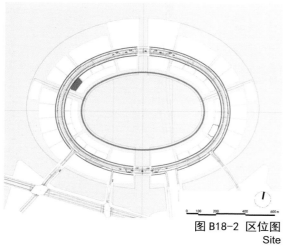

图 B18-2　区位图
Site

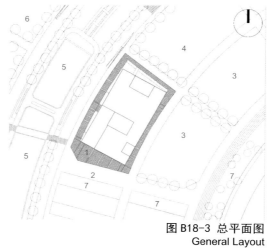

图 B18-3　总平面图
General Layout

1	主入口	Main Entrance
2	人行道	Walkway
3	商业地块	Commercial Site
4	办公地块	Office Site
5	下沉道路	Sunken Road
6	120m高层地块	120m High-rise Site
7	城市绿地	Urban Green Space

建筑中连续生长蔓延的中介空间不仅促进了办公内部的交流，更作为一种多维度的空间让内部的人与内部或外部的自然在其中共生。

The in-between space grows and spreads continously in the building, not only promoting communication among office boxes, but also providing a multi-dimensional space to hold the intergrowth of people inside the building and nature inside and outside of the building.

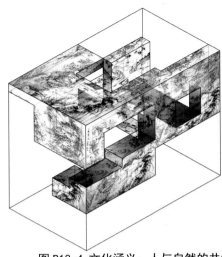

图 B18-4 文化涵义：人与自然的共生
Culture: Intergrowth of Man and Nature

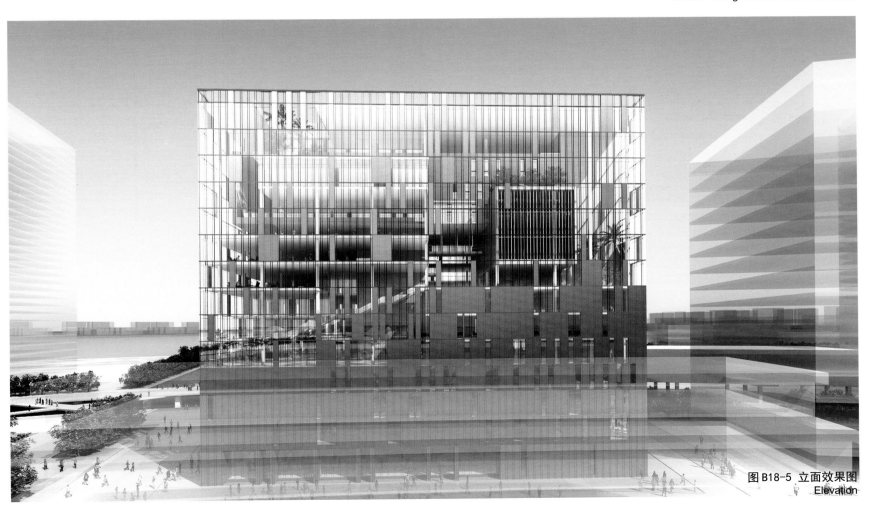

图 B18-5 立面效果图
Elevation

回应城市设计的建筑体量
Building Volume Responding
to the Urban Design

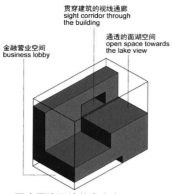

金融营业空间
business lobby

贯穿建筑的视线通廊
sight corridor through
the building

通透的面湖空间
open space towards
the lake view

回应周边环境的虚实变化
Choice of Openness or Closeness
Responding to the Surroundings

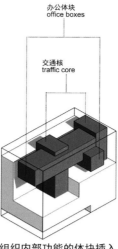

办公体块
office boxes

交通核
traffic core

组织内部功能的体块插入
Functions Organized by the
Inserted Boxes

联系中介空间的扶梯
stairs connecting the
in-between space

空中花园
hanging gardens

结合观景体验的中介空间组织
In-between Space Organized with
Sight Seeing Experience

图 B18-6 建筑生成分析
Analysis of the Generation of Building

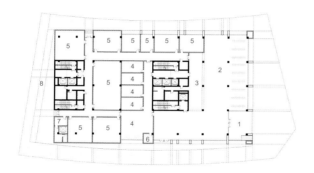

图 B18-7 一层平面图
1st Floor Plan

1	入口	Entrance
2	银行大厅	Business Hall
3	柜台	Counter
4	VIP接待室	VIP Reception Room
5	办公	Office
6	储备间	Preperation
7	门卫	Guard
8	会议室	Meeting Room
9	多功能厅	Multi-function Hall

图 B18-8 四层平面图
4th Floor Plan

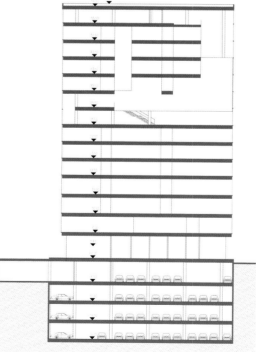

图 B18-9 剖面图
Section

图 B18-10 沿湖共享空间透视图
Sharing Space Along the Lake

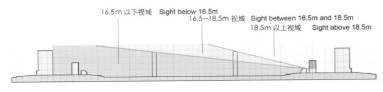

19m 以下视域　Sight below 19m
19—20m 视域　Sight between 19m and 20m
20m 以上视域　Sight above 20m

观湖视线：视点低于19m的区域视域较窄，无法与对面建筑进行视线上的交流；视点高于21m的区域可见湖面。
Lake-viewing sight: Areas with a sight of no more than 19 meters have a narrow field of vision, incapable of carrying out any visual exchange with opposite buildings. In areas with a sight of more than 21 m, the lake is visible.

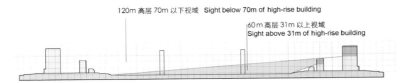

16.5m 以下视域　Sight below 16.5m
16.5—18.5m 视域　Sight between 16.5m and 18.5m
18.5m 以上视域　Sight above 18.5m

水中舞台视线：视点高于16.5m的区域可以观赏湖中的较远的中央舞台；视点高于18.5m的区域视域范围较广，可以观赏湖中的两个中央舞台。
Sight of water-borne stages: Areas with a sight of more than 23.5 m have a wide field of vision. In these areas, two central stages in the middle of the lake can be viewed and admired.

120m 高层 70m 以下视域　Sight below 70m of high-rise building
60m 高层 31m 以上视域
Sight above 31m of high-rise building

视线极值：视点高于31m的区域可以观赏到全湖景，由于建筑遮挡，120m金融办公70m以下区域无法观赏到湖景。
Maximum sight: In areas with a sight of more than 31 m, the whole lake sceneries can be viewed and admired. Due to the shielding of buildings, the lake sceneries cannot be viewed and admired in areas below 70 m of the 120m-high financial office building.

图 B18-11 视线分析
Sight Analysis

连续的中介空间系统
Continuous In-between Space System

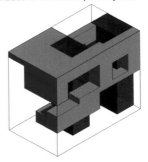

办公空间丰富的外界面
Diverse Boundary of the Office Space

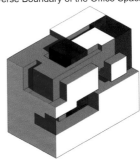

中介空间中编织的自然要素
Natural Elements Weaved in In-between Space

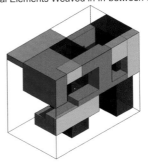

办公空间外点缀的空中花园
Hanging Garden Around the Office Space

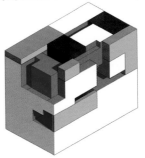

图 B18-12 建筑空间分析
Analysis of the Architecture Space

图 B18-13 顶层湖景透视图
Lake View Perspective of the Top Floor

图 B18-14 沿街透视图
Perspective Along the Street

图 B18-15 共享空间透视图 1
Perspective of the Sharing Space 1

图 B18-16 共享空间透视图 2
Perspective of the Sharing Space 2

作品年表　CHRONOLOGY

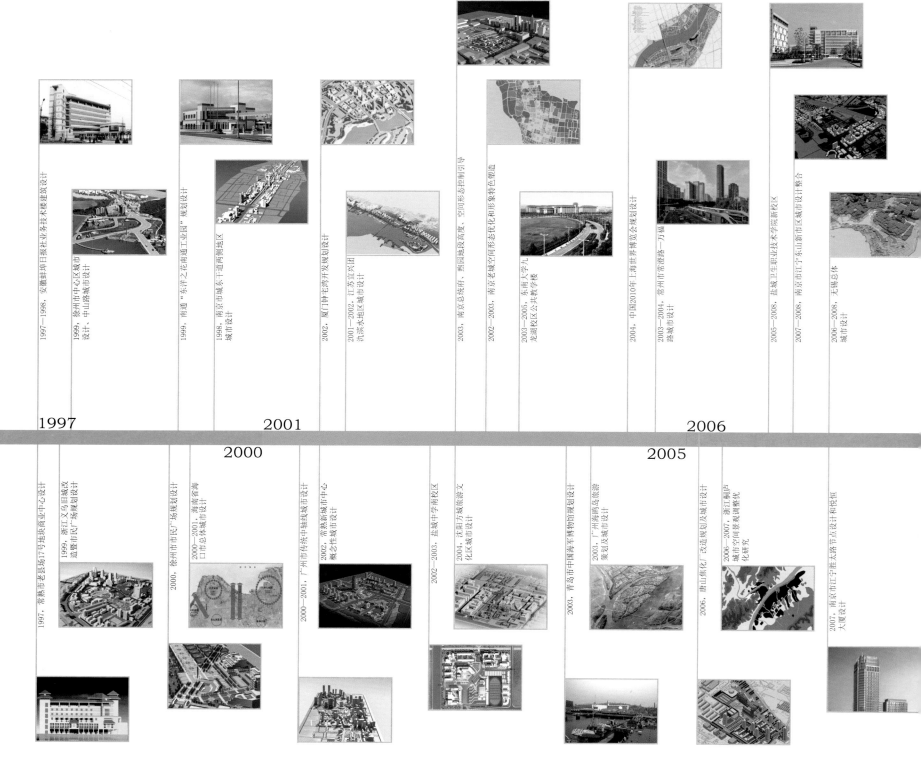

1997—1998，安徽蚌埠日报社业务技术楼建筑设计

1999，徐州市中心区城市设计、中山路城市设计

1999，南通"东洋之花南工业园"规划设计

1998，南京市城东干道两侧地区城市设计

2002，厦门钟宅湾开发规划设计

2001—2002，江苏宜兴团沈渎水地区城市设计

2003，南京总统府、熙园地段高度、空间形态控制引导

2002—2003，南京老城空间形态优化和形象特色塑造

2003—2005，东南大学九龙湖校区公共教学楼

2004，中国2010年上海世界博览会规划设计

2003—2004，常州市常澄路—万福路城市设计

2005—2008，盐城卫生职业技术学院新校区

2007—2008，南京市江宁东山新市区城市设计整合

2006—2008，无锡总体城市设计

1997，常熟市老县场17号地块商业中心设计

1999，浙江义乌旧城改造暨市民广场规划设计

2000，徐州市民广场规划设计

2000—2001，海南省海口市总体城市设计

2000—2001，广州市传统中轴线城市设计

2002，常熟新城中心概念性城市设计

2002—2003，盐城中学南校区

2004，沈阳方城旅游文化区城市设计

2003，青岛市中国海军博物馆规划设计

2003，广州海鸥岛旅游策划及城市设计

2006，唐山焦化厂改造规划及城市设计

2006—2007，浙江桐庐城市空间景观调整优化研究

2007，南京市江宁胜太路节点设计和悦恒大厦设计

1997

2000

2001

2005

2006

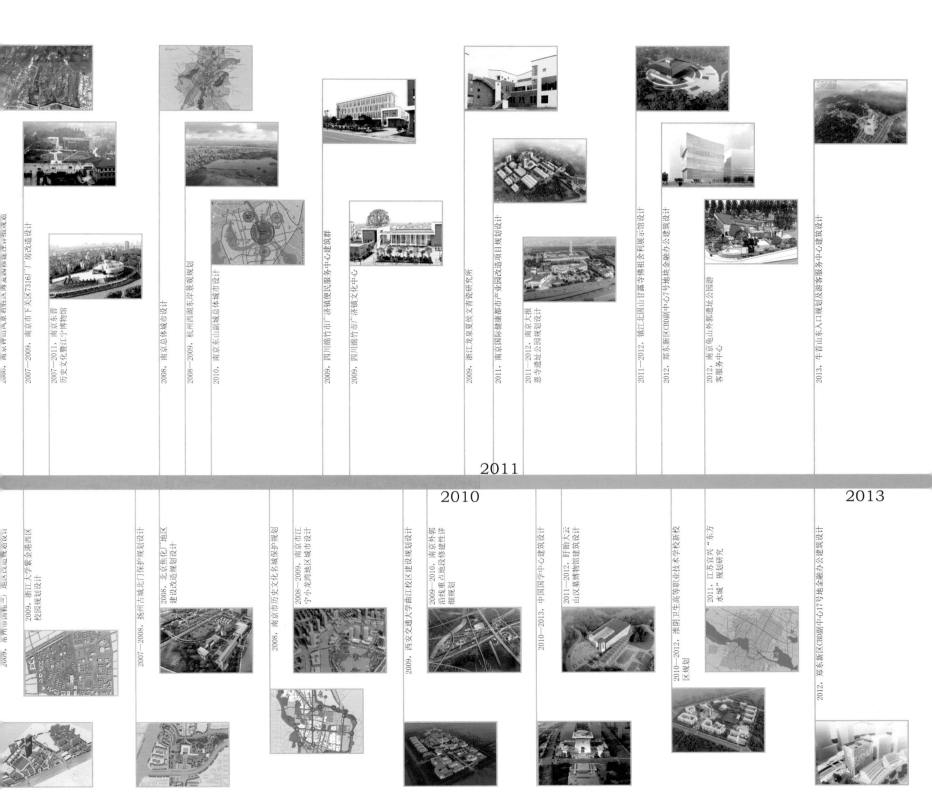

2009，南京浦口区老山风景区总体景观规划设计

2007—2009，南京市下关区7316厂房改造设计

2007—2011，南京东晋历史文化暨江宁博物馆

2008，南京总体城市设计

2008—2009，杭州西湖东岸景观规划

2010，南京东山副城总体城市设计

2009，四川绵竹市广济镇便民服务中心建筑群

2009，四川绵竹市广济镇文化中心

2009，浙江龙泉夏侯文青瓷研究所

2011，南京国际健康都市产业园改造项目规划设计

2011—2012，南京大报恩寺遗址公园规划设计

2011—2012，镇江北固山甘露寺佛租舍利展示馆设计

2012，郑东新区CBD副中心7号地块金融办公建筑设计

2012，南京龟山外郭遗址公园客服务中心

2013，牛首山人口规划及游客服务中心建筑设计

2011

2010

2013

2009，浙江大学紫金港西区校园规划设计

2007—2008，扬州古城北门保护规划设计

2008，北京焦化厂地区建设改造规划设计

2008，南京历史文化名城保护规划

2008—2009，南京市江宁小龙湾地区城市设计

2009，西安交通大学曲江校区建设规划设计

2009—2010，南京外郭沿线重点地段修建性详细规划

2010—2013，中国国学中心建筑设计

2011—2012，盱眙大云山汉墓博物馆建筑设计

2010—2012，淮阴卫生高等职业技术学校新校区规划

2011，江苏宜兴"东方水城"规划研究

2012，郑东新区CBD副中心17号地块金融办公建筑设计